高等职业教育"十四五"规划教材

U0965048

宠物营养与食品

第 2 版

方希修　方　圆　淡瑞芳　主编

中国农业大学出版社
·北京·

内容简介

本课程的主要内容包括宠物营养原理、宠物食品原料、宠物饲料添加剂与宠物保健品、宠物的营养需要与饲养标准、宠物营养代谢性疾病与防治、宠物食品及其配制、宠物食品的加工、宠物食品卫生及 HACCP 体系的应用、宠物的饲养、宠物食品的质量管理与饲料法规及实验实训。本书汇集了行业最新科研成果、最新生产技术、最新管理技术，体现了科学性、先进性、实用性。本书既可作为高等院校畜牧兽医专业教材，也可作为从事宠物食品生产与宠物养殖业人员的参考书和工具书，还可以作为宠物营养师的培训教材。

图书在版编目(CIP)数据

宠物营养与食品/方希修，方圆，淡瑞芳主编．--2 版．--北京：中国农业大学出版社，2023.8(2024.8 重印)

ISBN 978-7-5655-3038-8

Ⅰ.①宠… Ⅱ.①方… ②方… ③淡… Ⅲ.①宠物－动物营养－高等职业教育－教材 ②宠物－食品加工－生产工艺－高等职业教育－教材 Ⅳ.①S865.34 ②S816.34

中国国家版本馆 CIP 数据核字(2023)第 151802 号

书　　名　宠物营养与食品　第 2 版

作　　者　方希修　方　圆　淡瑞芳　主编

策划编辑　张玉芬　　**责任编辑**　刘耀华

封面设计　郑　川　李尘工作室

出版发行　中国农业大学出版社

社　　址　北京市海淀区圆明园西路 2 号　　**邮政编码**　100193

电　　话　发行部 010-62733489，1190　　读者服务部 010-62732336

编辑部 010-62732617，2618　　出　版　部 010-62733440

网　　址　http://www.caupress.cn　　**E-mail**　cbsszs@cau.edu.cn

经　　销　新华书店

印　　刷　北京溢漾印刷有限公司

版　　次　2023 年 9 月第 2 版　　2024 年 8 月第 3 次印刷

规　　格　185 mm×260 mm　16 开本　　19.5 印张　　484 千字

定　　价　58.00 元

图书如有质量问题本社发行部负责调换

第2版编审人员

主　编　方希修　方　圆　淡瑞芳

副主编　陈明霞　张海涛　熊忙利　王　权

编　者　方希修（江苏农牧科技职业学院）
方　圆（江苏农牧科技职业学院）
淡瑞芳（江苏农牧科技职业学院）
陈　曦（湖南环境生物职业技术学院）
陈明霞（广东科贸职业技术学院）
张海涛（江苏农牧科技职业学院）
王艳立（辽宁农业职业技术学院）
冯新炜（塔里木农学院）
王　权（江苏农牧科技职业学院）
秦永林（江苏牧羊集团有限公司）
熊忙利（咸阳职业技术学院）
李美君（湖南生物机电职业技术学院）

主　审　齐富刚（江苏农牧科技职业学院）

第1版编审人员

主　编　方希修　王冬梅

副主编　淡瑞芳　董兆林　白新鹏　王艳立

编　者　方希修(江苏畜牧兽医职业技术学院)
淡瑞芳(江苏畜牧兽医职业技术学院)
董兆林(盐城生物工程高等职业技术学校)
王艳立(辽宁农业职业技术学院)
王冬梅(江苏畜牧兽医职业技术学院)
张海涛(江苏畜牧兽医职业技术学院)
董　娜(黑龙江畜牧兽医职业学院)
陈　明(江苏畜牧兽医职业技术学院)
胡新岗(江苏畜牧兽医职业技术学院)
周根来(江苏畜牧兽医职业技术学院)
王　洁(江苏畜牧兽医职业技术学院)
李小芬(江苏畜牧兽医职业技术学院)
白新鹏(海南大学)
唐现文(江苏畜牧兽医职业技术学院)
秦永林(江苏牧羊集团有限公司)
王寿轩(徐州金牌药业有限公司)
朱本康(徐州金牌药业有限公司)
朱苏丹(盐城飞达生物科技有限公司)
周　强(盐城飞达生物科技有限公司)

主　审　乐国伟(江南大学)
管军军(河南工业大学)
齐富刚(江苏畜牧兽医职业技术学院)

第2版前言

中国经济的发展和宠物数量的增长，为宠物食品的生产和销售带来了巨大的商机，因此大力推进我国的宠物食品工业刻不容缓。目前，国内宠物市场已进入一个高速发展的时期，随着宠物数量的增长，宠物服务的消费需求不断扩大，对投资的需求也日趋旺盛，我国的宠物行业将迈上一个新的台阶。宠物数量的不断增加已经形成了巨大的市场需求，宠物品种的不断增加以及人们在宠物身上的投入，使宠物消费的前景不可估量，宠物产业已成为时尚的"受宠"行业。宠物食品在发达国家如北美和西欧所占有的市场份额正逐渐降低，而在亚洲（特别是中国）、拉丁美洲的市场份额增长迅速。我国的宠物食品加工业兴起于20世纪90年代，目前国内的宠物食品公司规模小、产品单一，与世界上有百年历史的著名宠物食品公司相比还处在萌芽阶段。一些国际著名品牌纷纷进入中国市场，各大著名食品及饲料公司争相看好宠物食品业，在占据世界发达国家宠物食品市场并赚得巨额利润的同时，也把目标投向了中国宠物食品市场。基于以上的经济和行业形势，以及高等职业院校畜牧兽医专业宠物营养与食品课程的需要，本书的修订迫在眉睫。

习近平总书记在党的二十大报告中指出："统筹职业教育、高等教育、继续教育协同创新，推进职普融通、产教融合、科教融汇，优化职业教育类型定位。"在此次教材的修订工作中，我们邀请了多所职业学院的具有博士、硕士学位和高级职称的教学科研人员以及企业生产一线的科研与生产人员联合编写。本书在第1版的基础上进行修订，在结合最近几年宠物营养与食品发展状况的同时，还集中了宠物营养与食品加工以及设备制造企业的生产及管理方面的经验，展示了宠物营养与食品的最新科研成果，结合生产强化理论知识的真实性和可行性，加强教学效果，普及科学知识，将生产、教学和科研融会贯通，充分体现了本书的科学性、先进性和实用性。

本书主要内容包括宠物营养原理、宠物食品原料、宠物饲料添加剂与宠物保健品、宠物的营养需要与饲养标准、宠物营养代谢性疾病与防治、宠物食品及其配制、宠物食品的加工、宠物食品卫生及HACCP体系的应用、宠物的饲养、宠物食品的质量管理与饲料法规及实验实训。通过对本书的学习与实践，读者可以学习基本营养知识与运用能力，从而掌握宠物营养缺乏症的识别与预防方法，饲料的类别、特性、生产加工，宠物食品添加剂与宠物保健品的配制与使用以及宠物食品配方的配制与调整等；掌握宠物营养代谢性疾病的预防与治疗方法，宠物食品原料的准备、设备操作与维护能力以及宠物食品生产技术、过程控制、数据管理能力等；掌握宠物食品质量管理、质量检测、卫生质量的标准与评价方法，病原生物、化学毒物的防范与控制，废弃物排放处理，食源性疾病及其预防，宠物食品生产经营过程中的不安全因素及其控制，宠物食品卫生法规和卫生管理办法，宠物食品国际标准，HACCP 体系在宠物食品生产中的应用等；掌握宠物饲养新技术、宠物疾病营养控制与诊治技术服务等。

本书既可以作为高等农业职业院校畜牧兽医专业的教材，也可以作为从事宠物食品生产与宠物养殖业人员的参考书和工具书，还可以作为宠物营养师的培训教材。

由于编者业务水平有限，书中难免存在欠缺，恳请读者在教学和生产实践中提出宝贵意见，以便更正。

编　者

2023 年 1 月

第1版前言

中国经济的发展和宠物数量的增长，为宠物食品带来了巨大商机，因此大力推进我国的宠物食品工业刻不容缓。目前，国内宠物市场已进入一个高速发展的时期，随着宠物数量的增长，宠物服务的消费需求不断扩大，对投资的需求也日趋旺盛，中国的宠物行业将迈上一个新的台阶。宠物数量的不断增加已经形成了巨大的市场需求，宠物品种的不断增加以及人们舍得为宠物花钱，使宠物消费的前景不可估量，宠物产业已成为时尚的"受宠"行业。宠物食品在发达国家如北美和西欧所占有的市场份额正逐渐降低，而在亚洲(特别是中国)、拉丁美洲的市场份额增长迅速。中国的宠物食品加工兴起于20世纪90年代，国内目前的宠物食品公司规模小、产品单一，与世界上有百年历史的著名宠物食品公司相比还处在萌芽阶段。一些国际著名品牌纷纷进入中国市场，国内的宠物食品市场几乎是国外名牌企业的天下。各大著名食品及饲料公司争相看好宠物食品业，在占据世界发达国家宠物食品市场并赚得巨额利润的同时，也把目标投向了中国宠物食品市场。

本书介绍了宠物营养与食品基本理论知识、宠物营养原理、宠物饲养标准与营养需要、宠物食品配方设计、宠物食品添加剂与宠物保健品生产、宠物食品加工工艺与设备选型、宠物食品卫生、宠物营养代谢性疾病与防治、宠物饲养新技术、宠物食品质量管理与饲料法规以及实验实训等，书后附有《食品标准编写规定》《膨化食品卫生标准》《动物源性饲料产品安全卫生管理办法》以及相关的标准代号。

通过本书的学习与实践，读者可以学习基本营养知识与运用能力，从而掌握宠物营养缺乏症的识别与预防方法，饲料的类别、特性、生产加工，宠物食品添加剂与宠物保健品的配制与使用以及宠物食品配方的配制与调整等；掌握宠物营养代谢性疾病的预防与治疗方法，宠物食品原料的准备、设备操作与维护能力以及宠物食品生产技术、过程控制、数据管理能力等；掌握宠物食品质量管理、质量检测、卫生质量的标准与评价方法，病原生物、化学毒物的防范与控制，废弃物排放处理，食源性疾病及其预防，宠物食品生产经营过程中的不安全因素及其控制，宠物食品卫生法规和卫生管理办法，宠物食品国际标准，HACCP体系在宠物食品生产中的应用等；掌握宠物饲养新技术、宠物疾病营养控制与诊治技术服务等。

本书由具有博士、硕士学位和高级职称的教学科研人员以及企业生产一线的科研与生产人员联合编写，最后由乐国伟、管军军和齐富刚三位专家审稿。编者们总结了近年来宠物营养与食品的科研成果，收集了国内外相关的著作、杂志、会议材料、论文集、学位论文、宠物食品制造企业的技术资料、宠物食品加工企业生产及管理方面的经验、教师教学科研成果等，集中了宠物食品加工与设备制造企业的生产及管理方面的经验，展示了宠物营养与食品的最新科研成果，体现了科学性、先进性、实用性。

本书既可以作为高等农业职业院校畜牧兽医专业的教材，也可以作为从事宠物食品生产与宠物养殖业人员的参考书和工具书，还可以作为宠物营养师的培训教材。

由于编者业务水平有限，书中难免存在欠缺，恳请读者在教学和生产实践中提出宝贵意见，以便更正。

编　者

2012 年 1 月

目　　录

绪 论

宠物一般是指家庭喂养的动物，多为哺乳纲或鸟纲的动物，目前宠物范围已扩大到鱼纲、爬行纲、两栖纲甚至昆虫，从常见的犬、猫、观赏鸟、兔、观赏鱼、龟到比较另类的蝎子、蜘蛛、蜥蜴等，家庭都是可以饲养的。现在，饲养宠物的观念已经与以往大不相同，犬和猫不再扮演看门和捉老鼠的角色，而是人类休闲时的玩伴。随着物质生活水平的提高，人们越来越注重休闲生活情趣的培养；随着传统家庭结构的变化、工作压力的增大，越来越多的人将感情寄托在宠物身上，人与宠物间的依赖关系随着时间的增加而日益浓厚。目前，国内宠物市场已进入一个高速发展时期，随着宠物数量的增加，宠物服务的消费需求也不断扩大，对宠物食品的需求也日趋旺盛，我国的宠物食品行业将步入一个新的阶段。宠物食品（也称宠物饲料）作为宠物经济的物质基础，在许多国家已成为一个庞大的食品工业体系。

一、世界宠物食品工业的发展概况

发达国家的宠物食品产业已有百年的历史，宠物产业已成熟，并形成规模。由宠物带动的相关产业发展中，最重要的是宠物食品业。传统的宠物喂养方式是用残羹剩饭、自制食物以及从自然界中捕捉来的生物喂养宠物，随着人们生活水平的提高、消费观念的升级，逐渐用购买来的加工型食品喂养宠物。人们不但注重自己的营养和保健，也同样注重宠物的食品营养，商家已研制出了不同种类的适合各种宠物需要的食品。在超市里，通常设有宠物专柜，可以有针对性地买到宠物食品，主人可根据所养宠物的品种、年龄、性别及生长发育状况购买到相应的营养平衡的食品。

据欧洲宠物食品协会发布2023年行业报告，截至2022年底，欧洲市场主要类型宠物数量达3.40亿只，其中宠物猫数量最多，达到1.27亿只，占比36.60%；宠物犬数量次之，达到1.04亿只，占比30.03%。其次分别为鸟类、兔、水族类及以乌龟等为代表的爬宠类，数量分别为5 309万只、2 932万只、2 190万只及1 163万只（图0-1）。

相较于2021年，五大宠物类型总量同比增长11.56%，其中，宠物猫数量增长11.95%，宠物犬数量增长12.27%，水族类数量的增长幅度最高，达到42.19%，兔子及爬宠类的数量基本稳定。

家庭饲养情况：全欧洲养宠家庭数量约9 100万户（2021年该数据为9 000万户），家庭养宠渗透率达到46%，其中26%的家庭拥有宠物猫，25%的家庭拥有宠物犬。

欧洲国家宠物的家庭饲养率普遍较高，宠物渗透率高。欧洲地区人口数量前五的国家为俄罗斯（14 593.45万人）、德国（8 378.39万人）、英国（6 788.6万人）、法国（6 527.35万人）及意大利（6 046.18万人）。俄罗斯宠物犬和宠物猫的家庭饲养率分别为30%和34%，德国宠物犬和宠物猫的家庭饲养率分别为21%和24%，英国宠物犬和宠物猫的家庭饲养率分别为

34%和28%，法国宠物犬和宠物猫的家庭饲养率分别为20%和32%，意大利宠物犬和宠物猫的家庭饲养率分别为25%和25%。

另外，从比例来看，欧洲最爱养宠物的国家是罗马尼亚和波兰，两个国家的宠物犬和宠物猫的家庭饲养率分别为43%和48%、49%和40%。养宠物家庭占比数量最小的国家是土耳其，其宠物犬的家庭饲养率仅为5%，宠物猫的家庭饲养率仅为10%。

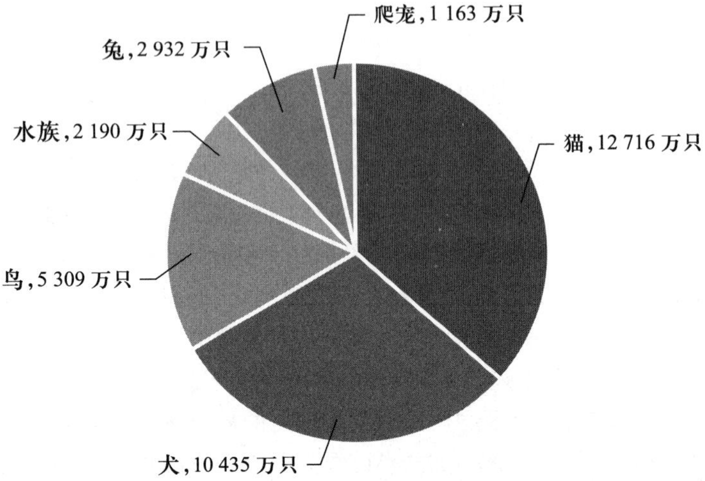

图 0-1　2022 年欧洲地区宠物类型分布

在全世界范围内，商业化饲料生产正面临越来越大的竞争压力。一般认为，当今相对饱和的畜禽饲料市场迫使饲料生产企业广泛联合趋向集团化；或使饲料生产总量下降。与此同时，集约化养殖业生产在全球范围内持续增长，传统的"分散型"养殖业对饲料的消费有所削弱，饲料的零售量也相应减少。

对于处在困境之中的饲料生产企业，生产特种饲料也许是其生存的出路。特种饲料的种类繁多，而选择其中的宠物食品可能是明智的决策。宠物食品的生产与常规饲料生产相比，差别不是很大。然而，宠物食品由于其生产成本较高，市场营销更具挑战性。对尚无健全的宠物食品生产业的发展中国家的饲料生产者来说，宠物食品生产的吸引力也许更大。

宠物食品与常规畜禽饲料相比具有很大的发展潜力，原因有以下几个。

第一，自20世纪80年代以来，宠物食品及宠物用品的销售量在全世界范围内稳步上升，销售额的年增长率为8%，消费总量以每年5%的幅度递增。

第二，在经济相对富裕的发展中国家，由于个人收入的增加，宠物食品和宠物用品的市场也在扩大，其销售额的平均年递增幅度在10%以上。

第三，在饲料配方、加工过程、处理工艺以及包装技术上，宠物食品的生产均与高品质的常规畜禽饲料的生产极为相似。

第四，猫用饲料和犬用饲料都是以谷物为主，其进行加工的主要设备是先进的饲料干式挤出式膨化机，这种机器通常可以通过技术改造而并入现成的配合饲料生产线中。

宠物食品是饲养宠物的刚性需求，贯穿宠物整个生命周期，具有复购性强、价格敏感性弱、黏性强的特点。宠物食品市场是宠物行业最大的细分市场，也最先受益于宠物经济的发展。据统计，2022年全球宠物食品市场规模达到7 035.04亿元(人民币)。报告预计到2028年全球宠物食品市场规模将达到8 992.88亿元，在预测期间宠物食品市场年复合增长率预估为4.26%。2020

年全球宠物食品市场规模已经达到980.7亿美元，2012—2020年，全球宠物食品市场年均复合增长率约为6.03%。根据高禾投资研究中心预测，预计2029年全球宠物食品市场规模将达到1 561.53亿美元，2021—2029年，全球宠物食品市场年均复合增长率预计约为5.35%。

二、我国宠物食品工业的发展现状

目前，国内的宠物食品公司规模小、产品单一，和世界上有百年历史的著名宠物食品公司相比还处在萌芽阶段。在沿海地区，一些国际著名品牌公司与当地饲料厂家合资生产宠物食品。各大著名宠物食品及饲料公司争相看好宠物食品业，在占据世界发达国家宠物食品市场并赚得巨额利润的同时，也将目光投向了中国宠物食品市场。

在我国，饲养宠物的人越来越多，北京、上海、广州、重庆和武汉是目前公认的五大"宠物城市"。目前我国至少有1亿只(条)宠物，而且未来10年，我国的宠物饲养人数将会出现暴发性增长。伴随着宠物数量的增长，围绕宠物经济产生了一系列的相关产业，如宠物食品、宠物用品、宠物医疗、宠物美容行业等，这几年还涌现出宠物婚介、宠物殡葬、宠物寄养等新型行业。

目前我国宠物行业规模和技术水平远落后于发达国家，宠物相关制造企业的品牌缺失，企业的流通、生产、研发等缺乏主导力量。我国的宠物产业应不断引进新品种，加强对宠物食品、用品的研发，培育宠物市场，开辟宠物及其用品的交流、交易渠道，提供宠物必需的生活用品和用具，以引导宠物生产与消费；同时政府部门还要加强法制建设，以期为宠物产业的发展创造良好有序的竞争环境。

宠物食品不同于生产性动物饲料，其研发、生产、宣传、市场投放更接近食品行业。食品企业可以利用其在技术、设备、销售渠道及产品宣传等方面的优势，开发、生产、销售宠物食品，弥补饲料企业的不足。饲料、食品应用研究的机构应摒弃行业差异，整合各自优势，充分借鉴国外宠物营养标准和国内工作犬(公安系统)及实验动物的研究成果，建立具有广泛性的动物模型，得出详尽的生理、生化、消化、代谢等数据，为我国尽快建立自主知识产权的宠物食品工业体系打下理论基础。

由于我国宠物食品开发尚处于萌芽阶段，我国企业可采用下面几种办法开拓市场。

①与世界上其他宠物食品公司合资、合作。

②与国内的动物研究机构或动物保护机构合作，开发自有产品。

③食品生产企业可利用技术和设备优势，开发宠物主食、饮料、点心、保健品等花色新颖的宠物食品。

④先以提供宠物服务如医疗、租赁、求偶、托养、训练和开发宠物玩具、用具、服装的形式扩大企业在宠物领域的知名度，为后期进入宠物食品市场做铺垫。

三、本课程学习内容

本课程的主要内容包括宠物营养原理、宠物食品原料、宠物饲料添加剂与宠物保健品、宠物的营养需要与饲养标准、宠物营养代谢性疾病与防治、宠物食品及其配制、宠物食品的加工、宠物食品卫生及HACCP体系的应用、宠物的饲养、宠物食品的质量管理与饲料法规及实验实训。

本课程包括理论教学与实训教学。通过对本课程的学习，学生可以熟悉宠物食品生产各工序的工艺流程，掌握质量控制技术，学会主要设备选型配套与加工机组操作；掌握宠物食品的类别、特性和生产加工、宠物饲料添加剂与宠物保健品的配制与使用，以及宠物食品配方的设计与调整等；掌握宠物营养代谢性疾病的预防与治疗方法，提高原料准备、设备操作与维护能力以及饲料生产技术、过程控制、数据管理能力等；掌握宠物食品质量管理、质量检测、卫生质量的标准与评价方法，病原微生物、化学毒物的防范与控制，废弃物排放处理，食源性疾病及其预防，宠物食品生产经营过程中的不安全因素及其控制，宠物食品卫生法规和卫生管理办法，宠物食品国际标准，HACCP 体系在宠物食品生产中的应用等；掌握宠物饲养新技术、宠物疾病营养控制与诊治技术服务等。以培养出从事宠物食品加工技术、生产组织管理、质量控制的高技术技能型人才。

宠物营养与食品以宠物营养与食品相关的宠物营养学、宠物食品、食品加工与设备、饲料加工机械等课程为基础，具有专业性、实践性强的特点。在学习过程中应注意理论和实践相结合，通过实训培养学生的动手能力。

通过本课程的学习，基本的专业理论知识与实践联系更紧密，为学生将来能更好地适应饲料行业发展打下坚实的基础。

复习思考题

1. 简述国内外宠物食品工业的发展趋势。
2. 简述本课程的学习内容。

模块一

宠物营养原理

【本章要点】

本章主要阐述宠物及宠物食品的化学组成，宠物对食品营养物质的消化、吸收、代谢过程及其特点，以及宠物与食品营养物质之间的内在联系，为宠物食品营养价值的评定奠定基础。

【知识目标】

- 了解宠物体和植物体的化学组成。
- 理解蛋白质、碳水化合物、脂肪在宠物体内的消化代谢过程和特点。
- 掌握各种营养物质的重要作用，以及缺乏和过量的危害。

【技能目标】

- 学会食品营养物质的常规分析方法。
- 能够根据常规营养物质的含量初步判断食品的营养价值。
- 能够识别营养缺乏症，并选择合理的防治方法。

单元一　宠物食品的营养与消化吸收

【学习目标】

本单元属于专业知识范畴。通过学习，了解宠物对食品营养物质的消化、吸收、代谢过程及其特点，为宠物食品的研发奠定基础。

【学习方法】

课堂讲授，课后在图书馆中或互联网上查阅有关资料。

【关键词】

宠物食品；营养物质；消化吸收过程及特点；消化率

一、宠物食品的营养

（一）宠物体与植物体的化学组成

宠物食品直接或间接来源于植物，植物性饲料与宠物体的化学组成密切相关。在已知的

100 多种化学元素中，根据这些化学元素在宠物体与植物体内含量的多少可分为两大类：含量大于或等于 0.01%的元素称为常量元素，如碳、氢、氧、氮、钙、磷、钾、钠、氯、镁和硫等；含量小于 0.01%的元素称为微量元素，包括铁、铜、钴、锰、锌、碘、硒等。其中常量元素碳、氢、氧、氮 4 种元素所占比例最大，占动、植物体的 90%以上。这些元素在宠物体与植物体中互相结合成复杂的有机化合物或无机化合物，构成各种组织器官和产品。

(二)宠物食品中的营养物质

宠物食品中的营养物质按照不同的分析方案获得的指标也不同，国际上通常采用 1864 年德国的 Hanneberg 提出的概略养分分析方案，将宠物食品中的营养物质分为六大类(图 1-1)，即水分(H_2O)、粗灰分(Ash)、粗蛋白质(CP)、粗脂肪或乙醚浸出物(EE)、粗纤维(CF)和无氮浸出物(NFE)。

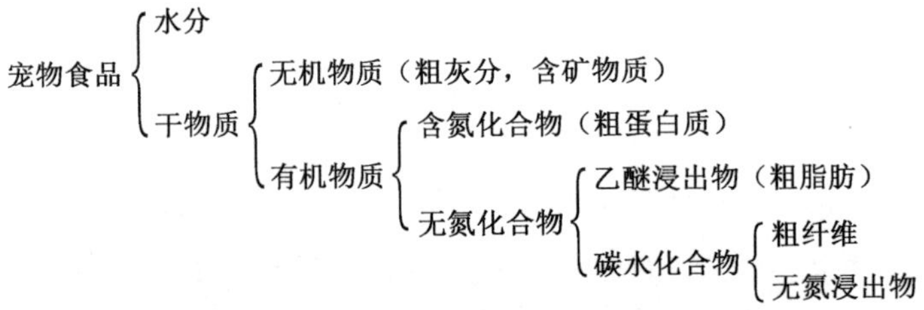

图 1-1　概略养分与宠物食品组成之间的关系

1. 水分　含于动、植物细胞间。与细胞结合不紧密、容易挥发的水，称游离水或自由水，又称初水；而与细胞内胶体物质紧密结合在一起、难以挥发的水，称结合水或束缚水，又称吸附水。构成动植物体的这两种水分之和，称为总水分。除去初水的饲料为风干饲料，除去初水和吸附水的饲料为绝干饲料，也称为饲料干物质(DM)，是比较各种饲料所含养分多少的基础。

2. 粗灰分　是宠物食品、动物组织和动物排泄物样品在 550～600 ℃高温炉中将所有有机物全部氧化后剩余的残渣，主要为矿物质氧化物或盐类，有时还含有少量的泥沙。

3. 粗蛋白质　是宠物食品、动物组织或动物排泄物中一切含氮物质的总称，包括真蛋白质和非蛋白氮(NPN)，非蛋白氮主要有游离氨基酸、酰胺类、含氮的糖苷、生物碱、铵盐、硝酸盐、嘧啶和嘌呤等。

4. 粗脂肪　是宠物食品、动物组织和动物排泄物样品中脂溶性物质的总称。常规分析中是用乙醚浸提样品所得的乙醚浸出物，包括真脂肪和类脂。真脂肪为甘油三酯，类脂有脂溶性维生素、叶绿素、有机酸、树脂、固醇等。

5. 粗纤维　是植物细胞壁的主要组成成分，包括纤维素、半纤维素、木质素及果胶。纤维素是由 β-1,4-葡萄糖聚合而成的同质多糖，其营养价值与淀粉相似；半纤维素是由葡萄糖、果糖、木糖、甘露糖和阿拉伯糖等聚合而成的异质多糖；木质素是一种苯丙基衍生物的聚合物，是宠物利用各种养分的主要限制因子，对宠物而言没有营养价值。

6. 无氮浸出物　是宠物食品有机物质中的无氮物质除去脂肪及粗纤维以外的部分，主要由易被宠物消化利用的淀粉、菊糖、双糖、单糖等可溶性碳水化合物组成，此外，还包括水溶性维生素等其他成分。无氮浸出物含量越高，适口性越好，消化率越高。宠物食品中的无氮浸出物的含量计算公式如下：

$$NFE = DM - (CP + EE + CF + Ash)$$

概略养分分析方案中的粗纤维和无氮浸出物是碳水化合物的两个组成部分，也是宠物的主要能量来源。

二、宠物对食品消化吸收的特点

(一)宠物对食品的消化特点

宠物的类别不同，消化道结构和功能也不同，但是，它们对食物中各种营养物质的消化却具有许多共同的规律。消化方式有 3 种：物理性消化、化学性消化和微生物消化。物理性消化是靠动物的牙齿和消化道壁肌肉的运动将食物压扁、撕碎、磨烂，并将食糜由消化道的一个部位运送到另一个部位的过程。化学性消化是在消化酶的作用下将食物中的大分子物质变成能吸收的营养物质的过程。微生物消化是靠消化道中微生物的发酵作用消化食物中的粗纤维的过程。对于大多数宠物来说，化学性消化是主要的消化方式。

犬猫的肠道相对较短，胃肠道分泌的消化液有利于消化和吸收食入的动物肌肉和骨骼，犬猫能消化吸收动物鲜肉和内脏中的蛋白质的 90%～95%，而只能消化吸收植物性蛋白质的 60%～80%。不同的宠物在不同的生长发育阶段分泌的酶的种类、数量不同。因此，供给的食物种类和加工调制方法也应不同。

对大多数宠物来说，微生物消化的作用甚微，仅仅能依靠大肠内微生物发酵利用极少量的粗纤维。新生宠物消化道内几乎没有微生物，外界的微生物在宠物出生后，随食物进入消化道，并在其适当部位栖居和繁殖，从而形成微生物群落。微生物消化对于鸟类消化食物纤维素很重要。此外，有些鱼类的肠道内也有微生物存在，其种类、数量因鱼的种类而异，所分泌的酶有助于消化食物中的多糖、木质素等；还有一些鱼类的肠道微生物能够合成 B 族维生素和维生素 K。

(二)宠物对食品的吸收特点

宠物食品中的营养物质在消化道内经物理的、化学的、微生物的消化后，经消化道上皮细胞进入血液和淋巴的过程称为吸收。营养物质吸收的主要部位在小肠，口腔、食道均不吸收营养物质，胃可吸收少量的无机盐和水分，大肠也可以吸收一小部分的水分和无机盐。营养物质的吸收主要途径是主动吸收，此外还有胞饮吸收和被动吸收。

(三)宠物食品营养物质的消化率

消化率是衡量宠物食品可消化性和宠物消化力的统一指标，是宠物食品中可消化养分占食入宠物食品养分的百分率。

食品中某养分的消化率计算公式如下：

$$\text{食品中某养分的消化率}=\frac{\text{食入食品中某养分含量}-\text{粪中某养分含量}}{\text{食入食品中某养分含量}}\times 100\%$$

因粪中所含各种养分并非全部来自宠物食品，还有少量来自消化道分泌的消化液、肠道脱落细胞、肠道微生物等内源性产物，故上述公式计算的消化率为表观消化率。

食品中某养分的真消化率计算公式如下：

$$\text{食品中某养分的真消化率}=\frac{\text{食入食品中某养分含量}-(\text{粪中某养分含量}-\text{消化道来源物中某养分含量})}{\text{食入食品中某养分含量}}\times 100\%$$

在生产实践中多采用表观消化率作为宠物食品营养价值评定和进行饲养试验的指标。

影响宠物消化率的因素很多，凡是影响消化生理、消化道结构及功能和食物性质的因素，如宠物的种类、年龄及个体差异，食品的种类、化学成分以及饲养管理技术等因素，都会影响宠物的消化率。

单元二　宠物的能量来源与转化

【学习目标】

本单元属于专业知识范畴。宠物的正常生命活动都需要以能量为支撑，通过学习，了解宠物体内代谢过程中伴随着的能量转化过程，为准确估测宠物的能量需要量奠定基础。

【学习方法】

课堂讲授，课后在图书馆中或互联网上查阅有关资料。

【关键词】

宠物；能量来源；能量单位；能量转化；总能；代谢能；消化能；尿能；热增耗；净能

一、能量来源与能量单位

宠物的正常生命活动都需要以能量为支撑，维持体温的恒定、机体的运动和各个组织器官的正常活动，心脏的跳动、血液循环、胃肠蠕动、肺的呼吸、肌肉收缩等需要消耗大量能量。宠物机体所需的能量主要来源于食品中的碳水化合物、脂肪和蛋白质分解代谢产生的能量，其中约 80%由碳水化合物提供。碳水化合物在常用植物性宠物食品中含量最高，来源丰富。脂肪的有效能值约为碳水化合物的 2.25 倍，但在宠物食品中含量较少，不是主要的能量来源；蛋白质用作能源的利用效率比较低，并且蛋白质在动物体内不能完全氧化，氨基酸脱氨产生的氨过多，危害宠物健康和生长，因而蛋白质不宜作为能源物质使用。

营养学上常用热量单位来衡量能量的大小。传统的热量单位是“卡(cal)”，国际营养科学协会及国际生理科学协会确认以焦耳(J)作为热量的法定计量单位。宠物营养中常采用千焦耳(kJ)和兆焦耳(MJ)。卡与焦耳的换算关系如下：

$$1\ \text{cal}=4.184\ \text{J}$$

二、能量在宠物体内的转化

宠物食品中三大养分在宠物体内的代谢过程伴随着能量的转化过程。食物中的能量在宠物体内的分配见图 1-2。

1. 总能(GE)　食品中 3 种有机物完全氧化燃烧所释放的全部能量，可由氧弹式测热计测定。3 种有机物能量的平均含量分别为：碳水化合物 17.5 kJ/g，蛋白质 23.64 kJ/g，脂肪 39.54 kJ/g。其能值是评定能量代谢过程中其他能值的基础，不能说明食品被宠物利用的有效程度。

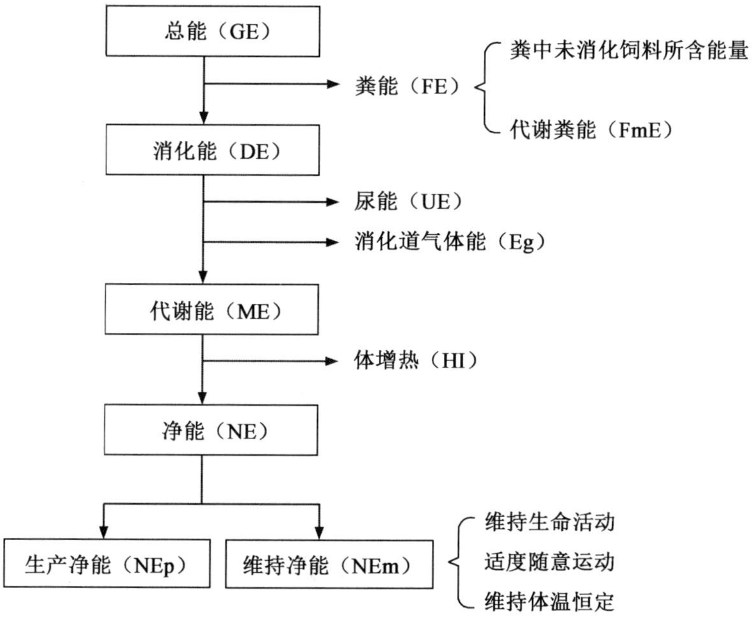

图 1-2 食物中能量在宠物体内的分配

2. 消化能(DE) 宠物食品中可消化养分所含的能量，可以用宠物摄入食品的总能与粪能(FE)之差计算，即

$$DE=GE-FE$$

按上式计算的消化能称为表观消化能(ADE)，式中 FE 为粪中养分所含的总能，称为粪能。粪能除了包括未被消化的饲料养分所含的能量，还包括消化道微生物及其代谢产物、消化道分泌物和消化道黏膜脱落细胞所含的能量，即代谢粪能(FmE)。粪能中扣除代谢粪能后计算的消化能称为真消化能(TDE)，即

$$TDE=GE-(FE-FmE)$$

用真消化能反映饲料的能值比表观消化能准确，但测定较难，故现行宠物营养需要和营养价值表一般都用表观消化能。

消化能值受宠物食品类型、动物种类、宠物食品或日粮加工方式、饲养水平等因素影响。宠物食品的消化能可以通过消化试验测定。

3. 代谢能(ME) 宠物食品的消化能减去尿能(UE)及消化道气体的能量(Eg)后剩余的能量。它代表参与宠物体内转化的那部分营养物质所含能量。

$$ME=DE-UE-Eg=GE-FE-UE-Eg$$

尿能是尿中有机物质所含的总能，主要来自蛋白质的代谢产物，犬、猫等哺乳动物主要来自尿素，鸟类主要来自尿酸。宠物食品的代谢能可以通过宠物代谢试验测定。与消化能相比，代谢能更能表明食品能量在宠物体内的转化与利用程度。

4. 净能(NE) 是宠物食品中用于维持生命和生产产品的能量，即宠物食品的代谢能减去食品在体内的热增耗(HI)后剩余的能量。

$$NE=ME-HI=GE-FE-UE-Eg-HI$$

热增耗又称体增热，是指绝食动物在采食饲料后短时间内，体内产热高于绝食代谢产热的热能。热增耗来自消化过程产热、营养物质代谢产热、与营养物质代谢相关的器官肌肉活动产热以及肾脏排泄产热和宠物食品在胃肠道发酵产热(HF)。热增耗以热的形式散失，在冷应激环境中，可用于维持体温。但热应激环境下，热增耗是一种额外负担，须将其散失，以防止体温升高。降低热增耗也是提高宠物食物利用率和宠物生长性能的主要措施之一。一般来说，蛋白质热增耗高于脂肪和碳水化合物。日粮热增耗的高低依赖于三大有机物的比例和日粮的平衡状况。

净能可分为维持净能(NEm)和生产净能(NEp)。维持净能指宠物食品能量用于维持生命活动、适度随意运动和维持体温恒定的部分。这部分能量最终以热的形式散失。生产净能指宠物食品能量用于沉积到产品中的部分。宠物食品中净能含量越高，其营养价值就越高。

影响净能值的因素包括影响代谢能、热增耗的因素以及环境温度，而影响热增耗的因素主要有 3 个：宠物种类、宠物食品的组成和饲养水平。

单元三 宠物的蛋白质营养

【学习目标】

本单元属于专业知识范畴。通过学习，了解蛋白质的主要化学元素组成，蛋白质的营养生理功能，蛋白质在宠物体内的消化、吸收与利用，为宠物食品配制中蛋白质的选择奠定基础。

【学习方法】

课堂讲授，课后在图书馆中或互联网上查阅有关资料。

【关键词】

宠物；蛋白质；营养；生理功能；消化；吸收

蛋白质是由氨基酸组成的一类大分子有机营养物质，是生命活动的物质基础，是细胞的重要组成成分，在生命过程中起着重要作用。

一、蛋白质的组成

蛋白质主要组成元素是碳、氢、氧、氮，有的还含有硫、磷、铁、铜和碘等元素。各种蛋白质的含氮量差异不大，平均为 16%。食物中真蛋白质的含量测定很难，故通常是测定食物中的总含氮量来估算食物中蛋白质的含量。在概略养分分析中用凯氏定氮法测出饲料样品的含氮量，用含氮量乘以 6.25 计算出粗蛋白质的含量，6.25 称为蛋白质的换算系数，由蛋白质的平均含氮量 16%(100÷16=6.25)换算而来。

$$食物中粗蛋白质含量=食物中总含氮量\times6.25\times100\%$$

自然界中存在的氨基酸有 200 种以上，构成蛋白质的氨基酸只有 22 种。氨基酸有 L 型和 D 型 2 种构型。除蛋氨酸外，L 型氨基酸生物学效价比 D 型高。大多数 D 型氨基酸不能被动物利用或利用率很低；天然食物中仅含易被利用的 L 型氨基酸，微生物能合成 L 型和 D 型 2 种氨基酸，化学合成的氨基酸多为 D 型和 L 型的混合物。

二、蛋白质的营养生理功能

1. 蛋白质是构成机体组织细胞的主要原料　宠物的肌肉、神经、结缔组织、腺体、精液、皮肤、血液、毛发、角、喙等都以蛋白质为主要成分，起着传导、运输、支持、保护、连接、运动等多种功能。肌肉、肝、脾等组织器官所含蛋白质的重量占机体活重的13%～18%，其干物质含蛋白质在80%以上。

2. 蛋白质是机体内功能性物质的主要成分　在动物新陈代谢过程中起催化作用的酶、起调节作用的激素以及具有免疫和防御机能的抗体，都是以蛋白质为主体构成的。此外，蛋白质还具有维持体液渗透压的作用。

3. 蛋白质是机体组织再生、修复和更新的必需物质　宠物在新陈代谢过程中，各种组织和器官的蛋白质在不断更新，损伤组织也需要蛋白质的及时修补。据同位素测定，全身的蛋白质在6～7个月更新1/2。

4. 蛋白质是遗传物质的基础　动物的遗传物质DNA与组蛋白结合成为一种复合体——核蛋白，该复合体携带有遗传信息。DNA在复制过程中，涉及30多种酶和蛋白质的参与协同作用。

5. 蛋白质可供能和转化为糖、脂　当动物体内供能的碳水化合物和脂肪不足时，蛋白质也在体内氧化分解，释放能量，维持机体的代谢活动。当食入蛋白质过量或蛋白质品质不佳时，多余的氨基酸经分解代谢氧化供能或转化为机体脂肪贮存起来，以备能量不足时使用。实践中应尽量避免蛋白质作为能源物质。

三、蛋白质的消化、吸收与代谢

蛋白质随着食物进入体内，主要是在消化道分泌的蛋白质消化酶的作用下被分解。宠物对蛋白质的消化由胃开始，食物中的粗蛋白质在胃酸和蛋白酶的作用下，分解为小分子的蛋白胨、蛋白膘和少量游离氨基酸。未被消化的蛋白质与消化分解生成的肽和氨基酸一同进入十二指肠，被胰蛋白酶、羧基肽酶及糜蛋白酶进一步分解为氨基酸和部分小肽（二肽和三肽）。氨基酸和小肽都可被小肠黏膜直接吸收，小肽在肠黏膜细胞内经二肽酶等作用还可继续分解为氨基酸。小肠中未被消化吸收的蛋白质和氨基酸进入大肠后，在腐败菌的作用下，降解为吲哚、粪臭素、酚等有毒物质，其中一部分经肝脏解毒后随尿排出，另一部分随粪便排出。小部分蛋白质受大肠内微生物的作用分解为氨基酸，然后进一步被合成菌体蛋白，大部分与未被消化的蛋白质一起随粪便排出体外；而蛋白质可再度被降解为氨基酸后由大肠吸收的甚少。粪便中排出的蛋白质，除了宠物食品中未被消化吸收的蛋白质外，还包括肠脱落黏膜、肠道分泌物和残存的消化液等，其余部分蛋白质则称为“代谢蛋白质”。

被肠壁吸收的氨基酸和小肽进入血液，随同血液的流动被送到全身组织器官。其中大部分氨基酸用于合成机体蛋白质，少部分氨基酸被脱去氨基后，转化为脂肪或糖类，有的进一步彻底分解为水和二氧化碳，并提供能量。含氮的氨基部分以尿素或尿酸的形式随尿液排出体外。

进入肝脏中的氨基酸，除一部分用来合成肝脏蛋白和血浆蛋白外，大部分经过肝脏由体循环输送到各个组织细胞，连同来源于机体组织蛋白质分解产生的氨基酸和由糖类等非蛋白质物质在体内合成的氨基酸（两者称为内源氨基酸）一起进行体内代谢。主要用于合成组织蛋白质，供体组织的更新、生长及形成宠物产品的需要；也可用于合成酶类和某些激素以及转化为核苷酸、胆碱等含氮的物质。未被利用的氨基酸，在肝脏中脱氨，脱掉的氨基生成氨又转变为尿素，由肾脏以尿的形式排出体外。尿中排出的氮有一部分是机体组织蛋白质的代谢产物，通常称为“内源尿氮”；另一部分酮酸氧化供能或转化为糖原和脂肪贮存起来。此外，氨基酸在肝脏中还可通过转氨基作用合成新的氨基酸。宠物对蛋白质的消化代谢过程如图 1-3 所示。

犬和猫的肠道较短，对食物中的真蛋白质消化吸收能力很强，而对非蛋白氮几乎不能消化吸收。

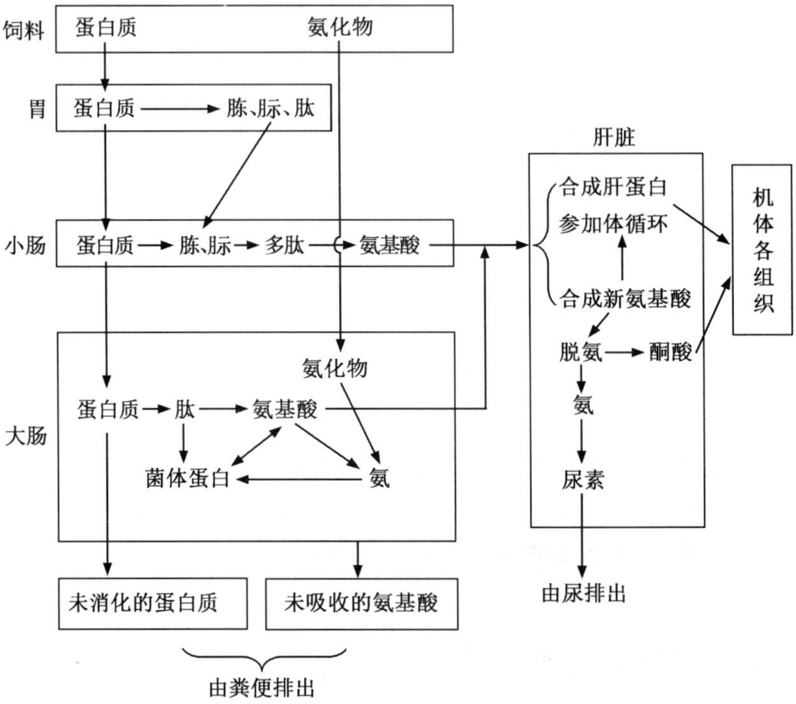

图 1-3 宠物对蛋白质消化代谢简图

四、宠物所需要的蛋白质营养特点及其应用

氨基酸是组成蛋白质的基本单位，蛋白质的营养实质上就是氨基酸的营养。食物中蛋白质品质的好坏，主要取决于它所含各种氨基酸的平衡状况，特别是必需氨基酸的含量和比例，而可利用(可消化吸收)氨基酸的含量和比例则能更准确地表明蛋白质的品质。

(一)氨基酸的种类

根据氨基酸对动物的营养作用，通常将氨基酸分为必需氨基酸和非必需氨基酸。

1. 必需氨基酸 是指动物体内不能合成或合成数量很少，不能满足营养需要，必须从食物中供给的氨基酸。犬的必需氨基酸有 10 种，即精氨酸、色氨酸、赖氨酸、组氨酸、蛋氨酸、缬氨酸、异亮氨酸、苯丙氨酸、亮氨酸和苏氨酸。猫除上述 10 种外还有一种非常重要的必需氨基酸，即牛胆素(牛磺酸)。这些必需氨基酸的主要营养生理功能和缺乏的危害如表 1-1 所示。

表 1-1 必需氨基酸的主要营养生理功能及缺乏的危害

名称	主要营养生理功能	缺乏的危害
赖氨酸	合成细胞蛋白质和血红蛋白所必需的氨基酸，也是幼龄宠物生长发育所必需的营养物质	食欲降低，憔悴消瘦，生长停滞，贫血，甚至引起肝脏病变；皮下脂肪减少，骨的钙化失常

续表1-1

名称	主要营养生理功能	缺乏的危害
蛋氨酸	参与肾上腺素、胆碱和肌酸的合成；参与脂蛋白的合成，防止产生脂肪肝，降低胆固醇；促进宠物被毛生长。蛋氨酸脱甲基后可转变为胱氨酸和半胱氨酸	发育不良，体重减轻，肌肉萎缩，鸟蛋变轻，被毛变质，肝脏、肾脏机能损伤，易产生脂肪肝
色氨酸	参与血浆蛋白的更新，并与血红素、烟酸的合成有关；促进维生素 B_2 作用的发挥，并具有神经冲动的传递功能；是幼龄宠物生长发育和成年宠物繁殖、泌乳所必需的氨基酸	食欲降低，体重减轻，生长停滞；产生贫血、下痢、视力破坏并患皮炎等
苏氨酸	参与机体蛋白的合成，是免疫球蛋白的成分，苏氨酸作为黏膜糖蛋白的组成成分，有助于形成防止细菌与病毒侵入的非特异性防御屏障	宠物体重迅速下降，免疫机能下降
缬氨酸	缬氨酸具有保持神经系统正常机能的作用；免疫球蛋白的成分，并影响宠物的免疫反应	宠物生长停滞，运动失调。明显阻碍胸腺和外围淋巴组织的发育，抑制嗜中性与嗜酸性粒细胞增殖
亮氨酸	合成体组织蛋白与血浆蛋白所必需的氨基酸；是免疫球蛋白的成分，并能促进骨骼肌蛋白质的合成；对除骨骼肌以外的机体组织蛋白质的降解有抑制作用	生长发育受阻，贫血，免疫机能下降
异亮氨酸	与亮氨酸共同参与机体蛋白质的合成，特殊生理时期（如饥饿、泌乳、运动）时，还能氧化供能；在调节氨基酸与蛋白质代谢方面也起着重要的作用，并影响雌性宠物的泌乳与繁殖；另外，还影响宠物的免疫反应与健康	缺乏异亮氨酸时，宠物不能利用食物中的氮
精氨酸	生长期宠物的必需氨基酸；宠物在免疫应激期间，精氨酸可通过产生一氧化氮，在巨噬细胞与淋巴细胞间的粘连与激活过程中起着极为重要的作用	体重迅速下降；精子生成受到抑制；猫精氨酸不足会导致流涎、呕吐、肌肉颤抖、运动失调、痉挛，甚至昏迷
组氨酸	大量存在于细胞蛋白质中，参与机体的能量代谢，生长期宠物的必需氨基酸	生长停滞
苯丙氨酸	合成甲状腺素和肾上腺素所必需的氨基酸牛磺酸以游离状态存在于无脊椎动物和哺乳动物的胆汁中，它能促使肠道吸收，诸如胆固醇等类脂（脂肪）	甲状腺和肾上腺机能受到破坏导致机体组织变化包括听力减弱、白细胞数减少等
牛胆素（牛磺酸）	对提高猫的生殖能力有非常明显的作用，防止猫的“膨胀心肌病”	使猫的神经组织成熟减缓并发生退化，出现“中央视网膜退化症”

2. 非必需氨基酸　是指在宠物体内能合成，或可由其他氨基酸转化替代，无须饲粮提供即可满足宠物营养需要的氨基酸，如丙氨酸、谷氨酸、丝氨酸、羟谷氨酸、脯氨酸、瓜氨酸、天冬氨酸等。

从饲粮供应角度考虑，氨基酸有必需和非必需之分；但从营养角度考虑，二者都是宠物合成机体蛋白所必需的营养，并且它们之间的关系密切。某些必需氨基酸是合成某些特定非必需氨基酸的前体，如果日粮中某些非必需氨基酸不足时，则会动用必需氨基酸来转化替代。研究表明，蛋氨酸脱甲基后，可转变为胱氨酸和半胱氨酸。非必需氨基酸绝大部分仍由日粮提供，不足部分才由体内合成，因此在日粮组成成分中应尽量做到氨基酸种类多样并且比例适当。

3. 限制性氨基酸 是指一定宠物食品或日粮中所含必需氨基酸的量与宠物所需的蛋白质必需氨基酸的量相比，比值偏低的氨基酸。由于这些氨基酸的不足，限制了宠物对其他必需氨基酸和非必需氨基酸的利用，其中比值最低的称为第一限制性氨基酸，其后依次为第二、第三、第四……限制性氨基酸。不同食品对不同的宠物限制性氨基酸的顺序不完全相同。犬猫常用禾谷类及其他植物性宠物食品，赖氨酸为第一限制性氨基酸。

（二）理想蛋白质与食品氨基酸平衡

1. 理想蛋白质 是指这种蛋白质的氨基酸在组成和比例上与宠物某一生理阶段所需蛋白质的氨基酸的组成和比例一致，包括必需氨基酸之间以及必需氨基酸和非必需氨基酸之间的组成和比例，宠物对该种蛋白质的利用率应为100%。通常以赖氨酸作为100，其他氨基酸用相对比例表示。在进行食品配制时，可以根据氨基酸与赖氨酸的比例关系计算其他氨基酸的需要量，可较好地保证食品氨基酸平衡，从而有效地提高氨基酸的利用率。

2. 食品氨基酸平衡

(1)氨基酸的缺乏：是指在低蛋白质情况下，可能有一种或几种必需氨基酸含量不能满足宠物的需要。氨基酸缺乏不完全等于蛋白质缺乏，有时在蛋白质水平适宜或超标时也可能会出现一种或几种氨基酸缺乏。

(2)氨基酸的不平衡：主要是指食品氨基酸含量与宠物氨基酸需要量比较，比例不合适。一般情况下不会出现食品中氨基酸含量都超过需要量，多数情况是少数或个别氨基酸低于需要的比例。不平衡主要是比例问题和需要量不足，在实际饲养中，氨基酸不平衡一般都同时存在氨基酸的缺乏。

(3)氨基酸的互补：是指利用各种食物氨基酸含量和比例不同，通过2种以上食物蛋白质配合，相互间取长补短，弥补相互氨基酸的缺乏，使食品氨基酸的平衡更理想。在饲养实践中，这是提高食品蛋白质品质和利用率的有效方法。

（三）提高食物蛋白质转化率的方法

1. 配合日粮时原料应多样化 食物种类不同，蛋白质中所含的必需氨基酸的种类、数量也不同。多种食物的搭配，能起到氨基酸的互补作用，改善食品中氨基酸的平衡，提高蛋白质的转化效率。

2. 补饲氨基酸添加剂 向食品中直接添加所缺少的限制性氨基酸，力求氨基酸的平衡。可在生产中添加赖氨酸、蛋氨酸、色氨酸和苏氨酸等。

3. 合理供给蛋白质营养 参照饲养标准掌握好蛋白质的水平和品质，则蛋白质的转化率高；若蛋白质水平不适宜或氨基酸不平衡，则蛋白质的转化率低。采用有效氨基酸（如可消化氨基酸、真可消化氨基酸等）指标平衡日粮，能更准确地满足宠物的营养需要。

4. 日粮中蛋白质与能量要有适当比例 正常情况下，被机体吸收的蛋白质70%～80%合成体组织，20%～30%分解供能。当碳水化合物和脂肪不足时，必然会加大蛋白质的供能部分，减少合成机体蛋白的部分，导致蛋白质转化率降低。因此，必须平衡日粮中蛋白质与能量之间的比例，以最大限度地减少蛋白质的供能部分。

5. 控制食物中的粗纤维含量 犬猫的肠道比较短，发酵能力差。饲粮中粗纤维过多，会加快食物通过消化道的速度，降低其消化率，影响蛋白质及其他营养物质的消化，并且粗纤维每增加 1%，蛋白质的消化率降低 1.0%～1.5%。因此，应严格控制宠物食品中粗纤维的含量，一般不超过 5%。

6. 保证维生素供应 保证与蛋白质代谢有关的维生素 A、维生素 D、维生素 B_{12} 及铁、铜、钴等供应。

7. 食品原料的加工 生豆类与生豆饼等原料中含有胰蛋白酶抑制素，其可抑制胰蛋白酶和糜蛋白酶的活性，降低蛋白质的消化率和利用率。因此，可以采取浸泡、蒸煮、常压或高压蒸汽处理的方法破坏抑制素。

8. 饲喂技术 科学饲养宠物最好以配方食品为主。如用脾脏和肝脏喂猫，每周最好不超过 2 次；若用肺脏喂猫，要切成小块；不要给宠物饲喂动物的结缔组织，宠物难以消化吸收其中的蛋白质。

五、蛋白质不足的后果与过量的危害

1. 蛋白质不足的后果 蛋白质在宠物营养中具有特殊的营养价值。当食物中的蛋白质不足或蛋白质品质低下时，会影响宠物的健康、生长、发育及繁殖力，导致各种蛋白质缺乏症，其主要表现在以下几个方面。

(1)消化机能紊乱。蛋白质供应不足会使宠物出现食欲减退、采食量下降、营养不良及慢性腹泻等现象。

(2)幼龄宠物生长发育受阻。蛋白质供应不足，会导致幼龄宠物生长停滞，严重的甚至死亡。

(3)易患贫血症及其他疾病。蛋白质缺乏，宠物抗病力减弱，容易感染各种疾病。犬缺乏蛋白质后胸腹下部常伴发浮肿，易感染继而死亡。

(4)影响繁殖机能。雄性性欲降低，精液品质下降，精子密度减小；雌性不发情，性周期失常，卵子数量少且质量差，受胎率低。受孕后胎儿发育不良，以至产生弱胎、死胎或畸形胎。

2. 蛋白质过量的危害 食物中蛋白质供给超过宠物的需要，不仅造成浪费，也会引起体内代谢紊乱，使心脏、肝脏、消化道、中枢神经系统机能失调，性机能下降，严重时发生酸中毒。过量的蛋白质加重肝脏、肾脏负担，严重时引起肝、肾方面的疾病，夏季还会加剧热应激的反应。

六、小肽的营养

小肽一般是指由 2～3 个氨基酸组成的寡肽。小肽能加快蛋白质的合成，提高矿物质元素的吸收利用率，提高动物机体免疫力，具有一定的生理调节作用。

小肽作为蛋白质的主要消化产物，在氨基酸消化、吸收以及动物营养代谢中起着重要的作用。小肠黏膜细胞吸收和水解小肽的机制，充分解释了氨基酸不能完全代替蛋白质的原因。与游离氨基酸相比，小肽的吸收具有两大特点：一是吸收速度快、耗能低、不易饱和，且各种肽之间运转无竞争性与抑制性；二是小肽本身能促进氨基酸和氨基酸残基的吸收。小肽作为动物消化道蛋白质的主要酶解产物，是迅速吸收的氨基酸供体，同时具有多种活性作用，能够调节机体的生命活动。活性肽具有调节动物体消化系统、神经系统、内分泌系统和免疫机能的活性作用，为进一步提高动物生产性能和健康水平提出了新的研究领域和方向。

此外，小肽可以提高矿物元素的利用率，能阻碍脂肪的吸收，并能促进“脂质代谢”，因此，在保证摄入足够量的肽的基础上，可将食物中其他能量组分减至最低。

七、肽类在宠物食品中的功能与应用

近年来，生物活性肽在动物蛋白质营养中的作用越来越受到关注，人们对生物活性肽功能的认识及其生产日益广泛。生物活性肽是一类分子质量较小、构象较松散具有多种生物功能的小肽。这些活性小肽包括由体内的内分泌腺分泌的多肽激素（肽类激素）、由血液或组织中的蛋白质经专一的蛋白酶分解而产生的组织激肽等。

生物活性肽既有丰富的营养作用，又有全面的功能性作用。在宠物食品中添加活性肽具有增强免疫力，提高矿物元素的吸收率等多种生理调节作用。

1. 乳链菌肽 也称为乳酸链球菌素，是某些乳酸链球菌产生的一种小肽。在食品中加入十万分之几到万分之几的该物质，就足以抑制引起食物腐败的许多革兰氏阳性菌的生长和繁殖，是一种高效、无毒的天然食品防腐剂。

2. 大豆多肽 经生物发酵由大豆蛋白水解产生的小肽，在动物消化道中能更快地吸收和利用，有益于改善适口性，富含酵母菌等有益微生物，是适于各类水产养殖的蛋白质饲料原料。

3. 阿片肽类 是研究最多、最早的酪蛋白生物活性肽，为牛乳β-酪蛋白 60～70 氨基酸残基，能够增强动物的耐受性、独立性，具有镇静和睡眠诱导作用。

4. 免疫刺激肽 是由酪蛋白的胰蛋白酶-糜蛋白酶降解产物中分离得到的，是激活巨噬细胞吞噬功能的肽。从人酪蛋白激酶分解物中分离得到 2 种活性肽，能激活腹膜巨噬细胞的吞噬作用，静脉注射这 2 种活性肽可保护犬免受肺炎菌感染。另外刺激免疫系统的酪蛋白肽是血管紧张素Ⅰ转换酶（ACE）的抑制剂，此酶催化血管紧张素Ⅱ的活性，而钝化缓激肽。缓激肽能刺激巨噬细胞，以增强淋巴细胞的转移和淋巴因子的释放。另外，由绵羊初乳的乳清中分离出的富含脯氨酸的多肽（Prp）也具有刺激或抑制免疫反应的调控作用。

5. 酪蛋白磷酸肽 是由牛乳蛋白中分离出来的。由于酪蛋白磷酸肽在中性和碱性时，通过磷酸丝氨酸与钙、锌、铁等离子结合，由犬小肠肠壁细胞吸收后再释放出来，从而有效地避免了小肠中性和偏碱性环境的影响，促进了钙、铁、锌的吸收。

最近几年，已有大量食品来源的多肽被分离和鉴定，并应用于食品甜味剂、抗氧化剂、风味剂和营养强化剂等。

单元四　宠物的碳水化合物营养

【学习目标】

本单元属于专业知识范畴。通过学习，了解碳水化合物的组成，碳水化合物的营养生理功能，宠物体内碳水化合物的消化、吸收及应用，为宠物食品配制中碳水化合物的应用奠定基础。

【学习方法】

课堂讲授，课后在图书馆中或互联网上查阅有关资料。

【关键词】

宠物；碳水化合物；营养；生理功能；消化；吸收

碳水化合物是一类重要的营养素，广泛地存在于植物性饲料中，是供给宠物能量最主要的营养物质。

一、碳水化合物存在形式与营养功能

(一)碳水化合物的组成

植物性饲料中的碳水化合物又称糖，除个别糖的衍生物中含有少量氮、硫等元素外，糖都由碳、氢与氧这 3 种元素组成，其中除碳原子外，氢原子与氧原子数之比恰好与水分子相同，即 H∶O=2∶1，故称其为碳水化合物。但也有个别情况，如 2-脱氧核糖($C_5H_{10}O_4$)和鼠李糖($C_5H_{10}O_5$)，虽然氢原子与氧原子数之比不符合 2∶1 的比例，但也属于糖类的范畴。碳水化合物按结构分类如图 1-4 所示。

- 碳水化合物
  - 无氮浸出物
    - 糖
      - 单糖：葡萄糖、果糖、半乳糖
      - 双糖：麦牙糖、蔗糖、乳糖
    - 淀粉（由许多单糖聚合而成的多糖）
  - 粗纤维
    - 纤维素
    - 半纤维素
    - 木质素

图 1-4　碳水化合物的分类

寡聚糖又称为低聚糖或寡糖，是指由 2～10 个单糖通过糖苷键连接起来形成直链或支链的一类糖；而将 10 个糖单位以上的称为多聚糖，包括淀粉、纤维素、半纤维素、果胶、半乳聚糖、甘露聚糖、黏多糖等；纤维素、半纤维素及果胶则统称为非淀粉多糖(NSP)。根据淀粉多糖的水溶性，将溶于水的称为可溶性非淀粉多糖，如 β-葡聚糖、阿拉伯木聚糖和果胶；不溶于水的则称为不溶性非淀粉多糖，如纤维素。

碳水化合物中的无氮浸出物主要存在于细胞内容物中。各种原料的无氮浸出物含量差异很大，其中以块根、块茎类及禾本科籽实类中含量最多。粗纤维多存在于植物的茎叶、秸秆和秕壳中。纤维素、半纤维素和果胶不能被消化道分泌的酶水解，但能被消化道中微生物酵解，酵解后的产物才能被宠物吸收和利用。木质素则不能被宠物利用。

宠物虽然从食物中摄取大量的碳水化合物，但宠物体内的碳水化合物仅占体重的 1%以下，主要存在形式有血液中的葡萄糖、肝脏和肌肉中贮存的糖原及乳中的乳糖。肌糖原占肌肉鲜重的 0.5%～1%，占总糖原的 80%，肝糖原占肝脏鲜重的 2%～8%，占总糖原的 15%，其他组织中糖原约占总糖原的 5%。另外，碳水化合物还以黏多糖、糖蛋白、糖脂等杂多糖的形式存在于宠物的组织器官中。

(二)碳水化合物的营养生理功能

1. 碳水化合物是宠物能量的主要来源　碳水化合物，特别是葡萄糖是供给宠物代谢活动快速应变需能的最有效的营养素。葡萄糖是大脑神经系统、肌肉、脂肪组织、乳腺等代谢以及胎儿生长发育的唯一能源。碳水化合物除了直接氧化供能外，也可以转变成糖原和(或)脂肪贮存于肝脏、肌肉和脂肪组织中，但贮存量很少，一般不超过体重的 1%。胎儿在妊娠后期能贮积大量糖原和脂肪用于出生后的能量需要。

2. 碳水化合物是体组织的构成物质　碳水化合物普遍存在于宠物体的各种组织中，作为细胞的构成成分，参与多种生命过程，在组织生长的调节上起着重要作用。其中，核糖和脱氧核糖是细胞中遗传物质核酸的组成成分；黏多糖参与结缔组织基质的形成；硫酸软骨素在软骨中起结构支持作用；糖蛋白是细胞膜的组成成分；糖脂是神经细胞的组成成分。

3. 碳水化合物是形成体脂肪、乳脂肪、乳糖的原料 当血糖恒定，机体糖原贮存量足够时，多余的碳水化合物可转变为体脂肪。碳水化合物也是合成乳脂肪和乳糖的原料。实验证明，机体中体脂肪约有50%、乳脂肪有60%～70%是以碳水化合物为原料合成的。

4. 粗纤维的作用 粗纤维经微生物发酵产生的各种挥发性脂肪酸，除用以合成葡萄糖外，还可氧化供能和合成氨基酸。粗纤维还可以刺激胃肠蠕动，促进消化液的分泌和粪便的排出。尤其对于不爱运动的室内猫，日粮中粗纤维的作用更重要。另外，粗纤维体积大、吸水性强，可以填充胃肠容积，使动物食用后有饱腹感。但是过多的粗纤维影响宠物对蛋白质、矿物质、脂肪和淀粉等营养物质的吸收与利用，还易引起便秘。因此，宠物日粮中粗纤维的水平以不超过5%为宜。

5. 寡聚糖的特殊作用 碳水化合物中的寡聚糖已知有1 000种以上，目前在宠物营养中常用的主要有寡果糖（又称果寡糖或蔗果三糖）、寡甘露糖、异麦芽寡糖、寡乳糖及寡木糖。近年的研究表明，寡聚糖可作为有益菌的基质，改变肠道菌相，建立健康的肠道微生物区系。寡聚糖还有消除消化道内病原菌，激活机体免疫系统等作用。日粮中添加寡聚糖可增强机体免疫力，提高成活率、增重及饲料转换率。寡聚糖作为一种稳定、安全、环保性良好的抗生素替代物，在实际饲养中有着广阔的发展前景。

饲养实践中，如果日粮中碳水化合物不足，宠物就要动用体内贮备物质（糖原、体脂肪，甚至体蛋白）来维持机体代谢水平，从而出现体况消瘦、体重减轻、繁殖性能降低等现象。犬如果大量缺乏碳水化合物，会生长迟缓、发育缓慢、容易疲劳。但是研究证明，低碳水化合物的高脂肪食物能延长犬的活动能力。当食物中碳水化合物的含量过高时，犬的毛色和体型会受到影响。猫对碳水化合物的需要量也不多。

二、碳水化合物的消化吸收

无氮浸出物被宠物采食进入口腔后，少部分淀粉经唾液淀粉酶的作用水解为麦芽糖；胃本身不含消化碳水化合物的酶类，仅靠从口腔中带入的淀粉酶进行微弱的消化；进入小肠的无氮浸出物在各种酶类的作用下分解为单糖：淀粉可分解为麦芽糖，麦芽糖进一步分解为葡萄糖；蔗糖可分解为葡萄糖和果糖；乳糖可分解为葡萄糖和半乳糖，其中大部分被小肠壁吸收，经血液输送至肝脏。在肝脏中，其他单糖首先转变为葡萄糖，大部分葡萄糖经体循环输送至身体各组织，参加三羧酸循环，氧化供能；一部分葡萄糖在肝脏合成肝糖原，另一部分葡萄糖通过血液输送至肌肉中形成肌糖原；过量的葡萄糖被输送至宠物的脂肪组织及细胞中合成体脂肪作为能源贮备。

犬猫的胃和小肠不含消化粗纤维的酶类，但大肠中的细菌可以将粗纤维发酵降解为乙酸、丙酸和丁酸等挥发性脂肪酸和一些气体。部分挥发性脂肪酸可被肠壁吸收，经血液输送至肝脏，进而被机体利用，气体则被排出体外。宠物的肠管较短，如猫的肠管长度只有家兔的1/2，盲肠不发达；犬的肠管长度只有其体长的3～4倍，进食后5～7 h即可将胃中的食物全部排出。因此，对粗纤维的利用能力很弱。未被消化吸收的碳水化合物最终以粪便的形式排出体外。宠物体内碳水化合物消化代谢过程如图1-5所示。

总体来看，宠物对碳水化合物的消化代谢以淀粉在小肠中消化酶的作用下分解成葡萄糖为主；而以粗纤维被大肠中细菌发酵形成挥发性脂肪酸为辅。

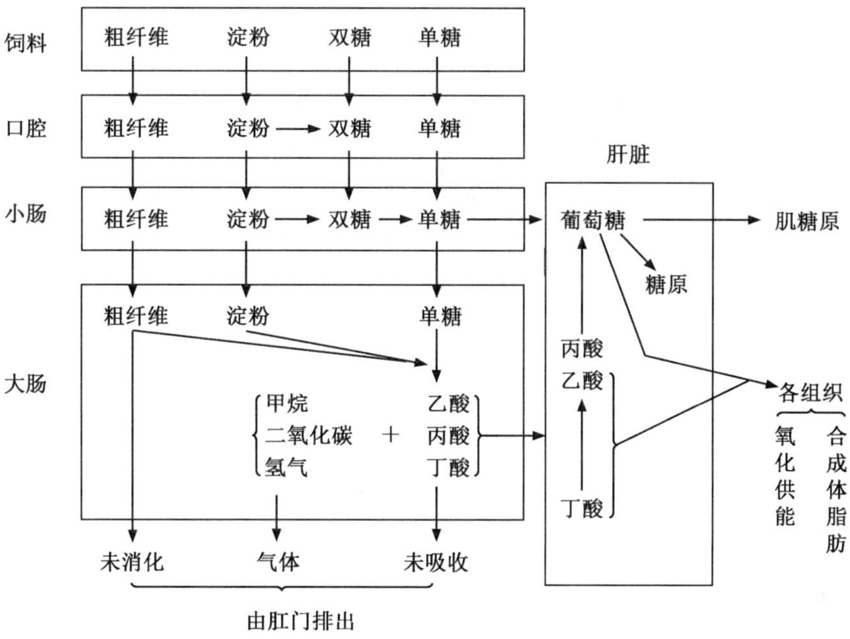

图 1-5　宠物体内碳水化合物消化代谢简图

三、影响宠物碳水化合物消化的因素

1. 宠物的种类和年龄　犬、猫等杂食动物对粗纤维的消化能力较弱，草食动物、鸟类对粗纤维的消化能力较强。一般成年犬，每天碳水化合物需要量为 10 g/kg 体重；对于幼犬，每日则需要碳水化合物 15.8 g/kg 体重。

2. 食物种类　食物中适宜的蛋白质水平，可以提高碳水化合物的消化率，而粗纤维含量高则抑制有机物质的消化。研究表明，日粮中每增加 1%的木质素，有机物质消化率降低 4.49%。

3. 饲喂技术　淀粉含量高的玉米、大麦、小麦、燕麦、马铃薯、高粱、甘薯等食物经蒸煮后可以提高适口性和消化率，再适量添加熟鱼肉、猪肝等可以组成很好的宠物饲粮。在给成年宠物饲喂牛奶时，经常会出现腹泻、胀肚现象，这是由于成年犬猫消化道内缺乏消化乳糖的乳糖酶，这时应立即停止饲喂。对于可以消化吸收牛奶中乳糖的犬猫，在饮用牛奶后，应供给充足、清洁的饮水。

单元五　宠物的脂肪营养

【学习目标】

本单元属于专业知识范畴。通过学习，了解脂肪的组成、脂肪的理化特性。掌握宠物的脂肪和必需脂肪酸营养生理功能，宠物体内脂肪的消化、吸收及多不饱和脂肪酸在宠物食品中的应用。

【学习方法】

课堂讲授，课后在图书馆中或互联网上查阅有关资料。

【关键词】

宠物；脂肪；必需脂肪酸；生理功能；消化吸收；多不饱和脂肪酸

一、脂肪的化学组成

脂肪由碳、氢、氧3种元素组成，与糖类、蛋白质相比，碳、氢含量较多，氧的含量较少。脂肪的能值约为糖类的2倍，故食物的能值主要取决于脂肪含量的高低。根据脂肪的结构，可将其分为真脂肪和类脂肪两大类。真脂肪由脂肪酸与甘油化合而成，故又称为甘油三酯或三酸甘油酯，如一般植物油、动物油；类脂肪由甘油、脂肪酸、磷酸、糖或其他含氮物质结合而成，包括磷脂、蜡质、固醇等。

二、脂肪的理化特性

1. 水解特性 脂肪可在酸或碱的作用下水解为甘油和脂肪酸，水解产生的游离脂肪酸大多数无臭无味，但低级脂肪酸，特别是4～6个碳原子的脂肪酸，如丁酸和乙酸，具有强烈的气味，影响食物的适口性。动、植物体内脂肪的水解在脂肪酶催化下进行，多种细菌和霉菌均可产生脂肪酶。当宠物食品保管不善时，其中的脂肪易发生水解而使其品质下降。

2. 氧化酸败 脂肪经光、热、湿和空气的作用，或者经微生物的作用，易发生氧化反应，产生特殊的臭味，这一过程称为脂肪的酸败。脂肪的酸败程度可用酸价表示，酸价是指中和1 g脂肪中的游离脂肪酸所需的氢氧化钾的毫克数，通常酸价大于6的脂肪即可能对宠物健康造成不良影响。如采食脂肪酸败的食物，宠物可表现明显的病理症状，如皮肤溃疡、掉毛、渗出性素质症、动脉硬化等，严重时可导致死亡。

3. 氢化作用 不饱和脂肪酸的双键在催化剂或酶的作用下与氢发生加成反应，转变为饱和脂肪酸，从而使脂肪的硬度增加，不易酸败，有利于储存，但也损失必需脂肪酸。

三、脂肪的营养生理功能

1. 脂肪是体组织的重要成分 宠物的各种组织器官中均含有脂类，主要为磷脂和固醇等。脑和外周神经组织含有鞘磷脂。大多数脂类，特别是磷脂、糖脂和胆固醇，是细胞膜的重要组成成分。蛋白质和脂类按一定比例构成细胞膜和细胞原生质。因此，脂类也是组织细胞增殖、更新及修补的原料。脂类也参与细胞内某些代谢调节物质的合成。棕榈酸是合成肺表面活性物质的必需成分。

2. 脂肪具有供能、储能的作用 脂肪是宠物体内重要的能源物质，是含能量最高的营养物质。生理条件下同等质量的脂肪氧化分解产生的能量是糖类所产生能量的2.25倍。脂肪分解产生的游离脂肪酸和甘油都是供给机体维持生命活动的重要能量来源。宠物食品中添加一定的植物油或动物脂肪可以降低热增耗，提高能量利用率。当宠物摄入的能量超过需要量时，多余的能量主要以脂肪的形式储存起来。而脂肪能以较小体积储存较多的能量，是宠物储存能量的最好形式。

3. 提供必需脂肪酸 脂肪为动物提供3种必需脂肪酸，即亚油酸、亚麻酸（α-亚麻酸）、花生四烯酸，它们对动物具有重要的营养生理作用。

4. 脂肪是脂溶性维生素的溶剂 脂溶性维生素A、维生素D、维生素E、维生素K及胡萝卜素在宠物体内必须溶于脂肪中才能被消化吸收和利用。

5. 脂肪对宠物具有保护作用 高等哺乳动物皮肤中的脂类具有抵抗微生物侵袭、保护机体的作用。皮下脂肪能够防止体热的散失，在寒冷季节有利于维持体温的恒定和抵御寒冷。脂类填充在脏器周围，具有固定和保护器官以及缓和外力冲击的作用。脂肪还是代谢水的重要来源。

6. 脂肪是宠物产品的成分　宠物的奶、肉、皮毛、精子及后代均含有一定数量的脂肪。

四、脂肪的消化、吸收和代谢

食物中的脂肪必须先经乳化变成直径小于 0.5 μm 的微粒后才能水解。犬猫胃中的酸性环境不利于脂肪的乳化，因此胃脂肪酶对脂肪的消化作用甚微。小肠是脂肪消化与吸收的主要部位，脂肪在小肠中与大量的胰液和胆汁混合，在肠蠕动的影响下乳化，在胰脂酶的作用下水解为甘油和脂肪酸，被肠壁吸收后主要在脂肪组织（皮下和腹腔）中再合成体脂肪。宠物体内储存的脂肪，除从食物中直接摄取之外，还可以由体内过剩的碳水化合物和蛋白质转化而来。幼小动物在胰液和胆汁的分泌功能尚未发育完全时，口腔的脂肪酶对乳脂肪有较好的消化作用，但随着年龄的增加，此酶的分泌减少。

猫可以采食含脂肪 64%的日粮而不会感到腻烦，也不会引起血管的异常。且脂肪在胃内停留的时间延长，会使猫有一种饱腹感，能防止过食现象。犬对脂肪的忍耐性不如猫，大多数犬可以忍耐含脂肪 50%的日粮，但有些犬会感到恶心。

若食物中缺乏脂肪，会加速蛋白质的消耗，使宠物消瘦。犬在妊娠期内，胰岛素功能受到损害，使脂肪不能被充分利用而排出体外，继而出现皮炎、皮屑增多、被毛无光泽、皮肤干燥等症状。可在母犬的饲粮中添加脂肪酶帮助消化或可添加玉米油。

若食物中脂肪含量过高，宠物则出现肥胖，造成代谢紊乱，易发生脂肪肝、胰腺炎等营养代谢病。猫长期采食红金枪鱼或含有大量多不饱和脂肪酸为主的饲粮，可造成肩胛骨周围和腹腔里的脂肪变性，严重时在腹部或股部摸到硬的脂肪块，称为脂肪组织炎或黄色脂肪病。患猫厌食，精神沉郁，可通过在饲粮中添加维生素 E 的方法预防。患犬则表现为行动迟缓、食欲下降，严重者生长停滞。过肥的公犬性欲下降，繁殖率降低；过肥的母犬发情迟缓、不发情、空怀、难产、产后缺乳。

饲养实践中，脂肪供应量一般按饲粮干物质的 12%～14%，或者成年犬每昼夜 1.0～1.1 g/kg 体重。猫饲粮中脂肪应占干物质的 15%～40%，幼猫最好饲喂含脂肪 22%的饲粮。对于比赛犬和工作犬，高蛋白质与脂肪配比[理想配比 31：20]，能够提供充足能量，增强犬的运动能力，有助于赛犬在大运动量后的快速恢复以及预防运动后引起的损伤。

五、必需脂肪酸

1. 必需脂肪酸（EFA）　凡是体内不能合成，必须由日粮供给，或能通过体内特定先体物形成，对机体正常机能和健康具有重要保护作用的脂肪酸都叫必需脂肪酸。按此定义，亚油酸（十八碳二烯酸）、亚麻酸（十八碳三烯酸）、花生四烯酸（二十碳四烯酸）都是必需脂肪酸。其中亚油酸和亚麻酸在植物和动物体中都存在，而花生四烯酸只存在于动物体中。亚麻酸和花生四烯酸可以由亚油酸在体内转化而来。但猫例外，猫无法将亚油酸转换成花生四烯酸，因此，猫必须从动物性食物中摄取花生四烯酸，否则皮毛干燥、失去光泽，甚至产生皮肤病及消瘦的现象。所以，宠物（猫除外）营养需要中通常只考虑亚油酸的供给。

2. 必需脂肪酸的生理作用　必需脂肪酸是细胞膜、线粒体膜和核膜的主要组成成分，具有保证细胞膜结构正常，促进生长的作用。必需脂肪酸也像蛋白质、氨基酸一样，是生长的一个限制因素。花生四烯酸对连接细胞膜和使膜保持一定韧性具有重要作用。足够的亚油酸可使红细胞具有更强的抗血溶能力。

必需脂肪酸参与磷脂的合成和胆固醇的正常代谢，胆固醇必须与必需脂肪酸结合，才能在体内转运和正常代谢。必需脂肪酸是合成前列腺素的原料且与精子生成有关，若日粮中长期缺乏，可导致宠物繁殖机能降低。

当宠物日粮中缺乏必需脂肪酸时，幼龄宠物常发生皮炎、脱毛、皮下出血及水肿、尾部坏死，严重的引起消化障碍和中枢神经机能障碍，生长停滞；成年宠物出现繁殖力下降，性欲降低，死胎、泌乳量下降，甚至死亡。

六、多不饱和脂肪酸在宠物食品中的应用

多不饱和脂肪酸（PUFAs）具有多种生物活性功能，主要分为两大类：一类是 ω-3 多不饱和脂肪酸，是指从脂肪酸碳链甲基端算起，第 1 个双键出现在第 3 位碳原子上的多不饱和脂肪酸，它属亚麻酸类，主要包括 α-亚麻酸、二十碳五烯酸（EPA）和二十二碳六烯酸（DHA）。α-亚麻酸是 ω-3 多不饱和脂肪酸的前体物质，主要来源于植物油（如菜籽油和大豆油），少量来自绿叶蔬菜。EPA 和 DHA 等长链 ω-3 多不饱和脂肪酸则主要来源于海洋生物（如甲壳类和鱼类）。另一类是 ω-6 多不饱和脂肪酸，是指从脂肪酸碳链甲基端算起，第 1 个双键出现在第 6 位碳原子上的多不饱和脂肪酸，它属亚油酸类，主要包括亚油酸、γ-亚麻酸和花生四烯酸（AA），是植物油中最主要的多不饱和脂肪酸，亚油酸是 ω-6 多不饱和脂肪酸的前体物质。ω-3 和 ω-6 系列多不饱和脂肪酸在体内代谢时，彼此不能相互转化，且各自具有独特的生理功能。

近年来，多不饱和脂肪酸广泛应用于功能性食品的研发领域里，发挥其防治心脑血管疾病、抗癌及免疫调节作用，添加于宠物食品中，对皮肤和被毛的健康非常重要，能增加被毛亮度和色泽。许多专业配方的犬粮，都添加了一定比例的多不饱和脂肪酸或不饱和脂肪酸含量高的天然原料。

多不饱和脂肪酸的食物来源很广泛，在各种植物油中含量较多。在大豆油、棉籽油、菜籽油、葵花籽油、花生油等食用油脂中含有较多亚油酸和一定量的亚麻酸。绿叶蔬菜和亚麻籽中含较多亚麻酸。此外，一些用花生、芝麻、核桃、杏仁、玉米、大豆等为主料制作的食品，也可以作为获得途径。动物脂肪，如猪油、鸡油、鸡蛋，均含有一定量的必需脂肪酸，鱼油中不饱和脂肪酸达 20%（主要是亚麻酸），而向日葵种子油中不饱和脂肪酸高达 65%～70%。EPA、DHA 则在一般陆生植物性油脂中几乎没有，但在海藻类和海产鱼中含量较多，可作为重要来源。

单元六　宠物的矿物质营养

【学习目标】

本单元属于专业知识范畴。通过学习，了解宠物机体的矿物质组成、必需矿物质元素的营养生理功能及元素之间的相互作用，为科学饲养宠物和矿物质在宠物食品配制中的应用奠定基础。

【学习方法】

课堂讲授，课后在图书馆中或互联网上查阅有关资料。

【关键词】

宠物；矿物质；营养；生理功能

矿物质是营养中一大类无机营养素。现已证明，自然界中存在的元素有 60 种以上可在动

物组织器官中找到，其中已确认的有45种元素参与动物体组成。矿物质元素在机体生命活动过程中起着十分重要的调节作用，尽管占体重很小，且不供给能量、蛋白质和脂肪，但缺乏时宠物生长受阻，甚至死亡；过量时会影响宠物健康，严重时会发生疾病、中毒或死亡。

一、矿物质的组成及作用

（一）必需矿物质元素

动物所需要的，在体内具有确切的生理功能和代谢作用，日粮供给不足或缺乏可引起生理功能和结构异常，并导致缺乏症的发生，补给相应的元素，缺乏症即可消失的元素都叫必需矿物质元素。

迄今为止，已知的必需常量矿物质元素（体内含量大于或等于0.01%的元素）有钙、磷、钾、钠、氯、镁、硫共7种。微量矿物质元素（体内含量小于0.01%的元素）有铁、铜、钴、锌、锰、硒、碘、钼、氟、铬、镉、硅、矾、镍、锡、砷、铅、锂、硼、溴共20种，后10种在已知必需矿物质元素中需要量较低，实际饲养中基本上不会出现这些元素的缺乏症。

（二）矿物质元素的营养生理功能

①矿物质元素是构成体组织的重要成分。

②矿物质元素在维持体液渗透压恒定和酸碱平衡上起重要作用。

③矿物质元素是机体内多种酶的成分或激活剂。

④矿物质元素是宠物产品乳、肉、蛋的成分。

⑤矿物质元素是维持神经和肌肉正常功能所必需的物质。

（三）矿物质元素的供给

常用的食物可提供宠物需要的矿物质元素。但由于不同食物所含矿物质元素不同，而不同宠物对矿物质元素需要也不同，因此，不一定都能满足需要。在实际饲养中，日粮中不能满足需要的部分，一般都用矿物质含量高的食物或微量元素添加剂来补足。

由于矿物质元素具有不稳定性和易结合的特点，发生相互作用的可能性比其他养分大。这种相互作用包括协同作用和拮抗作用（图1-6），实际饲养中最多的应注意相互间的抑制，如磷和镁、磷和钾、磷和铁、磷和锌相互抑制，钾和锌、钾和磷相互抑制，钠和锌、钠和锰相互抑制，钴和锌相互抑制，铜和硫、铜和钙相互抑制等。因此，在配合宠物食品时必须保证矿物质元素之间的平衡。

二、常量元素

（一）钙、磷

1. 营养作用

（1）钙的营养作用。

①机体中约99%的钙构成骨骼和牙齿，起支持和保护作用。

②钙在维持神经和肌肉正常功能中起着抑制神经和肌肉兴奋性的作用，当血钙含量低于正常水平时，神经和肌肉兴奋性增强，引起机体抽搐。

③钙可促进凝血酶的致活，参与正常血凝过程。

④钙是多种酶的激活剂或抑制剂，钙能激活肌纤凝蛋白-ATP酶与卵磷脂酶，能抑制烯醇化酶与二肽酶的活性。

(2)磷的营养作用。

①机体中约80%的磷构成骨骼和牙齿，骨中的钙约占骨灰分的36%，磷约占骨灰分的17%，正常的钙磷比约为2∶1。

②磷以磷酸根的形式参与糖的氧化和酵解以及脂肪酸的氧化和蛋白质的分解等多种物质代谢。

③在能量代谢中，磷作为二磷酸腺苷(ADP)和三磷酸腺苷(ATP)的成分，在能量贮存与传递过程中起着重要作用。

④磷还是DNA、RNA及辅酶Ⅰ和辅酶Ⅱ的成分，与蛋白质的生物合成及宠物的遗传有关。

⑤磷也是细胞膜和血液中缓冲物质的成分。

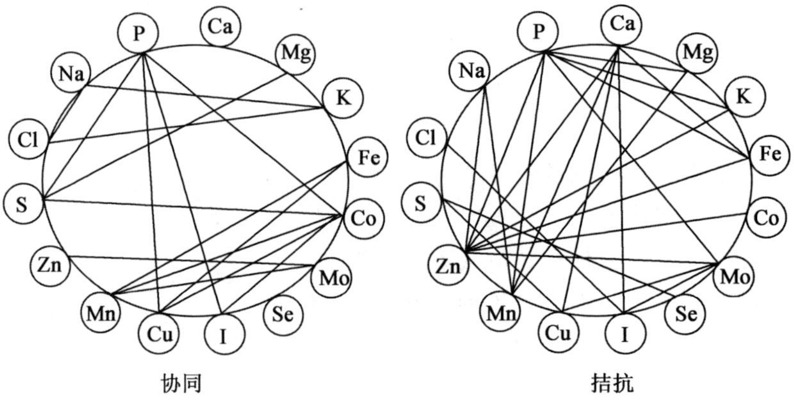

图1-6 矿物质元素之间的关系

2. 钙、磷缺乏症及其过量的危害

(1)钙、磷缺乏症。钙、磷缺乏症主要表现为食欲不振、身体消瘦、不喜动、四肢无力、繁殖性能下降、异食癖(喜食墙面、泥土、地板，互相舔食被毛或咬耳朵，甚至喜食自己的粪便)等。不同生理状态下，还表现出不同的典型症状。

①幼龄动物的佝偻病：常见于1～3月龄的幼龄动物和生长较快的青年动物。初期的症状为精神不振，食欲减退，消化不良，逐渐消瘦，生长缓慢，表现为腹泻或便秘等消化障碍。随病情的进展，四肢关节疼痛，关节僵硬，伸屈不灵活，出现跛行或轻瘫，骨骼变形，如弓背、凹腰、四肢变形等，出现"O"形或"X"形腿，严重时后肢瘫痪。

②成年动物的骨软病：表现为食欲减退，消化不良，精神不振，不喜动，卧地不起，骨骼软化，骨质疏松、多孔呈海绵状，骨壁变薄，颌骨异常，牙槽骨和牙龈退化，失去繁殖力，容易在骨盆骨、股骨和腰荐部椎骨处发生骨折。此外，当血钙含量降低于正常水平时，四肢易发生抽搐。

③哺乳母犬、母猫的低钙血症：哺乳母犬、母猫低钙血症也称为产后抽搐、产后癫痫、产褥痉挛病、产后风湿。本病主要发生于小型玩赏犬，尤以狮子犬多发，中型犬与大型犬很少发病。临床症状表现为没有先兆，突然发病。发病初期表现为不安、兴奋、呻吟、流涎、肌肉震颤，继而全身肌肉痉挛、站立困难，头向后仰，眼向上翻、角弓反张、张口伸舌、口吐白沫，呼吸急促，很容易因窒息而死亡。

(2)钙、磷过量的危害。宠物对钙、磷有一定的耐受力。过量的钙会降低磷及其他矿物质元素(包括锌、锰、铁)的吸收,脂肪消化率也会降低。过量的磷会使血钙含量降低,为了调节血钙含量,刺激甲状旁腺分泌增多而引起甲状旁腺机能亢进,致使骨中磷大量分解,易产生跛行或长骨骨折。

3. 钙、磷的合理供应

(1)影响钙、磷吸收的因素。钙、磷的吸收需要在溶解的状态下进行,因此,凡是能促进钙、磷溶解的因素就能促进钙、磷的吸收。一般有机钙的吸收率要大于无机钙。影响钙、磷因素主要有以下几种。

①酸性环境。食物中的钙可与胃液中盐酸化合生成氯化钙,被胃壁吸收。小肠中的磷酸钙、碳酸钙等的溶解度受肠道 pH 影响很大,在碱性、中性溶液中其溶解度很低,难于吸收。小肠前段为弱酸性环境,是食物中钙和无机磷吸收的主要场所。小肠后段偏碱性,不利于钙、磷的吸收。因此,蛋白质在小肠内水解为氨基酸,乳糖、葡萄糖在肠内发酵生成乳酸,均可增强小肠的酸性,促进钙、磷的吸收。

②日粮中可利用的钙、磷的比例是否适当。犬猫日粮的钙、磷比例在(1.2～1.4)∶1 时吸收率高。钙、磷过多时,其在小肠内碱性环境中与食物中的磷或钙更多的结合成磷酸钙沉淀。实践证明,如果食物中钙、磷数量充足但比例失调,同样会导致腿病。不同宠物对比例不当的钙、磷的耐受力不同,猫饲粮中 1∶2 的钙、磷比会导致骨质疏松症,3∶1 的钙、磷比将导致佝偻症。

③维生素 D。具有增强小肠酸性,调节钙、磷比例,促进钙、磷吸收与沉积的作用。因此,保证宠物维生素 D 的供应,可预防钙、磷的缺乏。尤其在冬季,户外活动减少、日晒不足时,满足维生素 D 的供应就显得更为重要。但是,过高的维生素 D 会使骨骼中钙、磷过量动员,反而可能产生骨骼病变。

④过多的脂肪、草酸、植酸。日粮中脂肪过多,易于钙结合成钙皂,由粪便排出;草酸过多,易于钙结合成草酸钙沉积,不能吸收;植酸过多,易于钙结合成不易溶解的植酸钙,也影响钙的吸收。此外,维生素 A、维生素 C 及适量的氨基酸有利于钙、磷在骨骼中和沉积和骨骼的形成。

(2)钙、磷的来源与供应。

①饲喂富含钙、磷的天然食物,如骨头、鱼粉、肉骨粉等,可以让宠物经常啃食一些生或熟骨头,这样既可以补充钙、磷,同时又能清除牙垢,对于宠物犬还可以满足其喜啃食骨头的习性。一般每周 2 次左右。

②补饲矿物质。可以在宠物饲粮中添加含钙的蛋壳粉、贝壳粉、石灰石粉、石膏粉,含钙、磷的蒸骨粉、磷酸氢钙等。此外,还可以在猫的饲粮中加入 5%～10%的骨粉;或每 100 g 湿肉中加入碳酸钙 0.5 g;每 100 mL 牛奶加入 150 mg 钙。资料表明,泌乳猫每天饲喂 400～600 mg 的钙才能满足需要。

③多晒太阳。犬的被毛、皮肤、血液中的 7-脱氢胆固醇在阳光紫外线的照射下可转变为维生素 D_3,有利于钙、磷的吸收。也可在犬猫的饲粮中直接添加维生素 D。

④优良贵重的种用宠物可直接注射维生素 D 和钙制剂或口服鱼肝油。

(二)钠、钾、氯

1. 营养作用　维持细胞内液渗透压的恒定主要靠钾,而维持细胞外液则主要靠钠和氯。

机体内各种酸性离子(如 Cl^-)与碱性离子(如 K^+、Na^+)之间保持适宜的比例，配合重碳酸盐和蛋白质的缓冲作用，即可维持体液的酸碱平衡，从而保证宠物体的组织细胞进行正常的生命活动。

钾和钠能促进神经和肌肉的兴奋性，而钙和镁却能抑制神经和肌肉的兴奋性，钾、钠、钙、镁离子保持适宜的比例，即可维持神经和肌肉的正常功能。钾还参与蛋白质和糖的代谢。

2. 钠、钾、氯的缺乏症及其过量的危害

(1)缺乏症。宠物体内不具有贮存钠的能力，所以，钠最容易缺乏，其次是氯，钾一般不会缺乏。植物性原料，尤其是细嫩植物中含钾丰富。犬缺乏钠和氯时，表现为食欲不振、疲劳无力、饮水减少、皮肤干燥、被毛脱落、生长减慢或失重、异食癖，同时蛋白质利用率下降。食盐是供给宠物钠和氯的最好来源，食盐具有调节食物口味、改善适口性、刺激唾液和胃液分泌、活化消化酶等作用。

(2)过量的危害。鲜肉中含盐很少，如将家庭的残汤剩饭喂于宠物，其食盐过多，若宠物饮水量少，易引起宠物食盐中毒，表现为极度口渴、腹泻、步态不稳、抽搐等症状，严重时可导致死亡。老龄犬会因食盐超量而使心脏遭受损害。犬日粮中干物质含盐量最多为1%。犬日粮中钾过量会影响钠、镁的吸收，甚至引起“缺镁痉挛症”。

健康的宠物不会发生电解质失衡现象，只有发生疾病，引起宠物厌食、呕吐、腹泻、肠道阻塞时，电解质平衡因遭到破坏而紊乱。此时应口服或静脉注射含有电解质的溶液，如生理盐水、复方氯化钠溶液、复方氯化钾溶液等。

(三)镁

1. 营养作用 约有70%的镁参与骨骼和牙齿的组成；作为酶的活化因子或直接参与酶的组成，如磷酸酶、氧化酶、激酶、肽酶、精氨酸酶等，影响3种有机物的代谢；镁参与遗传物质DNA、RNA和蛋白质的合成；具有抑制调节神经和肌肉的兴奋性，保证心脏、神经、肌肉的正常功能。

2. 镁的缺乏症及其过量的危害

(1)缺乏症。宠物饲粮中营养搭配不合理，可能导致镁缺乏，主要表现为过度兴奋、厌食、肌肉抽搐，严重时发生痉挛，甚至昏迷死亡。缺镁还影响心脏、血管等软组织中钙的沉积，可使主动脉中钙的水平提高约40倍，因此应该注意日粮中钙、磷、镁的平衡。患缺镁症的小型犬无法站立。

(2)过量的危害。镁中毒主要表现为昏睡、运动失调、腹泻、食欲减退、生长缓慢甚至死亡。猫摄入过量的镁，会以磷酸铵镁的形式由尿液排出，但尿中过多的磷酸铵镁结晶沉积可阻塞尿道，造成膀胱积尿，公猫比母猫较多发。

(四)硫

1. 营养作用 硫是蛋白质化学组成中的重要元素。硫以含硫氨基酸形式参与被毛、羽毛、蹄爪等角蛋白的合成，在宠物的被毛中硫含量高达4%左右。硫是硫胺素、生物素和胰岛素的组成成分，参与碳水化合物的代谢；硫作为黏多糖的成分参与胶原蛋白及结缔组织的代谢等。

2. 硫的缺乏症及其过量的危害

(1)缺乏症。硫的缺乏通常是宠物缺乏蛋白质时才会发生。宠物缺硫时表现为消瘦，蹄、爪、被毛生长缓慢。

(2)过量的危害。自然条件下硫过量现象较少。用无机硫作为添加剂,用量超过0.3%~0.5%时,可使宠物产生厌食、失重、便秘、腹泻、抑郁等症状,严重者可导致死亡。

三、微量元素

微量元素的主要营养生理功能、缺乏症及过量的危害如表1-2所示。

表1-2 微量元素的主要营养生理功能、缺乏症及过量的危害

名称	主要营养生理功能	主要缺乏症	过量的危害
铁	铁是合成血红蛋白和肌红蛋白的原料;铁离子是碳水化合物代谢酶类的活化因子,参与机体物质代谢及能量代谢;乳铁蛋白在肠道内调节菌群,有预防新生宠物腹泻的作用	成年动物不易缺铁,幼龄哺乳动物缺铁的主要症状是贫血,虚弱、疲劳,可视黏膜苍白,食欲下降,消瘦	日粮中干物质中含铁量达1 000 mg/kg时,导致慢性中毒,表现为消化机能紊乱、腹泻、生长缓慢,重者导致死亡
铜	铜作为金属酶的组成部分,直接参与体内代谢;参与骨骼的形成、红细胞的生成、被毛中黑色素的形成;参与血清免疫球蛋白的构成,增强机体免疫机能	与缺铁相似的贫血;被毛退色;血管弹性降低从而导致宠物血管破裂死亡;易骨折或骨畸形;免疫力下降,繁殖力低	生长受阻、贫血、肌肉营养不良,严重时引起溶血。伯灵顿犬由于铜过量引起的肝炎、肝硬化,表现出遗传性
硒	谷胱甘肽过氧化物酶的特异成分,能保护细胞膜的结构完整和功能正常;硒对胰腺组成和功能有重要影响;有保证肠道脂酶活性、促进脂类物质消化吸收的作用;硒与繁殖性能密切相关;硒在机体内有拮抗和降低铅、镉、汞和砷等元素毒性的作用;硒还有活化含硫氨基酸和抗癌的作用	缺硒具有明显的地区性,主要表现为肝坏死,心肌和骨骼肌萎缩,繁殖性能下降;严重缺硒会引起胰腺萎缩;缺硒还加重缺碘症状,并降低机体免疫力	硒的毒性较强,动物长期摄入5~10 mg/kg硒可产生慢性中毒,消瘦、贫血、关节强直、脱毛,常因饥渴而死;摄入500~1 000 mg/kg硒可出现急性或亚急性中毒,轻者盲目蹒跚,重者死亡;呼出的气体带有异味
锌	锌是体内多种酶的成分或激活剂;参与维持上皮细胞和被毛的正常形态、生长和健康;维持胰岛素的正常作用并与精子的生成有关;维持生物膜的正常结构和功能,对膜中正常受体的机能有保护作用;参与骨骼和角质的生长并能增强机体免疫和抗感染力,促进创伤的愈合	生长缓慢,厌食,皮肤和被毛损害;雄性生殖器官发育不良,雌性不易受孕或流产;骨骼发育不良,长骨变短增厚;外伤愈合缓慢,机体免疫力下降。皮肤不完全角质化症是很多动物缺锌的典型症状	锌的摄入过量,一般不会对宠物造成危害,因为各种宠物对锌的耐受力都较强;过量的锌会抑制铁、铜的吸收,导致贫血
碘	碘参与甲状腺素组成,调节代谢和维持体内热平衡,对动物繁殖、生长、发育、红细胞生成和血液循环等起调控作用。体内一些特殊蛋白质(如皮毛角质蛋白)的代谢和胡萝卜素转变成维生素A的过程都离不开甲状腺素	猫表现为被毛稀疏,皮肤增厚变硬,头部水肿变大,行动迟缓,表情呆板。幼犬严重缺碘时患呆小症,成年犬患黏液性水肿,被毛短而稀疏,皮肤硬厚,脱皮,迟钝与困倦。妊娠动物缺碘可导致胎儿生长发育受阻,产死胎、弱胎或新生胎儿无毛、体弱、成活率低	不同动物对碘过量的耐受力不同。成年猫每天可以饲喂5 mg的碘,而不会出现过量反应。猫长期摄入过量碘,甲状腺功能亢进,表现为兴奋,好动不好静,厌食,但短时间活动之后,易疲劳、气喘,体温略为升高,伸懒腰

续表1-2

名称	主要营养生理功能	主要缺乏症	过量的危害
锰	锰是精氨酸酶和脯氨酸肽酶的成分，又是肠肽酶、羧化酶、ATP酶等的激活剂，参与蛋白质、碳水化合物、脂肪和核酸代谢；锰参与骨骼基质中硫酸软骨素的生成并影响骨骼中磷酸酶的活性；锰可催化性激素的前体胆固醇的合成，与宠物繁殖有关；锰还与造血机能密切相关，并维持大脑的正常功能	动物缺锰时，采食量下降；生长发育受阻；骨骼畸形，关节肿大，骨质疏松。雌性动物缺锰主要表现为不发情或性周期失常，不易受孕；妊娠初期流产或产弱胎、死胎、畸胎；雄性动物性欲丧失，睾丸退化，精子缺乏而不良。锰缺乏或过量均会抑制抗体的产生	动物对锰有一定的耐受力，锰中毒现象非常少见。锰过量，损害动物胃肠道，导致动物生长受阻，贫血，并致使钙、磷利用率降低，易患“佝偻病”“骨软症”。还会引起猫的繁殖力下降，影响血红蛋白的形成，导致部分白斑病
钴	钴是维生素 B_{12} 的主要成分。维生素 B_{12} 促进血红素的形成，在蛋白质、蛋氨酸和叶酸等代谢中起重要作用；钴是磷酸葡萄糖变位酶和精氨酸酶等激活剂，与蛋白质和碳水化合物代谢有关	钴缺乏可导致维生素 B_{12} 合成受阻，动物主要表现食欲不振，生长停滞，体弱消瘦，黏膜苍白等贫血症状；机体中抗体减少，降低了细胞免疫反应。犬表现为神经障碍，运动失调和生长停滞	所有宠物对钴的耐受力较强，日粮中钴的含量超过需要量的300倍才会产生中毒反应

四、应激对微量元素需要量的影响

应激是指宠物在遇到各种刺激，如剧烈运动、高温、高湿、寒冷、疼痛、疫苗接种、惊吓、运输、有害气体的侵袭及饲养管理不当等情况时，机体所产生的一系列生理活动亢进现象。宠物产生应激后，在生产上主要表现为生长发育减慢、食欲降低、对疾病的抵抗力下降、自身免疫机能降低、发病率上升等。

微量元素铁、铜、钴、锰、锌和碘等，均是影响宠物免疫机能和抗应激能力的重要因素。因为应激因素使微量元素摄入量相对减少，而此时机体的代谢却要增强，即从不同方面加大了对微量元素的需要量，所以必须额外补充。

单元七　宠物的维生素营养

【学习目标】

本单元属于专业知识范畴。通过学习，了解脂溶性维生素和水溶性维生素的特点及其对宠物的营养生理功能，为科学饲养宠物奠定基础。

【学习方法】

课堂讲授，课后在图书馆中或互联网上查阅有关资料。

【关键词】

宠物；脂溶性维生素；水溶性维生素；营养；生理功能

维生素是维持动物正常生理功能所必需且需要量极少的一类低分子有机化合物，体内一般不能合成，必须由食物提供，或者提供含维生素的先体物。犬自身能合成维生素C，猫自身能合成维生素 K、维生素 D、维生素 C、维生素 B_{12} 等，但除了维生素 K、维生素 C 的自身合成量能够满足机体的最佳生长需要外，其他几种维生素都需要额外添加。

维生素不是形成机体各组织器官的原料，也不是能源物质，但它作为生物活性物质，在新陈代谢过程中起调节和控制作用。

一、脂溶性维生素

脂溶性维生素都能溶于有机溶剂如乙醚、氯仿等，而不溶于水。脂溶性维生素包括维生素 A、维生素 D、维生素 E 和维生素 K。它们在消化道内随脂肪一同被吸收，有利于脂肪吸收的条件，如充足的胆汁和形成良好的脂肪微粒也利于脂溶性维生素的吸收。脂溶性维生素有相当数量贮存在宠物的机体组织中，摄入过量的脂溶性维生素可引起中毒，给代谢和生长带来障碍，尤其是维生素 A 和维生素 D_3。脂溶性维生素的缺乏症一般可与它们的功能相联系。维生素 K 可由消化道微生物合成足够的量，维生素 D 可由光照转化形成并满足或部分满足需要，维生素 A 和维生素 E 必须由日粮提供。

（一）维生素 A

纯净的维生素 A（抗眼干燥症维生素、视黄醇）为黄色片状结晶体，有视黄醇、视黄醛和视黄酸 3 种衍生物，只存在于动物体内。植物体内不含维生素 A，而含有维生素 A 原（先体）——β-胡萝卜素。各种动物转化 β-胡萝卜素为维生素 A 的能力不同，在犬的肠壁中，1 分子 β-胡萝卜素可以转化成 2 分子视黄醇，而猫和貂缺乏这种能力。维生素 A 可在肝脏中大量贮存，维生素 A 和胡萝卜素在阳光照射下或在空气中加热蒸煮时，或与微量元素及脂肪接触条件下，极易被氧化破坏而失去生理作用；在无氧黑暗处是稳定的，在 0 ℃以下的暗容器内可永久保存。

1. 营养作用及缺乏症　维生素 A 的营养作用与机体上皮组织、视觉、繁殖、神经等功能有关。具体营养作用及缺乏症如下。

（1）维持宠物在弱光下的视力。维生素 A 对猫的视力尤其重要，是视觉细胞内感光物质——视紫红质的成分，具有维持暗视觉的功能。缺乏维生素 A，在弱光下，视力减退或完全丧失，易患“夜盲症”。

（2）维持上皮组织的健康。维生素 A 与上皮细胞的黏多糖合成有关，它是维持一切上皮组织健全所必需的物质。缺乏维生素 A，上皮组织干燥和过度角质化，易受细菌侵袭而感染多种疾病，如发生感冒、肺炎、肾炎和膀胱炎等。泪腺上皮组织角质化，易发生“干眼病”，严重时角膜、结膜化脓溃疡，甚至失明；呼吸道或消化道上皮组织角质化，生长宠物易引起肺炎或下痢；泌尿系统上皮组织角质化，易产生肾结石和尿道结石。

（3）促进幼龄宠物的生长。维生素 A 能调节碳水化合物、脂肪、蛋白质及矿物质代谢。缺乏时，影响机体蛋白合成及骨组织的发育，造成幼龄宠物精神不振，食欲减退，生长发育受阻；长期缺乏时，肌肉脏器萎缩，严重时死亡。

（4）维持骨骼的正常发育。维生素 A 与成骨细胞活性有关，影响骨骼的合成。缺乏时，破坏软骨骨化过程；骨骼造型不全，骨质脆弱且过分增厚，压迫中枢神经，犬可因听觉神经受损而导致耳聋，出现运动失调，痉挛、麻痹等神经症状。

（5）参与性激素的形成。维生素 A 缺乏时，宠物的繁殖力下降。雄性性欲差，睾丸及附睾退化，精液品质下降，严重时出现睾丸硬化。雌性发情不正常，不易受孕。妊娠雌性流产、难产以及产生弱胎、死胎或瞎眼仔畜。

此外，维生素 A 还有增强机体免疫力和抗感染能力以及抗癌的作用。

维生素 A 的需要量通常以国际单位(IU)计算。1 IU 维生素 A=0.3 μg 维生素 A=0.334 μg 维生素 A 盐=0.6 μg β-胡萝卜素。

成年猫和生长猫需每天提供 1 500～2 100 IU 的维生素 A，妊娠和哺乳期的母猫应适量增加喂量。此外，猫呼吸道感染也大量消耗肝脏中的维生素 A，因此也要增加喂量。

猫不能将植物中的 β-胡萝卜素在肠黏膜细胞里或肝中转化成维生素 A，只能从动物性食物中获取。动物肝脏、鱼肝油、鲜奶中维生素含量丰富。喂饲猫时，可将动物肝脏煮熟，剁成肝末晾干低温保存，每次在猫食中加入少许，可增加营养并提高适口性。

2. 过量的危害 过量的维生素 A 贮存在肝脏和脂肪组织中，不从肾脏排出，易引起中毒。病猫可表现为骨畸形、骨质疏松、颈椎骨脱离和颈软骨增生，骨骺生长缓慢、器官退化、生长缓慢、失重、皮肤损害以及先天畸形。患犬表现为骨质疏松、四肢跛行、齿龈炎、牙齿脱落、皮肤干燥、脱毛。对于宠物，维生素 A 的中毒剂量是需要量的 4 倍以上。

(二)维生素 D

维生素 D(抗佝偻症维生素)属固醇类衍生物，包括维生素 D_2(麦角钙化醇)和维生素 D_3(胆钙化醇)2 种活性形式。植物体中的麦角固醇经紫外线照射转化成维生素 D_2，动物体中的 7-脱氢胆固醇经紫外线照射转化成维生素 D_3。猫没有此功能。

1. 营养作用及缺乏症 维生素 D 具有增强小肠酸性，调节钙磷比例，促进钙磷吸收的作用，它还可以直接作用于成骨细胞，促进钙磷在骨骼和牙齿中的沉积，有利于骨骼钙化。维生素 D 还刺激单核细胞增殖，使其成为成熟巨噬细胞，影响巨噬细胞的免疫功能。

当饲喂的日粮中缺乏维生素 D 时，可引起幼龄宠物成骨作用发生障碍，出现“佝偻症”，表现为行动困难、不能站立、生长缓慢。成年宠物，尤其是妊娠和泌乳宠物患“骨软症”、骨质疏松，易骨折、弓形腿。

研究表明，即使将犬背上的毛剃去，使其受到更多紫外线的照射，其体内合成的维生素 D 仍不能满足需要。因此，犬的日粮中应提供充足的维生素 D 以保证其营养需要。动物性食物如鱼肝油、肝粉、血粉、酵母中含有丰富的维生素 D，对有特殊需要的宠物可注射维生素 D(骨化醇)。

维生素 D 的需要量通常以国际单位(IU)计算。1 IU 维生素 D=0.025 μg 维生素 D_3。

2. 过量的危害 维生素 D 过量也可导致宠物中毒，但对于大多数宠物，连续饲喂超过需要量的 4 倍以上的维生素 D，360 d 后才能出现中毒症状，其特征是血钙过多，动脉中钙盐广泛沉积，各种组织和器官如动脉管壁、心脏、肾小管等都发生钙质沉着，出现钙化灶，骨损伤，血钙含量过高。短期饲喂，大多数宠物可耐受 100 倍的剂量。维生素 D_3 的毒性比维生素 D_2 的毒性大 10～20 倍。

(三)维生素 E

1. 营养作用及缺乏症 维生素 E(抗不育症维生素、生育酚)的营养作用是多方面的，主要作用如下。

①抗氧化作用。维生素 E 可保护膜脂中不饱和脂肪酸及维生素 A 不被氧化，维持生物膜的正常功能。

膜脂过氧化可导致膜蛋白结构的变化，这也可能是维生素 E 缺乏时引起膜功能改变及症状多样性的一个因素。

②参与细胞 DNA 合成的调节。

③维持正常的繁殖机能。维生素 E 可促进性腺发育，调节性机能；促进精子的生成，提高其活力；增强卵巢机能。

④保证肌肉的正常生长发育。维生素 E 缺乏时肌肉中能量代谢受阻，肌肉营养不良，致使幼龄宠物患“白肌病”。

⑤维持毛细血管结构的完整和中枢神经系统的机能健全。

⑥增强机体免疫力和抵抗力。研究表明，维生素 E 可促进抗体的形成和淋巴细胞的增殖，提高细胞免疫反应，降低血液中免疫抑制剂皮质醇的含量，提高机体的抗病能力，它具有抗感染、抗肿瘤与抗应激等作用。

⑦参与机体内物质代谢。维生素 E 是细胞色素还原酶的辅助因子，参与机体内生物氧化；参与维生素 C 和泛酸的合成；参与含硫氨基酸和维生素 B_{12} 的代谢等。

⑧可以降低镉、汞、砷、银等重金属及有毒元素的毒性。

⑨通过使含硒的氧化型谷胱甘肽过氧化物酶变成还原型的谷胱甘肽过氧化物酶以及减少其他氧化物的生成而节约硒，减轻因缺硒而带来的影响。

维生素 E 的缺乏症与硒的缺乏相似。犬缺乏维生素 E 时，骨骼肌营养不良，出现白肌病，急性表现为心肌变性而突然死亡，亚急性表现为骨骼肌变性，运动障碍，严重时不能站立。种公犬睾丸生殖上皮变性，精液品质下降，不育；母犬不妊娠，即使受胎，胎儿易被吸收，产死胎或弱仔。猫缺乏维生素 E 时，厌食，精神沉郁，由于肌肉萎缩及营养退化，患猫经常蹲坐。由于过氧化物的蓄积，机体内的脂肪变为黄色、棕色或橘黄色，质地硬，称为脂肪组织炎或黄色脂肪病。长期饲喂金枪鱼可诱发此病。

宠物对维生素 E 的需要量通常以国际单位（IU）和重量单位（mg/kg）表示。1 mg *DL*-*α*-生育酚乙酸酯相当于 1 IU 维生素 E，1 mg *α*-生育酚相当于 1.49 IU 维生素 E。

动物体内不能合成维生素 E，植物能够合成维生素 E。所有谷物饲料都含有丰富的维生素 E，特别是种子的胚芽中。青绿饲料维生素 E 含量较禾谷类籽实高出 10 倍以上。小麦胚油、豆油、花生油也含有丰富的维生素 E。而油饼类和动物性饲料中含量较少。

犬猫的日粮中含有大量不饱和脂肪酸，因此维生素 E 的需要量较大。专家建议维生素 E 在 30 IU/kg 添加量的基础上，每添加 1 g 鱼油要相应添加 10 IU/kg 维生素 E。这种需要与日粮中硒的水平和其他抗氧化剂的含量有关。

2. 过量的危害　维生素 E 相对于维生素 A 和维生素 D 是无毒的，大多数宠物能耐受 100 倍于需要量的剂量。

（四）维生素 K（抗出血症维生素）

天然存在的维生素 K 活性物质有维生素 K_1（叶绿醌）和维生素 K_2（甲基萘醌），人工合成的是维生素 K_3（甲萘醌）。

1. 营养作用及缺乏症　维生素 K 的主要作用是参与凝血活动。它可催化肝脏中凝血酶原和凝血活素的合成。维生素 K 与钙结合蛋白的形成有关，并参与蛋白质和多肽的代谢。维生素 K 还具有利尿、强化肝脏解毒功能及降低血压等作用。

缺乏维生素 K，凝血时间延长，可发生皮下、肌肉及胃肠道出血。犬猫机体内可合成维生素 K，因此通常情况下不出现缺乏。但当患肠道疾病、肝胆疾病、长期服用抗生素或磺胺类药物时，易引起维生素 K 的缺乏，此时，可在饲粮中添加适量的维生素 K 或饲喂含维生素 K 丰富的食物，如青绿食物或动物性食品。

2. 过量的危害 维生素 K_1 和维生素 K_2 相对于维生素 A 和维生素 D 来说是无毒的，但大剂量维生素 K_3 可引起溶血。

二、水溶性维生素

水溶性维生素包括 B 族维生素、肌醇、胆碱和维生素 C。B 族维生素主要作为辅酶，催化碳水化合物、脂肪和蛋白质代谢中的各种反应。多数情况下，缺乏症无特异性，而且难与其生化功能相联系，食欲下降和生长受阻是共同的缺乏症状。除维生素 B_{12} 外，水溶性维生素几乎不在体内贮存，所以容易缺乏而不易中毒。

宠物能在体内合成一定数量的维生素 C。在高温、运输、疾病等应激情况下，宠物对维生素 C 需要量增大。

（一）B 族维生素

B 族维生素的作用不是孤立的，往往是几种 B 族维生素共同作用于一种或几种生理活动，因此它们的缺乏症也有很多相似之处。生产实践中要通过观察动物的临床症状，结合每种维生素特有的作用和饲粮中的含量进行综合分析，从而进行有针对性的补饲。B 族维生素的主要营养生理功能和缺乏症见表 1-3。

表 1-3 B 族维生素的主要营养生理功能和缺乏症

名称	主要营养生理功能	主要缺乏症	主要来源
维生素 B_1（硫胺素）	以羧化酶辅酶的成分进入糖代谢和三羧酸循环，参与能量代谢；维持神经组织和心脏的正常功能；维持胃肠正常消化机能；抑制胆碱酯酶的活性，减少乙酰胆碱的水解，从而增加胃肠蠕动和腺体分泌的作用，有助于消化	食欲下降，呕吐，体重减轻与脱水，严重时出现多发性神经炎，心脏机能障碍；消化不良，食欲不振等症状。因此，硫胺素在临床上常用来作为辅助药物治疗神经炎、心肌炎、食欲不振、消化不良等疾病	酵母、谷物食物含量较多，胚芽和种皮是硫胺素存在的主要部位。瘦肉、肝、肾和蛋等动物性食品以及糙米中含量也较为丰富
维生素 B_2（核黄素）	以辅基形式与许多氧化还原酶结合（统称为黄酶类），参与调节三大营养物质代谢；维生素 B_2 还与色氨酸、铁的代谢及维生素 C 的合成有关；与视觉有关，具有强化肝脏的功能，为生长和组织修复所必需	幼龄宠物食欲减退，生长停滞，被毛粗乱，眼角分泌物增多，常伴有腹泻，成年宠物繁殖性能下降。猫还表现为缺氧，脱毛，后发展为白内障，脂肪肝，严重时死亡。犬表现为失重，后腿肌肉萎缩，结膜炎，角膜混浊，有时可见口腔黏膜出血，口角唇边溃烂，流涎等症状	一般的绿色植物、动物肝脏、酵母、瘦肉、蛋、奶类、乳清粉中含量较为丰富。谷物及其副产物中核黄素含量较少。早期注射维生素 B_2，缺乏症状可消除
维生素 B_3（泛酸或遍多酸）	是 2 个重要辅酶即辅酶 A（CoA）和酰基载体蛋白（ACP）的组成成分；参与碳水化合物、脂肪、氨基酸的代谢；促进类固醇和抗体的合成，是生长宠物所必需的	宠物一般不会发生泛酸的缺乏。缺乏泛酸时，表现生长发育受阻，消瘦，胃肠功能紊乱，腹泻，运动失调，脂肪肝，繁殖机能下降等症状。犬缺乏泛酸患黑舌病，表现为皮炎，食欲减退，溃疡，腹泻或便秘，粪便恶臭	泛酸广泛存在于动、植物体中

续表1-3

名称	主要营养生理功能	主要缺乏症	主要来源
烟酸（尼克酸、维生素 PP）	参与三大营养物质的代谢，尤其在体内能量代谢的反应中起重要作用。辅酶Ⅰ和辅酶Ⅱ也参与视紫红质的合成，还可促进铁吸收和血细胞的生成；维持皮肤的正常功能和消化腺分泌等	癞皮病、角膜炎、神经和消化系统障碍。猫缺乏烟酸表现为腹泻，消瘦，糙皮病，口腔溃疡，流涎，呼出气体有恶臭，严重发展为呼吸道感染。幼猫出生 3 周死亡	烟酸广泛分布于各种食物中，特别是青草、动物性产品、酒糟、发酵液以及油饼类饲粮中含量丰富
维生素 B_6（吡哆醇）	维生素 B_6 以转氨酶和脱羧酶等多种形式参与氨基酸、蛋白质、脂肪和碳水化合物代谢；促进抗体合成；促进血红蛋白中原卟啉的合成	幼龄宠物食欲下降，消瘦，皮肤发炎，脱毛，眼睛周围有褐色分泌物、流泪，视力减退，甚至失明，心肌变性。成年宠物则表现被毛粗乱，食欲差，小红细胞性贫血，腹泻，惊厥，阵发性抽搐或痉挛，运动失调，急性肾脏疾患，昏迷	维生素 B_6 在自然界广泛存在，酵母、肝脏、鸡肉、乳清、谷物及其副产品和蔬菜都是维生素 B_6 的丰富来源
生物素（维生素 H）	生物素在体内主要是以辅酶的形式广泛参与碳水化合物、脂肪和蛋白质的代谢，是体内许多羧化酶（固定二氧化碳）的辅酶，与溶菌酶活化和皮脂腺功能有关	宠物一般不易缺乏，缺乏时表现为皮炎及毛或羽毛脱落等症状。猫表现为厌食，眼睛和鼻子有干性分泌物，唾液分泌增多，严重可能出现血痢和显著消瘦。犬表现为皮屑状皮炎，进而精神沉郁，食欲不振，贫血，呕吐	生物素广泛存在于动、植物界
叶酸	叶酸能促进血细胞的形成，抗贫血，与维生素 B_{12} 有协同作用，可以加氢变成四氢叶酸，它是体内一碳基团转移酶系统的辅酶，参与蛋白质和核酸的代谢，促进红细胞、白细胞和抗体的形成与成熟	宠物缺乏叶酸时，引起大红细胞性贫血，白细胞减少，还表现为生长缓慢，皮炎，繁殖机能和食物利用率下降	绿色植物、肉类、谷物、大豆及肝脏等食物中叶酸含量都很丰富。宠物肠道也能合成叶酸，可满足部分的需要
维生素 B_{12}（钴胺素）	维生素 B_{12} 在体内主要以二脱氧腺苷钴胺素和甲钴胺素 2 种辅酶的形式参与多种代谢活动，其中最重要的是参与核酸和蛋白质的合成。与缺乏症密切相关的 2 个主要功能是维持神经系统的完整和促进红细胞的形成	缺乏维生素 B_{12}，则能引起恶性贫血。其他组织的代谢也发生障碍，如厌食，胃肠道上皮细胞改变，神经系统的损害等。最明显的症状就是生长停滞，被毛粗糙，皮炎，肌肉软弱，后肢运动失调，继而表现为步态的不协调和不稳定。雌性的受胎率、繁殖率和产后泌乳量下降	维生素 B_{12} 只存在于动物性产品和微生物中

（二）胆碱

胆碱具有明显的碱性，对热稳定，但在强酸条件下不稳定，吸湿性强，胆碱可在肝脏中合成。

1. 营养作用及缺乏症 胆碱与其他 B 族维生素不同，它在体内不是以辅酶的形式，而是作为结构物质发挥其作用的。胆碱是细胞卵磷脂、神经磷脂和某些原生质的成分，同样也是软骨组织磷脂的成分。因此，胆碱是构成和维持细胞的结构，保证软骨基质成熟必不可少的物质，并能防止骨短粗病的发生；参与肝脏脂肪代谢，防止脂肪肝的产生；在机体内作为甲基的供体参与甲基转移；它还是乙酰胆碱的成分，参与神经冲动的传导。

宠物一般不易缺乏胆碱，但饲粮中动物性食物不足，缺少叶酸、维生素 B_{12} 及锰或烟酸过多时，常导致胆碱的缺乏。缺乏胆碱时，宠物表现为精神不振、食欲丧失、生长发育缓慢、贫血、衰竭无力、关节肿胀、运动失调、消化不良等。脂肪代谢障碍，易发生肝脏脂肪浸润而形成脂肪肝，产生低白蛋白血症。

胆碱广泛存在于各种食物中，以绿色植物、豆饼、花生饼、谷实类、酵母及蛋黄中含硫最丰富。凡是含脂肪的食物都可提供胆碱。机体也可利用蛋氨酸等含硫氨基酸和甜菜碱的甲基合成胆碱。

2. 过量的危害 宠物对胆碱的需要量一般为 500～2 000 mg/kg 饲粮。过量供给会发生中毒，其症状是流涎、颤抖、痉挛、发绀、惊厥和呼吸麻痹，增重与食物转化率均降低。

（三）维生素 C

1. 理化特性 维生素 C（抗坏血酸）为白色或微黄色粉状结晶，有酸味，除能溶于水外，微溶于丙酮或乙醇。维生素 C 在弱酸中稳定，在碱中易破坏，具有强还原性，极易被氧化剂所破坏，特别在中性或碱性环境中，或当有金属离子（如 Fe^{2+}、Cu^{2+} 等）存在时，更易被氧化分解。

2. 营养作用及缺乏症

（1）参与细胞间质的生成。维生素 C 是合成胶原和黏多糖等细胞间质时所必需的物质。

（2）解毒和抗氧化作用。某些毒物如铅、砷、苯以及某些细菌毒素进入体内，给予大量维生素 C 往往可缓解其毒性。重金属离子能和体内含活性巯基（—SH）的酶类结合，破坏酶的活性，维生素 C 是强还原剂，能使体内氧化型谷胱甘肽（G—S—S—G）转变为还原型谷胱甘肽（G—SH），还原型谷胱甘肽可与重金属离子结合而排出体外。故维生素 C 能保护酶的活性巯基，具有解毒作用；还可阻止体内致癌物质亚硝基胺的形成，从而预防癌症。

（3）参与体内氧化还原反应。维生素 C 可脱氢成为脱氢抗坏血酸，此反应是可逆的，它在体内可能参加生物氧化反应，可使三价铁还原为易吸收的二价铁，促进铁的吸收，故临床上治疗营养性贫血时常以维生素 C 作为辅助药物。

（4）参加体内其他代谢反应。在叶酸转变为四氢叶酸的过程、酪氨酸代谢过程及肾上腺皮质激素合成过程中都需要维生素 C 存在。

（5）促进抗体的形成和提高白细胞的噬菌能力，促进伤口愈合，增强机体免疫功能和抗应激能力。

当维生素 C 缺乏时，宠物易患“坏血病”。此时毛细血管的细胞间质减少变得脆弱，通透性增大，易引起皮下、肌肉、胃肠道黏膜出血，软骨、骨、牙齿、肌肉及其他组织的细胞间质减少，使骨、牙齿容易折断或脱落，创口溃疡不易愈合。宠物食欲下降，生长受阻，体重减轻，皮下及关节弥漫性出血，被毛无光，贫血，抗病力和抗应激力下降。犬缺乏时，呈现阵发性剧烈疼痛，随即恢复正常。通过定量补饲维生素 C，症状可得到缓解或消失。

维生素 C 来源广泛，绿色植物、新鲜水果中含量丰富。一般宠物都能自行合成维生素 C。如出生 1 周的仔犬，可利用葡萄糖合成维生素 C。因此一般不需补饲，但宠物在高温、寒冷、惊吓、患病等应激状态下，合成维生素 C 的能力下降，消耗增加，需额外补充。断奶的幼犬、仔猫饲粮中也应补充维生素C。

宠物对维生素C的需要量没有规定。维生素C的毒性很低，一般宠物可耐受需要量的数百倍，甚至上千倍的剂量。

三、维生素间的相互关系

维生素E具有抗氧化的作用，在肠道中可保护维生素A和胡萝卜素免遭氧化，且对胡萝卜素转化为维生素A具有促进作用。维生素E也参与维生素C和泛酸的合成及维生素B_{12}的代谢。维生素E不足会影响体内维生素C的合成，叶酸则能促进肠道微生物合成维生素C。维生素C能减轻因维生素A、维生素E、硫胺素、核黄素、维生素B_{12}及泛酸不足所出现的症状。

缺乏硫胺素会影响体内核黄素的利用，同样缺乏核黄素会使体组织中的硫胺素下降。缺乏核黄素时，色氨酸形成烟酸过程受阻，引起烟酸缺乏。维生素B_{12}能提高叶酸的利用率，促进胆碱的合成。泛酸不足会加重维生素B_{12}的缺乏，维生素B_6不足也会影响维生素B_{12}的吸收。

四、应激对维生素需要量的影响

有些维生素，如维生素A、维生素B_2、维生素C、维生素E等都具有缓解应激反应的功能。正常情况下，宠物能够合成维生素C供机体利用。热应激时，宠物为了维持体温的恒定，利用维生素C合成类固醇激素——皮质酮，增加机体的免疫功能，因而对维生素C的需要量增加。但维生素C的抗热应激作用并不是无限的，当环境温度超过34 ℃时，维生素C没有抗应激的作用。维生素E作为一种天然的抗氧化剂，在抗热应激中也有一定的作用。

单元八　宠物的水营养

【学习目标】

本单元属于专业知识范畴。通过学习，了解水的性质与作用，水对宠物的重要性，宠物体内水分的来源和排出途径，为科学饲养宠物奠定基础。

【学习方法】

课堂讲授，课后在图书馆中或互联网上查阅有关资料。

【关键词】

宠物；水；营养；生理功能

水是宠物体内生理生化过程的基本介质，也是机体不可缺少的组成部分。只有充分及时地供给宠物清洁卫生的水，才能维持宠物正常的生理活动，保证宠物机体健康。

一、水的性质与作用

（一）水的性质

与宠物营养生理有关的水的性质如下。

1. 水有较高的表面张力 水与宠物体蛋白质胶体结合，使胶体具有一定的稳定性。

2. 水的比热大 1 g 水从 14.5 ℃上升到 15.5 ℃需要 4.184 J(1 cal)的热量，高于同量的固体和其他液体的比热。

3. 水的蒸发热高 每 1 g 水在 37 ℃时完全蒸发，可吸收 2 260 kJ 的热量。

4. 水结冰后比重比水小，因此 1 g 冰比 1 g 水的体积大 江河、湖泊结冰后，冰总是漂浮在水的表面，保护了水中生物不致冻死。但是，如宠物细胞和组织中的水遇到强冷过程或解冻不慎，则有细胞破裂和宠物死亡的危险。

(二)水的营养作用

1. 水是构成宠物机体的组成成分，能够维持组织器官的正常形态 宠物机体含水量为其体重的 44%～73%。机体内的大部分水与蛋白质结合形成胶体，使组织细胞具有一定的形态、硬度和弹性，以维持机体的正常形态。水还构成血液、组织液、消化液、关节润滑液等。成年犬机体中 60%～75%都是由水组成，初生宠物机体中的水含量可达 80%左右。

2. 水是一种理想的溶剂 宠物体内水的代谢与电解质的代谢紧密结合。水在胃肠道中作为转运食糜的媒介，作为血液、组织液、细胞及分泌物、排泄物等的载体，体内各种营养物质的消化、吸收、转运及代谢产物的排出等都必须溶于水后才能进行。

3. 水是一切生化反应的介质 水是生物体内生化反应的原料，又是生化反应的产物，水使体细胞代谢发生复杂的化学反应成为可能。体内的消化、吸收、分解、合成、氧化还原以及细胞呼吸过程都有水的参与。

4. 水可以调节体温 水能吸收动物体内产生的热能，并迅速传递热能和蒸发散失热能，动物可以通过排汗和呼气蒸发体内的水分，带走多余的热，以维持体温的恒定。因为犬缺乏汗腺，在炎热的夏季，犬张口喘气就是通过急促的呼吸来增强散热。水的导热性好，有助于深部组织热量的散失，防止由于肌肉长时间剧烈运动引起的温度升高。

5. 水有润滑作用 宠物机体关节囊内、体腔内和各器官间的组织液中的水，可以减少关节和器官间的摩擦力，起到润滑作用。水可湿润食物而易于犬采食吞咽，并提高其食欲。

二、宠物体内水分的平衡与调节

(一)水的来源

宠物获取水的主要来源有饮水、食物水及代谢水。

1. 饮水 是宠物获得水的重要来源。水的品质影响动物的饮水量及健康，因而应重视饮用水的品质。宠物饮用水标准应符合中华人民共和国生活饮用水水质标准。

2. 食物水 宠物采食的食物中所含的水分是水的另一重要来源。食物性质、类型不同，所含水分不同，如犬干料含水量不足 14%，半湿和罐装食物含水量较高，罐装食物含水量可达 80%以上。

3. 代谢水 又称氧化水，是指动物体细胞中营养物质氧化分解或合成过程中产生的水。不同营养成分代谢所产生代谢水的量不同(表 1-4)。每天消耗 8 360 kJ 代谢能的犬可从机体代谢中产生 200～300 g 的代谢水。代谢水一般占总摄水量的 5%～10%。动物种类不同代谢水的重要性不同，冬眠的动物仅靠代谢水就能维持正常生存。鱼类通过腮排泄胺，代谢水基本能满足需要。

表 1-4 三大营养物质的代谢水

营养成分	氧化后代谢水/g	含热量/kJ	每消耗 100 kJ 热量产生的代谢水/g
100 g 淀粉	60	1 673.6	3.6
100 g 蛋白质	42	1 673.6	2.5
100 g 脂肪	100	3 765.6	2.7

(二)水的排出

1. 肺脏和皮肤的蒸发 在热环境下,借助肺的扩张及广泛密布的毛细血管,从热空气中吸取氧气,同时水分也扩散蒸发到肺腔中,进而散失到空气中,这种呼吸性失水是必然的。肺脏以水蒸气形式呼出的水量随环境温度的提高和动物活动量的增加而增加。在特殊情况下,犬也可通过脚趾蒸发掉少量热量并带走少量水分。

皮肤表面失水主要有 2 种方式:一种是血管和皮肤的体液中的水分可扩散到皮肤表面蒸发,这种通过皮肤及呼吸失水称为不显汗或不感觉的失水;另一种是通过排汗失水,也称显汗失水。具有汗腺的动物失水较多,这种方式的散热效率相当于呼吸散热的 4 倍。

2. 粪、尿失水 粪便中的排水量随动物种类不同及饲粮性质不同而不同。一般来说,从粪中丢失的水量与分泌到消化道中的大量液体相比是很少的。犬猫等动物的粪便较干,由粪便排出的水较少。肠对水分能够有效地重吸收,只有当肠吸收功能受到严重干扰及腹泻排稀便时,才以这种途径丢失大量的水分。

宠物由尿排出的水量受总摄入水量的影响,摄入越多,排出越多。排尿量也受环境温度的影响,环境温度越高,动物活动量越大,由尿排出的水量越少。通常情况下,随尿排出的水量可占总排水量的 1/2 左右。动物的最低排尿量取决于机体必须排出的溶质的量及肾脏浓缩尿液的能力。

3. 其他方式失水 哺乳宠物在泌乳期时泌乳也成为失水的重要途径。对于猫来说,在高温情况下,一部分水会通过唾液而减少,这是因为唾液被用来湿润被毛和通过水分蒸发来降温。鸟类产蛋时,蛋中 70%左右是水分。患病动物可能通过出血、呕吐、腹泻等大量丢失水分。

(三)水的平衡调节

宠物体内的水分布于全身各组织器官及体液中,细胞内液约占 2/3,细胞外液约占 1/3,两者不停地进行水和物质交换,维持体液的动态平衡。宠物体液和消化道内的水量一般是相对恒定的。不同宠物体内水分周转代谢的速度也不同。这种速度还受环境温度、湿度及采食饲粮的影响。如果盐分摄入过多,则饮水量必然增加,水的周转代谢也会加快。

水的排出主要通过肾脏调节排尿量来完成。当动物失水过多时,血浆渗透压上升,刺激下丘脑渗透压感受器,促使加压素分泌增加,进而促使水分在肾小管内重吸收,尿量减少。反之,在大量饮水后,血浆渗透压下降,加压素分泌减少,水分重吸收减弱,尿量增加。醛固酮的分泌受肾素-血管紧张-醛固酮系统以及血钾、血钠离子浓度对肾上腺皮质作用的调节。肾上腺皮质分泌的醛固酮激素在增加钠离子吸收的同时,会增加水的重吸收。

和人类相比,猫可能获得较大的尿渗透浓度,可更有效地保留水分。动物体内水的调节是一个复杂的生理过程，由多种调节机制共同来维持体内水量，保持正常水平。

三、宠物需水量及影响因素

在正常情况下，动物的需水量与采食的干物质量呈一定的比例关系，一般每千克干物质需饮水 2～5 kg。一般成年犬猫每日需水量与干物质量的比例约为 3∶1。成年犬每天每千克体重约需要 100 mL 水，幼犬每天每千克体重约需要 150 mL 水。另外，动物的需水量受动物种类、生理状态、食物种类与性状及环境条件等因素的影响。高温季节、运动以后或饲喂较干的食物时，应增加饮水量，实际饲养中可全天供应清洁卫生的水，任其自由饮用。

四、宠物缺水的后果

宠物短期缺水，生产力下降，幼龄宠物生长受阻，增重缓慢；长期饮水不足，会损害健康。宠物因机体缺水导致死亡的速度要比因饥饿引起死亡的速度快很多。动物机体可以失去全部储留的糖原和脂肪，一半的体蛋白，体重的 40%而仍能生存。当体内水分减少 1%～2%时，开始有口渴感，食欲减退，尿量减少；水分减少 8%时，出现严重口渴感，食欲丧失，消化机能减弱，并因黏膜干燥降低了对疾病的抵抗力和机体免疫力。体内水分丧失 10%则会引起代谢紊乱，失水 20%时即可引起死亡。长期缺水的宠物，各组织器官缺水，血液浓稠，营养物质的代谢发生障碍，但组织中的脂肪和蛋白质分解加强，体温升高，常因组织内积蓄有毒的代谢产物而死亡。因此，必须保证宠物供水充足。

单元九 各类营养物质的相互关系

【学习目标】

本单元属于专业知识范畴。通过学习，了解各营养物质间相互拮抗、协同作用，又有相互转变、相互替代的复杂关系。为宠物饲料的科学配制奠定基础。

【学习方法】

课堂讲授，课后在图书馆中或互联网上查阅有关资料。

【关键词】

营养物质；蛋白质；氨基酸；矿物质；碳水化合物；脂肪；维生素

各类营养物质在生物体内各自发挥着重要的作用。这种作用并不是孤立存在的，各营养物质间存在着复杂的相互关系，既有相互拮抗、协同作用，又有相互转变、相互替代的作用。

一、蛋白质、碳水化合物和脂肪的关系

碳水化合物是动物体主要的能量来源，当食物中能量供应充足时，多余的能量主要以体脂肪的形式贮存起来。对于哺乳动物来说，碳水化合物和脂肪对蛋白质具有节省作用，充分供给碳水化合物或脂肪，可保证动物体对能量的需要，这样可减少或避免蛋白质作为供能物质的分解代谢，有利于氮的存留和机体蛋白质的合成。

蛋白质可在动物体内转变成碳水化合物。除亮氨酸外，其他氨基酸均可经脱氨基作用生成 α-酮酸，沿着糖异生途径合成糖，反之，糖也可生成 α-酮酸，经过转氨基作用变成非必需氨基酸。

氨基酸也可在体内转变成脂肪。生酮氨基酸可转变成脂肪，生糖氨基酸可先变成糖，然后转变成脂肪。脂肪中的甘油可转变成丙酮酸和其他一些酮酸，经转氨基作用转变成非必需氨基酸。

食物中的能量与蛋白质应保持适宜的比例，比例不当会影响营养物质的利用率并导致营养障碍。只有在蛋白质满足机体最低需要量的前提下，增加能量才能有效地发挥节约蛋白质的作用。同时，也只有在能量超过机体最低需要量时，增加蛋白质供给方能获得较好的效果。因而，必须保持食物中能量和蛋白质比例在合理的范围内，才能既提高能量的利用率，又避免蛋白质的浪费。

一般情况下，脂肪作为能源的利用率高于其他有机物。添加脂肪可增加动物的有效能摄入量，提高能量转化率。在食物中添加一定水平的油脂替代等能值的碳水化合物和蛋白质，能提高饲粮代谢能，使消化过程中能量消耗减少，热增耗降低，食物净能增加，这种作用称为脂肪的额外能量效应或脂肪的增效作用。这种效应受蛋白质、氨基酸、脂肪与碳水化合物间的相互作用等因素的影响。

二、蛋白质、氨基酸与矿物质的关系

矿物元素在体内主要以与蛋白质及氨基酸相结合的形式存在。

在半胱氨酸和组氨酸存在的情况下，肠道中锌的吸收增加。因而在缺锌的饲粮中添加半胱氨酸和组氨酸可在某种程度上减少缺锌的发病率。蛋氨酸、赖氨酸、色氨酸和苏氨酸对促进锌吸收也有一定作用。精氨酸与锌有拮抗作用。

食物中含硫氨酸不足会使硒的需要量增加。在动物体内蛋氨酸转化为半胱氨酸过程中，硒起着关键作用。如果缺硒，会影响体内蛋氨酸向胱氨酸的转化。

高蛋白质和某些氨基酸可促进钙、磷的吸收。当赖氨酸水平下降时，钙、磷的吸收也会下降。

硫、磷、铁等作为蛋白质的组成部分可直接参与蛋白质代谢。某些微量元素是蛋白质代谢酶系的辅助因子，为蛋白质代谢所必需。锌参与细胞分裂及蛋白质的合成过程，补锌有助于促进蛋白质的合成。

大豆蛋白可减少铁和其他微量元素(锌、镁)的吸收，因而在含有高水平大豆蛋白时，应增加铁的含量。半胱氨酸可促进铁的吸收。

三、蛋白质与维生素的关系

饲粮中蛋白质不足时，可影响维生素 A 载体蛋白的形成，使维生素 A 利用率降低。蛋白质的生物学价值也会影响维生素 A 的利用和储备。相对于植物蛋白来说，添加动物性蛋白质可提高肝脏中维生素 A 的储备，反之，维生素 A 缺乏时，蛋氨酸在组织蛋白质中的沉积量减少。

维生素 D 与所喂蛋白质质量有关。未熟化的大豆蛋白可使动物对维生素 D 的需要量增加，这是因为生大豆中含有抗维生素 D 的物质。

B 族维生素主要作为辅酶，催化碳水化合物、脂肪和蛋白质代谢中的各种反应。

核黄素是黄素酶的组成成分，参与氨基酸代谢，缺乏时会影响动物体蛋白质的沉积。反之，饲喂低蛋白质饲粮时，会使动物核黄素的需要量增加。

宠物体内的烟酸可转化为有活性的衍生物——烟酰胺，烟酰胺需要量受色氨酸水平影响，

色氨酸可以转化为烟酸，但转化率低。

叶酸在自然中通常以与谷氨酸结合的形式存在，具有生物活性的辅酶是四氢叶酸衍生物，在一碳单位的转移中是必不可少的，通过一碳单位的转移而参与嘌呤、嘧啶、胆碱的合成和某些氨基酸的代谢。

蛋氨酸在提供甲基时，可部分补偿胆碱和维生素 B_{12} 的不足。同样，胆碱在体内参与许多甲基移换反应，是甲基供体，当胆碱不足时会使蛋氨酸提供甲基，从而降低其蛋白质的合成。维生素 B_{12} 对蛋氨酸和核酸代谢有重要作用，参与蛋白质的合成，还可提高植物性蛋白质的利用率。

维生素 B_6 以磷酸吡哆醛形式组成多种酶的辅酶，参与蛋白质、氨基酸的代谢。当维生素 B_6 不足时，会引起各种氨基转移酶活性降低，影响氨基酸合成蛋白质。反之，高蛋白质饲粮将加重维生素 B_6 的缺乏。

四、矿物质与维生素的关系

维生素 D 及其激素代谢物作用于小肠黏膜细胞，形成钙结合蛋白，可促进钙、镁、磷的吸收，并能促进磷在肾小管的重吸收，减少磷从尿中排出，提高血液钙和磷的水平，促进骨的钙化。

维生素 E 和硒可协同保护动物的活体磷脂免遭过氧化作用的破坏。维生素 E 还能防止在活体细胞膜磷脂内过氧化物的生成。维生素 E 和硒对机体的代谢及抗氧化能力作用相似，在一定条件下，维生素 E 通过使含硒的氧化型谷胱甘肽过氧化物酶变成还原型的谷胱甘肽过氧化物酶以及减少其他过氧化物的生成而节约硒，减轻缺硒的影响，但硒却不能代替维生素 E，饲粮中维生素 E 不足时易出现缺硒症状。硒及维生素 E 可降低镉、汞、砷、银等重金属和有毒元素的毒性。

维生素 C 能促进肠道铁的吸收，并使铁传递蛋白中的三价铁还原成二价铁，从而被释放出来再与铁蛋白结合。当饲粮中铜过量时，补饲维生素 C 可消除过量铜造成的影响。

复习思考题

1. 比较动物体和植物体营养物质组成的区别。
2. 根据蛋白质的营养生理功能分析蛋白质缺乏与过量的危害。
3. 什么是必需氨基酸？犬猫有哪些必需氨基酸？
4. 如何提高食物蛋白质的转化率？
5. 比较氨基酸营养与小肽营养的特点。
6. 碳水化合物有哪些重要营养功能？犬缺乏碳水化合物有什么后果？
7. 如何在犬的日粮中合理利用脂肪？
8. 宠物缺水会有哪些后果？
9. 与骨骼发育有关的矿物质元素有哪些？
10. 脂溶性维生素有哪些典型的缺乏症？如何预防？
11. 宠物在应激状态下需要强化哪些营养物质？

本章思维导图

- 宠物营养原理
  - 宠物食品的营养与消化吸收
    - 宠物食品的营养
    - 宠物对食品消化吸收的特点
  - 宠物的能量来源与转化
    - 能量来源与能量单位
    - 能量在宠物体内的转化
  - 宠物的蛋白质营养
    - 组成与功能
    - 消化、吸收与代谢
    - 蛋白质营养特点及其应用
    - 不足与过量的危害
    - 小肽的营养
    - 肽类的应用
  - 宠物的碳水化合物营养
    - 存在形式与营养功能
    - 消化吸收
    - 影响消化的因素
  - 宠物的脂肪营养
    - 化学组成
    - 理化特性
    - 营养生理功能
    - 消化、吸收与代谢
    - 必需脂肪酸
    - 多不饱和脂肪酸的应用
  - 宠物的矿物质营养
    - 组成及作用
    - 常量元素
    - 微量元素
    - 应激对微量元素需要量的影响
  - 宠物的维生素营养
    - 脂溶性维生素
    - 水溶性维生素
    - 维生素间的相互关系
    - 应激对维生素需要量的影响
  - 宠物的水营养
    - 性质与作用
    - 体内水分的平衡与调节
    - 需水量及影响因素
    - 缺水的后果
  - 各类营养物质的相互关系

模块二

宠物食品原料

【本章要点】

本章主要阐述宠物食品原料的分类方法以及青绿饲料、能量饲料、蛋白质饲料和矿物质饲料的化学组成和营养特点。

【知识目标】

- 理解不同饲料的概念与种类。
- 掌握不同宠物饲料的营养特点。
- 了解常见饲料的化学组成及成分含量。

【技能目标】

- 掌握常见宠物饲料原料的营养特点。
- 能够给宠物合理地使用不同的饲料。

单元一　概　　述

【学习目标】

本单元属于专业知识范畴。通过学习，了解国际饲料分类方法和中国饲料分类方法、宠物犬常用饲料原料的特点、饲料品质的影响因素，为宠物食品的科学配制奠定基础。

【学习方法】

课堂讲授，课后在图书馆中或互联网上查阅有关资料。

【关键词】

宠物；饲料；国际饲料分类方法；中国饲料分类方法

饲料是指合理饲喂条件下能对动物提供营养物质、调控生理机制、改善动物产品品质且不发生有毒、有害作用的物质。从广义上讲，能强化饲养效果的某些非营养物质，如各种添加剂，也属于饲料。在饲料工业上，以一种动物、植物、微生物或矿物质等为来源的饲料称为饲料原料或单一饲料。

和饲养其他动物一样，宠物的饲养离不开饲料或食物，由于宠物的种类很多，不同宠物的营养需要差异较大。因此，宠物的饲料种类很多，如干燥型饲料、半湿饲料、罐头型饲料等。除传统的饲料外，商品性的宠物饲料也随着宠物热的兴起而发展，这类饲料采用科学配方和先进的生产工艺加工而成，具有营养全面、适口性好、易于消化吸收、饲喂方便等优点。

饲料种类繁多，养分组成和营养价值各异。为了解各种饲料的特点，以便于科学合理地利用饲料，有必要建立现代饲料分类体系。美国学者 L. E. Harris 在 1963 年率先提出国际饲料分类原则和编码体系，其逐步发展成为当今饲料分类编码体系的基本模式，被称为国际饲料分类法。我国在 1980 年依据国际饲料分类原则并结合我国传统分类体系，提出了我国的饲料分类法和编码系统。

一、国际饲料分类法

根据饲料的营养特性将饲料分成八大类，分别是粗饲料、青绿饲料、青贮饲料、能量饲料、蛋白质补充料、矿物质饲料、维生素饲料、非营养性添加剂饲料。其分类依据原则见表 2-1。

表 2-1　国际饲料分类依据原则　%

饲料类别	饲料编码	划分饲料类别依据		
		水分（自然含水量）	粗纤维（干物质基础）	粗蛋白质（干物质基础）
粗饲料	1-00-000	<45	≥18	—
青绿饲料	2-00-000	≥45	—	—
青贮饲料	3-00-000	≥45	—	—
能量饲料	4-00-000	<45	<18	<20
蛋白质补充料	5-00-000	<45	<18	≥20
矿物质饲料	6-00-000	—	—	—
维生素饲料	7-00-000	—	—	—
饲料添加剂	8-00-000	—	—	—

二、我国饲料分类法

根据动物营养科学的进展，为了适应饲料工业和养殖业的发展需要，在借鉴国际饲料情报网中心工作经验的基础上，我国于 1980 年初，开始进行建立饲料数据库的工作，提出了我国饲料分类和编码系统（表 2-2）。1987 年我国农业部正式批准筹建饲料数据库，将新中国成立以来积累的大量饲料化学成分和营养价值数据进行了整理、核对和筛选，并输入数据库。目前，我国每年发布 1 期“饲料成分及营养价值表”。

表 2-2　中国饲料分类编码　%

饲料类别	饲料编码	划分饲料类别依据		
		水分（自然含水量）	粗纤维（干物质基础）	粗蛋白质（干物质基础）
（一）青绿饲料	2-01-0000	>45	—	—
（二）树叶				
1. 鲜树叶	2-02-0000	>45	—	—
2. 风干树叶	1-02-0000	—	≥18	—

续表2-2

饲料类别	饲料编码	划分饲料类别依据		
		水分（自然含水量）	粗纤维（干物质基础）	粗蛋白质（干物质基础）
(三)青贮饲料				
1. 常规青贮饲料	3-03-0000	65～75	—	—
2. 半干青贮饲料	3-03-0000	45～55	—	—
3. 谷实青贮料	4-03-0000	28～35	<18	<20
(四)块根、块茎、瓜果				
1. 含天然水分的块根、块茎、瓜果	2-04-0000	≥45	—	—
2. 脱水块根、块茎、瓜果	4-04-0000	—	<18	<20
(五)干草				
1. 第 1 类干草	1-05-0000	<15	≥18	—
2. 第 2 类干草	4-05-0000	<15	<18	<20
3. 第 3 类干草	5-05-0000	<15	<18	≥20
(六)农副产品				
1. 第 1 类农副产品	1-06-0000	—	≥18	—
2. 第 2 类农副产品	4-06-0000	—	<18	<20
3. 第 3 类农副产品	5-06-0000	—	<18	≥20
(七)谷实	4-07-0000	—	<18	<20
(八)糠麸				
1. 第 1 类糠麸	4-08-0000	—	<18	<20
2. 第 2 类糠麸	1-08-0000	—	≥18	—
(九)豆类				
1. 第 1 类豆类	5-09-0000	—	<18	≥20
2. 第 2 类豆类	4-09-0000	—	<18	<20
(十)饼粕				
1. 第 1 类饼粕	5-10-0000	—	<18	≥20
2. 第 2 类饼粕	1-10-0000	—	≥18	≥20
3. 第 3 类饼粕	4-08-0000	—	<18	<20
(十一)糟渣				
1. 第 1 类糟渣	1-11-0000	—	≥18	—
2. 第 2 类糟渣	4-11-0000	—	<18	<20
3. 第 3 类糟渣	5-11-0000	—	<18	≥20

续表2-2

饲料类别	饲料编码	划分饲料类别依据		
		水分 (自然含水量)	粗纤维 (干物质基础)	粗蛋白质 (干物质基础)
(十二)草籽、树实				
1. 第 1 类草籽、树实	1-12-0000	—	≥18	—
2. 第 2 类草籽、树实	4-12-0000	—	<18	<20
3. 第 3 类草籽、树实	5-12-0000	—	<18	≥20
(十三)动物性饲料				
1. 第 1 类动物性饲料	5-13-0000	—	—	≥20
2. 第 2 类动物性饲料	4-13-0000	—	—	<20
3. 第 3 类动物性饲料	6-13-0000	—	—	<20
(十四)矿物质饲料	6-14-0000	—	—	—
(十五)维生素饲料	7-15-0000	—	—	—
(十六)饲料添加剂	8-16-0000	—	—	—
(十七)油脂类饲料及其他	4-17-0000	—	—	—

注:饲料编码第 1 节由 1 位数字组成,即首位的数字 1～8 分别对应表 2-1 中的八大类饲料;第 2 节由 2 位数字组成,第 2、3 位编码按饲料的来源、形态、生产加工方法等属性,划分为 01～17 共 17 种;而第 3 节由 4 位数字组成,代表饲料的个体编码。

三、犬常用饲料成分及营养价值

犬常用饲料成分及营养价值见表 2-3。

表 2-3 犬常用饲料成分及营养价值 %

饲料名称	蛋白质	脂肪	钙	总能/(MJ/kg)
动物性饲料				
马肉	21.7	3	0.03	4.81
牛肉	20.3	0.3	0.01	12.58
羊肉	16.5	21	0.02	10.99
猪肉	16.7	29	0.01	14.17
兔肉	21	13	0.03	6.77
禽肉	19.6	12	0.01	7.98
牛心肝	17.6	8.5	0.01	5.77
牛肺	17.6	2.3	4.01	
血粉	84	0.4	0.2	20.23
骨粉	12.8	11.5	29.8	
牛奶	3.4	3.7	0.12	2.84
鱼粉	39.3	2.3	4.5	17.81
鸡蛋	12.6	12	0.06	6.94

续表2-3

饲料名称	蛋白质	脂肪	钙	总能/(MJ/kg)
植物性饲料				
小麦粉	12.1	1.8	0.07	16.85
大麦粉	12.4	1.2	0.06	16.13
玉米	8.6	3.5	0.04	16.59
面包	8.7	1.2	0.03	13.33
大米	8.5	1.6	0.06	16.05
燕麦	11.6	5.2	0.15	17.01
高粱	8.7	3.3	0.09	16.55
豆饼	43	5.4	0.32	18.73
小麦麸	14.4	3.7	0.18	16.39
大豆	37	16	0.06	20.48
马铃薯	1.6	0.1	0.02	3.85
胡萝卜	1.1	0.3	0.15	2.05
甜菜	2	0.4	0.06	2.55
包菜	1.6	0.4	0.16	1.3
番茄	1	0.6	0.01	0.88
南瓜	1	0.3	0.04	1.76
菠菜	2	0.2	0.07	0.75
甘薯	1.1	0.2	0.06	4.31
萝卜	0.9	0.1	0.05	1.17
大白菜	1.8	0.2	0.14	1.13
苹果	0.5	0.4	0.01	2.59
橘子	1.2	0.3	0.09	2.68
香蕉	1.1	0.2	0.01	3.55

四、饲料品质的影响因素

1. 生长阶段的影响 各种饲料作物生长阶段不同，营养价值也不同。青绿饲料在幼嫩时期水分和蛋白质含量较多，而粗纤维含量较少，这个生长阶段的牧草有较高的消化率，营养价值也高。随着植物生长期的延长，粗蛋白质等养分含量逐渐降低，而粗纤维和木质素的含量逐渐增多，致使植物的适口性、消化率和营养价值下降。

选择饲料作物(饲草)收获期，必须考虑2项指标适时刈割：一是产量；二是可消化营养物质的含量。因此，要选择在单位面积内营养物质最高产量的那一时期进行收获刈割。

2. 施肥的影响 肥料是饲料作物生长的物质基础，施肥可以显著影响植物中各种营养物质的含量。施肥必须合理，这样才能满足饲料作物生长发育的需要，增加产量，有效提高饲料作物中各种营养成分含量，增加其营养价值。因此，要根据饲料作物的种类和生长发育期、收获对象、土壤条件、肥料种类和特性等不同情况采取不同的施肥方案。

3. 土壤条件的影响 土壤是植物营养物质的主要来源之一，土壤条件对植物生长发育有十分重要的影响。土壤质地结构良好，便于植物根系的生长发育；土壤水分被植物根系吸收的同时，也将营养物质带入植物体内，满足生长发育需要；土壤空气对植物根系的生长活力、各种养分的转化积累有重要作用；土壤微生物分解和合成有机物，影响植物的生长发育；土壤适宜的 pH 能促进养分的有效利用。土壤肥力越高，植物生长越茂盛，积累的养分越多。

4. 放牧地利用方法的影响　适度放牧，可促进牧草的根系发育和分蘖生长、茎叶茂盛，积蓄营养成分，提高营养价值；有利于牧草种子传播，促进草地更新，改善牧草品质，提高草场的利用率。过度放牧，不但影响牧草分蘖生长，养分来源和营养物质减少，而且也影响牧草的根系和繁殖，不能使草地可持续利用。因此，要提高饲草（料）营养价值和草地利用率，必须合理利用放牧地。主要措施有：合理地规定载畜量和放牧时间（放牧强度），实施草地封育、延迟放牧和划区轮牧制度等。

单元二　青绿饲料

【学习目标】

本单元属于专业知识范畴。通过学习，了解青绿饲料的营养特点，青绿饲料在宠物犬、猫饲养中的应用及饲用注意事项，为青绿饲料在宠物饲养中的科学使用奠定基础。

【学习方法】

课堂讲授，课后在图书馆中或互联网上查阅有关资料。

【关键词】

宠物；青绿饲料；薄荷

一、青绿饲料的营养特点

青绿饲料（青草或绿叶蔬菜）在饲料分类系统中属第 2 类饲料，青绿饲料是指天然水分含量高于 60%，富含叶绿素，处于青绿状态的饲料。我国青绿饲料资源丰富，种类繁多，主要有天然牧草、栽培牧草、青饲作物、叶菜类饲料、树枝树叶及水生植物等。

1. 水分含量高　青绿饲料一般水分含量比较高，陆生植物的水分含量为 60%～90%，而水生植物可高达 90%～95%。因此，青绿饲料的干物质含量少，能值较低，陆生植物每千克鲜重的消化能为 1.20～2.50 MJ。若以干物质为基础计算，其消化能值为 8.37～12.55 MJ，一般低于常规的能量饲料，但某些优质青绿饲料干物质的能量仍较高，接近或超过燕麦籽实和麦麸所含能量。

2. 蛋白质含量较高　青绿饲料蛋白质含量丰富，按干物质计算，一般禾本科牧草和叶菜类饲料的粗蛋白质含量为 13%～15%，而豆科青绿饲料粗蛋白质含量可达到 18%～24%，基本能满足家畜生长发育和繁殖的营养需要。此外，青绿饲料还含有各种必需氨基酸，其中赖氨酸含量较高，可补充谷物饲料赖氨酸的不足。

3. 维生素含量丰富　青绿饲料中维生素含量比较丰富，特别是胡萝卜素含量较高，每千克饲料可含 50～80 mg。在正常采食情况下，放牧家畜所摄入的胡萝卜素要超过其本身需要量的 100 倍。青绿饲料中 B 族维生素、维生素 E、维生素 C、维生素 K 含量也较多，但缺乏维生素 D，维生素 B_6（吡哆醇）含量也很低。

4. 粗纤维含量较低 幼嫩的青绿饲料含粗纤维较少，木质素含量也较少，无氮浸出物含量较高。青绿饲料干物质中粗纤维为15%～30%，无氮浸出物为40%～50%。一般情况下，植物在开花或抽穗之前，粗纤维含量较低，但随着植物的不断成熟，粗纤维和木质素含量显著增加。木质素增加后，饲料消化率明显降低。

5. 钙磷比例适宜 青绿饲料中矿物质含量因植物种类、土壤及施肥情况而异。以温带草地牧草为例，占干物质的比例，一般钙为0.25%～0.50%，磷为0.20%～0.35%，比例适于动物生长，尤其是豆科牧草钙的含量较高，以采食青绿饲料为主的家畜不易缺钙。青绿饲料还含有丰富的铁、锰、锌、铜等微量矿物元素。

二、青绿饲料的使用

青绿饲料幼嫩多汁、柔软适口、营养丰富，还含有各种酶、激素和有机酸，易于消化。从动物营养的角度分析，青绿饲料是一种营养相对平衡的饲料。

1. 宠物犬的青绿饲料 绿色(或梗茎)青绿饲料一般不易被犬很好地接受，但青绿饲料是B族维生素的良好来源，但加热过程中可能破坏B族维生素。犬可以从某些青绿饲料的根茎中以β-胡萝卜素的形式获得一定量维生素A的前提。

蔬菜可分为以下3类。

(1)全株或叶、茎部可食用的青菜，如莴苣、白菜和菜花等。它们含水和纤维素高，对犬类来说适口性不好，故食用价值不大。

(2)根或块茎类，如马铃薯、芜菁等。它们生食消化力差，煮熟使淀粉呈明胶状且易于消化，大多数犬较喜食。

(3)籽食类蔬菜，包括豌豆和大豆。其煮熟后犬易食用，但多不作饲粮的主要成分。

2. 宠物猫的青绿饲料 青绿饲料含钙、磷、蛋白质较少，含维生素较全(除维生素A)，这类饲料有利于猫的正常生长发育。猫食青草，还可促进有益的呕吐——排出胃内的毛球。

(1)青菜的饲喂。猫同样也喜食青菜。如果主人允许猫外出，它可能会用力嚼食院子里的青草和野草，但圈养猫却无法做到。大多数宠物用品商店都有可以自己在家里种的青菜种植配套产品，包括装有土的盆和种子。把土壤弄湿润后将种子种下，数天后青草就可以萌出。当青草长至几厘米高的时候，用锋利的剪刀剪一些给猫，它可能狼吞虎咽地将其全部消灭掉。大约每隔1 d就剪一些给猫。可以偶尔将种植青草的盆放在地上，让猫像羊一样采食。可以养2～3盆，以保证有充足不断的供应。在没人看管的时候不能让猫接近小盆，以防止它将青草连根拔起，或者是由于过食而引起胃疼。如果家里院子里有未受害虫侵害、未用杀虫剂和化肥的青草，那么可以割一些给猫吃。只要割一小把新鲜的青草即可，猫会很喜欢吃。

(2)猫薄荷的饲喂。猫薄荷是薄荷科的一种草本植物。有些猫非常喜欢猫薄荷，为了得到它不惜一切，如打开壁柜的门、撕咬装有猫薄荷的包、声嘶力竭地哭叫。而有一些猫仿佛对此无动于衷。

喜欢猫薄荷的猫经常有一个或更多的非常有趣的动作。有的围着猫薄荷转圈，或舐它或吃它，有的呜呜叫，有的咆哮，有的喵喵叫或像鸟一样啾啾地鸣。猫薄荷使一些猫感到很放松，而使另一些猫激动；使有些猫变得活泼可爱，使有些猫变得非常有攻击性。

如果猫薄荷使猫感到愉快，可从宠物用品商店买一些干品，在猫的玩具上、抓板上或猫树上喷洒一些。也可在花园里种一些或在窗台上种上一盆。如果种在外边，肯定会将周围邻居家的猫全都吸引到花园里。如果是自己种的猫薄荷，每次只给猫1片新鲜叶子或1朵花即可，多数猫对新鲜薄荷的反应强于干薄荷。

薄荷对于猫来说是绝对安全的。但是,如果给的太频繁,就会导致它对猫的刺激越来越弱。要想达到较理想的效果,每周给1～2次即可,对猫薄荷玩具也是如此。如果一直接触猫薄荷,就会使它对猫的吸引力下降。因此,当猫玩耍完时,应将猫薄荷玩具收起放在抽屉里。当每次拿出来时,又可使猫重新激动起来。

3. 影响青绿饲料营养价值的因素 青绿饲料的营养价值受生长阶段的影响较大。一般在开花前营养价值较高,以后则因粗纤维逐渐增多,其营养价值降低。植株不同部位的营养成分不同。一般植株上部的营养含量高于下部,叶片的营养高于茎秆,不同种类的青绿饲料其营养价值不同,豆科青绿饲料的营养高于禾本科青绿饲料。

4. 使用时注意事项

(1)防止饲料中毒。

①防止亚硝酸盐中毒。在蔬菜、饲用甜菜、萝卜叶、芥菜叶、油菜叶等青绿饲料中均含有硝酸盐,硝酸盐本身无毒或毒性较低,但在细菌的作用下,硝酸盐可还原为亚硝酸盐。青绿饲料长时间堆放,腐败发霉,或加热后闷在锅、缸里过夜,都能促使细菌将硝酸盐还原成亚硝酸盐。宠物若采食含有亚硝酸盐的青绿饲料可引起中毒。因此,青绿饲料不能堆放时间过长、加热过夜,做到随喂随取,防止亚硝酸盐中毒。

②防止氰化物和氢氰酸中毒。氰化物是剧毒物质,即使在饲料中含量很低也会引起中毒。在高粱苗、玉米苗、马铃薯幼芽、南瓜蔓、三叶草等青绿饲料中含有氰苷配糖体。这些饲料如果堆放发霉或霜冻枯萎,在植物体内酶的作用下,氰苷配糖体被水解生成氢氰酸,宠物若采食这样的饲料,也会引起中毒。

③防止葱类中毒。生或熟的洋葱、大葱都含有二硫化物的成分,它对人体无害,但会造成犬的红细胞氧化,可能会引发溶血性贫血,甚至危及生命。

(2)防止农药中毒。菜园等农田喷洒农药后,应注意农药对蔬菜及其周围饲草、杂草的污染,若有污染,蔬菜、牧草等不能用作青绿饲料,应等下过雨或隔1个月后再利用,防止家畜的农药中毒。

(3)防止维生素损失。应用青绿饲料喂犬,需煮熟后再喂,但不能煮的太久,否则维生素被破坏,风干的老的青绿饲料不宜喂犬。

单元三 能量饲料

【学习目标】

本单元属于专业知识范畴。通过学习,了解谷类籽实类、糠麸类饲料、块根块茎类及油脂类能量饲料的营养特点及在宠物犬、猫饲养中的应用及饲用注意事项,为能量饲料在宠物饲养中的科学使用奠定基础。

【学习方法】

课堂讲授,课后在图书馆中或互联网上查阅有关资料。

【关键词】

宠物;能量饲料;谷物籽实类;糠麸类饲料;块根块茎类;油脂类

粮食是宠物的第2个重要的食物来源，它包括谷物，如小麦、大麦、燕麦、稻米、裸麦、玉米和一些高粱。谷物由胚芽或由淀粉胚乳包裹着的胚组成，胚乳提供胚芽生长所需的储备的碳水化合物（淀粉）和一定量的蛋白质（谷蛋白）。糊粉层包裹着胚芽，糊粉层是富含蛋白质和磷的细胞薄层，其外是坚韧的种子外壳。谷物碾磨后分出谷粉和麸皮，麸皮是富含多糖、纤维素和半纤维（含食纤维）的坚韧外壳组成，而谷粉含有大量的淀粉和来自胚芽的谷蛋白。未加工的小麦、燕麦、稻米、玉米含有约12%的水分，9%～14%的蛋白质，2%～5%的脂肪以及70%～80%的碳水化合物。小麦、燕麦、大麦含有比玉米和稻谷高的蛋白质，但脂肪含量则低于后者。宠物的能量饲料主要有玉米、高粱、大麦、大米、麦麸和米糠等。能量饲料是配合饲料中常见的原料，其主要作用是为动物提供能量，在明确不同动物的消化道特点、碳水化合物的营养生理作用前提下，本章具体论述能量饲料的种类及不同营养特点的能量饲料对宠物的饲用标准。

一、能量饲料的营养特点

能量饲料是指干物质中粗纤维含量在18%以下，粗蛋白质含量在20%以下的饲料，一般分为谷实类、糠麸类、根茎瓜果类和油脂类等。能量在12.55 MJ/kg以上的称为高能饲料。它们是宠物的重要能量来源，在宠物饲养和饲料工业中占有极其重要的地位。

二、谷物籽实类饲料

（一）营养特点

1. 无氮浸出物含量高 谷物籽实类饲料中无氮浸出物含量一般占干物质的70%～80%，主要是淀粉，占无氮浸出物的82%～90%，占干物质的50%～60%。淀粉是这类饲料最有饲用价值的养分。

2. 粗纤维含量低 谷物籽实类饲料粗纤维含量为2%～6%，因而谷类籽实的消化利用率高，可利用能值也高。

3. 蛋白质含量低，且品质差 谷物籽实类饲料蛋白质平均含量在10%左右（7%～13%），与其可利用能值相比，就显得更低，赖氨酸不足，蛋氨酸较少，清蛋白和球蛋白含量少，而品质较差的谷蛋白和醇溶蛋白的含量高（占80%～90%），难以满足畜禽的蛋白质要求。

4. 矿物质含量不平衡 谷物籽实类饲料缺钙（一般低于0.1%），而磷高（达0.3%～0.5%），钙少磷多，比例为1∶6.4，比值与畜禽的需要不符。其中的磷主要是植酸磷，其利用率低，并可干扰其他矿物元素的利用。

5. 维生素含量不平衡 此类饲料一般含维生素B_1、维生素E较丰富，而维生素B_2、维生素D、维生素A（黄玉米除外）较缺乏，几乎不含维生素C。

6. 含脂肪较低 此类饲料含脂肪在3.5%，其中主要是不饱和脂肪酸，亚油酸和亚麻油酸的比例较高。不同谷物籽实因养分组成不同，饲用价值也不同。

（二）玉米

1. 简介 玉米是日粮中最主要的原料。玉米产量高、用量大、有效能值高，但蛋白质品质低，氨基酸的含量不平衡，尤其是赖氨酸、蛋氨酸等含量低。其常规营养成分见表2-4、氨基酸含量见表2-5。

表 2-4 玉米的常规营养成分

成分	干物质/%	粗蛋白质/%	粗脂肪/%	粗纤维/%	无氮浸出物/%	粗灰分/%	钙/%	磷/%	非植酸态磷/%	总能/(MJ/kg)
含量	86.0	8.7	3.6	1.6	70.7	1.4	0.02	0.27	0.12	16.19

表 2-5 玉米的氨基酸含量 %

成分	干物质	赖氨酸	蛋氨酸	胱氨酸	苏氨酸	异亮氨酸	亮氨酸	精氨酸	缬氨酸	组氨酸	酪氨酸	苯丙氨酸	色氨酸
含量	86.0	0.24	0.18	0.20	0.30	0.25	0.93	0.39	0.38	0.21	0.33	0.41	0.07

玉米按品种特点可分为硬质玉米、马齿玉米、甜玉米、爆裂玉米、蜡质玉米、粉质玉米等，饲用玉米多指马齿型和硬质型。

玉米按颜色可分为黄玉米、白玉米和红玉米，饲用以黄玉米为主。

遗传学家已培育出新玉米品种，其特点是高蛋白质、高赖氨酸、高色氨酸、高油脂。

2. 营养价值

(1)可利用能值高。玉米粗纤维含量少，无氮浸出物高，且主要是淀粉，消化率高；脂肪含量高，因此玉米的可利用能值是谷实类籽实中最高的。

(2)必需脂肪酸中亚油酸含量高。玉米在谷实类籽实中亚油酸含量最高。

(3)玉米蛋白质含量低(7%～9%)，品质差，缺乏赖氨酸和色氨酸。其原因是玉米蛋白质中 50%为醇溶蛋白，品质低于谷蛋白。通过遗传改良降低玉米醇溶蛋白的比例，从而提高赖氨酸的含量。

(4)维生素。黄玉米中含有丰富的维生素 A 原，即 β-胡萝卜素(平均为 2.0 mg/kg，1.3～3.3 mg/kg)和维生素 E(20 mg/kg)，而维生素 D、维生素 K 缺乏。水溶性维生素中维生素 B_1 较多，而维生素 B_2 和烟酸较少。

(5)矿物质。玉米含钙极少，仅 0.02%左右，含磷约 0.25%，其中植酸磷占 50%～60%。铁、铜、锰、锌、硒等微量元素含量也较低。

(6)色素。黄玉米含色素较多，主要是 β-胡萝卜素、叶黄素(黄体素)和玉米黄质。

(7)玉米含脂率较高，猪饲料中使用过多易造成软脂肉。粉碎后玉米易酸败，易被霉菌污染而产生黄曲霉毒素。

3. 影响玉米品质的因素 影响玉米品质的因素很多，主要有水分、储藏时间、破碎粒、霉变情况等。

4. 饲用标准 用做饲料的玉米，国家有质量标准 GB/T 17890—2008，国标分 3 个等级，其中二级玉米为中等玉米。玉米的质量分级见表 2-6。

表 2-6 饲料用玉米质量标准

等级	容重/(g/L)	粗蛋白质(干物质基础)/%	不完善粒(生霉粒)/%	水分/%	杂质/%	色泽、气味
一	≥710	≥8.0	≤2.0	≤14.0	≤1.0	正常
二	≥685	≥8.0	≤2.0	≤14.0	≤1.0	正常
三	≥660	≥8.0	≤2.0	≤14.0	≤1.0	正常

(三)大麦

1. 简介 大麦种植地区较广，是皮大麦(普通大麦)和裸大麦的总称。皮大麦外面包有一层种子外壳颖包称为麦麸，在饲用时脱麸，但仍有少量麸皮，因此比裸大麦粗纤维和粗灰分含量高，营养价值比裸大麦低(表 2-7)，大麦的有效能值比玉米和高粱低，但蛋白质品质好，赖氨酸含量比玉米高 1 倍(表 2-8)。大麦是世界上最古老的作物之一，在我国，大麦分布广，皮大麦多种植于华东地区，而裸大麦则多种植在东南沿海两熟及三熟制地区以及青藏高原高寒地区。播种面积较大的省、自治区有江苏、西藏、青海和四川。

表 2-7 大麦的常规营养成分

名称	干物质/%	粗蛋白质/%	粗脂肪/%	粗纤维/%	无氮浸出物/%	粗灰分/%	钙/%	磷/%	非植酸态磷/%	总能/(MJ/kg)
裸大麦	87.0	13.0	2.1	2.0	67.7	2.2	0.04	0.39	0.21	16.19
皮大麦	87.0	11.8	1.7	4.8	67.1	2.4	0.09	0.33	0.17	15.94

表 2-8 大麦的氨基酸含量 %

名称	干物质	赖氨酸	蛋氨酸	胱氨酸	苏氨酸	异亮氨酸	亮氨酸	精氨酸	缬氨酸	组氨酸	酪氨酸	苯丙氨酸	色氨酸
裸大麦	87.0	0.44	0.14	0.25	0.43	0.43	0.87	0.64	0.63	0.16	0.40	0.68	0.16
皮大麦	87.0	0.42	0.18	0.18	0.41	0.52	0.91	0.65	0.64	0.24	0.35	0.59	0.12

2. 营养价值

(1)粗蛋白质。大麦的粗蛋白质平均为 12%；氨基酸组成中赖氨酸、色氨酸、异亮氨酸等含量高于玉米。

(2)粗脂肪。大麦的粗脂肪含量约为 2%，低于玉米的含量；脂肪酸中 1/2 以上的是亚油酸。

(3)碳水化合物。裸大麦的粗纤维含量与玉米差不多；皮大麦的粗纤维含量比裸大麦高 1 倍多。二者的无氮浸出物均在 67%以上，主要成分是淀粉，其他糖约占 10%。

(4)能值。裸大麦的有效能值高于皮大麦，仅次于玉米。

3. 影响大麦品质的因素

(1)麦角病。裸大麦易感染真菌中的麦角菌属而得麦角病，造成畸形籽实，并含有麦角毒。该物质能影响裸大麦产量，降低适口性，甚至引起畜禽中毒。中毒症状表现为坏疽症、痉挛、繁殖障碍、生长抑制、呕吐及咳嗽等。因此，当大麦含畸形粒太多时应慎用。

(2)单宁。大麦含有单宁，会影响大麦适口性和蛋白质消化利用率。

4. 质量标准 我国目前只有裸大麦的行业标准 NY/T 210—1992，裸大麦质量标准见表 2-9。

表 2-9 裸大麦质量标准 %

等级	水分	粗蛋白质	粗纤维	粗灰分
一级	<13.0	≥13.0	<2.0	<2.0
二级	<13.0	≥11.0	<2.5	<2.5
三级	<13.0	≥9.0	<3.0	<3.5

(四)小麦

1. 简介　小麦是全世界主要粮食作物之一，近年来饲料用小麦逐渐增多。小麦有效能值低于玉米，与大麦近似，粗蛋白质含量不仅高于玉米，而且质量也好，各种必需氨基酸含量高于玉米(表2-10、表2-11)。我国小麦产量居全世界第2位，小麦按栽培季节可分为春小麦和冬小麦；按谷粒质地可分为硬小麦和软小麦；按种皮颜色可分为红小麦和白小麦。小麦对于各种动物都具有较高的饲喂价值。

表2-10　小麦的常规营养成分

成分	干物质/%	粗蛋白质/%	粗脂肪/%	粗纤维/%	无氮浸出物/%	粗灰分/%	钙/%	磷/%	非植酸态磷/%	总能/(MJ/kg)
含量	87.0	13.9	1.7	1.9	67.6	1.9	0.17	0.41	0.13	16.19

表2-11　小麦的氨基酸含量　%

成分	干物质	赖氨酸	蛋氨酸	胱氨酸	苏氨酸	异亮氨酸	亮氨酸	精氨酸	缬氨酸	组氨酸	酪氨酸	苯丙氨酸	色氨酸
含量	87.0	0.30	0.25	0.24	0.33	0.44	0.80	0.58	0.56	0.27	0.37	0.58	0.15

2. 营养价值

(1)小麦的粗纤维含量和玉米相当，粗脂肪含量低于玉米，但蛋白质含量高于玉米，在谷实类籽实中蛋白质含量较高。小麦的能值也较高，仅次于玉米。但其氨基酸含量中必需氨基酸较低，尤其是赖氨酸。

(2)小麦和玉米一样，钙少磷多，且主要是植酸磷，微量元素铁、铜、锰、锌、硒的含量较少。

(3)小麦的胚芽富含维生素B_1、蛋白质、脂肪和维生素E。

3. 影响小麦营养价值的因素　小麦易感染赤霉菌病，赤霉菌可引起犬急性呕吐等中毒症状。

4. 质量标准　饲料用小麦的质量标准为NY/T 117—2021，其中二级小麦为中等质量标准(表2-12)。

表2-12　饲料用小麦的质量标准

<table>
<tr><th>等级</th><th>容重/(g/L)</th><th>杂质/%</th><th>粗蛋白质/%</th><th>无机杂质/%</th><th>水分/%</th></tr>
<tr><td>一级</td><td>≥770</td><td>≤1.0</td><td rowspan="3">≥11.0</td><td rowspan="3">≤0.5</td><td rowspan="3">≤13.0</td></tr>
<tr><td>二级</td><td>≥730</td><td rowspan="2">≤2.0</td></tr>
<tr><td>三级</td><td>≥710</td></tr>
</table>

(五)稻谷、糙米和碎米

1. 简介　稻谷是带外壳的水稻或旱稻的籽实，其中外壳占20%～25%，糙米占70%～80%。糙米由5%～6%的种皮，2%～3%的胚及90%～92%的胚乳组成(胚乳即为大米)，种皮和胚及少量胚乳构成米糠。

稻谷去壳为糙米，糙米去米糠为大米。在加工过程中，留存在直径为2.0 mm圆孔筛上，是正常整米 2/3 的米粒为大碎米；通过直径 2.0 mm 圆孔筛，留存在直径 1.0 mm 圆孔筛上的碎米为小碎米。

2. 营养价值 由于稻谷包含有外壳，其有效能值、粗蛋白质和氨基酸含量都低，而糙米和碎米的营养价值较稻谷高出很多(表 2-13 和表 2-14)。稻谷不宜直接用做饲料，应加工成糙米后利用。

表 2-13 稻谷、糙米和碎米的常规营养成分

名称	干物质/%	粗蛋白质/%	粗脂肪/%	粗纤维/%	无氮浸出物/%	粗灰分/%	钙/%	磷/%	非植酸态磷/%	总能/(MJ/kg)
稻谷	86.0	7.8	1.6	8.2	63.8	4.6	0.03	0.36	0.20	15.15
糙米	87.0	8.8	2.0	0.7	74.2	1.3	0.03	0.35	0.15	16.07
碎米	88.0	10.4	2.2	1.1	72.7	1.6	0.06	0.35	0.15	16.32

表 2-14 稻谷、糙米和碎米的氨基酸含量 %

名称	干物质	赖氨酸	蛋氨酸	胱氨酸	苏氨酸	异亮氨酸	亮氨酸	精氨酸	缬氨酸	组氨酸	酪氨酸	苯丙氨酸	色氨酸
稻谷	86.0	0.29	0.19	0.16	0.25	0.32	0.58	0.57	0.47	0.15	0.37	0.40	0.10
糙米	87.0	0.32	0.20	0.14	0.28	0.30	0.61	0.65	0.49	0.17	0.31	0.35	0.12
碎米	88.0	0.42	0.22	0.17	0.38	0.39	0.74	0.78	0.57	0.27	0.39	0.49	0.12

3. 质量标准 我国现有饲料原料稻谷的农业标准 NY/T 116—2023 和饲料原料碎米的农业标准 NY/T 212—2021 见表 2-15。

表 2-15 饲料用稻谷和碎米质量标准 %

名称	等级	水分	粗蛋白质	粗纤维	粗灰分	杂质	脂肪酸(KOH)/(mg/100 g)
稻谷	一级	≤14.0	≥7.0	≤9.0	≤5.0	≤1.0	≤37.0
	二级		≥6.0	≤11.0	≤6.0		
	三级		≥5.0	≤12.0	≤7.0		
碎米	一级	≤14.0	≥5.0	≤1.5	≤1.5	—	—
	二级						
	三级						

三、糠麸类饲料

(一)小麦麸和次粉

1. 简介 小麦麸和次粉均是小麦加工成面粉时的副产物，常规小麦出麸率为 10%以上。前者主要由小麦种皮、糊粉层、少量胚芽和胚乳组成；后者由糊粉层、胚乳及少量细麸组成。小麦精制过程中可得到 23%～25%的小麦麸、3%～5%的次粉和 0.7%～1%的胚芽。麸皮中有剥离的种子外壳，因而是食物纤维和磷的很好来源，但是如果饲喂前不加热，大部分磷将无活性，因为它是以肌醇磷或植酸盐的络合物形式存在的，加热提高了磷的活性。麸皮因纤维含量高，当日粮的营养成分含量低时麸皮可以作为膨化剂，但需取决于谷物提取的程度，100 g 的麸皮可以提供高达 800 kJ 的日粮能量。小麦麸的常规营养成分见表 2-16。

表 2-16　小麦麸的常规营养成分

成分	干物质/%	粗蛋白质/%	粗脂肪/%	粗纤维/%	无氮浸出物/%	粗灰分/%	钙/%	磷/%	非植酸态磷/%	总能/(MJ/kg)
含量	87.0	15.7	3.9	8.9	53.6	4.9	0.11	0.92	0.34	16.28

2. 营养价值

(1)小麦麸蛋白质含量高(15%~15.5%),但品质较差(表 2-17)。

表 2-17　小麦麸的氨基酸含量　　%

成分	干物质	赖氨酸	蛋氨酸	胱氨酸	苏氨酸	异亮氨酸	亮氨酸	精氨酸	缬氨酸	组氨酸	酪氨酸	苯丙氨酸	色氨酸
含量	87.0	0.58	0.13	0.26	0.43	0.46	0.81	0.97	0.63	0.39	0.28	0.58	0.20

(2)维生素含量丰富,特别是富含 B 族维生素和维生素 E,但烟酸利用率仅为 35%。

(3)矿物质含量丰富,特别是微量元素铁、锰、锌较高,但缺乏钙,磷含量高,且主要是植酸磷。加热可以提高磷的活性。

(4)小麦麸的物理结构疏松,可调节营养浓度。含有适量的粗纤维和硫酸盐类,日粮中达到一定数量时有利于保持粪便的黏稠度和排粪的连贯性,降低便秘或腹泻发生的可能性。母犬产后消化机能很弱,可适量饲喂麸皮粥,有利于消化道机能恢复。小麦麸吸水性强,如果饲喂小麦麸过多,则易引起便秘。

(5)可作为添加剂预混料的载体、稀释剂、吸附剂和发酵饲料的载体。

3. 质量标准　我国小麦麸的质量标准为 GB/T 42225—2022(表 2-18)。

表 2-18　小麦麸的质量标准　　%

质量指标	食用小麦麸	非食用小麦麸
水分含量	≤14.0	
灰分含量(湿基)	≤7.0	
粗蛋白含量(湿基)	≥11.0	
粗纤维含量	≥7.0	
含砂量	≤0.02	—
磁性金属物含量(g/kg)	≤0.003	—
脂肪酸(以湿基 KOH 计)/(mg/100 g)	≤120	—

(二)米糠和脱脂米糠

1. 简介

(1)米糠。稻谷去壳后的果实为糙米,糙米经精加工成为精米,是人们的主食,在此过程中产生的副产物即为米糠,又称为米皮糠、细米糠、玉糠等。糙米的出糠率为 7%。谷壳也称砻糠,是种子的最外层,营养价值极低。生产上也常见到将砻糠和米糠按一定比例混合的糠,如二八糠、三七糠等，其营养价值取决于砻糠的比例。

(2)脱脂米糠[米糠饼(粕)]。脱脂米糠是米糠经过脱脂后的饼粕，其中用压榨法取油后的产物称为米糠饼；用有机溶剂取油后的产物称为米糠粕。

米糠、米糠饼和米糠粕的常规营养成分和氨基酸含量分别见表 2-19 和表 2-20。

表 2-19 米糠、米糠饼和米糠粕常规营养成分

名称	干物质/%	粗蛋白质/%	粗脂肪/%	无氮浸出物/%	粗灰分/%	钙/%	磷/%	非植酸态磷/%	总能/(MJ/kg)
米糠	87.0	12.8	5.7	53.6	1.8	0.08	1.43	0.10	17.11
米糠饼	88.0	14.7	7.4	48.2	8.7	0.11	1.69	0.22	16.82
米糠粕	87.0	15.1	7.5	53.6	8.8	0.15	1.82	0.24	15.10

表 2-20 米糠、米糠饼和米糠粕的氨基酸含量 %

名称	干物质	赖氨酸	蛋氨酸	胱氨酸	苏氨酸	异亮氨酸	亮氨酸	精氨酸	缬氨酸	组氨酸	酪氨酸	苯丙氨酸	色氨酸
米糠	87.0	0.74	0.25	0.19	0.48	0.63	1.00	1.06	0.81	0.39	0.50	0.63	0.14
米糠饼	87.0	0.66	0.26	0.30	0.53	0.72	1.06	1.19	0.99	0.43	0.51	0.76	0.15
米糠粕	87.0	0.72	0.28	0.32	0.57	0.78	1.30	1.28	1.07	0.46	0.55	0.82	0.17

2. 营养价值

(1)米糠。国产米糠的蛋白质含量(12.5%)高于玉米，赖氨酸含量(0.55%)高于玉米，但与畜禽的需要相比，仍然偏低。米糠含脂肪(平均为 15%)高，最高达 22.4%，且大多属于不饱和脂肪酸，油酸及亚油酸占 79.2%，其中还含有 2%～5%的维生素 E。米糠的粗纤维含量(11%)不高，所以有效能值较高，位于糠麸类之首。米糠含钙偏低，含磷高，且主要是植酸磷，利用率不高。微量元素中铁、锰丰富，而铜偏低。米糠富含 B 族维生素，而缺少维生素 C、维生素 D。

(2)脱脂米糠。粗脂肪含量少，特别是米糠粕的脂肪含量仅有 2%左右，粗纤维、粗蛋白质、氨基酸和微量元素均有所提高，而有效能值下降。习惯上常常将米糠饼和米糠粕归结为饼粕类饲料，但按国际饲料分类原则，二者仍属于能量饲料。

3. 米糠中的抗营养因子

(1)胰蛋白酶抑制因子(TI)。米糠中含有该因子，且活性较高。大量饲喂未经失活处理的米糠，可引起蛋白质消化障碍。

(2)植酸。米糠中植酸含量高，可能会影响矿物质元素和某些养分的利用率，从而抑制宠物的生长。

(3)木质素。稻壳中主要是木质素对宠物毫无营养价值，米糠中掺杂的稻壳可能是抑制宠物生长的主要因素。

4. 饲喂价值 米糠是能值最高的糠麸类饲料，新鲜米糠的适口性较好。米糠易发生氧化酸败和水解酸败，易发热和霉变。因此，一定要使用新鲜米糠。

5. 质量标准 我国饲料原料米糠饼和米糠粕的农业行业标准分别是 NY/T 123—2019 和 NY/T 124—2019(表 2-21)。

表 2-21 饲料原料米糠饼和米糠粕的质量标准 %

名称	米糠饼			米糠粕		
	一级	二级	三级	一级	二级	三级
粗纤维	≤8.0	≤10.0	≤12.0	≤8.0	≤10.0	≤11.0
粗灰分	≤9.0	≤10.0	≤12.0	≤9.0	≤10.0	≤11.5
水分	≤12.0			≤12.5		
粗脂肪	≤10.0			—		

四、块根、块茎及瓜果类饲料

块根、块茎及瓜果类饲料有甘薯、马铃薯、木薯、萝卜、胡萝卜、饲用甜菜、芜菁甘蓝、菊芋及南瓜等。它们属于容积大、含水高的饲料，按干物质计，有效能值与谷实类相等，而且粗纤维和粗蛋白质含量低，应归于能量饲料之列。故其鲜样(属青绿饲料 2-00-000)被称为稀释的能量饲料。

(一)营养特点

(1)最大的特点是鲜样含水量高，一般为 75%～90%；干物质含量少，为 10%～25%。

(2)以干物质为基础，无氮浸出物为 60%～88%，其中主要是淀粉；粗纤维占 3%～10%，木质素几乎为零，消化率较高。

(3)粗蛋白质含量特别低，为 5%～10%，且多为非蛋白氮。

(4)矿物质含量较低，为 0.8%～1.8%，钙、磷缺乏，但钾、氯含量高。

(5)维生素中胡萝卜素高(仅胡萝卜、黄南瓜、红心甘薯)，缺乏 B 族维生素。

(6)这类饲料的适口性和消化性均较好。

这类饲料属于重要的高能饲料之一，主要含碳水化合物，而蛋白质、脂肪和矿物质含量低，维生素 C 含量丰富。胡萝卜和南瓜中含有丰富的胡萝卜素，是体内维生素 A 的良好来源。但鲜用时，水分含量高，能值低，若单独饲用这类饲料，则干物质和能量的采食量难以保证，而且矿物质、蛋白质和维生素均不能满足宠物的需要。因此，必须与其他饲料配合使用。

(二)常用块根、块茎的饲用特性

1. 甘薯 新鲜甘薯多汁，有甜味，宠物均喜采食，特别对泌乳期宠物，有促进消化、贮积脂肪和增加产奶的效果。其生喂和熟喂的干物质及能量消化率基本相同，但蛋白质消化率则熟喂比生喂高约 1 倍。甘薯中各种矿物元素，如钙、磷、铁、铜、锰、锌、硒等的含量，在能量饲料中均居于末位，饲用时必须添加补充。还应注意黑斑病问题。黑斑病甘薯有毒，误食后会腹疼，并有喘息症状。

2. 马铃薯 饲喂马铃薯时，应与蛋白质饲料、谷实饲料等混喂效果较好。马铃薯含有龙葵素，采食过多可使宠物患肠胃炎。成熟的块茎含量不多，但当发芽时，龙葵素大量生成。一般在块茎青绿色的皮上、芽眼及芽中最多。

3. 木薯 木薯素有“开荒作物”之称，分为苦味种和甜味种两大类，均含有氢氰酸，其皮含量最高。水煮和烘干能降低或消除此毒，也可长时间冷水浸泡去毒。

(三)瓜果类

瓜果类的主要代表为南瓜，南瓜干物质中无氮浸出物占 60%～70%，与干物质基础比较，南瓜的有效能值与薯类相似，肉质南瓜富含胡萝卜素，南瓜切碎后可饲喂各种动物，煮熟后适口性更佳。

五、其他加工副产品

油脂是油与脂的总称，按照一般习惯，在室温下呈液态的称为“油”，呈固态的称为“脂”。随温度的变化，两者的形态可以互变，但其本质不变，它们都是由脂肪酸与甘油所组成。油脂来源于动植物，是宠物重要的营养物质之一，特别是它能提供比其他任何食物都多的能量，因而成为配制高热能食品所不可缺少的原料。

(一)饲料用油脂的分类

天然存在的油脂种类繁多，分类方法也不少，根据产品的来源及状态可分为动物性油脂、植物性油脂和海产动物油脂。鱼油同其他油脂不同，因其富含大量的不饱和脂肪酸，极易氧化酸败，有难闻的鱼腥味。鱼油特别是深海鱼油具有预防心脑血管疾病及增智等功能，将其用于日粮，可在肉、蛋等产品中富集，从而生产出有益于人体健康的动物源性产品。

(二)油脂的营养特性与添加目的

1. 营养特性

(1)油脂是高热能的来源。油脂蕴含很高的能量，添加油脂易配制成高能饲料。

(2)油脂是必需脂肪酸的重要来源之一。必需脂肪酸缺乏会造成宠物受损，出现角质化，生长抑制，繁殖机能障碍，生产性能下降等。油脂特别是植物油脂可提供丰富的必需脂肪酸。

(3)油脂具有额外热能效应：一是添加的油脂与基础日粮中的油，在脂肪酸组成上发生了协同作用，得以互相补充；二是添加油脂促进了非脂类物质的吸收。所提供的热能高于其本身所含的热能。

(4)油脂能促进色素和脂溶性维生素的吸收。

(5)油脂的热增耗低，可减轻宠物热应激。脂肪的热增耗最低，因而添加油脂可减少因代谢而造成的体温上升，故在高温环境下宠物可处于舒适状态，即提高了抗热应激能力，避免热应激所带来的损失。

2. 添加目的　饲料中添加油脂，除了油脂具有上述的特性外，还有以下几点优点：减少饲料因粉尘而导致的损失及动物呼吸道疾病；减少热应激带来的危害；提高粗纤维的使用价值；提高饲料风味；改善饲料外观；提高制粒效果；减少混合机等机械设备的磨损。

单元四　蛋白质饲料

【学习目标】

本单元属于专业知识范畴。通过学习，了解豆类籽实、饼粕类、动物性蛋白质饲料、工业副产品、微生物蛋白质饲料及其他蛋白质饲料等的营养特点。为蛋白质饲料在宠物饲养中的科学使用奠定基础。

【学习方法】

课堂讲授，课后在图书馆中或互联网上查阅有关资料。

【关键词】

宠物；豆类籽实；饼粕类；动物性蛋白质饲料；植物性副产品；微生物蛋白质饲料；大豆；豆粕；鱼肉；鱼粉；肉；动物性副产品

一、蛋白质饲料的营养特点

蛋白质饲料是指饲料干物质中粗纤维含量在18%以下，粗蛋白质含量在20%以上的饲料。与能量饲料相比，该类饲料蛋白质含量较高，且品质优良，在能量价值方面则差别不大，或者略偏高，当然在其他方面如维生素、矿物质等不同种类饲料各有差别。蛋白质饲料可分为植物性蛋白质饲料、动物性蛋白质饲料、单细胞蛋白质饲料和非蛋白氮饲料。蛋白质饲料包括豆类籽实、饼粕类、动物性蛋白质饲料、工业副产品、微生物蛋白质饲料及其他蛋白质饲料等。

对于宠物来说，主要食用的是豆类籽实及饼粕类、动物性蛋白质饲料。

二、植物性蛋白质饲料

植物性蛋白质饲料包括豆类籽实及其加工副产品、各种油料籽实及其加工副产品以及某些谷类籽实的加工副产品等。饼类饲料是植物性饲料中含蛋白质较高的饲料，其蛋白质含量可达40%～45%。这些饲料主要包括大豆饼、花生饼、芝麻饼和向日葵饼等。这类饲料种类繁多、来源方便、价格低廉，是宠物的主要饲料。

（一）营养特性

（1）蛋白质含量高，为20%～50%，蛋白质是此类饲料中最有饲用价值的部分。但植物性蛋白质的消化率一般仅有80%左右。

（2）粗脂肪含量变化大，油料籽实（如大豆）含量在30%以上，非油料籽实类只有1%左右。饼粕内脂肪含量也因加工工艺不同差异较大，高的可达10%，低的近1%。

（3）粗纤维含量一般较低，基本上与谷类籽实近似，但饼粕类较高些。故能值与中等能量饲料相似。

（4）矿物质含量与谷类近似，钙少磷多，且主要是植酸磷。

（5）维生素含量与谷类近似，B族维生素较丰富，而维生素A、维生素D较缺乏。

（6）大多数均含有一些抗营养因子，影响其饲喂价值。

（二）大豆、豆饼、豆粕

1. 概况

（1）大豆。是多数B族维生素的相当好的来源。在世界上许多地区，大豆是人类蛋白质和能量的主要来源，大豆或者更常见的加工去油后的大豆饼粕在世界范围内用于动物的饲喂。其蛋白质含量较高，为20%～40%，氨基酸成分也较好，其中赖氨酸丰富，但蛋氨酸等含硫氨基酸相对不足；无氮浸出物明显低于能量饲料，粗脂肪含量甚高，超过15%，因此，日粮或饲料中有大豆籽实可提高其有效能值，豆类的矿物质元素和维生素类与谷实类饲料相当，钙的含量略高，但磷含量低。

大豆按种皮颜色分为黄大豆、青大豆、黑大豆、其他大豆和饲用豆(秣食豆)5类，其中比例最大的是黄大豆(即黄豆)，约占63%；其次是黑大豆，约占14%。近几年国外大量转基因大豆涌入我国，本文除特别注明外，均指国产黄大豆。

(2)大豆饼、大豆粕。通常将大豆经压榨法提取油后的副产物称为大豆饼；而将浸提法或预压浸提法取油后的副产物称为大豆粕。大豆饼含蛋白质较高，尤以赖氨酸的含量为最高，常用来调节饲料中赖氨酸的含量，但大豆饼在榨制过程中，如加热不够会残留胰蛋白酶抑制因子、红细胞凝集素和皂角素等有毒物质，对宠物有危害，故喂前一定要煮熟。大豆粕和大豆饼的常规营养成分和氨基酸含量分别见表2-22和表2-23。

表2-22 大豆粕和大豆饼的常规营养成分

名称	干物质/%	粗蛋白质/%	粗脂肪/%	粗纤维/%	无氮浸出物/%	粗灰分/%	钙/%	磷/%	非植酸态磷/%	总能/(MJ/kg)
大豆粕	87.0	43.0	1.9	5.1	26.1	6.0	0.32	0.61	0.17	16.48
大豆饼	87.0	40.9	5.7	4.7	30.0	5.7	0.30	0.49	0.24	18.07

表2-23 大豆粕和大豆饼的氨基酸含量 %

名称	干物质	赖氨酸	蛋氨酸	胱氨酸	苏氨酸	异亮氨酸	亮氨酸	精氨酸	缬氨酸	组氨酸	酪氨酸	苯丙氨酸	色氨酸
大豆粕	87.0	2.45	0.64	0.66	1.88	1.76	3.20	3.12	1.95	1.07	1.53	2.18	0.68
大豆饼	87.0	2.38	0.59	0.61	1.41	1.53	2.69	2.47	1.66	1.08	1.50	1.75	0.63

2. 大豆抗营养因子

(1)胰蛋白酶抑制因子(TI)。对多数宠物胰蛋白酶抑制因子均可引起生长抑制、胰腺肥大和胰腺增生，甚至产生腺瘤。

(2)大豆凝集素(SBA)。是一种能够凝集动物和人红细胞的蛋白质。其分子量大，难以完整吸收进入血液，引起红细胞凝集，但仍能引起宠物生长抑制，甚至产生其他毒性。

(3)胃肠胀气因子。可引起肠道胀气，并导致腹痛、腹泻、肠鸣等。当饲喂宠物豆类，引起肠胃胀气的问题很常见。宠物饲喂豆类产品后出现肠胃胀气的程度取决于饲喂量和动物的易感性，而宠物的易感又取决于肠道细菌的菌群。当饲喂宠物豆类时不可忽视肠胃胀气的产生。

(4)植酸。大豆中含有一定量植酸，会干扰矿物元素和其他养分的消化利用。

(5)脲酶。生大豆中脲酶的活性很高，一般说来，脲酶对动物生产无影响。但若和尿素等非蛋白氮同时使用于动物饲粮中，则可能加速尿素的分解而引起氨中毒。但脲酶不耐热。

3. 大豆及其饼粕的脱毒技术 胰蛋白酶抑制因子和凝集素不耐热，可通过加热使其变性失活。适当的加热，可破坏某抗营养因子，从而提高蛋白质的利用率，防止胰脏肥大，改善动物生产性能。胃肠胀气因子耐热处理，但可溶于水和80%的乙醇，豆类发酵也能减少其含量。

普通热处理并不能破坏大豆抗原，但受pH的限制。大豆粕经膨化处理后，能降低豆粕的抗原活性，减轻黏膜的损伤程度。

4. 大豆饼(粕)的饲喂价值 优质大豆饼(粕)是良好的饲料，适口性好，饲喂价值在各种饼粕饲料中最高，常作为比较其他饼粕的参考标准。

5. 质量标准 用作饲料原料大豆饼和豆粕的质量标准分别为NY/T 130—2023和GB/T

19541—2017(表2-24)。在国家标准中,除了常规指标外,还规定了脲酶的活性不超过0.4,脲酶活性是表示大豆在提取油时的加热程度。

表2-24 饲料原料豆粕和大豆饼的质量标准 %

名称	豆粕				大豆饼		
	特极品	一级品	二级品	三级品	一级	二级	三级
水分	≤12.5				≤12.0		
粗蛋白质	≥48.0	≥46.0	≥43.0	≥41.0	≥43.0	≥40.0	≥37.0
粗纤维	≤5.0	≤7.0	≤7.0	≤7.0	≤7.0		
粗灰分	≤7.0				≤7.0		
粗脂肪	—	—	—	—	≥4.0		
赖氨酸	≥2.50		≥2.30		—	—	—
尿素酶活性	≤0.30				—		
氢氧化钾蛋白质溶解度	≥73.0				—		

(三)棉籽饼、棉籽粕

1. 概况 棉籽饼(粕)是棉籽经脱壳取油后的副产物,因取油工艺不同而有不同的名称。棉花的品种很多,总体可分为有腺体棉和无腺体棉两大类。其中有腺体棉含有棉酚。棉籽饼(粕)含蛋白质高,氨基酸中富含丰富的蛋氨酸和胱氨酸。棉籽粕含脂肪低,棉籽饼含脂肪高,两者都含有较多磷、铁和锌(表2-25和表2-26)。

表2-25 棉籽粕和棉籽饼的常规营养成分

名称	干物质/%	粗蛋白质/%	粗脂肪/%	粗纤维/%	无氮浸出物/%	粗灰分/%	钙/%	磷/%	非植酸态磷/%	总能/(MJ/kg)
棉籽粕	88.0	42.5	0.7	10.1	28.9	6.5	0.24	0.97	0.33	18.37
棉籽饼	88.0	36.3	7.4	12.5	26.1	5.7	0.21	0.83	0.28	17.15

表2-26 棉籽粕和棉籽饼的氨基酸含量 %

名称	干物质	赖氨酸	蛋氨酸	胱氨酸	苏氨酸	异亮氨酸	亮氨酸	精氨酸	缬氨酸	组氨酸	酪氨酸	苯丙氨酸	色氨酸
棉籽粕	88.0	1.40	0.41	0.40	1.11	1.25	2.50	4.88	1.36	0.88	1.39	1.92	0.45
棉籽饼	88.0	1.32	0.39	0.38	1.05	1.18	2.36	4.60	1.28	0.83	1.31	1.81	0.42

2. 抗营养因子 棉籽饼(粕)中存在很多种抗营养因子,最主要的是游离棉酚。

棉酚被宠物摄食后,在体内有明显的蓄积作用,可引起累积性中毒。棉酚中毒表现为生长受阻、贫血、呼吸困难、繁殖能力下降甚至不育,严重时可死亡,剖检可见肺水肿、出血、心脏肿大、胸腔积水、肝脏充血、胃肠炎等。

棉酚在体内可与蛋白质、铁结合,干扰一些重要的功能蛋白质、酶及血红蛋白的合成,从而引起缺铁性贫血。

单宁和植酸对蛋白质、氨基酸和矿物元素利用及动物生产性能均有一定影响。

3. 棉籽饼(粕)的工业脱毒

(1)常用的化学药剂。常用的化学药剂有硫酸亚铁、氧化钙、氢氧化钙、氢氧化钠、尿素、苯胺、氨等,其中以硫酸亚铁和氢氧化钙的效果较好、成本较低。

(2)棉籽饼膨化脱毒。棉籽饼中游离棉酚含量在0.08%以下的,可不加脱毒剂膨化,脱毒率50%~60%;在0.08%以上的,可在膨化前加入脱毒剂,脱毒率可达60%~90%或更高。两者均可达到国家安全饲用标准。

(3)固态发酵棉籽饼脱毒(即微生物脱毒法)。其他的脱毒方法还有加热处理、培育无毒品种等。

(四)菜籽饼(粕)

1. 概况 菜籽饼(粕)为油菜榨油后的副产物。油菜是我国主要油料作物之一,具有悠久的栽培历史,分布很广,可分为4种类型:甘蓝型、白菜型、芥菜型和其他型油菜。不同品种的含油量、脂肪酸组成和硫代葡萄糖苷的含量不同。我国栽培的品种多为高芥酸(芥酸50%~60%)和高硫代葡萄糖苷品种。国外已育成"单低(低芥酸)"和"双低"品种;我国已培育出"双低"品种。菜籽粕和菜籽饼的常规营养成分和氨基酸含量分别见表2-27和表2-28。

表2-27 菜籽粕和菜籽饼的常规营养成分

名称	干物质/%	粗蛋白质/%	粗纤维/%	无氮浸出物/%	粗灰分/%	钙/%	磷/%	非植酸态磷/%	总能/(MJ/kg)
菜籽粕	88.0	38.6	1.4	11.8	28.9	7.3	0.65	1.02	0.35
菜籽饼	88.0	35.7	7.4	11.4	26.3	7.2	0.59	0.96	0.33

表2-28 菜籽粕和菜籽饼的氨基酸含量 %

名称	干物质	赖氨酸	蛋氨酸	胱氨酸	苏氨酸	异亮氨酸	亮氨酸	精氨酸	缬氨酸	组氨酸	酪氨酸	苯丙氨酸	色氨酸
菜籽粕	88.0	1.30	0.63	0.87	1.49	1.29	2.34	1.83	1.74	0.86	0.97	1.45	0.43
菜籽饼	88.0	1.33	0.60	0.82	1.40	1.24	2.26	1.82	1.62	0.83	0.92	1.35	1.42

2. 抗营养因子

(1)硫代葡萄糖苷(GS)。硫代葡萄糖苷的降解产物噁唑烷硫酮和异硫氰酸酯等有毒物质均能引起甲状腺肿大。在饲料中可适量使用,如使用过量,轻则影响适口性,减少采食量,重则影响生长甚至发生中毒。

(2)芥子碱。具有苦味,导致菜籽饼(粕)适口性不良,与腥味蛋的产生有关。

(3)植酸。菜籽饼(粕)中植酸含量在2%左右,对养分利用有一定影响。

(4)单宁。具有苦涩味,易在中性或碱性条件下产生氧化和聚合作用,使菜籽饼(粕)制品颜色变黑,并有不良气味和干扰蛋白质的消化利用。

3. 菜籽饼(粕)脱毒 脱毒的方法主要有坑埋法、浸泡法、蒸煮法、干热钝化酶法、酸碱处理法、氨处理法、紫外线照射法、微波处理法、发酵中和法及其他微生物发酵法、菜籽饼(粕)与青贮玉米共同青贮法等。

4. 质量标准 我国饲料用菜籽粕和菜籽饼的质量标准分别是GB/T 23736—2009和

NY/T 125—1989（表 2-29）。

表 2-29　饲料用菜籽粕和菜籽饼质量标准　%

名称	菜籽粕				菜籽饼		
	一级	二级	三级	四级	一级	二级	三级
水分	≤12.0				<12.0	<12.0	<12.0
粗蛋白质	≥41.0	≥39.0	≥37.0	≥35.0	≥37.0	≥34.0	≥30.0
粗纤维	≤10.0	≤12.0	≤12.0	≤14.0	<14.0	<14.0	
粗灰分	≤8.0		≤9.0		<12.0	<12.0	<12.0
粗脂肪	≤3.0				<10.0	<10.0	<10.0
赖氨酸	≥1.7		≥1.3		—	—	—

（五）花生饼（粕）

1. 概况　花生饼(粕)是指脱壳后的花生仁经脱油后的副产物。国外规定其粗纤维含量应在7%以下,国产花生饼(粕)的粗纤维一般为5%～3%。花生饼(粕)含蛋白质很高,消化率也很高,但赖氨酸含量低,花生粕含脂肪为0.5%～2.0%,花生饼含脂肪为7%～8%,所以有效能值高(表2-30和表2-31)。

表 2-30　花生粕和花生饼的常规营养成分

名称	干物质/%	粗蛋白质/%	粗脂肪/%	粗纤维/%	无氮浸出物/%	粗灰分/%	钙/%	磷/%	非植酸态磷/%	总能/(MJ/kg)
花生粕	88.0	47.8	1.4	6.2	27.2	5.4	0.27	0.56	0.33	17.82
花生饼	88.0	44.7	7.2	5.9	25.1	5.1	0.25	0.53	0.31	18.95

表 2-31　花生粕和花生饼的氨基酸含量　%

名称	干物质	赖氨酸	蛋氨酸	胱氨酸	苏氨酸	异亮氨酸	亮氨酸	精氨酸	缬氨酸	组氨酸	酪氨酸	苯丙氨酸	色氨酸
花生粕	88.0	1.40	0.41	0.40	1.11	1.25	2.50	4.88	1.36	0.88	1.39	1.92	0.45
花生饼	88.0	1.32	0.39	0.38	1.05	1.18	2.36	4.60	1.28	0.83	1.31	1.81	0.42

2. 抗营养因子　生花生中含有胰蛋白酶抑制因子,可在榨油过程中经加热除去。花生在加工过程中,花生饼(粕)极易感染黄曲霉,黄曲霉产生一组相近似的代谢物为黄曲霉毒素,黄曲霉毒素有多种,其中以黄曲霉毒素 B_1 毒性最强,可引起宠物中毒。故在配制饲料时,选用优质花生榨制的饼粕饲喂犬猫,勿饲喂发霉的花生饼(粕)。

3. 饲用标准　我国饲用花生粕和花生饼的质量标准分别是 NY/T 133—1989 和 NY/T 132—2019(表 2-32)。

表 2-32 饲料用花生粕和花生饼的质量标准 %

名称	花生粕			花生饼		
	一级	二级	三级	一级	二级	三级
水分	＜12.0	＜12.0	＜12.0	≤11.0		
粗蛋白质	≥51.0	≥42.0	≥37.0	≥48.0	≥40.0	≥36.0
粗纤维	＜7.0	＜9.0	＜11.0	≤7.0	≤9.0	≤11.0
粗灰分	＜6.0	＜7.0	＜8.0	≤6.0	≤7.0	≤8.0
粗脂肪	—	—	—	≥3.0		
赖氨酸	—	—	—	≥1.2		

(六)芝麻饼

芝麻饼的粗蛋白质达 40%以上，与豆饼接近；蛋氨酸含量较高，是所有植物性饲料中蛋氨酸含量最高的；色氨酸、精氨酸含量也较高，但赖氨酸含量低；钙含量很高，磷含量也高，并以植酸磷为主，对钙和其他养分的利用均有影响。芝麻饼通常具有苦涩味，适口性较差。

饼类饲料在加工过程中，由于榨油的方法不同，其营养成分也不同，如机器榨豆饼含蛋白质 42%，赖氨酸 2.7%，蛋氨酸 0.6%，花生饼含蛋白质 45%，赖氨酸 1.55%，蛋氨酸＋胱氨酸 1.05%；芝麻饼含蛋白质 42%，蛋氨酸 1.45%；葵花饼含蛋白质 41%，蛋氨酸 0.6%。

三、动物性蛋白质饲料

动物性蛋白质饲料来自动物机体及其副产品，包括畜禽的肉、内脏、血粉、肉粉(肉骨粉)、鱼类、鱼粉、蛋和奶类等。动物性蛋白质饲料含蛋白质较高，必需氨基酸含量多，若成分比例合理，则生物学价值高，是优质蛋白质饲料。动物性蛋白质饲料含有丰富的维生素和矿物质，是宠物日粮中不可缺少的成分，但价格高，一般在宠物日粮中用量不超过 20%。

(一)水产加工及其副产物饲料

1. 鱼类 一般含蛋白质 13%～20%，脂肪含量差别很大。低脂肪鱼类含脂肪 2%左右，而高脂肪鱼类脂肪含量高达 5%～20%。鱼类蛋白质的组成成分好，能被宠物全部吸收；微量元素中含碘较多；含脂肪高的鱼类维生素 A、维生素 D 等含量丰富。常用鱼类的营养成分见表 2-33。

表 2-33 常用鱼类及鱼粉的营养成分

品名	能量/kJ	水分/g	蛋白质/g	脂肪/g	碳水化合物/g	灰分/g	钙/mg	磷/mg	镁/mg
大黄鱼	327.6	81.8	17.6	0.8	—	0.9	33	135	1.0
小黄鱼	415.8	79.2	16.7	3.6	—	0.9	43	127	1.2
带鱼	583.8	74.1	18.1	7.4	—	1.1	24	160	1.1
草鱼	462.0	77.3	17.9	4.3	0	1.0	36	173	0.7
白鲢	495.6	76.2	18.6	4.8	0	1.2	28	167	1.2
鲫鱼	260.4	85.0	13.0	1.1	0	0.8	54	203	2.5
鱼粉	1 348.2	9.2	55.6	11.0	0	24.2	7 705	2 982	47.5

鱼类常被分为脂肪类鱼和蛋白类鱼。蛋白类鱼的脂肪含量低于2%，如鳕鱼、小口鳕、小鳕鱼；而脂肪类鱼的脂肪含量较高，达5%～20%，如鲱鱼、沙丁鱼、鳗鱼、鲭鱼、金枪鱼、鳝鱼、鲑鱼和鳟鱼，根据捕获时的成熟阶段和季节的不同，其脂肪含量为5%～18%。总之，蛋白类鱼肉中蛋白质的组成和瘦肉相同，而且蛋白类鱼中蛋白质的含量相对高些，但维生素A和维生素D的含量一般缺乏或者仅微量。但是鱼肉中含有适量的碘，而且由于骨骼常与肉一起加工，因而钙、磷的含量更均衡。去骨的鱼片中严重缺钙和缺磷。含油的鱼的鲜肉中含有维生素D和维生素A，而且像鳕鱼和大比目鱼这样的鱼肝中维生素A和维生素D的含量尤其丰富。含骨的整鱼（如果熟制或磨成粉则更安全），作为猫营养物质均衡的来源比多数肉类更好。脂肪类鱼含脂溶性维生素丰富。

虽然鱼的适口性不如肉类，却总能被动物很好的接受，但是它们的味道和外观可能不太容易被动物的主人接受。与肉一样，鱼也有寄生虫，因而饲喂前必须制熟。另外，有些鱼肉中含有硫胺酶而能分解维生素B_1，而维生素B_1的缺乏可导致猫的神经炎症，严重时会致命。加热可破坏此酶或使之失活，也是用熟制鱼饲喂宠物的又一原因。

2. 鱼粉　是由整鱼或渔业加工废弃物制成。优质鱼粉含蛋白质60%以上。国产鱼粉原料不同，加工条件不同，鱼粉品质相差很大。优质国产鱼粉含蛋白质60%以上，但也有的蛋白质含量很低，而食盐含量却很高。如在日粮中添加食盐比例过高，易发生食盐中毒。鱼粉中必需氨基酸含量丰富，蛋白质营养价值高，是最好的蛋白质饲料。

鱼粉是以全鱼或鱼下脚料（鱼头、尾、鳍、内脏等）为原料，经过蒸煮、压榨、干燥、粉碎加工之后的粉状物。这种加工工艺所得的鱼粉为普通鱼粉。如果把制造鱼粉时产生的煮汁浓缩加工，做成鱼汁，添加到普通鱼粉里，经干燥粉碎，所得的鱼粉叫全鱼粉。以鱼下脚料为原料制得的鱼粉叫粗鱼粉。各种鱼粉中，全鱼粉质量最佳，普通鱼粉次之，粗鱼粉较差。

（1）营养特性。鱼粉的营养价值因鱼种、加工方法和贮存条件不同而有较大差异。鱼粉含水量变异幅度大（4%～15%），平均为10%，取决于加工时的干燥方法。鱼粉蛋白质含量高，消化率好（达90%以上）。鱼粉蛋白质含量从40%～70%不等，进口鱼粉一般在60%以上，国产鱼粉约50%。粗蛋白质太低，可能不是全鱼鱼粉，而是下脚鱼粉；粗蛋白质太高，则可能掺假。鱼粉蛋白质品质好，氨基酸含量高，蛋白质中的氨基酸相当平衡，利用率也高。鱼粉含粗脂肪5%～12%，一般在8%左右，高于12%时会给使用带来很多问题。海产鱼的脂肪中含大量不饱和脂肪酸，具有特殊的营养生理作用。鱼粉的粗灰分含量高，磷主要以磷酸钙形式存在，利用率高。鱼粉也是矿物质、部分维生素和未知生长因子的良好来源，其含有丰富的B族维生素，尤以维生素B_{12}、维生素B_2含量高。真空干燥的鱼粉含有较丰富的维生素A、维生素D，此外，鱼粉中含有未知生长因子。

（2）饲用价值。新鲜鱼粉适口性好。因此，鱼粉的饲用价值比其他蛋白质饲料高。

使用时的注意事项：使用鱼粉时，应考虑到鱼粉含有较高的组织胺，组织胺可与赖氨酸结合，形成糜烂素。鱼粉含有较高的脂肪，贮藏过久易发生氧化酸败，影响适口性，幼龄宠物使用后可出现下痢。鱼粉中添加抗氧化剂可延长其贮存期。生鱼粉中含有维生素B_1分解酶。如果使用加热不充分的鱼粉或鲜鱼会出现生长下降，此时需添加维生素B_1或将鱼粉再加热处理。

目前市场上鱼粉掺假掺杂现象比较严重。掺假的原料有血粉、羽毛粉、皮革粉、尿素、硫酸铵、菜籽饼、棉籽饼、钙粉等，起不到鱼粉应有的作用。食盐含量的高低也是限制鱼粉用量的因素之一。

3. 鱼溶粉、虾(蟹)粉

(1)鱼溶粉。鱼溶粉系制造鱼粉时所得的鱼黏液,经浓缩干燥而成;或以鱼体内脏经自体消化后的液状物,经离心分离鱼肝油后的蛋白液浓缩干燥而成的产品。如上述鱼黏液经浓缩为含水约5%的鱼溶浆,再以脱脂米糠、麸皮等饲料吸附,干燥而得产品则称混合鱼溶粉。

鱼溶粉所含蛋白质以水溶性蛋白为主,其中部分属非蛋白氮;水溶性维生素及矿物质含量较多,且含有丰富的未知生长因子,是良好的饲料原料。

(2)虾(蟹)粉。将虾(蟹)可食部分除去后的新鲜虾(蟹)杂,经干燥、粉碎的产品称虾(蟹)粉。虾粉及蟹粉的成分随原料品种、处理方法及鲜度不同而有很大差异,含蛋白质多为来自几丁质的氮,利用价值很低;虾(蟹)粉还含有着色效果的虾红素。使用时应注意其鲜度及含盐量。

(二)畜禽加工副产物饲料

1. 肉类 日粮中的肉来自动物,马和鱼的肌肉组织常常带有肌间脂肪、结缔组织和血管,根据肌肉在身体位置的不同,其氨基酸含量和可消化性变化很大,这将最终影响它的营养价值。在这方面,饲喂之前进行加工是有益的。肉类由动物肌肉、肌间脂肪、肌肉鞘膜、筋腱以及血管组成。不同体位的肌肉在营养价值上也有很大不同;尤其在脂肪部位。猪、牛、羔羊、肉用犊牛、鸡和兔的瘦肉组成很相似。生肉中,家禽和猪肉中的饱和度低于牛肉和羔羊肉,但这对总消化率影响不大,特别是水分和蛋白质,差异主要表现在脂肪的变化上,生肉的水分含量在70%～76%,蛋白质含量在22%～25%,脂肪含量在2%～5%,羔羊和猪瘦肉的含脂量在7%～9%。

肉类副产品,不论来自何种动物,它们在营养成分含量方面一般近似,都较瘦肉含水分多而蛋白质少,脂肪含量变化较大。肉类不含碳水化合物,因为能量多贮存于脂肪中,而不是糖和淀粉中。

肉类及其副产品中的蛋白质具有较高的营养价值。所有肉类中钙的含量很低,钙磷比例则发生变化较大,钙磷比为1∶(10～20),缺乏维生素A、维生素D和碘。肉类食物是铁及一些B族维生素,特别是烟酸、维生素B_1、维生素B_2和维生素B_{12}的良好来源,用此类食物喂犬,适口性好,消化率高,利用迅速,肉类及其副产品的营养物质含量见表2-34。

表2-34 肉类及其副产品的营养物质含量 %

名称	水	蛋白质	脂肪	钙	磷
猪肉	71.5	20.6	7.1	0.008	0.20
牛肉	74.0	20.3	4.6	0.007	0.18
羔羊肉	70.1	20.8	8.8	0.007	0.19
犊牛肉	74.9	21.1	2.7	0.008	0.26
鸡肉	74.4	20.6	4.3	0.001	0.20
兔肉	74.6	21.9	4.0	0.022	0.22
肺	73.1	17.2	5.0	0.01	0.19
脑	79.4	10.3	7.6	0.01	0.34
胃(猪)	79.1	11.6	8.7	0.03	0.11
脾	75.9	17.0	6.5	0.03	0.22
肾(肉牛)	76.8	15.7	2.6	0.02	0.25
心脏	70.1	14.3	15.5	0.02	0.18
肝	72.6	18.9	4.8	0.04	0.29

如果猫的饮食中含有大量高脂肪的不新鲜的肥肉，会导致维生素 E 的摄入不足，进而引起猫的身体脂肪发炎，并极度疼痛。

2. 肉骨粉与肉粉　肉骨粉、肉粉是以动物屠宰厂副产品中除去可食部分之后的残骨、皮、脂肪、内脏、碎肉等为主要原料，经过熬油后再干燥粉碎而得的混合物。产品中不应含有毛发、蹄、角、皮革、排泄物及胃内容物。新鲜肉骨粉或肉粉为淡褐色，具烤肉香及牛油或猪油味，贮藏不良时出现酸败味。

（1）营养特性。肉骨粉与肉粉的营养成分及品质取决于原料与成分、加工方法、脱脂程度及贮藏期。肉骨粉或肉粉的蛋白质品质不好，生物学价值低；赖氨酸含量接近豆饼，氨基酸的消化利用率低；磷含量高，钙磷比例平衡，磷的利用率高；B 族维生素含量高，维生素 A、维生素 D 很少。

（2）饲用价值。肉骨粉与肉粉的饲用价值比鱼粉和豆粕差，且不稳定。随饲粮中肉骨粉和肉粉用量增加，饲粮适口性降低，动物生长成绩下降。以腐败原料制成的产品，不但品质差，而且有中毒和感染细菌（如沙门菌）的危险。因此，在宠物日粮中的用量应受到限制，幼龄宠物不宜使用。

3. 血粉　血粉是用新鲜干净的动物血制成的一种高蛋白质饲料产品，一般为红褐色至深褐色。其主要特点是蛋白质和赖氨酸含量高，色氨酸、组氨酸含量也高。但血粉品质较差，因此氨基酸不平衡。混合血的血粉质量优于单一血粉。

血粉本身不应含有粗纤维和无氮浸出物，粗灰分和粗脂肪也较低。但由于原料中混入了各种植物性物质和沙土，测出了粗纤维和无氮浸出物，粗灰分和粗脂肪的含量也可能偏高。血粉含钙、磷较低，但磷的利用率高；微量元素中铁的含量高，常需与植物性饲料混合使用。由于血粉味苦，适口性差，用量不可过高。

血浆蛋白粉是猪血分离出红细胞后经喷雾干燥而制成的粉状产品。血浆蛋白粉是早期断奶仔猪日粮中的优质蛋白质来源，可作为脱脂奶粉和干乳清的替代品，其适口性比脱脂奶粉高。血浆蛋白粉以喷雾血浆蛋白为好。

4. 动物内脏　根据作为食品的动物供体的不同，溶解的易消化的内脏如肝脏、肾脏、胃肠，所提供的营养物质含量有很大差别。多数动物脏器缺乏维生素 A 和维生素 D，然而肝脏以及更低程度上的肾脏是维生素 A 和维生素 D 的良好来源。肝脏含有维生素 A 过多或过食肝脏可引起消化问题，并出现维生素 A 过多症以及其他疾病。日粮中加入适量的动物组织有助于弥补或补充“肌肉”的不足。在家里加工可能有困难，但是动物脏器和肉类常用于宠物食品的制作过程中。

少量的肝脏对犬有益，但过量却可能引起问题。因为肝脏含有大量的维生素 A，会引起维生素 A 中毒或者维生素 A 过多症，犬会出现骨骼畸形、体重减轻等症状。1 周 3 个鸡肝（或对应量的其他动物内脏）左右的量，就会引发骨骼问题。同样，一些猫很爱吃动物肝脏并拒绝吃其他食物。动物肝脏中含有的大量的维生素 A，过多的摄入会导致猫的肌肉僵硬、颈痛、骨骼和关节变形以及肝脏疾病等。

（三）其他动物性蛋白质饲料

1. 蛋及蛋制品　蛋内平均含蛋白质 12.6%，氨基酸品质很好，宠物能很好地消化吸收。蛋中含有丰富的维生素 A、维生素 D、维生素 B_2、叶酸和维生素 B_{12}，但缺少烟酸（尼克酸）；微量元素中富含铁。

常用的蛋及蛋制品的营养成分见表 2-35。

蛋类常用于饲喂生长发育期的犬猫，因蛋中富含铁、蛋白质、维生素 B_2、叶酸、维生素 B_{12} 和维生素 A、维生素 D。它还含有除维生素 C 和碳水化合物之外的大多数其他营养物质。蛋清中全是蛋白质、水、微量元素和某些 B 族维生素（烟酸在蛋中含量甚微）。蛋黄中有多数 B 族维生素、全部脂溶性维生素，而且蛋黄中脂肪和蛋白质含量高于蛋清而水分少于蛋清。未加热的蛋清（蛋白）含有一种被称为卵白素的蛋白质，影响生物素的生物活性，导致犬掉毛、生长迟缓、骨骼畸形等症。此外，生鸡蛋通常也含有病菌，容易导致犬生病，加热可以破坏这种对生物素的束缚作用以及病菌而提高蛋清的消化率，因此饲喂蛋类前以先煮熟为宜。

表 2-35 蛋及蛋制品的营养成分(每 100 g 的含量)

品名	能量/kJ	水分/g	蛋白质/g	脂肪/g	碳水化合物/g	灰分/g	钙/mg	磷/mg	镁/mg
鸡蛋	714.0	71.0	14.7	11.6	1.6	1.1	55	210	2.7
鸭蛋	688.8	70.0	8.7	9.8	10.3	1.2	71	210	3.2
鸡蛋粉	2 238.6	1.9	42.2	34.5	13.4	8.0	186	710	9.1
蛋壳粉	—	1.2	—	—	—	94.1	37 000	153	20.0

2. 乳品 乳品包括牛奶、脱脂乳、奶油、乳清粉、酸奶和乳制品，如奶粉、黄油等。代乳品有糕干粉和代乳糕。乳中含有犬所需要的大多数营养成分，但铁和维生素 D 缺乏，每 100 g 乳含能量 271.7 kJ，蛋白质 3.4 g，脂肪 3.9 g，乳糖 4.7 g，钙 0.12 g，磷 0.1 g，乳对犬的适口性较好。

常用乳及乳制品的营养成分见表 2-36。

表 2-36 常用乳及乳制品的营养成分(每 100 g 的含量)

品名	能量/kJ	水分/g	蛋白质/g	脂肪/g	碳水化合物/g	灰分/g	钙/mg	磷/mg	镁/mg
牛奶	289.8	87.0	3.3	4.0	5.0	0.7	120	93	0.2
羊奶	289.8	86.9	3.8	4.1	4.3	0.9	140	106	0.1
牛奶粉	2 192.4	2.0	26.2	30.6	25.5	5.7	1 030	883	0.8
奶油	865.2	73.0	2.9	20.0	3.5	0.9	140	106	0.1
代乳糕	1 806.0	5.0	18.8	13.6	58.1	3.6	661	419	5.6
糕干粉	1 621.2	7.6	5.1	5.6	79.0	0.6	508	540	1.7

乳制品中含有比肉和鱼更多的蛋白质和更全的氨基酸，犬比猫更爱吃乳制品，少数犬可能无法忍受摄入较多的乳糖，并且会因缺乏将乳糖分解的消化酶——乳糖酶而引起动物腹泻。这些动物容易确诊，确诊后不应再给予牛奶或其他乳制品。对于其他动物，按每千克体重给予 20 mL 左右的奶是有益的，奶中含有犬猫所需要的大部分营养物质，但是铁与维生素 D 含量缺乏。奶是容易利用的高质量的蛋白质、脂肪、碳水化合物、钙、磷和许多微量元素、维生素 A 和 B 族维生素的很好来源。维生素 B_2（核黄素）对阳光敏感，如果暴露在阳光下 1～2 h 以上则维生素 B_2 与维生素 C（不是猫食物中的必需成分）一起被破坏。全部经过巴斯德消毒的牛奶

其营养成分为：总能量 3.05 MJ/kg，总蛋白质 3.3%，脂肪 3.8%，乳糖 4.7%，钙 125 mg/kg，磷 105 mg/kg。

(1)乳清粉。乳清脱水干燥后的产品即为乳清粉，蛋白质含量不低于 11%，乳糖含量不低于 61%。乳清粉中一般乳糖含量在 70%左右，足以供给宠物所需的热能，且乳糖有促进乳酸菌繁殖的作用，可抑制大肠杆菌的生长。此外，钙、磷等矿物质及 B 族维生素含量丰富。因此，乳清粉可用于所有动物饲料中。此外，还可作为黏结剂使用。

(2)脱脂奶。脱脂奶几乎不含脂肪或维生素 A、维生素 D 和维生素 E，而蛋白质和乳糖含量高于全奶。英国乳牛的奶中含有的脂肪和蛋白质高于其他品种牛奶的平均值，其能量水平约为 3.2 MJ/kg。羊奶与牛奶在成分上相似，而且对猫无更多的价值。

(3)酪乳。酪乳是制作奶油的副产品。从全乳分离出脱脂乳，再抽出奶油后剩下的部分就是酪乳。酪乳的成分与脱脂乳相近，只是酪乳比脱脂乳脂肪含量略多，同时还含有乳酸。酪乳的蛋白质易被机体吸收，加强新陈代谢，促进幼畜增重，但要注意发酵了的酪乳以及腐败的酪乳是不宜作为饲料的。酪乳可经干燥加工成干燥酪乳，用法与脱脂奶粉相同。猫非常爱吃富含脂肪和脂溶性维生素的奶油和奶酪(乳蛋白凝结物)。当乳糖和维生素 B 被移入乳清中时，奶中的大部分蛋白质、脂肪、钙和维生素 A 仍留在奶酪内。除了用脱脂奶粉做的软干酪几乎不含脂肪外，大多数酪乳的蛋白质和脂肪含量相似。奶油乳酪所含脂肪量最高。对于猫来说，乳制品是许多营养物质极佳的来源，但是如果某个动物不能适应乳糖则应避免给予它任何乳制品。

3. 昆虫粉

(1)蝇蛆粉。蝇蛆含水分 80%，干物质中粗蛋白质含量为 63.1%，略低于鱼粉；脂肪为 25.9%，是鱼粉的 4～5 倍；蝇蛆含有较丰富的必需氨基酸，在含硫氨基酸中，胱氨酸含量较低，蛋氨酸含量与鱼粉相近。蝇蛆粉可以代替大豆饼，作为蛋白质来源。

(2)蚯蚓粉。蚯蚓是钓鱼的饵料，蚯蚓粉饲料价值较高，干物质中粗蛋白质含量 66.3%，含粗脂肪 7.9%，其蛋白质的生物学价值与秘鲁鱼粉相仿。

单元五 矿物质饲料

【学习目标】

本单元属于专业知识范畴。通过学习，了解矿物质饲料的营养特点、常用的矿物质饲料的来源及营养特点。为矿物质饲料在宠物饲养中的科学使用奠定基础。

【学习方法】

课堂讲授，课后在图书馆中或互联网上查阅有关资料。

【关键词】

宠物；矿物质；石粉；碳酸钙；骨粉；磷酸盐；氯化钠；碳酸氢钠

一、矿物质饲料的营养特点

在动物性饲料和植物性饲料中都含有钙、磷、氯和钠等矿物元素，但钙、氯和钠等的含量与动物的需要量相差很多。植物性饲料中含磷较多，但大部分磷是以利用率低的植酸磷的形式存在，因此，可利用的磷不能满足需要。在日粮中要平衡矿物质营养时，必须补充各种矿物质饲料，以满足宠物对矿物质的需要。

二、含钙饲料

(一)石粉(石灰石粉、大理石粉)

石粉为优质的石灰石制品，沉淀碳酸钙是石灰石煅炼成的氧化钙，经水调和成石灰乳，再经二氧化碳作用而合成的产品。石灰石粉俗称钙粉，主要成分为碳酸钙，一般含碳酸钙80%～90%，含钙35%左右，是补充钙最好、最廉价的矿物质饲料。

(二)碳酸钙

碳酸钙是石灰乳与二氧化碳化合后的产品。饲料级轻质碳酸钙的质量标准(HG 2940—2000)见表2-37。

表2-37 饲料级轻质碳酸钙的质量标准 %

项目	含量
碳酸钙($CaCO_3$)含量(干物质基础)	≥98.0
钙(Ca)含量(干物质基础)	≥39.2
水分含量	≤1.0
盐酸不溶物含量	≤0.2
重金属含量(以Pb计)	≤0.003
砷(As)含量	≤0.000 2
钡盐含量(以Ba计)	≤0.030
外观	白色或者灰白色粉末

(三)贝壳粉

贝壳粉是将贝类的壳烘干后制成的粉，在烘干时，要求高温消毒。优质的贝壳粉含钙高，杂质少，呈灰白色，杂菌污染少。但如果肉质未除尽或水分高，放置过久容易腐臭发霉。贝壳粉常掺杂有沙砾、铁丝、塑料制品等异物，使用时应注意检查。贝壳粉一般含钙38%左右。

(四)蛋壳粉

蛋壳粉是用新鲜蛋壳烘干后制成的粉。烘干时，最后产品温度应达到132 ℃，以便将病菌杀灭，起到消毒作用。蛋壳粉含钙34%，蛋白质7%，磷0.09%。高温后，可防止蛋壳粉中蛋白质腐败。蛋壳粉一般含钙24.4%～26.5%。

(五)硫酸钙

硫酸钙俗称石膏，分子式为$CaSO_4 \cdot nH_2O$，结晶水多为2分子，颜色为灰黄色至灰白色，在高温、高湿条件下可能会潮解结块。

此外，大理石、白云石、白垩石、方解石、葡萄糖酸钙、乳酸钙等均可作为补钙饲料。

三、含钙、磷饲料

选用含钙和磷的饲料时，一般都作为磷的补充饲料。钙的不足部分，用含钙的矿物质饲料补充，可以降低成本。

（一）骨粉

骨粉的分子式为 $3Ca_3(PO_4)_2 \cdot Ca(OH)_2$，是动物的骨骼经过脱脂和脱胶、烘干消毒后制成的粉，为黄褐色或灰褐色。骨粉是一种钙磷平衡而且容易得到的矿物质饲料，由于加工方法不同，钙和磷的含量有所不同（表 2-38）。骨粉含钙 24%～30%，磷 10%～15%，蛋白质 10%～13%，这些数值取决于有机物的脱去程度。有机物含量高的骨粉不仅钙磷含量低，而且常携带有大量细菌，易发霉结块，并产生臭味，降低品质。

表 2-38　骨粉中钙和磷的含量

名称	磷/%	钙/%	氟/(mg/kg)
煮骨粉（未脱脂）	10.95	24.53	—
煮骨粉（脱脂）	11.65	25.40	—
蒸汽处理骨粉	12.86	30.71	3 569.0
蒸汽处理骨粉	15.77	32.96	336.4
蒸汽骨粉（脱脂）	14.88	33.59	—
骨制沉淀磷酸钙	11.35	28.77	—

（二）磷酸盐

1. 磷酸氢钙　磷酸氢钙又叫磷酸二钙，为白色或灰白色粉末，分子式为 $CaHPO_4 \cdot nH_2O$，通常含 2 个结晶水，含钙不低于 23%，磷不低于 18%，铅不超过 50 mg/kg，氟与磷之比不超过 1/100。其钙、磷利用率高，是优质的钙、磷补充料。饲料级磷酸氢钙的质量标准见表 2-39（GB 22549—2017）。

表 2-39　饲料磷酸氢钙的质量标准

项目		Ⅰ型	Ⅱ型	Ⅲ型
总磷(P)/%		≥16.5	≥19.0	≥21.0
枸溶性磷(P)/%		≥14.0	≥16.0	≥18.0
水溶性磷(P)/%		—	≥8.0	≥10.0
钙/%		≥20.0	≥15.0	≥14.0
氟/(mg/kg)		≤1 800		
砷/(mg/kg)		≤20		
铅/(mg/kg)		≤30		
镉/(mg/kg)		≤10		
铬/(mg/kg)		≤30		
游离水分/%		≤4.0		
细度/%	粉状	≥95		
	粒状	≥90		

2. 磷酸一钙 磷酸一钙又名磷酸二氢钙、过磷酸钙，为白色结晶粉末，分子式为 $Ca(H_2PO_4)_2 \cdot nH_2O$，以一水盐居多，含钙不低于 15%，磷不低于 22%，铅不超过 50 mg/kg，氟与磷之比不超过 1/100。其利用率比磷酸二钙、磷酸三钙好。

3. 磷酸三钙 磷酸三钙又名磷酸钙，为白色无臭粉末，分子式有 $Ca_3(PO_4) \cdot H_2O$ 和 $Ca_3(PO_4)$2 种，后者居多，含钙 32%，磷 18%。由于加工方法不同，一些产品含氟量高，易发生氟中毒。

4. 脱氟磷酸盐 脱氟磷酸盐是磷矿石经煅烧、溶解及沉淀或磷酸与适宜的钙化合物反应，并经高温加热脱去氟而制得，为淡灰色或灰褐色外表，含磷 18%以上，钙 32%以上，氟 0.18%以下。

四、提供钠、氯的矿物质饲料

（一）氯化钠

在常用植物性饲料中，钠、氯含量都少。食盐是钠、氯的最简单、价廉和有效的添加源。食盐中含氯 60%、钠 39%，碘化食盐中还含有 0.007%的碘。饲料用食盐多属工业用盐，含氯化钠 95%以上。

为了保证动物的生理平衡，以植物性饲料为主的动物应补充食盐，食盐还可以改善口味、增进食欲、促进消化。食盐不足可引起食欲下降，采食量降低，生产成绩差，并导致异食癖。食盐过量时，只要充足饮水，一般对动物健康无不良影响，但若饮水不足，可能出现食盐中毒。犬的盐分摄入量很低，使用含盐量高的鱼粉等饲料时应特别注意。食盐还可作为微量元素添加剂的载体。但由于食盐吸湿性强，在相对湿度 75%以上时就开始潮解，因此，作为载体的食盐必须保持含水量在 0.5%以下，制作微量元素预混料以后也应妥善贮藏保管。

（二）碳酸氢钠

碳酸氢钠，俗称小苏打，采用食盐供给动物钠与氯时，食盐中含钠 40%、含氯 60%，氯多钠少，碳酸氢钠除了提供钠离子外，还是一种缓冲剂，可缓解热应激，改善蛋壳强度，保证瘤胃正常 pH。

复习思考题

1. 饲料作物的生长阶段和刈割期对饲料营养价值产生的影响是什么？
2. 何谓能量饲料？应如何正确利用它？
3. 常用的能量饲料有哪几种？它们具有哪些主要的饲用特性？
4. 简述油脂类饲料营养特点与添加目的。
5. 简述在给宠物使用谷物籽实和糠麸类饲料时应注意些什么？
6. 大豆饼（粕）、棉籽饼（粕）、菜籽饼（粕）中的抗营养因子各有哪些？
7. 如何合理地给宠物食用肉类、鱼类、乳制品及蛋类？
8. 宠物如何合理使用食盐？
9. 宠物饲料中常见的钙、磷补充料都有哪些？

本章思维导图

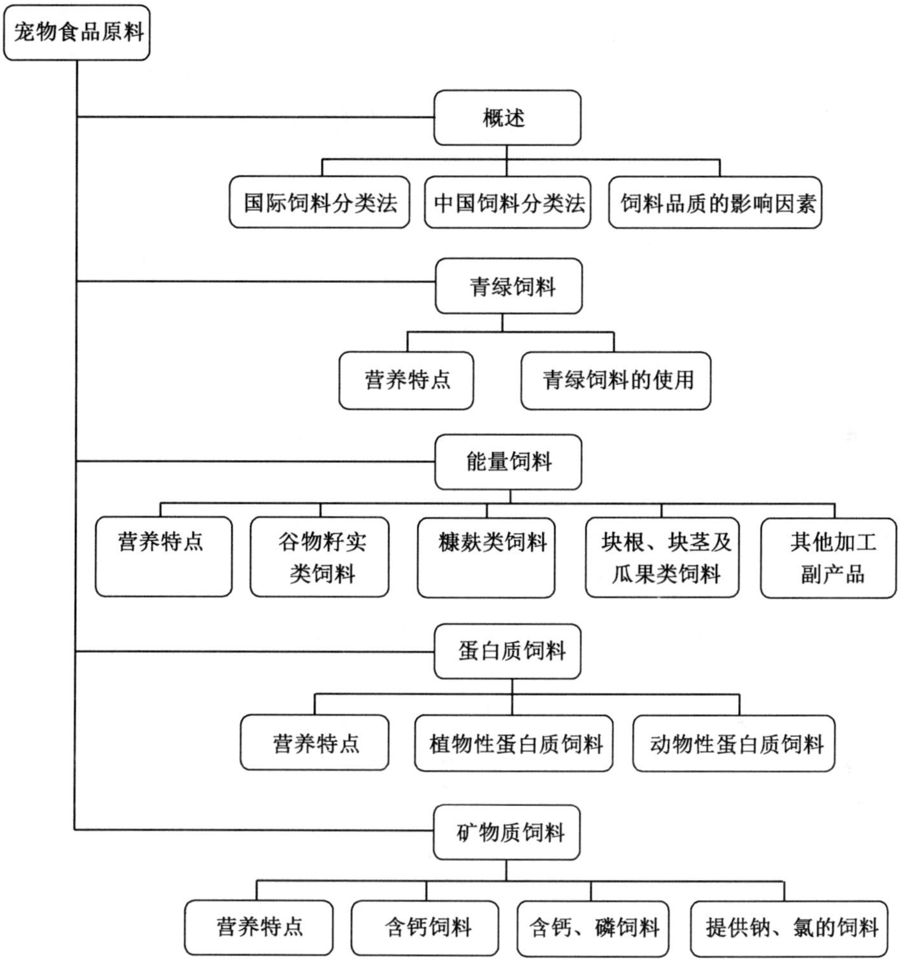
宠物食品原料
概述
国际饲料分类法
中国饲料分类法
饲料品质的影响因素
青绿饲料
营养特点
青绿饲料的使用
能量饲料
营养特点
谷物籽实类饲料
糠麸类饲料
块根、块茎及瓜果类饲料
其他加工副产品
蛋白质饲料
营养特点
植物性蛋白质饲料
动物性蛋白质饲料
矿物质饲料
营养特点
含钙饲料
含钙、磷饲料
提供钠、氯的饲料

模块三

宠物饲料添加剂与宠物保健品

【本章要点】

本章详细介绍了宠物饲料添加剂种类和特点及使用方法,并介绍了宠物保健品的种类及使用注意事项。

【知识目标】

- 了解宠物饲料添加剂种类和特点、发展趋势。
- 了解宠物保健品的种类和特点。
- 掌握各种添加剂的使用方法。

【技能目标】

- 能够合理地应用饲料添加剂。

单元一　宠物饲料添加剂

【学习目标】

本单元属于一般知识范畴。通过学习,了解合理使用饲料添加剂的必要性,饲料添加剂在我国的使用历史、发展现状及趋势,饲料添加剂的分类。

【学习方法】

课堂讲授,课后在图书馆中或互联网上查阅有关资料。

【关键词】

饲料添加剂;发展历史;现状与趋势

一、饲料添加剂概述

饲料添加剂是指为了某种目的而以微小剂量添加到饲料中的物质的总称。饲料添加剂是配合饲料的核心,对于配合饲料的饲养效果有着极为重要的作用。由于饲料添加剂种类繁多、涉及众多学科及行业,且世界各国科学技术发展程度不同及经济发达程度的差异、动物管理方式的不一,使得对饲料添加剂的理解、定义和分类有所差异,没有统一的国际标准化的定义。根据《饲料工业标准汇编》,饲料添加剂的定义是:为满足特殊需要而加入饲料中的少量或微量物质的总称。使用饲料添加剂的目的包括:改善饲料的营养价值,提高饲料利用率，促进动物生产；改善饲料的物理特性，增加饲料耐贮性；增进动物健康，改善畜产品品质；而最终目的是提高动物生产性能，降低生产成本。饲料添加剂的使用剂量通常以 mg/kg 或 g/t 计，部分添加剂的添加量按百分含量计。

饲料添加剂的概念很广，随着科学技术的不断发展，可作为饲料添加剂的新物质不断问世，丰富着饲料添加剂的内容。

饲料添加剂应符合的基本条件为：①添加剂及其代谢产物在动物产品中的残留量不能超过规定的安全标准。②添加剂及其代谢产物对人和动物不产生致癌、致突变和致畸作用。③添加到配合饲料中，对饲料品质及动物产品品质有益。④配合饲料长期添加对动物不产生急性毒性与慢性毒性而影响动物的生产性能。⑤具有一定的稳定性，在一定条件下，贮存一定时间后其稳定性不发生变化。⑥添加剂及其代谢产物对内外环境不能产生危害作用。⑦对动物正常生殖机能及胚胎不产生有害作用。⑧产品中重金属含量不允许超出国际规定范围。

二、饲料添加剂的应用现状及发展趋势

配合饲料工业的迅速发展极大地推动了饲料添加剂的研制与广泛应用，添加剂种类日益增多。截至 2022 年 12 月底，允许使用的饲料添加剂共有 13 个类别 447 种。据农业农村部畜牧兽医局中国饲料工业协会 2016—2022 年的统计结果看，2016 年，饲料添加剂产量约为 900 多万 t，到 2022 年产量高达 1 468.8 万 t。其中，单一饲料添加剂产量 1 368.7 万 t，增长 0.1%；混合型饲料添加剂产量 100.1 万 t，下降 8.8%。氨基酸产品产量 449.2 万 t，增长 5.6%。微生物、非蛋白氮等产品产量保持增长，分别增长 6.7%、59.1%。维生素产品产量 150.0 万 t，下降 15.4%。矿物质元素、酶制剂、抗氧化剂等产品产量分别下降 0.7%、12.5%、14.1%。饲料添加剂销售额的增长速度一直高于配合饲料的增长速度。2022 年全国饲料工业总产值 13 168.5 亿元，比 2021 年增长 7.6%；总营业收入 12 617.3 亿元，比 2021 年增长 8.0%。其中，饲料添加剂产品产值 1 267.7 亿元、营业收入 1 167.9 亿元，分别增长 9.8%、5.2%。

从饲料添加剂的品种结构看，抗生素类用量有所减少，氨基酸、维生素及其他类的用量明显上升。自 2020 年 7 月 1 日起，饲料生产企业停止生产含有促生长类药物饲料添加剂（中药类除外）的商品饲料后，酸度调节剂作为替代抗生素类产品的首选，其使用量快速增长。同时，具有绿色、高效、安全等特点的酶解植物蛋白饲料添加剂的市场份额有较大增长，发展空间很大。2021 年，矿物质元素、氨基酸及维生素饲料添加剂产量在饲料添加剂总产量的占比合计近 90%。其中，矿物质元素产量为 686.4 万 t，占总产量的 46.5%；氨基酸产量为 425.5 万 t，占总产量的 28.8%；维生素产量为 177.3 万 t，占总产量的 12%。

据统计，2022 年我国饲用氨基酸总产量约 390 万 t，净出口约 197 万 t，饲用总量约 170 万 t。其中，赖氨酸产量 255 万 t，净出口 144 万 t，用量约 100 万 t；蛋氨酸产量 44.3 万 t，用量 40 万 t；苏氨酸产量 84 万 t，净出口 54.5 万 t，用量 25 万 t；色氨酸产量 2 万 t，净进口 1.15 万 t，用量 3 万 t。小品种氨基酸缬氨酸、异亮氨酸、亮氨酸、精氨酸、组氨酸、苯丙氨酸等亟需扩大产能、降低成本。矿物质添加剂品种少，仅十几种，且多数为工业级和无机盐。药物添加剂中，国产品种极少，一些高效、低毒、无残留的新品种几乎全靠进口。近几年新建的一些饲料添加剂厂设备先进、产品质量稳定，为国内饲料添加剂工业生产水平的提高起了带头作用。但总体上我国的饲料添加剂工业还比较落后，基础研究较薄弱，加工技术、生产工艺、管理水平不高，产品

种类、规格少，产品更新换代慢，使用效果差。以上均反映了我国饲料添加剂工业尚处于初级阶段，技术力量薄弱，科学普及率低。

随着科学技术的发展，特别是生物技术的发展和应用，预计饲料添加剂在未来10～20年内将取得突破性进展，总的发展趋势是朝着高产量、低成本、高效率、低污染、无残留方向发展，科技含量高的新型添加剂如金属螯合物、酶制剂、饲用微生态制剂、中草药添加剂、寡聚糖等将逐步被饲料工业重视，有可能完全成为抗生素替代品。饲料添加剂的发展总是与配合饲料的发展共进退，目前配合饲料产量以每年1%的速度增长，添加剂工业也随之得到了发展。今后，氨基酸等有助于改善配合饲料性能或提高其效率的添加剂，将会有更大市场份额，氨基酸的品种也将增多；微量元素将主要使用高利用率的有机螯合物；维生素的稳定性将大大提高。饲用抗生素逐渐被抗生素的替代品所取代，植物性以及天然饲料添加剂市场将有较大增长，新的生物工程添加剂如小肽、酶制剂、生长激素、益生素、卵黄抗体将广泛应用，适于新的饲料加工工艺的添加剂的应用将有明显增长。我国饲料添加剂工业的发展潜力更大，总趋势是与国际饲料添加剂工业接轨，采用国际先进技术来增加国产饲料添加剂品种与产量，提高质量，实现主要添加剂原料国际化，以促进饲料工业总体水平逐步提高。

三、饲料添加剂分类

由于饲料添加剂的种类繁多、用途各异，因此分类方法也有所不同。使用饲料添加剂的目的是改善饲料的营养价值，提高饲料利用率，促进动物生产，改善饲料的物理特性，增加饲料耐贮性，增进动物健康，改善动物产品品质等，最终达到提高动物生产性能，降低生产成本的目的。

根据饲料添加剂的不同功能，主要将其分为营养性饲料添加剂和非营养性饲料添加剂两大类(图3-1)。

1. 营养性饲料添加剂 主要有维生素添加剂、微量元素添加剂和氨基酸添加剂。

(1)维生素添加剂。动物对维生素需要量很少，但其作用极为重要，主要是维持机体的正常代谢，其中维生素A主要调节碳水化合物、蛋白质和脂肪的代谢，具有保护皮肤和黏膜等作用；维生素D主要调节钙、磷代谢；维生素E具有促进性腺发育和生殖功能；维生素K可促进凝血酶原的形成，具有止血等作用；维生素B_2可提高植物性蛋白质的利用率；胆碱有防治脂肪肝的作用；维生素C能增加对疾病感染的抵抗力，降低机体的应激反应。

(2)微量元素添加剂。动物需要的微量元素主要有铜、铁、锰、碘、钴、硒、铬等。这些元素具有调节机体新陈代谢，促进生长发育，改善胴体品质，增强抗病能力和提高饲料转化率等综合功能。

(3)氨基酸添加剂。氨基酸是动物体合成蛋白质的主要成分，添加氨基酸主要作用是弥补饲料中氨基酸的不足，使其他氨基酸得到充分利用，从而节约大量的豆饼(粕)和鱼粉等优质蛋白质饲料，降低饲养成本。

2. 非营养性饲料添加剂 非营养性饲料添加剂主要有保健助长添加剂、饲料品质保护添加剂和产品品质改良添加剂等。

(1)保健助长添加剂。该类添加剂可抑制病原微生物的繁殖，改善动物体内的某些生理过程，提高饲料利用率，促进动物的生长，增加经济效益，主要包括抗生素类添加剂和各种生长促进剂。

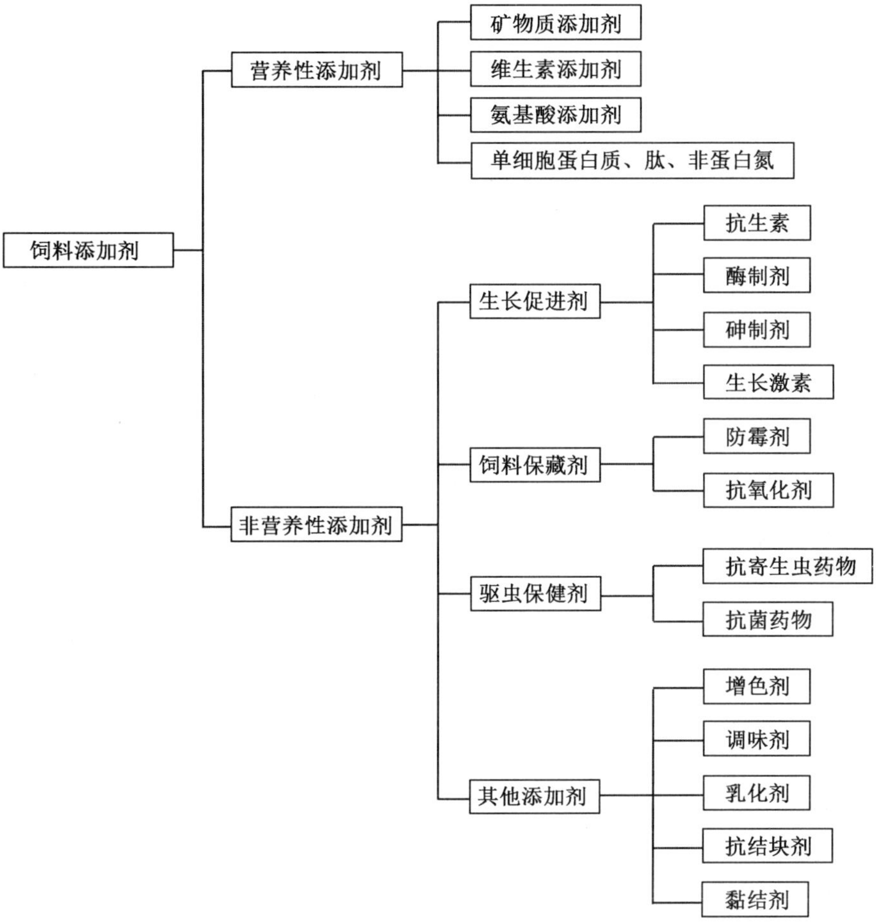

图 3-1　饲料添加剂分类图

(2)饲料品质保护添加剂。由于饲料中某些成分暴露在空气中易被氧化，或在气温高、湿度大的环境中易于变质，通常在饲料中添加抗氧化剂、防霉防腐剂，可有效地保护饲料品质，目前经常使用的抗氧化剂主要有乙氧基喹啉、二丁基羟基甲苯、维生素 C 和维生素 E 等，防霉防腐剂主要有丙酸、丙酸钠、柠檬酸和柠檬酸钠等。

(3)产品品质改良添加剂。在养猪生产中使用的主要是一种促进瘦肉增长的添加剂，如“瘦肉多”，其可提高胴体瘦肉率，改善猪肉品质，降低饲养成本。

(4)新型饲料添加剂。酶制剂无毒、无残留、无副作用，是优秀的新型促生长类饲料添加剂，常用的主要有淀粉酶、蛋白酶、脂肪酶、纤维素酶、植酸酶等。微生态制剂是生物高技术促生长类添加剂，常用的主要有乳酸杆菌属、链球菌属、双歧杆菌属和酵母菌等。中草药以其独特的抗寄生虫的作用机理，不产生抗药性和耐药性，并可长期添加使用，如甘草、黄芪、大蒜、山楂等。有机酸类有延胡索酸、柠檬酸、乳酸、甲酸等。近年来发现和研制成功的新型饲料添加剂还有甜菜碱、氟石、麦饭石、稀土和未知因子等。

在配合饲料的生产中，根据使用添加剂种类的多少，又可将饲料添加剂分为简单添加剂(即单一添加剂)和复合添加剂(即复方添加剂)。根据饲料添加剂使用对象不同，又可将其分为蛋鸡用、肉鸡用、猪用、乳牛用、鱼用添加剂等。按饲料添加剂使用对象的生产性能或生长阶段，又可分为雏鸡用、仔猪用、生长猪用添加剂等。根据饲料添加剂的加工形态不同，又有粉状、颗粒状、微型胶囊、块状和液状添加剂之分。随着饲料科学研究的深入，饲料添加剂分类体系将不断完善。

单元二　营养性饲料添加剂

【学习目标】

本单元属于专业基本知识范畴。通过学习，了解氨基酸、维生素、矿物质元素的功能，氨基酸饲料添加剂、维生素饲料添加剂、矿物质饲料添加剂及其他营养性饲料添加剂的种类及使用情况。

【学习方法】

课堂讲授，课后在图书馆中或互联网上查阅有关资料。

【关键词】

氨基酸；维生素；矿物质；饲料添加剂

营养性饲料添加剂是指添加到配合饲料中，平衡饲料养分，提高饲料的利用率，直接对动物发挥营养作用的少量或微量物质，主要包括氨基酸、维生素、微量矿物元素及其他营养性添加剂。

一、氨基酸和肽类添加剂

构成动物蛋白质的氨基酸可分为 2 类：一类是动物体不能合成或合成量很少，不能满足动物机体需要，需从饲料中摄入的氨基酸，叫必需氨基酸或限制性氨基酸；另一类是动物机体能够根据需要合成或需求很少，不需要由饲料提供的氨基酸，叫非必需氨基酸或非限制性氨基酸。目前用于饲料添加剂中的多为限制性氨基酸。

1. 氨基酸的作用及缺乏症　氨基酸是构成蛋白质的基本单位，参与机体的生化反应和生理机能过程，是动物最重要的一类营养物质。如缺乏某一种氨基酸，特别是限制性氨基酸，动物将出现明显症状（表 3-1）。

表 3-1　常见氨基酸的生理作用和缺乏症状

氨基酸	生理作用	缺乏症状
赖氨酸	是合成脑神经、生殖细胞等细胞核蛋白和血红蛋白的必需物质	生长停滞、消瘦、氮平衡失调、骨钙化、皮下脂肪减少
蛋氨酸	参与机体甲基的转移和肾上腺素胆碱的合成，也参与磷脂的代谢	发育不良、体重减轻、肌肉萎缩、毛质变坏
色氨酸	参与血浆蛋白的更新，促进核黄素功能的发挥有助于烟酸、血红素的合成	生长缓慢、体重变轻、脂肪积累降低、公畜睾丸萎缩
甘氨酸	可转为丝氨酸，并能消除其他氨基酸过量的影响，对鱼类有引诱作用	鸡出现麻痹症状、羽毛发育不良
苏氨酸	促进动物生长，抗脂肪功能	体重下降
组氨酸	参与机体能量代谢以及所有蛋白质的合成	生长受阻、发育不良

续表3-1

氨基酸	生理作用	缺乏症状
苯丙氨酸	参与甲状腺素和肾上腺素的合成，可转化为酪氨酸	甲状腺和肾上腺功能被破坏、体重减轻
缬氨酸	参与淀粉的合成和利用	生长停止、运动失调
亮氨酸	参与合成机体组织蛋白和血浆蛋白，促进食欲	生长缓慢、体重下降
异亮氨酸	参与多种蛋白质的合成	体重下降严重，可致死

2. 氨基酸添加剂的种类　氨基酸添加剂主要有 *L*-赖氨酸盐、*DL*-蛋氨酸、蛋氨酸羟基类似物、*N*-羟甲基氨酸钙、*DL*-色氨酸和 *L*-苏氨酸等，其中 *DL*-色氨酸和 *L*-苏氨酸在饲料添加剂中较少使用。

3. 生物活性肽类　指的是一类分子质量小于 6 000 μ，在构象上较松散，具有生物功能的多肽。生物活性肽易被动物消化道肠细胞吸收，在动物体内具有多种营养功能，可促进体蛋白合成，促进动物的生长，提高动物的免疫机能。

二、维生素添加剂

维生素是动物体内生化反应和新陈代谢的催化剂，是维持动物正常生理机能和保持动物正常生长发育不可缺少的一种微量营养物质。

常用的维生素分脂溶性维生素和水溶性维生素两大类。脂溶性维生素包括维生素 A、维生素 D、维生素 E 和维生素 K 4 种；水溶性维生素包括 B 族维生素、维生素 C 等。

1. 维生素 A　又称视黄醇，是一种呈微黄色油状或结晶状的高度不饱和脂肪醇，有保护皮肤和黏膜的作用。常用的维生素 A 多为化学合成的产品，有维生素 A 醇、维生素 A 乙酸酯和维生素 A 棕榈酯等，饲料添加剂中多使用维生素 A 棕榈酯。

2. 维生素 D　又称骨化醇或抗佝偻病维生素，是一类与动物体内钙、磷代谢相关的活性物质，能促进动物消化道对钙、磷的吸收。维生素 D 有多种形式，其中以维生素 D_2 和维生素 D_3 较为重要和常用。饲料添加剂中多使用维生素 D_3。

3. 维生素 E　又称生育酚，是一类有生物活性的酚类化合物，其中以 α-生育酚效价最高和最为常用。维生素 E 能调节细胞核的代谢功能，促进性腺发育和提高生殖能力，具有吸收氧的能力。常用的有维生素 E 乙酸酯。

4. 维生素 K　又称抗出血维生素，是一类甲萘醌衍生物。维生素 K 能促进合成凝血酶原，达到正常凝血。常用的有维生素 K_1、维生素 K_2、维生素 K_3 和维生素 K_4 等，饲料添加剂多使用维生素 K_3。

5. 维生素 B_1　又称为硫胺素或抗神经炎素。维生素 B_1 可促进糖类和脂肪的代谢，主要以盐的形式存在，一般以盐酸硫胺素较为常用。

6. 维生素 B_2　又称为核黄素或卵黄素。维生素 B_2 在体内参与蛋白质、碳水化合物和核酸的代谢，是体内生化反应多种酶的组成成分。

7. 维生素 B_3　通称为泛酸，又叫抗皮炎维生素。维生素 B_3 是辅酶 A 的组成成分，在物质代谢中起着重要作用。饲料添加剂中多使用泛酸钙。

8. 维生素 B_4　也称为胆碱，是磷脂、乙酰胆碱的组成成分，也是甲基的供体，参与氨基酸和脂肪的代谢，能防止脂肪肝的产生。饲料添加剂多使用氯化胆碱。

9. 维生素 B_5 通称为烟酸或尼克酸，也称烟酰胺或尼克酰胺，是辅酶Ⅰ和辅酶Ⅱ的组成成分，参与氧化还原反应。

10. 维生素 B_6 是吡哆醇、吡哆醛和吡哆胺3种吡啶衍生物的总称。维生素 B_6 是氨基酸代谢中的辅酶，参与蛋白质、糖和脂肪的代谢。商品形式多为吡哆醇盐酸盐，饲料添加剂多使用盐酸吡哆醇。

11. 维生素 B_{11} 也称为叶酸和维生素M，是由蝶酸和谷氨酸结合而成的。维生素 B_{11} 参与蛋白质和核酸的代谢，可与维生素 B_{12} 和维生素C共同促进红细胞、血红蛋白和抗体的形成。

12. 维生素 B_{12} 也称为氰钴胺素，是一种含有钴原子和氰基团的螯合物。维生素 B_{12} 参与机体蛋白质代谢，提高植物性蛋白质的利用率，也是正常血细胞生成的必需物质。

13. 生物素 也称为维生素H，是一种辅酶，参与蛋白质、脂肪等代谢。商品化的生物素为 *D*-生物素，饲料添加剂常用的生物素H-2为含有2%的 *D*-生物素。

14. 维生素C 也称为抗坏血酸，参与糖、蛋白质和矿物元素的代谢过程，增强机体免疫力，提高消化酶的活性。饲料添加剂常用的维生素C为 *L*-抗坏血酸及稳定性较好的维生素C多聚磷酸酯。

三、矿物元素添加剂

1. 常量元素

（1）钙和磷：是主要构成骨骼和牙齿的结构物质，并对能量代谢及维持组织细胞正常生理状态等具有重要生理作用。动物的钙、磷营养受其供给水平及钙磷比、饲粮中维生素D水平、体重等因素影响。适宜的钙磷比对动物的生长和骨骼发育至关重要。过量钙或过量磷都会导致钙和磷的吸收不良。

（2）钠、钾、氯：主要参与机体电解质及酸碱平衡、肌肉神经兴奋过程等。动物缺乏钠、钾、氯会出现异嗜、生长受阻；过多则表现为食盐中毒，伴以神经过敏、蹒跚、频尿、稀便、呼吸障碍甚至死亡。植物饲料中含钠、氯少，而含钾多，通常以食盐（NaCl）补充钠、氯的不足，一般添加量为0.25%～0.50%。

（3）镁：是细胞内液的主要阳离子，是许多酶系的辅助因子及骨骼的组成成分，对维持肌肉和神经兴奋性起作用。镁与钙、磷呈拮抗关系，缺镁表现为应激过敏、肌肉卷曲、平衡失调、抽搐等。镁的添加物主要有氧化镁、碳酸镁和硫酸镁。

2. 微量元素

（1）铁：是构成血红蛋白、肌红蛋白、细胞色素、细胞色素氧化酶等的成分，主要参与氧的运转、交换及组织呼吸过程，并对免疫机能产生作用。饲粮中铁过量会引起免疫系统损伤，缺铁引起腹泻、生长慢、饲料利用率低及类似缺磷症状。饲粮中铁源补充剂有硫酸亚铁、氯化铁、硫酸铁、碳酸铁以及微量元素的有机酸盐和螯合物，如葡萄糖酸铁、富马酸铁、柠檬酸胆碱铁、柠檬酸铵铁及氨基酸螯合铁。

（2）铜：是许多酶系的活化因子，对骨骼发育、被毛生长、繁殖机能等都必不可少，并可通过T细胞和多形核白细胞影响免疫功能。饲粮中铜过量时会大量累积于肝脏，使肝脏发生病理性变化。常用的铜源为硫酸铜、碳酸铜、氧化铜和有机铜复合物（如蛋氨酸铜）。

（3）锰：为骨骼正常生长所必需元素，是多糖类和糖蛋白合成中许多关键酶的活化剂。如缺锰引起骨异常，表现为跛行、腿短、弯曲、关节肿大。锰过量会干扰钙、磷、铁的吸收，引发钙、磷缺乏症。常用锰源有氯化锰、硫酸锰、氧化锰、碳酸锰、有机态锰。

（4）锌：是多种酶的组成成分或激活成分，在蛋白质、碳水化合物和脂肪代谢中起重要作用。缺锌可引起皮肤角化不全（副皮炎）、食欲差、采食量低、血清碱性磷酸酶活性以及锌水平降低。锌过量则干扰铜、铁代谢，诱发贫血。常用锌补充剂有硫酸锌、碳酸锌、氯化锌、氧化锌、蛋氨酸锌。

（5）碘：是构成甲状腺素以及其他甲状腺活性化合物的组成成分，参与基础代谢活动。缺碘可引起生长缓慢、甲状腺肿大、黏液肿，影响胎儿发育甚至出现死胎。碘源补充剂有碘化钾、碘酸钾、次碘酸钙等。

（6）钴：是微生物合成维生素 B_{12} 的必需元素，参与造血功能，也是某些酶的激活因子。饲料中一般不必加钴。常用钴添加物有醋酸钴、硫酸钴、氯化钴、碳酸钴。

（7）硒：是谷胱甘肽过氧化物酶（GSH-PX）的组成成分，具有生物抗氧化功效，同时参与辅酶 A、辅酶 Q 的合成。缺硒引起心肌变性与坏死（桑葚心）、肝营养不良、肌营养不良、贫血以及乳腺炎、子宫炎、泌乳缺乏综合征。过量投饲硒可致中毒。饲料添加剂中常用硒补充剂为亚硒酸钠。

（8）铬：为葡萄糖耐受因子的活性成分，具有抗应激功能，与胰岛素协同参与碳水化合物、脂肪、蛋白质及核酸代谢。铬的来源主要有吡啶羧酸铬、烟酸铬和酵母铬，其中以吡啶羧酸铬研究应用最多。

四、其他营养性添加剂

1. 牛磺酸　又称牛胆酸、牛胆碱、牛胆素、α-氨基乙磺酸，最早由牛黄中分离出来，故得名。纯品为无色或白色斜状晶体，无臭，化学性质稳定，溶于乙醚等有机溶剂，是一种含硫的非蛋白氨基酸，在体内以游离状态存在，不参与体内蛋白质的生物合成。

牛磺酸虽然不参与蛋白质合成，但它却与胱氨酸、半胱氨酸的代谢密切相关。人体合成牛磺酸的半胱氨酸亚硫酸羧酶（CSAD）活性较低，主要依靠摄取食物中的牛磺酸来满足机体需要。牛磺酸是动物的条件性必需氨基酸，自身只能合成其生理需要的 30%～40%。牛磺酸参与维持机体内环境稳态调节，对神经、消化、生殖、心血管、免疫和内分泌等生理功能的正常发挥具有重要的调节作用。

研究表明，动物体中都含有牛磺酸，其中鱼贝类的含量最为丰富。猫粮中需要添加牛磺酸，若缺少牛磺酸，会导致猫视网膜变性，长期缺乏，终至失明。猫以及夜行猫头鹰之所以要捕食老鼠，其主要原因是老鼠体内含有丰富的牛磺酸，多食可保持其锐利的视觉。

2. 肌醇　是一种生物活素，具有与生物素相类似的作用，是生物体内不可缺少的成分。犬猫缺乏肌醇，将会出现生长停滞、毛发脱落及体内生理活动失调等症状，因此，肌醇在食物中应用主要是作为生长促进剂。

3. 核酸　在动物消化道内可分解为核苷酸、嘌呤、嘧啶等，参与体内生物化学反应。核苷酸在动物机体内可以合成。动物试验表明，单胃动物饲料中添加核苷酸，对改善免疫系统功能、促进胃肠道生长发育和肠道的损伤修复、保护脂类代谢及肝脏功能都有积极作用。

4. 甜菜碱（三甲氨基乙内酯）　具有很强吸湿性，无毒，物化性质稳定，耐高温，广泛分布于自然界。甜菜碱在宠物体中能够参与甲基循环，可以作为营养性添加剂部分代替甲硫氨酸，降低食品的生产成本。

5. 肉毒碱 又名维生素 Bt，能改善仔猪能量代谢，节省赖氨酸和蛋氨酸用量。鱼粉、肉粉、血粉中肉毒碱含量较高，可达 100～600 mg/kg，成年犬猫在体内的合成量足以满足其需要。

单元三 非营养性饲料添加剂

【学习目标】

本单元属于专业基本知识范畴。通过学习，了解药物饲料添加剂、饲用酶制剂、益生素、生长促进剂、饲用酸化剂、饲料调制剂与调质剂、饲料贮藏剂、中草药及植物提取成分添加剂以及其他饲料添加剂的作用及使用情况。

【学习方法】

课堂讲授，课后在图书馆中或互联网上查阅有关资料。

【关键词】

药物饲料添加剂；饲用酶制剂；益生素；生长促进剂；饲用酸化剂；饲料调制剂；饲料贮藏剂；中草药；植物提取成分添加剂

非营养性饲料添加剂是指加入饲料中用于改善饲料利用率、保持饲料质量和品质、有利于动物健康或代谢的一些非营养性物质，主要包括药物饲料添加剂、饲用酶制剂、益生素、生长促进剂、饲用酸化剂、饲料调制剂与调质剂、饲料贮藏剂、中草药及植物提取成分添加剂以及其他饲料添加剂。

一、药物饲料添加剂

药物饲料添加剂是指为预防、治疗动物疾病而掺入载体或者稀释剂的兽药的预混物，包括抗球虫药类、驱虫剂类等。饲料中需要使用兽药时，只能添加药物饲料添加剂，不能添加原料药或其他剂型的兽药。

(一)抗生素

抗生素种类有 β-内酰胺类、氨基糖苷类、四环素类、氯霉素类、环内酯类、抗肿瘤类抗生素、抗真菌类以及其他具有免疫力抑制作用的抗生素。饲用抗生素是指在健康动物饲料中添加，以改善动物营养状况和促生长为目的，具有抗菌活性的微生物代谢产物。饲用抗生素的作用如下。

(1)饲用抗生素对胃肠道微生物的影响。

①减少胃肠道微生物对营养的消耗。抗生素可提高饲料的表观代谢能和氨基酸的利用率，因此，抗生素抑制了小肠微生物的生长和活性，减少了微生物对能量和养分的利用，增加了宿主动物的可利用养分，从而促进了动物的生长。

②抑制胃肠道微生物产生有害代谢产物。饲用抗生素可抑制细菌产生酚类化合物，减少肠道微生物产生的氨，同时抑制胆汁酸的生物转化作用。

③抑制肠道有益微生物作用。小肠微生物中的革兰氏阳性菌包括作为有益微生物添加的乳酸杆菌和粪肠球菌等一些品种可竞争性地排斥致病菌，从而促进动物生长，减少腹泻。而大

部分的研究认为，抗生素减少了肠道乳酸杆菌等有益菌的数量。

(2)饲用抗生素的免疫调节作用。研究发现，胃肠道微生物可引起机体的免疫反应，而免疫反应降低了动物的采食量，增加了机体的维持需要，并加快了机体蛋白质的降解，从而抑制动物的生长。抗生素能在机体免疫反应启动前对入侵机体的细菌等抗原及时进行清除或修饰，降低了动物免疫系统的激活程度，从而将营养物质更有效地用于机体蛋白质和能量的沉积，促进动物的生长，改善饲料利用率。

(3)饲用抗生素对消化道组织结构的影响。抗生素可通过改变消化道结构，使肠壁变薄、肠重减轻，小肠绒毛变长等，一方面促进了养分的吸收，另一方面降低了动物的维持需要，从而提高了营养成分的利用率，达到促进动物生长的目的。

(4)饲用抗生素对内分泌的影响。抗生素通过调控肠道微生物引起了体内某些生长促进因子或(和)生长抑制因子浓度或活性的改变，提高内源激素(生长激素、胰岛素和甲状腺素 T_3)的水平，从而促进肌肉蛋白质的沉积；也可能是通过刺激分布在肠黏膜上皮细胞间的弥散神经内分泌细胞而发挥其内分泌调节作用的。

(二)驱虫保健剂

驱虫保健剂是指添加于饲料，能防治动物寄生虫病，促进动物生长和提高饲料利用率的饲料添加剂。驱虫保健剂分为驱虫药、抗原虫药(主要指抗球虫药)和杀虫剂，而目前各国批准作为饲料添加剂的只有前 2 种。用作驱虫药的均为氨基糖苷类抗生素(越霉素 A、潮霉素 B)。用作抗球虫药的有莫能菌素、盐霉素、拉沙里菌素、马杜拉霉素、盐酸氨丙啉、氯苯胍、二硝托胺等。

二、饲用酶制剂

饲用酶制剂是将一种或多种利用生物技术生产的酶与载体和稀释剂采用一定的生产工艺制成的一种饲料添加剂。它可提高动物的消化能力，提高饲料的消化率和养分利用率，改善动物的生产性能，减少粪便中氮、磷、硫等给环境造成的污染，转化和消除饲料中的抗营养因子，并充分利用新的饲料资源。

(一)饲用酶制剂的种类

饲料工业上使用的酶制剂主要是消化碳水化合物和植酸磷的酶，也有些产品包含蛋白酶和脂酶。

1. 消化碳水化合物的酶　这类酶包括淀粉酶和非淀粉多糖酶。非淀粉多糖酶又包括纤维素酶、葡聚糖酶、木聚糖酶、甘露糖酶、半乳糖苷酶和果胶酶。

2. 蛋白酶　根据最适 pH 不同，蛋白酶可分为酸性蛋白酶、中性蛋白酶和碱性蛋白酶。由于动物胃液呈酸性，小肠液多为中性，所以饲料中多添加酸性蛋白酶和中性蛋白酶，其主要作用是将饲料蛋白质水解为氨基酸。

3. 脂肪酶　脂肪酶是水解脂肪分子中甘油酯键的一类酶的总称，在 pH 3.5～7.5 时水解力最好，最适温度为 38～40 ℃。脂肪酶一般从动物消化液中提取。

4. 植酸酶　植酸酶是一种可使植酸磷复合物中的磷变成可利用磷的酸性磷酸酯酶，广泛存在于植物组织中，微生物(细菌、真菌、酵母)中也有存在。植酸酶可显著提高磷的利用率，促进动物生长和提高饲料营养物质转化率。

(二)饲用酶制剂的作用

1. 补充内源酶的不足,激活内源酶的分泌 尽管动物能自身分泌淀粉酶、蛋白酶、脂肪酶等内源性消化酶,但早期幼小动物内源酶分泌不足,应添加外源酶以弥补这一缺陷。

2. 破碎植物细胞壁,提高养分消化率 植物细胞中淀粉和蛋白质等营养物质被细胞壁包裹,除草食动物外,其他动物不能消化植物细胞壁,这样就大大影响了植物饲料中淀粉、蛋白质等营养物质的消化率。在饲料中适当添加能分解细胞壁的酶,使细胞中的营养物质释放出来,可提高饲料中各种营养物质的利用率。

3. 消除抗营养因子 有些饲料组分是无法被动物内源酶消化的,同时这些不能被消化的养分还会产生抗营养作用。添加外源酶制剂可以部分或全部消除抗营养因子造成的不良影响。几种饲料原料中的抗营养因子或难以消化的成分见表 3-2。

表 3-2 几种饲料原料中的抗营养因子或难以消化的成分

饲料原料	抗营养因子或难于消化的养分
小麦	β-葡聚糖、阿拉伯木聚糖、植酸盐
大麦	阿拉伯木聚糖、β-葡聚糖、植酸盐
黑麦	阿拉伯木聚糖、β-葡聚糖、植酸盐
麸皮	阿拉伯木聚糖、植酸盐
高粱	单宁
米糠	木聚糖、纤维素、植酸盐
豆粕	蛋白酶抑制因子、果胶、果胶类似物、α-半乳糖苷低聚糖及杂多糖
菜籽粕	单宁、芥子酸、硫代葡萄糖苷
羽毛	角蛋白
燕麦	β-葡聚糖、木聚糖、植酸盐
稻谷	木聚糖、纤维素
青贮饲料、秸秆	纤维素、木聚糖、果胶

4. 降低消化道食糜黏度 构成植物细胞壁的非淀粉多糖物质能够结合大量的水,增加消化道食糜的黏度,使营养物质和内源酶难以扩散,这不仅降低了饲料中营养物质的利用率,而且也使动物产生黏粪。外源酶制剂可降低食糜黏度,减少粪便量,降低氮的排出率,提高动物生产性能。

三、益生素

益生素是指在动物微生态学理论指导下采用已知有益的微生物,经培养、发酵、干燥等特殊工艺制成的用于动物生产的生物制剂或活菌制剂,又称动物微生态制剂、益生菌、生菌剂等。

(一)益生素的作用机理

1. 益生菌对病原菌有拮抗作用 补充有益菌群,维持动物肠道菌群平衡,通过改变肠道环境抑制有害菌生长，促进有益菌群的生长。

2. 通过产生某种抗菌物质抑制有害菌生长　乳酸菌除产生有机酸、醇、过氧化氢、丁二酮、氨等外，还可合成溶菌酶以及其他抗菌物质，如乳酸菌素、乳酸链球菌肽、嗜酸菌素、乳酸杀菌素等。这些产物对肠道病原菌都具有抑制作用。

3. 在肠道内与有害菌竞争营养素　肠道内虽然富含营养素，但很难对微生物菌系产生影响。但如果某种营养素能够成为限制因素时，营养素的竞争机制就会充分发挥作用。

4. 通过占据肠道位置阻止病原菌附着　沙门菌黏附于肠黏膜或滞留在盲肠内，是病原微生物存在于寄主消化道，产生临床症状的前提条件。试验表明，当给猪饲喂乳酸菌时，其肠道内乳酸杆菌的数量多于腹泻猪或未饲喂乳酸菌的猪，而大肠杆菌的数量则减少。

5. 刺激免疫系统，强化非特异性细胞免疫反应　研究证实，口服乳酸菌能提高干扰素和巨噬细胞的活性，提高动物免疫力。

6. 净化肠内环境　益生素的使用可减少氨及其他腐败物质的生成、阻碍肠内细菌产生胺、中和大肠杆菌内毒素等毒性物质。

(二)益生素与抗生素在作用机理上的区别

抗生素是直接抑制有害菌生长，但有时由于药物作用的选择性有限，有益菌的生长可能同时被抑制。因此，使用抗生素治疗腹泻或肠炎时是迅速有效的，但不久就会因为肠道内有益菌的增殖受到抑制而使其变得无效，甚至发生二重感染。而在使用益生素时，是向动物消化道内导入对动物有益的活菌，帮助动物建立有利于宿主的肠道微生物群系，从而抑制病原菌的繁殖。由于有益菌与有害菌的竞争抑制作用比较缓慢，不如抗生素作用的那么明显，但它不存在抗生素的耐药性、毒性和二重感染等问题。

四、生长促进剂

生长促进剂能够刺激动物生长、提高饲料利用率和改善动物的健康，近年来在养殖业中得到广泛应用。生长促进剂有抗生素、抗菌药物、复合酶制剂、有机砷制剂、铜制剂、激素制剂以及复合新型制剂等类型。它们的作用方式和特点各不相同，如复合酶制剂能提高消化酶的活性；激素制剂能改变畜体的分泌功能，从而改变畜体的物质代谢过程；铜制剂能提高食欲，中和肠道中的有害气体并促使排出、抑菌等。

生长促进剂产生的作用主要有减少肠道微生物菌群数量；减少消化道问题；使肠壁变薄；节省了代谢能，尤其是用于肠道免疫的代谢能；促进动物的生长，提高饲料利用效率。

虽然在动物生产中使用抗生素生长促进剂已经有很长的历史，而且对提高动物生产效率发挥了很重要的作用，但是，使用抗生素生长促进剂带来的负面影响对人类的安全造成了严重的威胁，遏制抗生素生长促进剂的使用势在必行。从全世界来看，在食用动物中限用、禁用抗生素生长促进剂已经成为一种发展趋势。欧盟在 2006 年 1 月全面禁止使用抗生素促生长剂。随着抗生素促生长剂的禁用，寻找它的替代品成为行业研究的重点。

目前，虽然已经对许多替代抗生素生长促进剂的新型饲料添加剂进行了试验研究，包括酶制剂(如植酸酶、纤维素酶、蛋白酶、淀粉酶等)、微量元素添加剂(如氧化锌、硫酸铜等)、有机酸(如戊酸、甲酸、柠檬酸、乙酸、乳酸、延胡索酸等)、益生元(如低聚甘露糖、低聚果糖等)、益生菌(如乳酸杆菌、酵母菌、芽孢杆菌、肠球菌等)、中草药提取物(如大蒜素等)，但是，还没有一种新型饲料添加剂完全具有抗生素的疗效和功能。在这些试验研究备选的替代品中，有机酸得到了最为广泛的接受。通常有机酸与酶制剂联合使用，尽管两者的作用机理不同，但是它们具有协同效应。

五、饲用酸化剂

酸化是指人为地将无机酸或有机酸单独或以混合物的形式加入到动物的饲粮或饮水中，以降低其 pH 的过程。能提高饲料酸度的一类物质称酸化剂。酸化剂已广泛应用到饲料生产中，在养殖业中取得了良好的经济效益。

目前，国内外应用的酸化剂总的来说可分为单一酸化剂（包括有机酸化剂和无机酸化剂）和复合酸化剂两大类。

1. 有机酸化剂 有机酸化剂主要有柠檬酸、延胡索酸、乳酸、苹果酸、甲酸、乙酸、丙酸，现在广泛使用较好的是柠檬酸和延胡索酸。几种有机酸化剂的物理特性如表 3-3 所示。

（1）柠檬酸：可使动物胃肠道 pH 下降，延缓排空速度，减少腹泻发生率。它还可以促进胃液和胃消化酶的分泌，促进营养物质的吸收。同时，柠檬酸还可作为防霉剂和抗氧化剂的增效剂，对饲料中的金属离子有封闭作用，从而使饲料不被氧化。

（2）延胡索酸：又称富马酸，可起到增重效果，能够提高有机物质的吸收率，减少机体的能量消耗，提高产品的沉积能。它对细菌还具有抑制或杀灭作用。

表 3-3 几种有机酸化剂的物理特性

种类	相对分子质量	K_a	水溶性	1%水溶液 pH	外观
乙酸	60.05	1.8×10^{-5}	易	2.76	无色液体
乳酸	90.80	1.4×10^{-5}	易	2.41	无色或微黄色液体
丙酸	74.08	1.4×10^{-5}	易	2.86	无色液体
磷酸	98.00	7.5×10^{-5}	易	1.56	无色液体
柠檬酸	192.12	7.5×10^{-5}	易	2.20	白色结晶粉末
延胡索酸	116.07	3.6×10^{-5}	稍可溶	2.75	白色结晶粉末

注：酸的相对强度由 K_a 和水溶性表示；K_a 为离解常数。

2. 无机酸化剂 包括盐酸、磷酸。其中磷酸具有双重作用，它既可作为酸化剂，又可作为磷的来源。无机酸化剂与有机酸化剂相比，具有较强的酸性及较低的添加成本。

3. 复合酸化剂 是用几种特定的有机酸和无机酸复合而成的，能迅速降低 pH，保持良好的缓冲性和生物性能。以乳酸为基础的复合酸优于以磷酸为基础的复合酸，因为乳酸没有刺激性气味，能提高饲粮的适口性，明显促进消化道中有益菌的生长，提供动物所需的能量。

六、饲料调制剂与调质剂

（一）饲料调制剂

饲料调制剂是指饲料加工过程中为改善饲料形状（饲料的形状、饲料的混合程度、饲料的软化状态等）而添加的物质，包括黏结剂、抗结块剂、青贮饲料调制剂和粗饲料调制剂等。

1. 黏结剂 也称赋形剂，主要用于加工颗粒饲料，以改善粒料品质（包括粉化率、硬度、耐磨度）、增加生产效率及延长铸模寿命，并可减少饲料粉尘，保持颗粒颜色稳定，特别是水产鱼虾、鳖鳗等饵料需要提高其在水中不散、不沉的特性。黏结剂的主要作用是改善饲料的黏结性，提高颗粒成型率，增加颗粒质度。

2. 抗结块剂　又称流散剂，其功能是使饲料和添加剂保持良好的流散性，防止结块。有的抗结块剂具有润滑作用，可阻止物料在制粒机上集结，并可改善预混料的均匀度。抗结块剂要求吸水性差，流动性好，对各种动物无毒、无害，安全可靠。常见的有亚铁氰化钾、二氧化硅、硅酸盐、天然矿物、硬脂酸盐等。各种抗结块剂在配合饲料中的使用量一般不超过 2%。

3. 青贮饲料调制剂　主要有无机酸、有机酸及其盐类、醛类以及其他防霉剂、接触物、酶、非蛋白氮、糖及含糖化合物、矿物微量元素等。青贮饲料调制剂的主要作用有：抑制好氧杂菌，避免氧化作用加强所造成的大量营养素损失；防止青贮腐败霉烂，降低青贮酸度，以保障青贮质量；增加有关养分，完善青贮饲料营养；还可提高青贮的适口性和消化率。

4. 粗饲料调制剂　在草食动物日粮中，粗饲料占很大比例，特别是秸秆，一般占草食动物日粮的 60%～80%，但它们的粗纤维、木质素含量高，不易消化，适口性差，所以合理加工调制很有必要。目前比较经济实用的秸秆处理法是使用粗饲料调制剂对秸秆进行碱化和氨化处理。其优点是提高消化率、节省精料。也有通过使用生物调制剂对秸秆进行处理的，效果也不错。

（二）饲料调质剂

饲料调质剂主要有着色剂和诱食剂。

1. 着色剂　饲料中添加着色剂是为了增加动物产品的色泽，此外还可通过着色剂改变饲料色泽，刺激动物食欲。目前添加到饲料中的着色剂有 2 种：一种是天然着色剂，是从动植物和微生物中提取或加工而成的类胡萝卜素；另一种是化学合成的类胡萝卜素。

2. 诱食剂　又称调味剂、风味剂、食欲增强剂，是一种为改善饲料适口性、增强动物食欲、提高动物采食量、促进饲料消化吸收利用而添加于饲料中的添加剂。诱食剂的种类很多，主要有香味素（乳香、果香、鱼腥、大蒜、草香、豆香等多种香型）、甜味剂（单一或复合的甜料）、酸味剂（无机或有机的可食用酸）、鲜味剂（谷氨酸钠、肌苷酸钠、鸟苷酸钠等）、辣味剂（大蒜粉、辣椒粉）、咸味剂（食盐、碳酸氢钠）、水产诱食剂等。

七、饲料贮藏剂

饲料原料或成品如发生霉变或营养成分氧化失效，会降低饲料的营养价值，轻则影响动物的采食量，严重的会造成霉菌中毒，甚至死亡。为解决这一问题，目前，在饲料生产中广泛应用防霉剂和抗氧化剂。

（一）饲料防霉剂

饲料防霉剂应既能抑制霉菌生长，又无毒，同时不影响饲料的适口性。因此，作为饲料防霉剂，需具备以下特点：具有较强的广谱抑菌效果；pH 低，能在低水分的饲料中释放出来；操作方便安全，无致癌、致畸、致突变作用，有效添加量不影响动物健康及饲料的适口性。

饲料防霉剂主要有丙酸及其盐类、山梨酸及其盐类、柠檬酸和柠檬酸钠、富马酸（延胡索酸）及其酯类、苯甲酸和苯甲酸钠、乳酸及其盐、双乙酸钠、复合防霉剂等。

(二)饲料抗氧化剂

饲料抗氧化剂按其作用性质可分为还原剂(如亚硫酸盐类、抗坏血酸及其盐等)、阻滞剂(如α-生育酚、二丁基羟基甲苯、丁基羟基茴香醚、乙氧基喹啉等)、协同剂(如酒石酸、柠檬酸等多元酸)、螯合物(如乙二胺四乙酸及其钠盐等金属络合剂),按来源又可分为天然抗氧化剂(如抗坏血酸类、生育酚类、没食子酸酯类、糖醇类等)和人工合成抗氧化剂(主要包括二丁基羟基甲苯、丁基羟基茴香醚、乙氧基喹啉等)。饲用抗氧化剂应具有高效、无毒、无异味、无异臭、成本低等特点。

除上述的抗氧化剂之外,还有抗氧化性维生素类,如维生素E、维生素C、胡萝卜素等,没食子酸丙酯(PG)、叔丁基对二酚(TBHQ)和丁羟基甲苯等也具有抗氧化作用。另外,还有大豆异黄酮、茶多酚、中草药抗氧化剂等天然抗氧化剂以及一些复配的抗氧化剂,使用时要根据实际情况添加。

八、中草药及植物提取成分添加剂

中药主要由植物药(根、茎、叶、果)、动物药(内脏、皮、骨、器官等)和矿物药组成。因植物药占中药的大多数,所以中药也称中草药。植物提取成分是指以植物为原料,按照对提取的最终产品的用途的需要,经过物理化学提取分离过程,定向获取和浓集植物中的某一种或多种有效成分,而不改变其有效成分结构而形成的产品。

(一)中草药及植物提取成分添加剂的种类

1. 增产剂 增产剂可提高动物的产品和质量,如促进多产蛋的增蛋剂,有淫羊藿、水牛角、沙苑等;催肥剂如远志、柏子仁、酸枣仁、五味子、山药、山楂、松针粉、鸡冠花、钩吻等;还有促进乳腺发育和乳汁合成分泌、增加产奶量的催乳剂,有王不留行、四叶参、通草、马鞭草、鸡血藤等。

2. 增食促生长剂 增食促生长剂主要有健胃消化的中草药及植物提取成分,可改善饲料的适口性,提高采食量,促进消化液的分泌,如神曲、麦芽、山楂、陈皮、青皮、枳实、枳壳、苍术、厚朴、豆蔻等。

3. 免疫增强剂 天然中草药添加剂以调整整体、平衡阴阳为特点,具有多功能、双向调节的作用,是理想的免疫增强剂。这类免疫增强剂有人参、党参、白术、茯苓、当归、白芍等。

4. 抗应激剂 是指具有缓解、防治由应激原引起的应激综合征的中草药及植物提取成分添加剂。如抗热的中草药有柴胡、黄连、茵陈、栀子、黄芩等,镇静催眠的中草药有茯神、刺五加、臭梧桐、冰片等。

5. 抗寄生虫剂 具有增强机体抗寄生虫侵害能力和驱除体内寄生虫的作用,如槟榔、贯众、使君子、南瓜子、乌梅等对绦虫、蛔虫、姜片吸虫等寄生虫有驱逐作用。

(二)中草药及植物提取成分添加剂的特点

1. 天然性 中草药源于大自然,除少数人工种养殖外,大多为野生,本身就是天然有机物。天然中草药的自然性,实际上是不可代替性,是现代化学合成物与天然物之间存在的重要差别。

2. 多功能性 结构复杂、成分多样是中草药饲料添加剂具备多功能性的内在因素,其成分均有数十种甚至上百种。中草药的多功能性符合动物机体脏腑功能的相互协调和整体统一规律，这是其他添加剂所不能比拟的。

3. 不易产生抗药性　抗药性是指微生物和寄生虫与药物多次接触后，对药物的敏感性下降甚至消失，以致疗效降低或无效。中草药中有效成分绝大多数呈有机态存在，通过动物体消化吸收再分布，对病菌和寄生虫不易形成药效迟钝而产生抗药性，可长时间连续使用。如果与抗生素合用，还可降低或消除后者毒副作用及增强后者的功效。

九、其他饲料添加剂

除上述非营养性饲料添加剂外，为了改善饲料品质，提高动物对饲料养分的利用效率，饲料中还常常加入一些其他饲料添加剂。

1. 脱毒剂　含棉籽饼（粕）饲料中常有棉酚等有毒物质残留。动物食用棉酚含量超标的饲料，就会产生食欲下降、体重减轻、凝血酶蛋白过低、腹泻、毛发脱落、血红蛋白和红细胞及血浆蛋白降低等，严重的会导致心肌损伤，引起内脏充血和水肿，胸腔和腹腔体液浸出、出血，直到死亡。目前，饲料行业常用的去除棉酚的脱毒剂有硫酸亚铁、碱等。

2. 吸湿剂　主要用于添加剂预混料的生产过程中，特别是维生素、微量元素等添加剂预混料，以控制其中的水分，保证它的有效性。常用的吸湿剂是蛭石。

3. 除臭剂　具有抑制动物粪尿恶臭的特殊功能，主要是减少氨在消化道、血液以及粪便中的含量，净化环境，提高饲料转化率和日增重。常用的除臭剂主要成分多为丝兰植物提取物。

单元四　饲料添加剂使用技术

【学习目标】

本单元属于一般知识范畴。通过学习，了解合理使用饲料添加剂的注意事项。

【学习方法】

课堂讲授，课后在图书馆中或互联网上查阅有关资料。

【关键词】

饲料添加剂使用技术

目前，饲料添加剂的使用越来越普遍，使用饲料添加剂应注意以下问题。

1. 正确选择添加剂　在选择饲料添加剂时，应充分了解各种饲料添加剂的性能，并结合动物种类、生长阶段。在选择购买添加剂时，应注意饲料添加剂所标注的生产厂家与批准文号，并根据饲养目的、条件和动物健康状况等因素灵活选用。此外，还要考虑载体种类、各种营养元素的平衡等问题。勿购买无厂名、无商标、无批准文号的“三无”产品。

2. 严格控制使用剂量　饲料添加剂用量甚微，使用时应根据动物生理特点而定，各种饲料添加剂需按国家标准或产品说明书严格按比例使用，若剂量过小，达不到预期目的；若剂量过大，不仅加大饲料成本，还会影响动物生长发育，甚至中毒，间接危害人体健康。

3. 添加剂要搅拌均匀　饲料添加剂用量很小，使用时应与饲料充分混匀，才安全有效。混合时要考虑各种添加剂的理化特性、工艺要求及感官指标，混合时选用载体预混，然后逐级扩散，以达到混合均匀的目的。

4. 添加剂要现喂现配 使用饲料添加剂应现喂现配，不要1次配合饲料过多，更不要存放时间过长，以免引起变性变质。一般1次配合量以够吃5～7 d为宜。配合好的饲料应妥善保管，要置于阴凉、通风、干燥处。如维生素类添加剂极易被光破坏，潮湿易腐败变质，在不良的酸性环境下也极易受破坏，使其变质。

5. 使用饲料添加剂时切忌高温 饲料添加剂的主要成分一般是微量元素、维生素、抗生素。其中一些物质在高温条件下极易被破坏，而达不到添加剂的使用效果，因此使用添加剂时不能加高温。

6. 注意配伍禁忌 在添加剂配制、混合和饲喂动物时，要注意添加剂的协同与拮抗关系，尤其要注意药物添加剂的配伍禁忌。因饲料添加剂本身有其物理和化学性质，多种饲料添加剂同时配合使用时，有可能使饲料添加剂之间发生不可逆的化学反应，产生有毒物质，降低饲料添加剂的使用效果。为此，在使用时应特别注意，如酸性添加剂不能与碱性添加剂一同使用，否则酸碱中和，引起变质，达不到添加目的；矿物质添加剂与维生素添加剂最好不要配合在一起使用，因为矿物质能促使维生素的氧化。因此，生产中要综合考虑，不要盲目配合使用。

单元五　宠物保健品

【学习目标】

本单元属于专业知识范畴。通过学习，了解宠物保健品的种类及常用保健品的用途、宠物保健品的使用注意事项、宠物保健品配制方法。为科学饲养宠物奠定基础。

【学习方法】

课堂讲授，课后在图书馆中或互联网上查阅有关资料。

【关键词】

宠物保健品；宠物护理用品；宠物健康用品；处方食品；宠物药品；宠物保健品配制方法

饲养宠物在我国的历史非常悠久，20世纪80年代中后期，由于生活水平的提高，名贵犬猫悄然走进寻常百姓家。从某种程度上来说，宠物不仅是生活水平的象征，更是摆脱寂寞的忠实伴侣，所以有人亲切地称其为“动物伴侣”。经过30多年的发展，我国的宠物饲养量急剧上升。随着人们生活水平的提高，宠物的生活质量也越来越得到重视。经过初期盲目的饲养以后，越来越多的宠物主人开始重视宠物的健康问题，各种宠物保健品也进入了宠物家庭。

一、宠物保健品的种类

宠物保健品种类繁多，市场上的产品让人应接不暇，大致可分为宠物护理用品、宠物健康用品、处方食品(保健食品)、宠物药品这4类，现分类简述如下。

(一)宠物护理用品

宠物护理用品是指宠物被毛、耳、眼等日常护理及卫生、美容所需的物品。常见的有宠物香波、洁耳产品、除泪痕剂、除臭剂、空气清新剂、大小便训练液、去毛剂和小骨节等。

(二)宠物健康用品

宠物健康用品是指在宠物生长发育过程中,为满足宠物营养需要而在食物之外饲喂的营养品,主要是矿物质和维生素。对于断奶较早的幼犬、幼猫、患胃肠炎或营养不良以及吃家庭自制食品的犬猫,适量地补充宠物营养素是很有必要的。特别是处在生长发育期的幼猫和幼犬,补充营养就势在必行。尽管人和犬猫同是哺乳动物,都需要蛋白质、脂肪、碳水化合物、矿物质、维生素等营养素,但由于在体型大小、饮食习性、机体代谢方面不完全一样,因此对于各种营养素的需求量也不同。

(三)处方食品

食疗在人类疾病的治疗中早已应用,但在宠物上的应用还是近几十年的事。1943 年,美国兽医师 Dr. Mark Morris 为了治疗一只患肾衰竭的导盲犬,研究了一种特殊的食品,最后解决了这只导盲犬的治疗问题。之后,研究人员提出了以控制营养的方式来调整疾病的理论,发展到今天,已形成了对各种疾病进行辅助治疗的系统的处方食品。

(四)宠物药品

宠物药品在宠物疾病的防治上有着极其重要的作用。宠物药品一般都是在兽医师的指导下使用的,但也有一些可以由主人直接使用,特别是一些简单的药具,如最常使用的灭虱、灭蚤的项圈,戴上后可以杀灭虱、蚤,并且防止虱、蚤的再次感染。生物制品的使用,可以很好地预防一些重要烈性传染病的发生。抗生素及其他化学药品的使用,为宠物疾病的治疗提供了有力的保障。

二、宠物保健品的配制

宠物药品以及一些生活用品可以在宠物商店或者兽医院购买,在宠物患病以后要尽快就医,以免造成不必要的损失。对于宠物主人来说,了解宠物食品的知识,再根据所养宠物的品种、年龄、性别及生长发育状况即可购买到相应的营养平衡的宠物食品。通常商品化犬猫食品多是根据犬猫不同的生长阶段对营养的需要标准进行配制的,在商品标签上不仅注明配料成分,而且还注明了所含粗蛋白质、粗脂肪、纤维素和水分等的比例。只要按照其产品说明,结合犬猫的实际情况,即可得到适合宠物的食品。实现对宠物食品的科学搭配就要了解宠物的营养需求(表 3-4 和表 3-5)。

表 3-4　犬的营养需求(美国饲料监察联盟机构)

营养物质(干物质基础)	生长、繁殖需要量	成年犬需要量	最大用量
蛋白质/%	22.0	18.0	
粗脂肪/%	8.0	5.0	
钙/%	1.0	0.6	2.5
磷/%	0.8	0.5	1.6
钙:磷	1:1	1:1	2:1
钾/%	0.6	0.6	

续表3-4

营养物质(干物质基础)	生长、繁殖需要量	成年犬需要量	最大用量
硫/%	0.3	0.06	
镁/%	0.04	0.04	0.3
铁/(mg/kg)	80	80	3 000
铜/(mg/kg)	7.3	7.3	250
锰/(mg/kg)	5.0	5.0	
锌/(mg/kg)	120	120	1 000
碘/(mg/kg)	1.5	1.5	50
硒/(mg/kg)	0.11	0.11	2
维生素 A/(IU/kg)	5 000	5 000	50 000
维生素 D/(IU/kg)	500	500	5 000
维生素 E/(IU/kg)	50	50	1 000
维生素 B_1/(mg/kg)	1.0	1.0	
维生素 B_2/(mg/kg)	2.2	2.2	
维生素 B_3/(mg/kg)	10.0	10.0	
维生素 B_5/(mg/kg)	11.4	11.4	
维生素 B_6/(mg/kg)	1.0	1.0	
叶酸/(mg/kg)	0.18	0.18	
维生素 B_{12}/(mg/kg)	0.022	0.022	
胆碱/(mg/kg)	1 200	1 200	

表 3-5　猫的营养需求(美国饲料监察联盟机构)

营养物质(干物质基础)	生长、繁殖需要量	成年猫需要量	最大用量
蛋白质/%	30.0	26.0	
粗脂肪/%	9.0	9.0	
钙/%	1.0	0.6	
磷/%	0.8	0.5	
钾/%	0.6	0.6	
硫/%	0.2	0.2	
镁/%	0.08	0.04	
铁/(mg/kg)	80	80	
铜(挤压)/(mg/kg)	15.0	15.0	
铜(罐装)/(mg/kg)	5.0	5.0	
锰/(mg/kg)	7.5	7.5	

续表3-5

营养物质(干物质基础)	生长、繁殖需要量	成年猫需要量	最大用量
锌/(mg/kg)	75	75	2 000
碘/(mg/kg)	0.35	0.35	
硒/(mg/kg)	0.1	0.1	
维生素 A/(IU/kg)	9 000	5 000	75 000
维生素 D/(IU/kg)	750	500	10 000
维生素 E/(IU/kg)	30	30	
维生素 B_1/(mg/kg)	5.0	5.0	
维生素 B_2/(mg/kg)	4.0	4.0	
维生素 B_3/(mg/kg)	5.0	5.0	
维生素 B_5/(mg/kg)	60.0	60.0	
维生素 B_6/(mg/kg)	4.0	4.0	
叶酸/(mg/kg)	0.8	0.8	
生物素/(mg/kg)	0.07	0.07	
维生素 B_{12}/(mg/kg)	0.002	0.002	
胆碱/(mg/kg)	1 200	1 200	

(一)犬猫营养需要的几点说明

磷酸是产生酸性尿以减少金属元素中毒的酸化剂之一,而且日粮钾必须调整到可增加尿酸度以减少低钾血的水平。镁在犬猫日粮,特别是猫粮中的添加量较大,若猫尿液中的镁平均 pH 不低于 6.4,当日粮中镁含量上升时,就很可能发生镁中毒的危险。

在犬猫日粮的生产过程中 90%的叶黄素(维生素 B_1)可能被高温所破坏,在设计配方时,必须考虑到在日粮配制完成后维生素 B_1 的含量仍然可以满足上表列出犬猫对维生素 B_1 的生长所需。

猫对维生素 E 的缺乏非常敏感,低含量的维生素 E 可能导致其肌肉营养不良。犬猫日粮中含有大量不饱和脂肪酸(UFA),因此维生素 E 的需要量较大。专家建议维生素 E 在 30 IU/kg 添加量的基础上,每添加 1 g 鱼油要相应添加 10 IU/kg 维生素 E。当然,这种需要与日粮中硒的水平和其他抗氧化剂的含量息息相关。在许多谷物胚芽中含有大量的维生素 E,因而粉碎后准备制成犬猫日粮的谷物必须妥善保存,如加入抗氧化剂乙氧基喹啉,以保护其中的维生素 E 和防止霉菌的生长,因为氧化后的维生素 E 失去作为维生素和抗氧化剂的功效。

另外,在猫粮中还要添加较多的牛磺酸,牛磺酸在挤压膨化的猫粮中添加量为 0.1 g/kg,而在罐装日粮中的添加量要加倍,达到 0.2 g/kg。有研究表明,牛磺酸的缺乏会使猫的神经组织成熟减缓并发生退化,这在眼球视网膜表现得尤为突出。其他由牛磺酸缺乏导致的机体组织变化包括听力减弱、白细胞数减少、肾成长不充分和心肌扩大等。

维生素是维持正常生理活动所必需的,猫自身能合成维生素 K、维生素 D、维生素 C、维生素 B_1 等,但除了维生素 K、维生素 C 的自身合成量能够满足机体的最佳生长需要外,其他几种维生素都需要额外添加。维生素 A 对猫的视力特别重要,它通过血液运输到机体各部分组织，如有剩余则贮存在肝脏和脂肪组织中，不从肾脏排出，因而摄入过多会中毒。

犬猫营养需要只是一个大概的标准，在犬猫的不同生长阶段还有一些细微的差别。如对于1只3.5 kg重的猫，日摄食能量1 456.4 kJ即可满足需要；而1只2.5 kg重的妊娠猫，日摄食能量要2 512 kJ才可满足需要。若母猫在妊娠阶段蛋白质摄食不足，则会产生诸如幼猫在遇刺激时情绪增加等症状。犬是以肉食为主的杂食性动物，由于犬活动量大，通常体型比猫大，新陈代谢旺盛，所以其营养需要要比猫大。犬能合成维生素C，不能消化纤维素。不同品种、不同年龄、不同生理阶段的犬和猫，其营养需求和食性特点略有差异。

(二)犬猫日粮营养配制要求

1. 科学加工配制，减少营养物质损失 生肉和内脏要在水中浸泡后洗净切碎煮熟，与蔬菜、肉、米、面等充分混拌做成熟食。采用高温加工的犬猫饲料，注意不要将饲料烤焦、烤煳，破坏营养成分，而影响犬猫的食欲或抗食，夹生饲料会引起犬猫腹泻、呕吐和消化不良。

2. 充分考虑饲料的消化率，提高饲料利用率 植物性饲料中小麦、小米、玉米、水稻、高粱等要脱粒后做成熟食，蔬菜中马铃薯要蒸煮，叶菜要洗净、切碎与其他饲料煮熟后饲喂，才能提高消化率和利用率。因鱼肉中含有破坏B族维生素的酶，所以要煮熟将其破坏后才能喂。另外，有些饲料中营养物质在机体内消化率并不是100%，在配制营养日粮时应将给予补充。

3. 营养全面，动、植物性饲料合理搭配 配制时首先参考犬猫不同时期对营养成分的需求标准，制定出犬猫在某时期的营养成分指标。在营养配制时要注意犬猫对动物性饲料的要求，营养日粮中动物性饲料应占10%～40%，以满足犬猫对蛋白质、脂肪和碳水化合物的需求。在实际配制犬猫的营养日粮时，日粮中的各种营养物质含量要高于犬猫的营养需要。

4. 注意犬猫饲料中的热量配比 饲料中如果热量过高，犬猫会发胖，体形不匀，食欲不振或偏食。应注意的是，人有人的营养需要，宠物犬猫有犬猫的营养标准，给犬猫喂残羹剩饭或与人类需要相同的食物，都不能给犬猫提供它所要求的营养成分。如果经济条件允许的话，最好购买市场上出售的宠物犬猫不同生长阶段、营养全价、安全卫生的食品，并按说明书进行饲喂。

5. 保持配制的营养日粮卫生、新鲜 家庭宠物犬猫自配的日粮除部分干性日粮可在适宜温度下保存13 d外，其他配制的日粮应现喂现配制，饲料原料要新鲜、清洁，易于消化，不发霉变质。

6. 避免长期饲喂单一饲料，增强饲料的适口性和多样性 长期喂一种营养配方日粮，会引起犬猫厌食，要在一段时间后，重新配制营养完全、适口性强的日粮，不断调剂饲喂，增强犬猫的采食。

(三)宠物常用的营养品及药品

1. 海藻粉 海藻粉是全天然的矿物质、维生素及氨基酸的上佳补充品。如在日常的定量喂食中添加，有助于全面改善宠物的健康及表现。采用挪威海域——世界上海产资源最丰富的海域的海藻，另特别加入ω-3、ω-6、ω-9脂肪酸，对宠物健康皮毛、保持毛发光泽有明显效果。加强供给维生素及矿物质，有助于改善宠物的消化能力，全面提升机体健康状况。

2. 拜耳内虫逃 宠物口服后，能驱除体内如蛔虫、钩虫、鞭虫、绦虫等多种寄生虫，避免人畜共患传染病的产生，使用1次可达95%～100%的驱虫效果。建议每3个月使用1次。该药无任何副作用，安全可靠，妊娠母犬也可放心使用，无拒药性犬可直接吞服，拒药性犬可包于肉或混于食物中给药，无须禁食。

3. 螨通灭　该药主治犬蠕形螨、犬疥螨，对其他犬猫疥、疮、癣及皮肤真菌感染、湿疹、皮炎及体外寄生虫、虱、蚤等都具有不同的治疗作用。

汽巴 100/500 广谱驱虫药，能一次性驱除包括蛔虫、线虫及绦虫等在内的 13 种体内寄生虫，适合任何年龄、妊娠及哺乳犬只使用，安全可靠、无药味，容易喂服，服用前无须禁食。

4. 福来恩　此药是用于犬猫的杀蚤用药，在 24 h 内可杀死 98%～100%的跳蚤，效力可维持 1～3 个月，淋雨或沐浴后仍可保持药效，药力直达毛内部，跳蚤或虱子只要接触就很快死亡，不同于一般的杀蚤药需吸血后才中毒死亡，更好地保护宠物。长期使用可全面清除宠物身上和环境中的跳蚤。

5. 钙粉　成长中的犬猫须补充大量的钙和磷来满足骨骼和牙齿等组织生长的需要，高龄犬猫同样需要补充钙、磷来支持骨骼的强度。钙粉采用纯天然原料，尤其利于幼龄以及高龄犬猫机体吸收，其成分包括：蛋白质 12%，脂肪 8%，纤维 1%，水分 6%，钙 20%，磷 10%。

6. 美毛粉　100%纯天然成分，提供高浓度 ω-3、ω-6、ω-9 脂肪酸，对犬猫毛发质量有重要影响，有助于促进皮毛生长，并进一步提升皮毛的健康水平，从根部到毛尖散发光泽。特别加入维生素及矿物质，用以加强正常的消化吸收功能，维持全面的健康状态，从基础上提供皮毛健康的保证。

7. 酵母大蒜丸　富含维生素 B_1、维生素 B_2、烟酸、维生素 C 及天然大蒜粉。大蒜本身不仅具有吸引犬猫的气味，同时也是对健康有益的自然食品。本品是优质的天然 B 族维生素和蛋白质补充来源，有原味及花生味可供选择。

8. 美约维他宝　是适合宠物皮毛生长和促进宠物消化的多元不饱和脂肪酸，更富含 ω-3、ω-6 脂肪酸以及维生素和矿物质。此外，还含有改善健康、提高活力和免疫力的大蒜素和酵母以及矿物质硒，可使被毛光滑亮泽、改善消化能力、眼睛明亮、健康充实、变得快乐活泼。

9. 可鲁宠物除味剂　该除味剂主要成分为植物性净化物质，纯植物萃取，树木原味融汇了松树、冷杉、茶、柠檬等百余种植物精华，不含任何化学添加成分。它通过还原法可将异味分子分解为二氧化碳和水，从而快速安全除味。

10. 美国 IN 营养补充剂　该营养补充剂可彻底改善皮肤过敏瘙痒，让毛浓密油亮，犹如护发后一般亮丽；发毛效果明显，对毛短而稀及患皮肤病的犬有特效；发情顺畅，增加胎数，奶水充足，乳犬体质强壮；对抗紧迫，提高免疫力，强健骨骼，增加耐力，有效改善乳犬神经质个性。

主要成分：大豆卵磷脂、小麦胚芽、玉米、大豆、肉骨粉、动物及植物油（以维生素 E 保鲜）、鱼肝油、多种维生素、复合氨基酸及多种矿物质。使用方法：每日幼犬 1 粒，玩具犬 4 粒，小型犬 6 粒，中型犬 10 粒，大型犬 14 粒，超大型犬 16 粒。

11. 钙胃能　该产品含高级珍珠钙磷，主要成分：磷酸二钙 75%、维生素 D_3、乳酸菌等。用途：健胃整肠，强壮筋骨，助长齿牙形成；帮助磷、钙消化吸收，针对幼犬发育不良，防止软骨病、低钙血症；减少哺乳或妊娠犬猫繁殖障碍，补充磷、钙；增强抗病能力。建议用量：通常保健作用每日 1～3 次，每次使用以下分量混合粮食使用，可依据情况酌量增减。幼犬猫，0.5～1 g；小型犬，1～2 g；中型犬，2～4 g；大型犬，4～8 g。

12. 发育宝　主要成分：复合维生素、主要矿物质、消化剂、赋形剂等。用途：促进犬猫发育，防止下痢，幼犬离乳调养，母犬产前产后营养，提高繁殖率，增进食欲，帮助消化，光泽毛质，增强抗病力。用量：幼犬猫，0.5～1 g；中型犬，2～4 g；小型犬，1～2 g；大型犬，4～8 g。

13. 美康宝B维片 美康宝B维片是专门为宠物设计的B族维生素咀嚼片，含有宠物所需要的各种B族维生素。它能够促进动物的皮毛健康，使皮毛光洁柔顺，预防皮炎并辅助皮炎的治疗。美康宝特别设计成宠物喜爱的口味，片型大小适中，即使最小的宠物也能食用自如。

主要成分：维生素B_1、维生素B_2、维生素B_6、维生素B_{12}、烟酸、泛酸、叶酸、维生素C。可单独喂食或拌入食粮中喂食。小型犬：1～2片/d；中型犬：3～4片/d；大型犬：5～6片/d；巨型犬：7～8片/d。

14. 美毛油 用深海沙文鱼油、樱草油及其他不沉淀性脂肪制成的美毛油，含丰富ω-3、ω-6、DHA/EPA和多种维生素，食后令犬猫皮毛光泽，对消除皮毛粗糙缺亮，皮屑过多带臭，皮肤瘙痒都有特效。该产品能迅速改善皮毛状态，令毛色光泽柔顺，为出赛犬必需的补充品；也可作为多种皮脂漏、脓皮症、痕症和其他皮肤病的辅助治疗剂。

15. 荷兰威霸大力钙 此产品含纯钙、矿物质、酵酶、海藻粉，能促进犬只骨骼成长、结实肌肉、光泽皮毛，为成长中幼犬和繁殖用母犬不可缺少之强壮剂。每日用量：小犬1汤匙；中犬2汤匙；大犬3汤匙。大力钙也适用于猫和其他小动物，用量为每5 kg体重服用2汤匙。

16. 维克营养膏 犬猫专用综合营养膏，含维生素及矿物质，可帮助生长、强健体格。

17. 波顿钙磷粉 专门为成长期、妊娠期、哺乳期的犬猫提供充足的养分。供给正确比例的钙、磷，以加强钙的吸收，并可以预防钙、磷吸收的不均衡。特别添加维生素D，以预防软骨病和补充日照不足。波顿钙磷粉含有维持每日所必需的维生素和矿物质，适口性极佳。其可改善犬猫食用肉类等酸性饲料后的发育不良；强化犬猫骨骼发育，保护牙齿健康，防治佝偻症、软骨症，有助于骨伤复健；预防产后痉挛，补充日照不足，改善偏食引起的营养不足。

主要成分：钙19%～22%；磷不低于14.5%；维生素D_3不低于3 750 IU/kg。用量(按体重每日用量)：成犬4.5 kg/茶匙；幼犬2.2 kg/茶匙；猫3.6 kg/0.5茶匙。

三、宠物保健品的使用

(一)宠物护理用品的使用

给宠物洗澡应注意香波的选择、洗澡方式和次数。许多宠物主人直接使用人用洗发香波来给宠物洗澡，这是不合适的。因为犬与人的皮肤表面pH不同，所以人用洗发香波不一定适合犬。如长期使用此类香波，宠物则可能出现被毛干燥、无光泽、皮肤瘙痒等症状。好的洗发香波不仅可以清洁宠物的被毛，而且能够滋润皮肤，令被毛充满光泽，柔顺易梳，防止被毛折断。有些香波还添加一些特殊成分，从而具有特殊功能，如添加异味分解剂、护毛精华素，可祛除体臭，使宠物毛发清洁、柔顺、光亮；有的添加一些杀虫剂，能在洗澡的同时驱除宠物体表寄生虫(蚤、虱等)；有的添加香精等，洗浴后使宠物机体保持清香气味。

宠物耳朵及耳道也需要定期的清洁护理，尤其是长耳朵和耳朵里有毛的犬。如果忽略了日常清洁护理，宠物的耳朵容易寄生螨虫或发炎，出现耳朵瘙痒，有臭味。使用洁耳剂可以清理耳垢，去除耳内臭味，利于宠物健康；使用滴耳油可以对已发生炎症的耳朵进行治疗。

有些宠物，特别是长毛犬，由于眼周围毛的刺激或其他原因，流泪较多。长期流泪，则会在眼内角下方形成1条棕褐色泪痕，影响宠物的美观。使用除泪痕剂则可以除去泪痕，使宠物的眼睛更加美丽动人。此外，除泪痕剂还能除去眼睛周围因流泪而附着的尘埃和细菌。除泪痕剂应有效去污，不刺激泪腺，不损伤皮毛。

长期饲养宠物，家里通常会散发出宠物的味道，令人感觉不舒服，空气清洁剂成了这些家庭不可缺少的物品。但是普通空气清洁剂中有些成分对宠物有很大的刺激和伤害作用，故不能使用。与普通的商品相比，宠物专用的空气清洁剂更加安全，可直接喷在宠物身上及家具物品和空气中，对儿童和宠物无毒害作用。除了空气清洁剂外，还可以添加一些物质到食物中去，能有效地清除体臭和粪便的恶臭。这些物质主要是绿茶提取物、双歧因子、粗纤维等，它们可以改善犬的消化功能，防止牙龈疾病，从而减少犬排泄物的异味。

在宠物饲养的初期，宠物往往会在家里随意大小便，给主人带来许多麻烦，训练宠物定点大小便是每个宠物主人最头疼也是必须要做的事。尽管有专门训练宠物日常行为的机构，但其价格不菲，不是广大宠物饲养者所能承受的。定位排便诱导剂则可以帮助主人很快训练宠物定点大小便。它主要是通过一些特殊气味吸引宠物，引起宠物的好奇，从而训练、鼓励宠物在特定的区域排便。

幼犬在生长发育过程中常常会啃咬家里的物品，咬坏鞋、沙发等，这是幼犬磨牙、健牙的需要。针对幼犬的这种习性，人们设计了小骨节来供幼犬磨牙。小骨节设计为不同的大小以适合于不同品种的犬。幼犬咀嚼这种小骨节，可锻炼牙齿和颚骨，而不再啃咬居家物品，且还有助于加强咀嚼功能。

猫有舔毛的习性，由于长时间舔毛，毛在胃内积成不能消化的毛球，毛球积累到一定程度，会出现腹胀、进食后呕吐、肠梗阻等症状，严重威胁着猫的健康。现在有专用于去毛球的膏剂，给猫口服后能在体内化解毛球或诱导猫吐出毛球，可以很好地预防毛球带来的不适或疾病。

（二）宠物健康用品的使用

宠物补钙与人有很大的区别。钙的吸收与磷有很大的关系，钙、磷只有按一定的比例配比时才能有效吸收，如配比不合理，就会影响钙的吸收。正常情况下，钙磷比为 2∶1 时最适合人的吸收，但犬的最佳钙磷比却为 1.2∶1，猫为 1∶1，如果将人的钙片给宠物吃，会出现钙的吸收障碍，而使宠物缺钙。此外，为使人体能更快地吸收钙，不少钙片中都加入了一定的镁制剂，对于人来说，这是好事，可对猫来讲，过多的镁会让原本就易患尿路结石的猫发病机会增高。

维生素 A、维生素 D 也是一样。如果健康的犬猫经常饲用人用剂量的维生素 A、维生素 D 会给它们带来众多副作用。人用的许多维生素合剂都含有维生素 C，这是因为人体自身不能合成维生素 C，而犬猫却有自身制造维生素 C 的能力，补充维生素 C 只有在兽医师开药或营养师建议的情况下才可以。也就是说，如果不按宠物自身的需求，而是一味地乱饲用营养补充剂，往往会适得其反。

（三）处方食品的使用

处方食品是在充分研究了某些疾病病理的基础上，通过在食物中减少或增加某些成分，改变体内的代谢过程，从而达到防止疾病的发生或促进疾病的痊愈的作用。如对已发生过尿石症的宠物，为防止其复发，可以给它饲喂防止尿石症的处方食品，这些食品可以降低镁、磷的摄取量，减少矿物质在尿中的浓度；改变尿液的 pH，形成酸性尿，促进磷酸盐的溶解；减少蛋白质并提高盐分的摄取量，从而增加尿量而促进磷酸盐的溶解。因此，使用该食品能很好地预防尿石症的发生，对已发生了的，也可以用该食品进行治疗。对于腹泻的犬，在进行常规治疗的同时，也可通过饲喂专门的食物来促进疾病的康复。该类食品具有低残留特性，可使宠物减少进食并稳定宠物的胃肠，以减少宠物的呕吐、腹泻。此外，其中各成分品质高、养分易消化，且脂肪含量低,可满足呕吐、腹泻后身体复原的要求,促进患病动物尽快恢复。

(四)宠物药品的管理及使用

合理选择用药是兽医临床工作的一个重要问题。利用好宠物药品,正确治疗宠物的各种传染病、寄生虫病及常见普通病,并采用综合防治措施,才可以安全饲养宠物。因此,宠物药品的使用管理是一项重要的工作。

1. 严格执行消毒制度 在宠物病防治中,治疗只是针对发病的,免疫主要是针对健康的,而消毒除了针对健康的预防消毒和发病时随时消毒外,还要对因各种疫病死亡的尸体进行终末消毒。也就是说,在疾病防治中,对健康的、发病的和死亡的宠物都要进行有效消毒。因此,消毒是预防疫病流行的一项重要措施,是杀灭病原微生物的重要手段。

2. 检疫和预防接种 为了预防和控制宠物各种传染病的发生,应按科学的免疫接种程序进行预防接种,这是宠物病防治的一个重要措施。因此,进行预防接种就是平时常说的“防重于治,以防为主”原则的具体有效措施,对防止宠物病发生是十分重要的。

3. 驱虫 很多寄生虫是人畜共患的,如蛔虫。有些可经宠物传染给人,如犬绦虫可感染人,使人得棘球蚴病。

4. 发生传染病后采取的措施 除针对上述的情况采取合理使用药品以外,还要注意“季节病”的危害。适应各种环境与气候是宠物的本能,然而,有时还是无法抵御因季节更替而带来的恶劣气候,患上各种“季节病”,因此要了解不同季节的特点,把握宠物的生理活动规律,合理使用及提供相应的宠物药品。

5. 使用及管理宠物药品中应注意的事项

(1)要结合药源和经济条件等具体情况选用药物,进行系统的科学管理方法。

(2)生物药品(进口、国产疫苗)和麻醉药物等特殊药物要特殊管理。

(3)加强药品管理,保证药品质量。药品的标签或者说明应当注明中文、药品的通用名称、成分及含量、规格、生产企业、产品批准文号(进口药物注册证号)、产品批号、生产日期、有效期、适应证和功能主治、用法、用量、休药期、禁忌、不良反应、注意事项、运输、贮存、保管条件及其他应当说明的内容,有商品名称的还应当注明商品名称。

(4)为了药品的安全,按药品的保存要求进行严格保存。常规药品要避光、密封、存放于阴凉处,生物药品一定要冷冻或冷藏保管。

复习思考题

1. 饲料添加剂主要种类有哪些?使用时的注意事项有哪些?
2. 简述饲料添加剂的应用现状及发展趋势。
3. 简述宠物保健品的种类及使用注意事项。
4. 简述宠物保健品与人用保健品的区别及使用中的注意事项。

本章思维导图

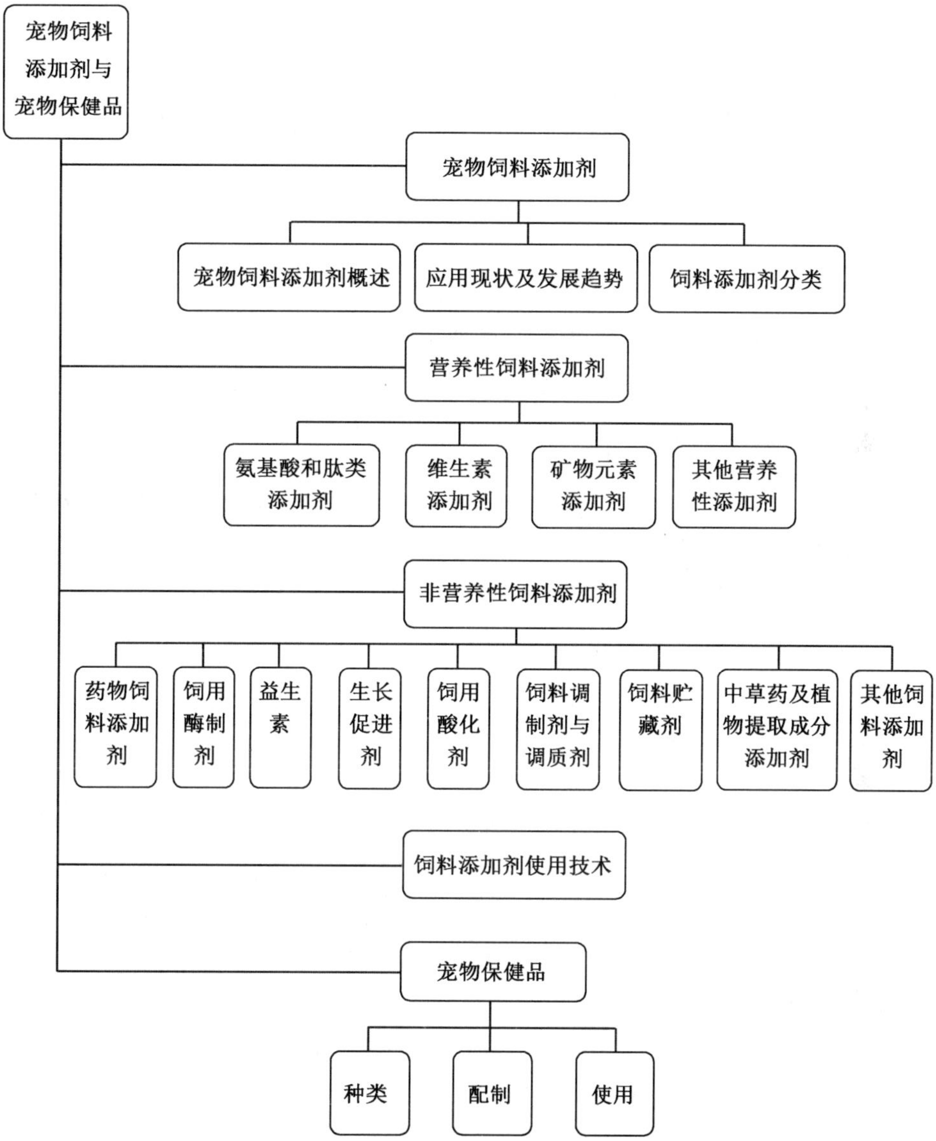
宠物饲料添加剂与宠物保健品
宠物饲料添加剂
宠物饲料添加剂概述
应用现状及发展趋势
饲料添加剂分类
营养性饲料添加剂
氨基酸和肽类添加剂
维生素添加剂
矿物元素添加剂
其他营养性添加剂
非营养性饲料添加剂
药物饲料添加剂
饲用酶制剂
益生素
生长促进剂
饲用酸化剂
饲料调制剂与调质剂
饲料贮藏剂
中草药及植物提取成分添加剂
其他饲料添加剂
饲料添加剂使用技术
宠物保健品
种类
配制
使用

模块四

宠物的营养需要与饲养标准

【本章要点】

本章主要阐述宠物的营养需要、饲养标准的概念以及不同生理阶段宠物的营养需要及饲养标准。

【知识目标】

- 掌握宠物营养需要与饲养标准的基本概念。
- 了解不同种类、用途及生长阶段的宠物对能量、蛋白质、矿物质及维生素的需要。

【技能目标】

- 根据宠物不同生理阶段的营养需要特点，学会使用宠物饲养标准。

单元一　宠物的营养需要

【学习目标】

本单元属于专业知识范畴。通过学习，了解宠物每天对能量、蛋白质、氨基酸、矿物质、维生素等养分的需要量及其表示方法，宠物养分的需要量测定方法，不同年龄阶段宠物犬、猫的营养需要量的计算方法。为宠物食品的配制奠定基础。

【学习方法】

课堂讲授，课后在图书馆中或互联网上查阅有关资料。

【关键词】

宠物；营养需要；养分测定方法；犬；猫；营养需要量计算方法

一、营养需要的概念及测定方法

宠物营养需要是指每只宠物每天对能量、蛋白质、氨基酸、矿物质、维生素等养分的需要量。由于宠物品种、年龄、性别、体重及生理阶段的不同，对营养物质的需要也不相同。从食物中摄取的营养物质，用于维持宠物本身的生命营养需要，主要表现在基础代谢、自由活动及维持体温3个方面，这一部分养分称为维持需要。维持需要简称维持，是最低程度的需要，若不能满足，宠物就会消瘦，抵抗力下降。宠物摄食养分必须先满足维持需要，在维持需要满足的前提下，再满足妊娠、泌乳、生长等生命活动。研究宠物营养需要，就是要探讨犬、猫、观赏鱼、观赏鸟等宠物对营养物质需要的特点、变化及影响因素，作为制定饲养标准和合理配制宠物食品的依据。

宠物的营养标准指根据宠物的消化、代谢、饲养及其他科学试验，测定出每只宠物个体在不同体重、不同生理状态下及不同生产水平下，每天需要的能量及其他各种营养物质的需要量参数。依据犬、猫、观赏鱼、观赏鸟营养需要量参数和不同营养物质间的比例，结合生产时间中积累的经验，便可制定出各种宠物的营养标准。营养标准在饲养实践中可以维持宠物的健康，充分发挥宠物的生长能力及繁殖能力，降低饲养成本。“标准”是一个传统专业名词术语，其含义和准确程度受科学研究条件和技术进步程度制约。现行饲养标准则更为确切和系统地表述了经试验研究确定的特定各种宠物个体（不同种类、性别、年龄、体重、生理状态、不同环境条件等）能量和各种营养物质的定额数值。

（一）营养需要量的表示方法

1. 需要量的单位　以 1 只宠物每天对能量和各种成分的需要量表示，单位以不同养分而定，如能量用 MJ、kJ 表示；蛋白质、氨基酸、矿物质元素、维生素等用 g、mg、μg、IU 等表示。

2. 养分浓度　按每千克饲粮的养分含量（MJ、mg、g）或百分含量（%）表示，可按饲喂状态（含自然水分）或绝干状态计算，此法适用于自由采食和饲喂配制饲粮的宠物。

3. 能量与养分的比例　按饲粮单位能量中的养分含量（g、mg）表示。能量和蛋白质的关系表示为能量蛋白质比或蛋白质能量比。此法适用于平衡饲粮养分。

4. 体重与养分的比例　按养分需要量与体重（自然体重或代谢体重）比表示。

（二）测定宠物营养需要的方法

1. 饲养试验法　饲养试验即将实验动物分为数组，在一定时期内按一定的营养梯度，喂给一定量已知营养含量的饲料，观察其生理变化，如体重的增减、体尺的变化等指标。饲养试验法简单，需要的条件不高，比较容易进行，但此法较粗糙，没有揭示动物机体内代谢过程中的本质，因此必须要大量的统计材料才能说明问题。

2. 平衡试验法　根据动物对各种营养物质或能量的摄入量与排泄量之差计算而得。这种方法纵然不了解机体内转化过程，却可知道机体内的营养物质收支情况，由此可测知该营养物质的需要量与利用率。此法适用于能量、蛋白质与某些矿物质需要量的测定。

3. 屠宰试验法　从一批实验动物中抽取具有代表性的样本，按一定要求进行屠宰并分析其化学成分，作为基样。其余动物按一定营养水平定量饲养一阶段，然后用同样的方法再进行屠宰测定，两次测定先后对比，得出在已知营养喂量的条件下的体内增长量，也就是该增长量所需的营养量，即增长所需要量。此法比较简单，且有相对的准确性，但成本比较大。

二、犬的营养需要

不同生理阶段的犬，包括幼犬、妊娠犬、哺乳犬等对营养的需要有很大差异，在维持需要的基础上要补充不同的营养成分，以增加额外的能量、蛋白质、矿物质及维生素的需求，以满足犬在生长阶段、繁殖阶段及哺乳阶段的营养需要。

（一）维持需要

维持需要是指犬既不生长发育又不繁殖和工作，其体重没有任何增长，只是在保持正常的营养状态的情况下，犬所需要的营养物质，用来维持正常的体温，并保持呼吸、循环、消化等器官的正常机能，以及供给起卧、行走等必要行动的热能。维持需要简称"维持"，是最低程度的需要，若不能满足，犬就会消瘦下去。对维持营养来说，动物体重越小，其单位活动所需的维持营养越高；因此，维持需要是按代谢体重来计算的。为了便于研究比较，犬在不同情况下的营养需要总是从维持需要开始，再进一步研究其他情况的营养需要。维持状态下各种营养物质的需要如下。

1. 能量需要

(1)犬的维持消化能(DE)需要量计算公式：

$$DE(kJ)=292.89\times W^{0.75}$$

式中，W 表示体重，kg；$W^{0.75}$ 表示代谢体重，kg，下同。

(2)犬的维持代谢能(ME)需要量计算公式：

$$ME(kJ)=589.97\times W^{0.75}$$

2. 蛋白质需要 成年犬按体重每千克在维持状态下每天蛋白质需要量为 4.8 g。

3. 矿物质及维生素需要 犬在维持状态下的矿物质和维生素需要量见表 4-1。

表 4-1 犬在维持状态下每天每千克体重对矿物质及维生素的需要量

矿物质种类	需要量	维生素种类	需要量
钙/mg	242	维生素 A/IU	110
磷/mg	198	维生素 D/IU	11
钾/mg	132	维生素 E/IU	1.1
氯化钠/mg	242	硫胺素/μg	22
镁/mg	8.8	核黄素/μg	48
铁/mg	1.32	泛酸/μg	220
铜/mg	0.16	烟酸/μg	250
锰/mg	0.11	维生素 B_6/μg	22
锌/mg	1.1	叶酸/μg	4
碘/mg	0.034	生物素/μg	2.2
硒/mg	2.42	维生素 B_{12}/μg	0.5
		胆碱/mg	26

(二)生长幼犬的营养需要

生长期是指从出生到性成熟为止的生理阶段，包括哺乳和育成 2 个阶段。在这段时间内，犬的物质代谢十分旺盛，同化作用大于异化作用。根据宠物生长发育规律，提供适宜的营养水平，是促进幼犬生长发育的重要条件之一。

1. 能量需要 根据饲养试验测定能量需要的方法，是在整个生长阶段分组喂给不同能量水平日粮，测定出能得到正常生长的能量水平，进而确定生长阶段适宜的能量需要量。经试验表明：生长犬的代谢能需要量是维持代谢能的 1.5～2 倍，即：

$$ME(kJ)=(1.5\sim2)\times589.97\times W^{0.75}$$

3～4 周龄的犬，每天需要代谢能为：

$$ME(kJ/d)=1\ 146.47\times W^{0.75}$$

在生长中期的犬，每千克代谢体重所需代谢能为 836.84 kJ。用公式表示其每天需要的代谢能为：

$$ME(kJ/d)=836.84\times W^{0.75}$$

为生长幼犬提供的能量既不能过多，也不能过少。过少则犬生长发育受阻，身体瘦弱；过多则可导致犬肥胖。

2. 蛋白质需要　犬生长阶段所增加的体重，除水分外，主要成分是蛋白质。从理论上讲，蛋白质的最低需要量就是体内蛋白质的实际贮积量。但由于饲料蛋白质在消化代谢过程中有损失，所以事实上，蛋白质的需要量远远超过这个数字。生长犬需要的蛋白质，不仅数量上要足够，而且品质也要好。因为蛋白质品质优劣对于幼犬生长的影响，比成年犬更大。如果日粮中缺乏必需氨基酸，幼犬的生长发育将受到严重影响。

表示蛋白质需要量的方法有 2 种：一种是以风干日粮中所含的百分比表示，另一种是以绝对量表示，而以后者比较合理。犬生长期蛋白质的需要量应包括维持需要在内，维持部分随体重的增加而增加；而构成单位重量新组织的需要量，则随年龄和体重的增加而减少。虽然蛋白质总的需要量在生长早期是随年龄和体重增加而增加，但每千克单位体重的蛋白质需要量却减少了。

生长犬每千克代谢体重每天约需蛋白质 9.6 g，用公式表示为：

$$CP(g/d)=9.6\times W^{0.75}$$

能量和蛋白质之间存在比例关系，称为蛋白质能量比，其含义为每兆焦代谢能所含粗蛋白质的克数。

生长犬最适宜的蛋白质能量比为：在断乳后 3 周为 11.8 g/MJ，3～4 周为 9.6 g/MJ，生长中期为 7.6 g/MJ。

3. 矿物质和维生素需要　犬在生长阶段，骨骼的增长很快，骨盐沉积较多，故生长期钙、磷的需要量很大，维生素 D 与钙、磷的吸收和利用有关，也是生长期造骨所必需的。犬每天对矿物质和维生素的需要量见表 4-2。

表 4-2　犬对矿物质和维生素的需要量

矿物质种类	需要量	维生素种类	需要量
钙/mg	484	维生素 A/IU	220
磷/mg	396	维生素 D/IU	22
钾/mg	264	维生素 E/IU	2.2
氯化钠/mg	484	硫胺素/μg	44
镁/mg	17.6	核黄素/μg	96
硒/μg	4.48	泛酸/μg	440
铁/mg	2.64	烟酸/μg	500
铜/mg	0.32	维生素 B_6/μg	44

续表4-2

矿物质种类	需要量	维生素种类	需要量
锰/mg	0.22	叶酸/μg	8.0
锌/mg	2.20	生物素/μg	4.4
碘/mg	0.068	维生素 B_{12}/μg	1.0
		胆碱/mg	52

(三)妊娠犬的营养需要

妊娠期的营养需要特点是妊娠后期比前期需要多，妊娠的最后 1/4 阶段是最重要时期；妊娠母犬的基础代谢率高于空怀母犬，在妊娠的后期提高 20%～30%。

1. 能量需要 在妊娠前 5 周，妊娠犬的能量需要采用略高于维持时的代谢能即可，到了第 6、7、8 周，需要量是在维持的基础上分别增加 10%、20%和 30%；妊娠后期代谢能量需要约为每千克代谢体重 786.6 kJ，即 786.6 kJ/$W^{0.75}$。

2. 蛋白质需要 妊娠期的蛋白质需要高于维持需要，但低于泌乳期需要。妊娠后期，每千克代谢体重需要可代谢蛋白质 5～7 g。在确定母犬妊娠期蛋白质需要时，必须注意的是：蛋白质需要是与能量的需要平行发展的。在正常情况下，妊娠母犬利用蛋白质效率高于空怀母犬，对蛋白质的需要在最后 1/3 时期急剧增长，要求提供足够的碳水化合物作为能源利用，防止蛋白质的不足和浪费。

3. 矿物质和维生素需要 妊娠期母犬日粮中，钙占 1.2%、磷占 1.2%(干物质基础)，钙磷比例约为 2∶1；其他矿物质和维生素略高于维持时的需要量，低于哺乳期的需要量。

(四)种公犬的营养需要

正确饲养的种公犬应保持良好的种用体况及较强的配种能力，即精力充沛、性欲旺盛，能产生量多质优的精液；日粮中各种营养物质的含量，无论对幼年公犬的培育或成年公犬的配种能力都有重要作用。

1. 能量需要 能量供给不足，对幼年公犬的育成或成年公犬的配种性能均产生不良影响；反之，如能量供应过多则会造成种公犬过肥，其危害性更为严重。通常，种公犬的能量需要大致为在其维持需要的基础上增加 20%左右。公犬代谢旺盛，活动量较大，所以种公犬与同体重的母犬维持需要能量相比，需要较多的能量。

2. 蛋白质需要 种公犬日粮中若蛋白质不足，会使公犬的射精量、总精子数量显著下降。因此，配种旺季可在维持需要的基础上增加 50%。

3. 矿物质与维生素需要 日粮含钙 1.1%、磷 0.9%，一般可满足种公犬的需要。维生素 A 与种公犬的性成熟和配种能力密切有关。维生素 A 在体内有一定贮备，一般不致缺乏，每千克体重约需 110 IU；长期缺乏维生素 E 时，可导致公犬睾丸退化，每千克干饲料中含维生素 E 50 IU 可满足其需要。

(五)哺乳母犬的营养需要

1. 能量需要 泌乳犬在哺乳期的第 1 周，代谢能需要量为维持时的 1.5 倍(1.5×$W^{0.75}$)，即增加 50%；在第 2 周增加 100%；在第 3 周达到高峰，代谢能需要量是维持时的 3 倍；之后逐渐下降。泌乳犬每千克代谢体重需要代谢能为 1 966.58 kJ。

2. 蛋白质需要　哺乳期母犬，每天每千克代谢体重代谢蛋白质的需要量为 12.4 g。

3. 矿物质和维生素需要　哺乳母犬的矿物质和维生素营养是维持时需要量的 2～3 倍。每天每千克体重的摄入量等于或超过生长犬的摄入量。

(六)工作犬的营养需要

1. 能量需要　对已成年的工作犬，每天每千克代谢体重所需代谢能为在维持基础上再增加 100%；正在生长发育的未成年犬在紧张训练时，每天每千克代谢体重需要代谢能为在维持基础上再增加 200%。

2. 蛋白质需要　成年工作犬蛋白质需要为在维持的基础上增加 50%～80%。未成年训练犬则为在维持基础上增加 150%～180%。

3. 矿物质和维生素需要　成年工作犬对于矿物质和维生素营养需要无特殊要求。未成年训练犬对矿物质和维生素的营养需要与生长犬的需要一致。

三、猫的营养需要

(一)维持需要

1. 能量需要　猫因进食食物而产生能量，用以维持猫的新陈代谢和体温的能量需要即维持需要。猫需要的能量可根据猫的体重和年龄计算出来。猫因年龄、生理状况和周围环境温度不同，对能量的需要也不一样(表 4-3)。

表 4-3　猫每天需要的能量和最多食品量

年龄	体重/kg	每千克体重每日需要的代谢能/MJ	每日需要的总代谢能/MJ	每日需要的最多食品量/g
初生～1 周内	0.12	1.6	0.19	30～60
1～5 周龄	0.15	1.05	0.53	85
5～10 周龄	1.00	0.84	0.84	140～145
10～20 周龄	2.00	0.55	1.10	175～185
20～30 周龄	3.00	0.42	1.26	200～210
成年公猫	4.50	0.34～0.35	1.53	240～250
妊娠公猫	3.50	0.40～0.42	1.47	245～260
泌乳母猫	2.50	1.05	2.63	415～425
去势公猫	4.00	0.34	1.36	200～210
去势母猫	2.50	0.34	0.85	140～150
老年猫	—	0.80	—	150

处于生长发育阶段的幼猫，每天代谢能的需要量随年龄的增长而迅速下降。5 周龄的小猫，每千克体重每天需要能量为 1.05 MJ，30 周龄时每千克体重只需要 0.42 MJ。成年猫对维持体重的能量需要减少更多，尤其是去势猫，如不注意控制食量，很容易发胖。母猫妊娠时需

要增加维持能量，哺乳母猫需要能量更多，哺乳高峰时，每天每千克体重代谢能需要量可超过1.05 MJ，此时即使饲喂不限量的合理配方饲料，母猫体重也会有下降的趋势。

2. 蛋白质需要 蛋白质是猫饲料中需要量较大的营养成分，它对维持猫的健康，修补和更替破损或衰老的组织，保证繁殖和促进生长发育都是十分重要的。猫需要含高蛋白质的饲料，动物性蛋白质通常要比植物性蛋白质更适合猫的需要，如肉、鱼、鸡蛋、肝脏、肾脏和动物的其他器官组织，可使猫生长发育快，身体健康，对疾病抵抗力强。

成年猫的干饲料中蛋白质含量不应低于21%，生长发育期的幼猫干饲料中蛋白质含量不应低于33%。如果是含有70%左右水分的湿性食物，成年猫的干饲料中蛋白质含量不应低于6%，幼猫的干饲料中蛋白质含量不应低于10%，最适宜蛋白质含量为12%～14%；此外，对于成年猫，每天每千克体重应该供给3 g蛋白质。猫奶的营养成分为蛋白质4.5%、脂肪4.8%、乳糖4.9%、灰分0.8%和水分80%。

3. 矿物质需要 猫需要的矿物质主要有钙、磷、钾、钠、氯、铜、铁、钴、锰、碘、镁、锌等化学元素，这些物质大多数不是独立存在的，而是存在于普通的饲料之中。成年猫每天需要的各种矿物质如表4-4所示。

表4-4 成年猫每天矿物质的需要量

矿物质名称	钠/mg	钾/mg	钙/mg	磷/mg	镁/mg	铁/mg	铜/mg	碘/μg	锰/μg	锌/μg	钴/μg
每天需要量	20～30	80～200	200～400	150～400	80～110	5	0.2	100～400	200	250～300	100～200

注：钠为最小需要量，氯化钠是指常盐需要量，肉和鱼中含有适量的钾，镁在食物中常大量存在，铁应从血红蛋白中获得，肉中缺乏碘。钙供给量在生长和泌乳期为400 mg，钙与磷之比为0.9∶1.0。铜、锰、锌、钴应防止缺乏。

4. 维生素需要 猫需要的维生素主要有维生素A、维生素D、维生素E、维生素K、维生素C和B族维生素，这些物质存在于普通的饲料中。成年猫对各种维生素的需要量见表4-5。

表4-5 成年猫对各种维生素的需要量

维生素种类	每日需要量	说明
维生素A/(μg或IU)	500～700或1 500～2 100	不能利用胡萝卜素
维生素D/IU	50～100	能在皮肤合成
维生素K	很少	肠道可以合成
维生素E/mg	0.4～4.0	有调节多不饱和脂肪酸成分的作用
维生素B_1/mg	0.2～1.0	泌乳或高热时需要量增加
维生素B_2/mg	0.15～0.2	泌乳或高热和高脂肪时需要量增加
烟酸/mg	2.6～4.0	机体不能合成，泌乳或高热时需要量增加
维生素B_6/mg	0.2～0.3	泌乳或高热时需要量增加
泛酸/mg	0.25～1.0	
生物素/mg	0.1	
胆碱/mg	100	
肌醇/mg	10	必需的
维生素B_{12}/mg	0.003	有钴存在时肠道可合成
叶酸/mg	0.1	饲料中必须含有
维生素C	适量	能代谢合成

(二)幼猫生长的营养需要

幼猫生命的前几周完全依靠母乳，无须另加食物。这一时期，理想的生长率应为每周100 g。但由于营养、品种及母猫体重的影响，不同个体间存在很大差异。有时发生母乳供给不足，则应供给特别的乳代用品，昼夜24 h分次供应，不仅需要人工帮助喂奶，也要人工帮助排尿、排便。

从3～4周龄时起，幼猫开始对母猫的食物感兴趣。可给幼猫一些细碎的软食物或经奶或水泡过的干食品。食品可以是母猫的，也可以是为幼猫特制的。一旦幼猫开始吃固体食物，也就开始了断奶过程。幼猫逐渐吃越来越多的固体食物，7～8周龄时，则完全断奶。

威豪宠物营养研究所(WCPN，Munday和Earle，1991)已经开始调查猫完全断奶之前取自固体食物中的能量。4周龄时，每天每只幼猫吃大约19 g(相当于每千克体重10～40 kJ能量)食物，其余大部分仍由母乳供给；到5周龄时(泌乳的第6周)，每天每只幼猫吃15～45 g食物，等于每千克体重250～350 kJ能量(取决于日粮中能量水平)。幼猫自固体食物中摄取能量从哺乳2、3周龄时的零增加到8周龄时的每千克体重超过800 kJ。这说明在哺乳末期幼猫摄取的食物占母猫和幼猫总耗能中相当大的比例。在母猫和幼猫的总摄取量中，幼猫摄取的比例从哺乳4周龄的5%增加到6、7周龄的20%和30%。

幼猫一旦断奶，则不再需要乳汁。随着幼猫消化道的发育，对乳糖的消化能力逐渐减弱，成年猫则不能消化乳糖。如果想要给幼猫乳汁，则应供给特制的无乳糖奶，而且随时供给新鲜饮水。

因为幼猫的生理功能尚未健全，所以建议供给高能食物，多次喂饲；与幼犬不同，幼猫不喜欢吃得过饱，应自由采食；幼猫断奶时体重在600～1 000 g，公猫明显重于母猫，这种趋势将保持终生；能量需求的高峰约在10周龄，其能量需要为每千克体重840 kJ，以后则逐渐降低，但在前6个月由于快速生长仍保持相对高的需求。

幼猫的食物不仅能量要高，而且还应该考虑将某些营养成分再提高些。例如：幼猫日粮中蛋白质含量要比成年猫高(约10%)，钙和磷的含量要严格保持在适宜水平，因过高或不足均会导致骨骼发育不正常；还要重点强调的是向均衡日粮中加入钙添加剂反而会与喂给不平衡日粮一样会引起许多问题。牛磺酸在生殖和生长发育中的作用已被证实，生长期幼猫的食物中均应添加这种氨基酸。

6月龄时，大多数猫的体重已达最大体重的75%；此后体重增加并非骨骼发育所致，因此，6月龄后的猫适宜喂其成年猫的食物。成年公猫明显重于母猫，而且发育时间也较长。因在6～12月龄时，公、母猫都处于缓慢生长阶段，所以自由采食将持续一段时间，到1岁时发育就达到了稳定状态。尽管许多宠物主人实行全天多次喂食，但6月龄以后喂食次数可以减少。

(三)妊娠猫的营养需要

母猫交配成功后其采食量将增加，体重由妊娠的第1天逐渐发生变化，这一点在哺乳动物中猫是独具特色的。妊娠时总平均增重(不考虑窝仔数)是配种前体重的39%，然而，增重是随窝仔数而变化的。

猫体重增加是妊娠早期子宫外组织沉积的结果，随妊娠天数增加，妊娠后期的增重则主要是胎儿本身所致；而窝产仔数、胎次等许多因素也都影响妊娠期；然而每一个体的不同胎次及个体之间，其妊娠期的变化很大。

显然，母猫为维持增重需要，妊娠期间对食物和能量的摄取均增加，摄取能量的增加紧随体重的增加而变化。以体重为基础，就能量摄取来说，从成年的维持需要量从未妊娠时的每千克体重 250～290 kJ 增加到妊娠期的每千克体重 370 kJ。从实践观点看，猫很少过食，所以可以自由采食，按这种方式母猫能准确地摄取到它所需要的能量，给予母猫比未妊娠时稍多的能量即可；妊娠动物对营养缺乏或过剩更具敏感性，所以此时的日粮更应精心调节，如钙、磷比例更需严格控制，因为仔猫骨骼发育的最早期在子宫内就开始了，同时蛋白质的需要量也稍高。

(四)哺乳母猫的营养需要

猫的泌乳期是对营养需要的最大考验，母猫不但自身需获得营养，还必须为幼猫提供乳汁。幼猫初生体重在 85～120 g，每窝 1～8 只，数量将随猫的品种、对日粮的需求等因素而变化，但明显与母猫体重无关。幼猫出生后前 4 周全靠母猫的乳汁生活，因此母猫在此时的能量需求远远大于妊娠期，同时幼猫生长也非常快，尽管从 4 周龄起幼猫开始吃固体食物，但母猫还在喂奶(尽管有一定程度减少)，而且母猫也在重建自身的储备；分娩时母猫只减轻体重的 40%，分娩后及在 8 周的泌乳期内，母猫逐渐减轻体重直到配种前的水平。

泌乳母猫的能量需要取决于幼猫的数量和年龄，这 2 个因素将影响母猫的产奶量。母猫乳汁的能量水平是每 100 g 含能量 444 kJ，比牛奶的每 100 g 含能量 272 kJ 要高。泌乳母猫的能量需要几乎是维持期的 3～4 倍，因此要提供适口性好、易消化和含能量高的食物。因母猫需少量多次进食，所以适合自由采食，母猫也能有效地控制自己的能量摄取；由于母猫在产生乳汁时会损失大量的水分，故应供给充足的新鲜饮水。对于泌乳的母猫来说，食物中的营养水平更应严格控制，为此，泌乳母猫应喂给专门设计的食物，如某些维生素、矿物质及蛋白质的水平要更严格地控制，也要增加食物的能量水平；如果喂的是平衡食物则无须再添加营养成分，否则会引起养分失衡。

(五)种公猫的营养需要

种公猫在非配种季节按一般成年种猫的维持饲养即可，但在公猫配种期间，为了保持有旺盛的性欲、高质量的精液，必须加强饲养管理，保证全面的营养供给，这对提高母猫的受胎率、产仔数和仔猫成活率等有极大的作用；特别应注意食物要体积较小，质量高，适口性好，易消化，富含丰富的蛋白质、维生素 A、维生素 D、维生素 E 和矿物质，如鲜瘦肉、肝、奶等。猫的配种时间一般安排在晚上 6～8 时，每次配后 1 h 喂食。同时，还应每天有适当的运动，以促进食欲和营养的消化、吸收，增强精子的活力。

单元二　宠物的饲养标准

【学习目标】

本单元属于专业拓展知识范畴。通过学习，了解宠物饲养标准的制定依据及重要性、饲养标准指标、饲养标准的发展史及应用注意事项。

【学习方法】

课堂讲授，课后在图书馆中或互联网上查阅有关资料。

【关键词】

宠物；饲养标准；营养需要；饲养标准指标；犬；猫；NRC；AAFCO

在实际应用中，饲养标准是设计饲料配方、制作配合饲料和饲料营养性添加剂及规定采食量等的依据，而营养需要又是制定饲养标准的依据。运用饲养科学原理和饲料科学理论与技术来测定宠物的营养需要，根据宠物的营养需要，从而制定相应的饲养标准，进行科学饲养，满足宠物生长、繁殖、泌乳等营养需要，最大限度地降低饲料成本。

饲养标准的种类大致可分为 2 类，一类是国家规定和颁布的饲养标准，称为国家标准；另一类是大型宠物食品公司根据各类宠物的特点，制定的符合该宠物品种营养需要的饲养标准，称为专用标准。饲养标准在使用时应根据具体情况灵活运用。

一、饲养标准的概念

根据动物的不同种类、性别、年龄、体重、生产方向和水平，以生产实践中积累的经验，结合能量与物质代谢试验和饲养试验的结果，科学地规定 1 头（只）宠物每天应该给予的能量和各种营养物质的数量标准，称为饲养标准。它是一个概括的，但又是系统的、动物合理营养需要量或供给量的表格式的规定。一个饲养标准应包括 2 个主要部分：一是动物的营养需要量或供给量；二是关于动物常用饲料的营养价值表。此外，在必要时，应附有动物典型日粮配方，以便在实际应用中参考。

二、饲养标准的指标

1. 采食量　采食量以干物质或风干物质采食量表示。干物质是指在 105 ℃条件下烘箱内烘干后剩余的物质。风干物质是指饲料自然风干或在 60～70 ℃烘箱内烘干失去部分水分后的物质。通常以 24 h 采食的饲料干物质表示动物的采食量。饲养标准中规定的采食量是根据动物营养原理和大量试验结果得出的，科学地规定了动物不同生长（或生理）阶段的采食量。动物采食饲料多少影响其生产性能和饲料转化效率，采食量少，生产水平下降，饲料中用于维持的有效能比例增大，饲料转化率降低；相反，采食量过高，动物体内沉积过多脂肪，不利于饲料转化率的提高。动物所需营养物质必须通过采食饲料而获得，动物年龄越小，生产性能越高。采食量占体重的百分比越高。因而，采食量也是确定动物适宜营养需要量时不可缺少的资料。

在考虑动物采食量的同时，还要注意日粮的养分浓度，如果日粮养分浓度过高，可能因主要养分的需要量已经满足，而造成采食量的不足。因此，在日粮配制时，应正确协调采食量和养分浓度之间的关系。

2. 能量　动物体内能量来源于饲料中的碳水化合物、脂肪、蛋白质。由于饲料存在消化利用率问题，因此就有消化能、代谢能、净能之说。

由于净能与动物产品直接相关，使用净能指标可以准确预测动物产品的产量。因此采用净能指标评定动物的能量需要量将成为营养学发展的趋势。

3. 蛋白质　一般用粗蛋白质（CP）或可消化粗蛋白质（DCP）表示动物对蛋白质的需要。

4. 氨基酸　饲养标准中列出了必需氨基酸的需要量，其表达方式有用每天每头（只）需要多少表示，有用单位营养物质浓度表示的。

对于单胃动物而言，蛋白质营养实际是氨基酸营养，用可利用氨基酸表示动物对蛋白质需要量也将是今后发展的方向。

5. 脂肪酸　一般在饲养标准中都列出亚油酸的需要量。

6. 维生素　非反刍动物饲养标准中列出了部分或全部脂溶性和水溶性维生素的需要。

一般脂溶性维生素需要量用国际单位 IU 表示，而水溶性维生素需要量用 mg/kg 或 μg/kg 表示。

7. 矿物质 饲养标准列出了常量矿物质元素和微量矿物质元素的给量。常量元素主要列出了钙、磷、锌、钠、氯需要量，用百分数表达；微量元素列出了铁、锌、铜、锰、碘、硒需要量。反刍动物还列出了钴的需要量，微量元素一般用 mg/kg 饲料表示。

三、饲养标准利用时的注意事项

饲养标准在动物的饲养实践中起着重要作用，但由于它是在不同国家和不同地区根据不同情况和条件制定的，在制订的过程中，尽管总结了生产实践中的经验并进行了一些试验，但这些试验材料和经验还是有限的，所以这种标准适合于不同国家、不同地区，也只能是相对的。因此，在参考应用统一标准时，应注意以下几个问题。

(1)饲养标准不是固定不变的，只是一个相对稳定的标准。它随动物品种的改良和提高、日粮全价性的进一步完善、动物对饲料的利用率不断提高而应不断修改，使之成为提高畜禽生产性能的一种手段。

(2)各国各地区制定的饲养标准，虽然有一定的代表性，但因为实验动物的选择和试验条件的限制，决定了标准的合理性也是相对的。同时，因自然条件的差异对饲料品质的影响，以及动物品种和生产方向的不同，所以饲养标准在应用时，应根据具体条件经常进行检验和修正。

(3)饲养标准中所规定的能量和各种营养物质的需要量只是一个概括的平均数。在生产实践中，应根据本地的具体条件灵活运用，切忌生搬硬套。

总之，对饲养标准的认识，应该具有一分为二的观点，既要看到它合理饲养的科学依据，又要看到其相对不完善的一面。

四、犬的饲养标准

1. 犬的营养物质需要量 美国 NRC(1985)建议的生长犬和成年犬的每天营养物质需要量见表 4-6。

表 4-6 生长犬和成年犬每千克体重每天营养物质需要量

营养成分	生长犬	成年犬
脂肪/g	2.7	1.0
亚油酸/mg	540	200
蛋白质组成		
精氨酸/mg	274	21
组氨酸/mg	98	22
异亮氨酸/mg	196	48
亮氨酸/mg	318	84
赖氨酸/mg	280	50
蛋氨酸+胱氨酸/mg	212	30
苯丙氨酸+酪氨酸/mg	390	86
苏氨酸/mg	254	44

续表4-6

营养成分	生长犬	成年犬
色氨酸/mg	82	13
缬氨酸/mg	210	60
非必需氨基酸/mg	3 414	1 266
矿物质		
钙/mg	320	119
磷/mg	240	89
钾/mg	240	89
钠/mg	30	11
氯/mg	46	17
镁/mg	22	8.2
铁/mg	1.74	0.65
铜/mg	0.16	0.06
锰/mg	0.28	0.10
锌/mg	1.94	0.72
碘/mg	0.032	0.012
硒/μg	6.0	2.2
维生素		
维生素 A/mg	202	75
维生素 D/mg	22	28
维生素 E/mg	1.2	0.5
维生素 K/μg		
维生素 B_1/μg	54	20
维生素 B_2/μg	100	50
泛酸/μg	400	200
烟酸/μg	450	225
吡哆醇/μg	60	22
叶酸/μg	8	4
生物素	—	—
维生素 B_{12}/μg	1.0	0.5
胆碱/mg	50	25

2. 生长犬日粮营养成分最低需要量　美国 NRC 建议的生长犬日粮营养成分最低需要量见表 4-7。

表 4-7　生长犬日粮营养成分最低需要量

营养成分	每千卡代谢能中含量	干物质中含量(代谢能 0.02 MJ/g)
必需氨基酸		
精氨酸	1.37 g	0.50%

续表4-7

营养成分	每千卡代谢能中含量	干物质中含量(代谢能 0.02 MJ/g)
组氨酸	0.49 g	0.18%
异亮氨酸	0.98 g	0.36%
亮氨酸	1.59 g	0.58%
赖氨酸	1.40 g	0.51%
蛋氨酸＋胱氨酸	1.06 g	0.39%
苯丙氨酸＋酪氨酸	1.95 g	0.72%
苏氨酸	1.27 g	0.47%
色氨酸	0.41 g	0.15%
缬氨酸	1.05 g	0.39%
非必需氨基酸	17.07 g	6.26%
脂肪	13.6 g	5.0%
亚油酸	2.7 g	1.0%
矿物质		
钙	1.6 g	0.59%
磷	1.2 g	0.44%
钾	1.2 g	0.44%
钠	0.15 g	0.06%
氯	0.23 g	0.09%
镁	0.11 g	0.04%
铁	8.7 mg	31.9 mg/kg
铜	0.8 mg	2.9 mg/kg
锰	1.4 mg	5.1 mg/kg
锌	9.7 mg	35.6 mg/kg
碘	0.16 mg	0.59 mg/kg
硒	0.03 mg	0.11 mg/kg
维生素		
维生素 A	1 011 IU	3 710 IU/kg
维生素 D	110 IU	404 IU/kg
维生素 E	6.1 IU	22 IU/kg
维生素 K		
维生素 B_1	0.27 mg	1.0 mg/kg
维生素 B_2	0.68 mg	2.5 mg/kg
泛酸	2.7 mg	9.9 mg/kg
烟酸	3 mg	11.0 mg/kg
吡哆醇	0.3 mg	1.1 mg/kg
叶酸	0.054 mg	0.2 mg/kg
生物素	—	—

续表4-7

营养成分	每千卡代谢能中含量	干物质中含量(代谢能 0.02 MJ/g)
维生素 B_{12}	7 μg	26 μg/kg
胆碱	340 mg	1.25 mg/kg

3. 不同生理阶段的犬的代谢能及蛋白质需要量　美国 NRC 建议的不同生理阶段的犬的代谢能及蛋白质需要量见表 4-8。

表 4-8　不同生理阶段的犬的代谢能及蛋白质需要量

生理阶段	蛋白质需要量(每千克代谢体重 $W^{0.67}$ 每天需要量/g)	代谢能需要量(每千克代谢体重 $W^{0.67}$ 每天需要量/MJ)
断奶初期(3 周龄)	8.1	1.67
断奶末期(6 周龄)	6.5	1.57
生长早期	6.0	1.48
生长中期	3.8	0.94
成年期(平均)	1.5	0.55～0.67
妊娠后期	5.7	0.94
哺乳期	12.4	2.34

4. 成年犬的维持能量需要量　美国 NRC 建议的成年犬的维持能量需要量见表 4-9。

表 4-9　成年犬的维持能量(代谢能)需要量　MJ/d

体重/kg	NRC(1974) ($132\times W^{0.75}$)	Thonney(1983) ($100\times W^{0.88}$)	Thonney(1983) ($144+62.2\times W^{0.88}$)
1	0.55	0.04	0.87
3	1.26	1.10	1.38
5	1.85	1.72	1.90
10	3.10	3.17	3.20
20	5.22	5.84	5.81
30	7.08	8.35	8.41
40	8.78	10.75	11.01
50	10.38	13.08	13.61
60	11.91	15.36	16.22

五、猫的饲养标准

1. 猫每千克体重每天代谢能采食量　美国 NRC 建议的生长猫、成年猫和哺乳猫每千克体重每天代谢能采食量分别见表 4-10 至表 4-12。

表 4-10 生长猫每千克体重每天代谢能采食量

周龄	体重/kg		代谢能/(MJ/kg)	预期增重/(g/d)	
	公	母		公	母
10	1.1	0.9	1.05	20	14
20	2.5	1.9	0.54	14	11
30	3.5	2.7	0.42	7	4
40	4.0	3.0	0.35	—	—

表 4-11 成年猫每千克体重每天代谢能采食量 MJ/kg

成年猫	代谢能
不活跃	0.29
活跃	0.35
妊娠	0.45

表 4-12 哺乳猫每千克体重每天代谢能采食量 MJ/kg

哺乳周数	哺乳仔数/只					
	1	2	3	4	5	6
1	0.25	0.32	0.38	0.45	0.52	0.52
2	0.28	0.35	0.42	0.49	0.56	0.56
3	0.30	0.39	0.49	0.58	0.67	0.67
4	0.33	0.44	0.56	0.68	0.79	0.79
5	0.35	0.49	0.63	0.77	0.91	1.05
6	0.38	0.57	0.76	0.95	1.15	1.34

2. 猫的营养需要量 美国 NRC 建议的猫的营养需要量见表 4-13。

表 4-13 猫的营养需要量

营养物质	需要量	营养物质	需要量
脂肪		钠/mg	500
亚油酸/g	5	氯/g	1.9
花生油酸/mg	200	铁/mg	80
粗蛋白质/g	240	铜/mg	5
精氨酸/g	10	碘/μg	350
组氨酸/g	3	锌/mg	50
异亮氨酸/g	5	锰/mg	5
亮氨酸/g	12	硒/μg	100
赖氨酸/g	8	维生素	
蛋氨酸+胱氨酸	7.5	视黄醇/IU	13 333
(总含硫氨基酸)/g		胆钙化醇/μg	12.5(500 IU)
蛋氨酸/g	4	α-生育酚/mg	30(30 IU)

续表4-13

营养物质	需要量	营养物质	需要量
苯丙氨酸＋酪氨酸/g	8.5	叶绿醌/μg	100
苯丙氨酸/g	4	硫胺素/mg	5
牛磺酸/mg	400	核黄素/mg	4
苏氨酸/g	7	吡哆醇/mg	4
色氨酸/g	1.5	烟酸/mg	40
缬氨酸/g	6	泛酸/mg	5
矿物质		叶酸/μg	800
钙/g	8	生物素/μg	70
磷/g	6	氰钴铵/μg	20
镁/mg	400	胆碱/g	2.4
钾/g	4	肌醇	—

复习思考题

1. 何为营养需要和营养标准？
2. 阐述测定宠物营养需要的方法及区别。
3. 简述妊娠犬和哺乳犬的营养需要特点。
4. 阐述公猫的营养需要特点。

本章思维导图

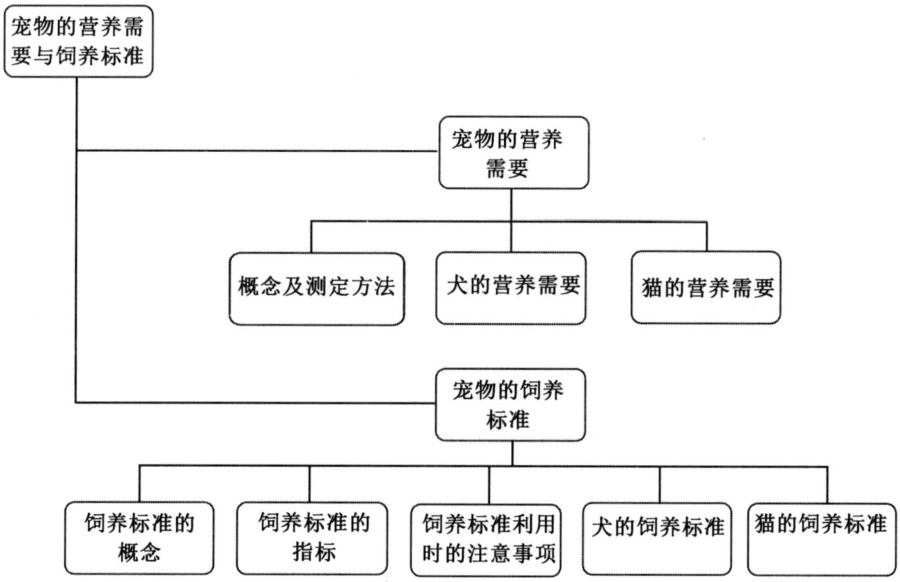

模块五

宠物营养代谢性疾病与防治

【本章要点】

本章重点阐述常见宠物营养代谢性疾病的病因、临床特征、诊断技术及防治措施。

【知识目标】

- 了解宠物营养代谢性疾病的发生原因。
- 掌握常见宠物营养代谢性疾病的症状、诊断要点和治疗措施。

【技能目标】

- 能够对一般宠物营养代谢性疾病进行判断，并进行有效的预防治疗。

单元一　宠物营养代谢性疾病的原因

【学习目标】

本单元属于专业拓展知识范畴。通过学习，了解宠物营养代谢病的病因，蛋白质、脂肪与碳水化合物代谢紊乱的临床特征、诊断技术及防治措施。

【学习方法】

理实一体，课后在图书馆中或互联网上查阅有关资料。

【关键词】

宠物；营养代谢病；蛋白质、脂肪与碳水化合物代谢紊乱

一、导致营养代谢性疾病的一般原因

（一）营养摄入不足

日粮长时间供应不足，或宠物食品营养配比不合理，如维生素、微量元素或蛋白质含量不足，都能引起营养代谢病的发生。在各种应激条件下，如发生疾病、接种疫苗、气温异常、湿度过大等，宠物食欲降低或废绝，采食量明显减少，若时间过长，营养摄入不足，也会发生营养代谢性疾病。

(二)消化吸收不良

宠物在发生消化道疾病时,不但营养消耗增加,而且消化、吸收、代谢都出现障碍。胃肠道、肝脏及胰腺等机能障碍,不仅可影响营养物质的消化吸收,而且还影响营养物质在体内的合成代谢。如果不能得到及时纠正,容易发生营养代谢性疾病。

(三)营养消耗增多

在某些特定情况下,宠物对某些营养物质的需要量增多,导致相应营养代谢病的发生。

1. 特殊生理时期　宠物在幼龄生长期、配种期、妊娠期和哺乳期等特殊生理阶段,对蛋白质、钙等的营养需要量明显增加,若不及时增加蛋白质和钙等养分的供给,就会导致相应的营养缺乏症。

2. 疾病　宠物在发生寄生虫病、慢性传染病、热性疾病时,营养消耗也会大量增加,从而引发营养代谢性疾病。

3. 抗营养物质　饲料中的抗营养物质有很多种类,蛋白质抑制剂、皂苷等能降低蛋白质的消化和代谢利用;植酸、草酸、硫代葡萄糖苷等能降低矿物元素的溶解和利用;脂氧合酶(抗维生素 A、维生素 E 及维生素 K)、硫胺素酶(抗硫胺素、烟酸、吡哆醇)等均能使某些维生素失活或增加其需要量。

(四)物质代谢失调

宠物体内营养物质间的关系是复杂的,除各营养物质的特殊作用外,还可通过转化、协同和拮抗等作用来维持营养物质间的平衡。

1. 转化　如糖能转化成脂肪及部分氨基酸,脂肪可转变为糖和部分非必需氨基酸,蛋白质能转变为糖及脂肪。

2. 协同　维生素 D 促进钙、磷、镁的吸收;脂肪是脂溶性维生素的载体;合成半胱氨酸和胱氨酸时,需有足量的甲硫氨酸;磷过少,则钙难以沉积;缺钴则维生素 B_{12} 不能合成;维生素 E 和硒的协同作用等。

3. 拮抗　如钾与钠对神经-肌肉的应激性,起着对钙的拮抗作用;充足的锌和铁,可以防止铜中毒;维生素 E 的补给,可以防止铁中毒;钙过剩,增加了对锌的需要量。

(五)器官机能衰退

宠物若机体年老和久病,其器官功能衰退,从而降低其对营养物质的吸收和利用能力,导致以养分缺乏为主的营养代谢性疾病。

(六)遗传因素

遗传因素导致的营养代谢性疾病在宠物犬是最常见的,例如Ⅱ型糖原贮积病发生在 Lapland 犬、Ⅲ型糖原贮积病发生在德国牧羊犬,这类病是由于在神经元溶酶体内贮积大量的异常酶底物,从而阻碍它们的功能。一般犬出生时是正常的,但在出生后几周开始或几个月内出现症状,并逐步发展。这通常是致命的,目前尚无特殊疗法。

二、蛋白质、脂肪与碳水化合物代谢紊乱

蛋白质、脂肪与碳水化合物是构成动物有机体结构、供给能量所必需的三大营养物质，也是动物生长、哺乳的材料来源。这3种营养素的不平衡，多引起动物体内的同化和异化过程紊乱，由此造成的病理状态为代谢障碍性疾病。

(一)碳水化合物代谢紊乱

在动物饲料中，糖是数量最多的营养物质，占饲料的80%左右，甚至更多。由于各种原因引起动物体摄入不足，体内的糖得不到补充时，可使动物体内的代谢发生一系列的改变，这些改变都是在激素的调节下产生的。

1. 肌肉组织释放氨基酸的速度加快 激素平衡的改变使骨骼肌的蛋白质分解加快，释放出氨基酸。释放出的氨基酸大部分转变为丙氨酸和谷氨酰胺，然后进入血液循环，成为糖异生作用的原料或者分解供能。

2. 糖异生作用增强 胰岛素对糖异生作用具有抑制作用，饥饿时胰岛素分泌减少，大大减弱了这一作用。同时，胰高血糖素可以促进以氨基酸为原料的糖异生作用，胰高血糖素分泌量的增加，大大加快了肝脏摄取丙氨酸并以丙酮酸异生为糖的速度。因此，在饥饿时，氨基酸(特别是丙氨酸)的糖异生作用明显增强，虽然肌肉组织释放出的丙氨酸增多，但血液中的丙氨酸浓度反而降低。同时，肌肉组织释放出的部分谷氨酰胺，随血液循环进入肠道时被肠黏膜细胞摄取，并转变为丙氨酸，再由门静脉进入肝脏，成为葡萄糖的另一重要来源。肝脏是饥饿初期糖异生作用的主要场所，约占体内糖异生总量的80%，小部分则在肾皮质中进行。

3. 脂肪动员加强和酮体生成增多 胰岛素促进脂肪组织的“酯化作用”，而抑制“酯解作用”。胰高血糖素则促进“酯解作用”。在饥饿时，二者分泌量的变化大大促进了脂肪组织中脂肪的分解，使血浆中甘油和脂肪酸浓度升高。甘油是糖异生的原料，可异生为糖。脂肪酸不但是动物体的能量来源(包括为糖异生作用提供能量)，而且能促进氨基酸、丙酮酸和乳酸的糖异生作用。

从脂肪组织中分解释放出的大量脂肪酸中，约有1/4可在肝脏中转变为酮体。因此，饥饿时血浆中的酮体浓度可高达吸收后状态的数百倍。此时，脂肪酸和酮体成为心肌、肾皮质和骨骼肌的重要能量来源。

4. 组织对葡萄糖的利用减少 心肌、骨骼肌、肾皮质等组织摄取和利用脂肪酸和酮体的量增加，可减少这些组织对葡萄糖的摄取和利用。

(二)脂肪代谢紊乱

脂肪代谢紊乱包括饲喂高脂肪食物或者食物中脂肪供给不足。前者多见于高产带来的生产性疾病，虽提供充足日粮，且富含高脂肪和高蛋白质，但是由于泌乳高产，造成糖和能量相对不足，使食物中的脂肪所转化成的乙酰CoA得不到足够的草酰乙酸，难以缩合成柠檬酸进入三羧酸循环，故而不能完全氧化给机体供能；此时，相对过剩的乙酰CoA在肝脏中可被转化为乙酰乙酸，进而生成β-羟丁酸和丙酮。这种异常生成的酮体可使动物发生酮血、酮尿、酮乳和低血糖症，酸性酮体消耗血液的碱贮，其超过血液代偿能力后，由血液酸中毒又继发组织酸中毒。肝脏中脂类含量增多，肝脂蛋白合成减少，不能通过脂蛋白将脂肪运走，在肝中积累、而形成“脂肪肝”。

(三)蛋白质代谢紊乱

1. 蛋白质的异常分解代谢　动物在食物缺乏、营养不良时，肌肉组织释放氨基酸的速度加快，释放出的氨基酸转变为丙氨酸和谷氨酰胺，然后进入血液循环，成为糖异生作用的原料或者分解供能。此外，由于种种原因肌肉乳酸过多，可引起肌肉变性、坏死和分解，从而发生肌红蛋白以正铁肌红蛋白的方式进入血液，又从肾脏排出而引起肌红蛋白尿症。

2. 核蛋白代谢紊乱　灵长类动物因肝中缺乏精氨酸酶(尿酸酶)，故食物中的核蛋白分解的最终产物是尿酸。当食物中核蛋白过多或自体组织细胞严重破坏，造成大量核蛋白分解，产生大量尿酸。此外，鸟类还可利用 NH_3 合成尿酸，于是血中尿酸含量急剧升高，超出正常尿酸水平的 5～10 倍或者更高，形成高尿酸血症，继而发生痛风症。

单元二　碳水化合物、脂肪及蛋白质代谢性疾病

【学习目标】

本单元属于专业拓展知识范畴。通过学习，了解宠物营养代谢病的病因，蛋白质、脂肪与碳水化合物代谢紊乱的临床特征、诊断技术及防治措施。

【学习方法】

理实一体，课后在图书馆中或互联网上查阅有关资料。

【关键词】

宠物；营养代谢病；蛋白质、脂肪与碳水化合物代谢紊乱

一、母犬和幼犬低血糖症

低血糖症是指由各种致病因素引起的血糖浓度过低而引发的症候群。本病犬比猫多见，好发于幼犬和围产期中的母犬。

1. 病因　母犬发生低血糖症的主要原因是产仔前后应激和多胎胎儿对营养的过大需求，或产后大量哺乳所致，多发于分娩前后 1 周左右。幼犬低血糖症是饥饿或因母犬产仔多，奶水少或质量差，仔犬受凉体温低于 34.4 ℃时，体内消化吸收功能停止或败血症等所致。多见于出生后 1 周内的新生仔犬，也可见于 3 月龄的小型玩赏犬。

2. 症状　母犬低血糖症的主要临床特征是出现类似于产后缺钙的神经症状，表现为肌肉痉挛，步态强拘，反射功能亢进，全身呈间歇性或强直性抽搐，体温升高达 41～42 ℃，呼吸和心搏加速。尿酮体检验阳性，严重者尿有酮臭味。这是因为低血糖时机体动员大量的体内脂肪代谢，使酮体生成增加的结果。分娩过程发生低血糖时容易见到阵缩无力。

幼犬低血糖症初期表现为精神不振，虚弱，不愿活动，步态不稳，嘶叫，心跳缓慢，呼吸窘迫；后期出现抽搐，很快陷入昏迷状态而死亡。母犬或幼犬低血糖症时，实验室检验血糖浓度为 1.68～2.24 mmol/L 或更低，母犬血液酮体浓度在 30 mg/dL 以上。

3. 防治　在预防上，平时要加强饲养管理，分娩前后注意营养供给，可以适量多饲喂些碳水化合物性食物，或产前 20 d 和哺乳期饲喂幼犬商品粮。母犬用 20%的葡萄糖溶液 1.5 mL/kg 体重，静脉注射，也可口服葡萄糖 250 mg/kg 体重，同时也可配合应用醋酸泼尼松 0.2 mg/kg 体重，

皮下注射或口服。以后每 3～4 h 静脉注射或口服葡萄糖，至临床症状消失为止。如果怀疑是产后缺钙抽搐症，也可在静脉注射葡萄糖的同时加入 10%葡萄糖酸钙 10～30 mL。

幼犬低血糖症，首先要注意保持体温正常，然后每千克体重静脉注射 10%葡萄糖 10 mL，同时让其多吃母乳或替代性奶制品。

二、肥胖症

肥胖症指体内脂肪组织增加、过剩的状态，是由于机体的总能量摄入超过消耗，过多部分以脂肪形式蓄积，是成年犬猫较常见的一种脂肪过多性营养疾患。多数肥胖由过食引起，这是饲养条件好的犬猫最常见的营养性疾病，其发病率远远高于各种营养缺乏症。一般认为体重超过正常值的 15%就是肥胖症。西方国家有 44%犬和 12%猫身体超重。

1. 病因 引起犬猫肥胖症的原因主要是能量的摄取超过消耗。引起肥胖症的因素比较多，常见因素有以下几种。

(1)品种、年龄和性别因素。年龄越大，越容易发生肥胖。雌性比雄性多发。比格犬、可卡猎鹬犬、腊肠犬、牧羊犬和拉布拉多短脚猎犬和短毛猫都是较易肥胖的品种。

(2)摄取过量。因食物适口性好，采用自由采食法，犬猫摄食过量，加上运动不足，或患有呼吸道、肾和心脏疾病等，容易肥胖。

(3)睾丸、卵巢摘除与内分泌疾病因素。公犬猫去势，母犬猫卵巢摘除以及糖尿病、垂体瘤、甲状腺机能减退、肾上腺皮质机能亢进、下丘脑损伤等内分泌疾病，易致肥胖。

(4)遗传因素。犬猫父代肥胖，其后代也易肥胖。

2. 症状 患肥胖症的犬猫体态丰满，皮下脂肪丰富，尤其是腹下和体两侧，用手摸不到肋骨，就是肥胖。肥胖犬猫食欲亢进或减少、不耐热、易疲劳、迟钝不灵活、不愿活动、走路摇摆。患肥胖症的动物易发生骨折、关节炎、椎间盘病、膝关节前十字韧带断裂等；易患心脏病、糖尿病和繁殖性障碍等，麻醉和手术时易发生问题，生命缩短。由内分泌紊乱引起的肥胖症，除上述肥胖的一般症状外，还有各种原发病的症状表现。如甲状腺机能减退和肾上腺皮质机能亢进引起的肥胖症有特征性的脱毛、掉皮屑和皮肤色素沉积等变化。患肥胖症的犬猫血液胆固醇和血脂升高。

3. 防治 肥胖症的防治应以预防为重点。防止发育期的动物肥胖是预防成年动物发生肥胖症的最有效方法。肥胖症可采取以下措施进行治疗。

(1)减食疗法。制订合理的食物饲喂计划。一是定时定量饲喂，少食多餐，1 d 食量可分成 3～4 次，停食期间不给任何食物；二是减少采食量，犬可喂平时食量的 60%，猫为 66%；三是饲喂高纤维、低能量、低脂肪食物或减肥处方食品，使其有饱感不饥饿。

(2)运动疗法。每天有规律地进行 20～30 min 的小到中等程度的运动。

(3)药物减肥。可用缩胆囊素等食欲抑制剂、催吐剂、淀粉酶阻断剂等消化吸收抑制剂，使用甲状腺素、生长激素等提高代谢率。

(4)对内分泌紊乱引起的肥胖症，应治疗原发病。

三、高脂血症

高脂血症指血液中脂类含量升高的一种代谢性疾病，临床上常以肝脂肪浸润、血脂升高及血液外观异常为特征，常发于犬。

犬猫血液中的脂类主要有 4 类：游离脂肪酸、磷脂、胆固醇和甘油三酯。血脂类和蛋白质结合形成脂蛋白。由于密度不同，脂蛋白也分为 4 类：乳糜微粒(CM，富含外源性甘油三酯)、极低密度脂蛋白（VLDL，富含内源性甘油三酯）、低密度脂蛋白（LDL，富含胆固醇和甘油三酯）和高密度脂蛋白（HDL，富含胆固醇及其酯）。血中脂类，特别是胆固醇或甘油三酯及脂蛋白浓度升高，即高脂血症。

1. 病因　一般分原发性和继发性 2 种。原发性见于自发性高脂蛋白血症、自发性高乳糜微粒血症、自发性脂蛋白酯酶缺乏症和自发性高胆固醇血症。继发性多由内分泌和代谢性疾病引起，常见于糖尿病、甲状腺机能低下、肾上腺皮质机能亢进、胰腺炎、胆汁阻塞、肝机能降低、肾病综合征等。另外，饲喂糖皮质激素和醋酸甲地孕酮，或运动不足导致的肥胖也能诱导高脂血症。犬猫采食后可产生一过性高脂血症。

2. 症状　患高脂血症的犬猫营养不良，精神沉郁，食欲废绝，虚弱无力，偶见恶心、呕吐、心跳加快、呼吸困难、虚弱无力、站立不稳和瘦弱；血液如奶茶状，血清呈牛奶样。继发性高脂血症的临床症状主要是原发病的表现。实验室检验，犬猫饥饿 12 h，肉眼可见血清呈乳白色，即为血脂异常。血清甘油三酯大于 2.2 mmol/L，一般会出现肉眼可见变化。高脂血症是血液中甘油三酯浓度升高，同时乳糜微粒或极低密度脂蛋白及胆固醇也增多。饥饿状态下成年犬血清胆固醇和甘油三酯分别超过 7.8 mmol/L 和 1.65 mmol/L，成年猫分别超过 5.2 mmol/L 和 1.1 mmol/L，即可诊断为高脂血症。高脂血症血清在冰箱放置过夜，如果是乳糜颗粒，在血清顶部形成一层奶油样层；如果是极低密度脂蛋白，血清仍呈乳白色。单纯高胆固醇血症，血清无肉眼可见异常变化，但仍是高脂血症。高甘油三酯血症时，除甘油三酯浓度升高外，血清胆红素、总蛋白、白蛋白、钙、磷和血液浓度出现假性升高，血清钠、钾、淀粉酶浓度出现假性降低，同时还可能发生溶血，影响多项生化指标的检验。

自发性高脂蛋白血症多发生在中老年小型犬，病因不清，可能与家族遗传有关。临床表现腹部疼痛、腹泻和骚动不安。血清呈乳白色，血脂检查为高甘油三酯血症、轻度高胆固醇血症，血清乳糜颗粒、极低密度脂蛋白和低密度脂蛋白浓度也升高。

自发性高乳糜微粒血症发生于犬和猫，病因不明，可能与脂蛋白酶活性低，不能分解甘油三酯，也不能清除血清中的乳糜微粒有关，猫可能还与常染色体隐性有关。患猫腹部触诊可摸到内脏器官上有脂肪瘤。血清呈乳白色，血脂变化特点为高甘油三酯血症，血清极低密度脂蛋白轻度增多。犬患此病无临床症状，但化验结果与猫基本相同。

自发性高胆固醇血症多发生于德国杜宾犬和挪威拉犬，病因不详，临床症状不明显。血脂检查为高胆固醇血症，血清低密度脂蛋白浓度也升高。

3. 治疗　继发性高胆固醇血症应首先治疗原发病，同时适当配合饲喂低脂肪高纤维性食物。原发性自发性高脂血症主要饲喂低脂肪和高纤维性食物或减肥处方食品。经 1～2 个月食物疗法不见效时，可试用降血脂药物。常用降血脂药有烟酸，犬猫每千克体重 0.2～0.6 mg，口服，3 次/d。口服新型降血脂药苷糖脂片，1 片/d，服用 1 周。口服降胆灵，0.5～4 g/次，3 或 4 次/d。中药血脂康对治疗混合性高脂血症较好。犬口服或静脉注射巯酰甘氨酸 100～200 mg/d，连用 2 周。降血脂药物副作用较多，应用时应注意。

四、仔犬痛风症

痛风症是由于体内嘌呤代谢障碍所产生的一种疾病。大量的尿酸在血液中蓄积，导致关节囊、关节软骨、内脏和其他间质组织尿酸盐沉积，临床上以关节肿胀、变形，肾功能不全和尿石症为特征。多发于 1～3 月龄幼犬。

1. 病因　该症主要是因为饲喂了大量的动物内脏、肉屑、鱼粉、大豆粉等富含核酸蛋白质的食物、日粮中维生素A缺乏、内服大量磺胺类药物损害肾脏及某些传染病、寄生虫病、中毒病等均可继发本病。

2. 症状 该症多取慢性经过，主要症状为精神沉郁，食欲减退，消瘦，被毛蓬乱，行动迟缓，周期性体温升高，心搏加快，气喘，血液中尿酸盐升高。

(1)关节型痛风。表现为运动障碍、跛行，不能站立。关节肿大，病初肿胀软而痛，以后逐渐形成疼痛不明显的硬结性肿胀。结节小如蓖麻籽，大似鸡蛋，分布于关节周围。病久者，结节软化破溃，流出白色干酪样物，局部形成溃疡。

(2)内脏型痛风。表现为营养障碍，下痢，消瘦，增重缓慢。

3. 治疗 依据饲喂动物性食物过多、关节肿大，关节腔或胸腹腔内有尿酸盐沉积，可做出诊断。关节内容物检验，呈紫尿酸铵阳性反应，显微镜检查可见细针状或放射状尿酸钠晶粒。或将粪便烤干，研成粉末，置于瓷皿中，加10%硝酸溶液2～3滴，待蒸发干涸，呈橙红色，滴加氨水后，生成紫尿酸铵而呈紫红色。

尚无有效治疗方法。关节型痛风，可手术摘除痛风石。

(1)急性期。炎痛喜康20 mg，12 h口服1次，3～4 d症状可缓解；缓解后改为每天20 mg，症状消失后停药；或保泰松首次剂量200 mg，以后100 mg/次，6 h口服1次，直至症状缓解。上述药物无效者，可用泼尼松，每千克体重2 mg，口服。

(2)慢性期。用排尿酸药，丙磺舒0.5 g，口服，每天2次；或苯溴酮，第1天25～100 mg，以后维持量50 mg，隔日1次。抑制尿酸合成药，别嘌呤醇100 mg，口服，每天2～4次，维持量100 mg/d。平时饲喂富含维生素A和低蛋白质食物。

五、不耐乳糖症

不耐乳糖症是消化吸收不良综合征之一，是指未消化的乳糖存在于大肠中而导致的胃肠道症状。本病随年龄的增长而增多，成年犬猫多发。

1. 病因 由于犬肠黏膜的乳糖分解酶先天或后天性缺乏，食物中的乳糖不能被消化分解而进入下段肠道，形成高渗状态或异常发酵，导致腹泻。

仔犬断乳后，乳糖酶活性迅速降低，不耐乳糖症的发生明显增加，特别是平时不常喝牛奶的犬猫，食入牛奶每千克体重超过20 mL时，即可出现明显的症状。

2. 症状 动物食入牛奶后迅速出现腹泻、肠鸣及腹痛等。

3. 治疗 根据病史和临床症状，可做出诊断。停止饲喂含有乳糖和乳制品的食物。先天性不耐乳糖症仔犬猫，必须用不含乳糖的特制奶粉进行人工哺乳。

六、蛋白质缺乏症

蛋白质缺乏症是指由于食物中蛋白质含量过低或消化吸收功能障碍而引起的疾病。

1. 病因 对蛋白质的需要，按干物质计算，犬一般要达到21%～23%，猫为28%，泌乳母犬猫的需要量更高。临床上常见的是一种或多种特定的氨基酸缺乏所致的蛋白质缺乏症。

2. 症状 最明显的特征是生长缓慢，食欲减退，被毛粗乱，精神迟钝，可视黏膜苍白，消瘦，体质虚弱，免疫功能低下，乳汁减少。严重者出现腹水、水肿。

猫精氨酸缺乏后失去对含氮化合物的代谢能力，形成高氮血症，表现为呕吐，肌肉痉挛，感觉过敏，共济失调和抽搐，重者可在几小时内死亡；含硫氨基酸缺乏，导致牛磺酸缺乏，引起视网膜局灶性糜烂，重者影响视力甚至失明。

3. 治疗　主要通过病史调查、临床症状和实验室检查做出诊断。提高食物中蛋白质含量，在宠物犬猫日粮中添加蛋类、牛奶和动物肝脏等食品；对一般肉犬和工作犬，日粮配方中植物性蛋白质成分应占 12%～15%，动物性蛋白质成分应占 6%～8%；猫食物中牛磺酸应占干物质的 0.1%，以保证蛋白质需要。

病情严重者，用 10%葡萄糖溶液 250 mL，氨基酸注射液 100～250 mL，维生素 C 0.25～0.5 g，缓慢静脉注射。由消化吸收功能障碍引起的蛋白质缺乏，还应治疗原发病。

七、幼犬营养不良

幼犬营养不良是指犬在出生到断奶期间因营养不足或机体消耗增加而导致的以发育不良、体格矮小、体重较轻、精神委顿、被毛粗乱等为特征的疾病。

1. 病因　幼犬在出生后 24 h 未能及时吃上初乳或食入初乳过少。见于窝出生仔犬过多、被母犬遗弃、母犬死亡，或由于母犬患乳腺炎、子宫炎或乳房发育不良等导致的泌乳减少而停止；也可见于母犬营养不良、过早断奶，或断奶后未能补充足量的代乳食物等饲养管理不当因素。

幼犬患有慢性消耗性疾病，见于结核病、绦虫病及胃肠道疾病等，使机体进食量不足，且体内消耗增加，从而产生营养不良。

幼犬长期营养不足，靠消耗体内脂肪和肌肉组织来维持机体正常机能，以致机体逐渐消瘦。

2. 症状　幼犬表现高音调且持续的吠叫，早期体重不增，以后体重逐渐减轻，皮下脂肪逐渐消失，管骨变短，头大而矮小。体温比正常略低，呼吸浅表，心音微弱，心律不齐，腹泻。严重者出现脱水、酸中毒、电解质平衡失调等。

营养不良的幼犬往往伴发维生素 A、B 族维生素及维生素 C 缺乏症，且易并发消化道和呼吸道疾病。

3. 防治　根据近期吃奶过少或体重减轻病史和特征性临床症状，可做出诊断。

首先，提供温暖良好的饲养环境，调整日粮配方及饲喂方式，饲喂多价营养料，以满足幼犬的营养需要。同时，要规范幼犬饲喂、睡眠、玩耍和娱乐的时间。对母乳不足的幼犬，要添加乳品或寄养。合理补充蛋白质、维生素、能量物质和补充体液，提高幼犬的消化能力、吸收能力和机体抵抗力，防止继发病发生。

对症治疗：补充体液，用 5%葡萄糖溶液静脉注射，或饲喂口服补液盐等。必要时，给予三磷酸腺苷等能量合剂或输入母犬的血液。增加肝类食品，口服或肌内注射维生素 A、B 族维生素等，以防止维生素缺乏。口服酵母片、乳酶生，以增进食欲、促进消化吸收等。

单元三　维生素代谢性疾病

【学习目标】

本单元属于专业拓展知识范畴。通过学习，了解宠物维生素营养代谢病的病因、临床特征及防治措施。

【学习方法】

理实一体，课后在图书馆中或互联网上查阅有关资料。

【关键词】

宠物；维生素；营养代谢病

维生素是犬猫机体所必需的一类有机化合物。它们都是以本体形式或可被利用的前体形式，存在于天然食物中。犬猫对维生素的需要量很少，仅占其食物的二十万分之一到二亿分之一，但其生理功能却很大，缺乏或不足就会引起犬猫发病，甚至死亡。动物机体维生素缺乏或不足是一种渐进过程，长期轻度维生素缺乏，并不一定出现临床症状，但可使患病动物呈现活动能力下降，对疾病的抵抗力降低等。因此，犬猫食物中供给合理的维生素量，不仅可预防缺乏症的发生，而且也能不断增进健康水平。

一、维生素 A 缺乏症

1. 病因 植物中不含有维生素 A，只含有其前体——类胡萝卜素，其中最主要的是 β-胡萝卜素，1 分子 β-胡萝卜素在动物机体内可形成 2 分子维生素 A。但与其他哺乳动物不同的是，猫本身不能将植物中的 β-胡萝卜素在机体中转化成维生素 A，只能从动物性食物中获得维生素 A。含维生素 A 多的食物有动物肝脏、鱼肝油、蛋黄和鲜牛乳等。长期饲喂猫缺乏维生素 A 的食物，可发生维生素 A 缺乏症。犬大肠黏膜上的某些酶，能将 β-胡萝卜素转化成维生素 A，因此犬维生素 A 缺乏症较少发生。但如果长期饲喂营养不全的单一饲料，或长期患慢性胃肠炎，影响维生素 A 吸收的犬，容易得维生素 A 缺乏症。

妊娠和泌乳期的犬猫对维生素 A 的需要量增大，此时如果不增加供给量，不但使犬猫易患维生素 A 缺乏症，而且还影响胎儿和幼龄犬猫的生长发育和抗病能力。食物中脂肪能促进消化道对维生素 A 的消化吸收，而食物中蛋白质又有助于维生素 A 在血浆中的运输，当食物中脂肪和蛋白质缺乏时，也可导致维生素 A 缺乏症的发生。

2. 症状 成年犬猫维生素 A 缺乏症表现为厌食、消瘦和被毛稀疏，进一步发展出现毛囊角化，皮屑增多，夜盲和眼干燥症，角膜变厚，混浊，结膜发炎，畏光流泪，有红色分泌物。由于鳞状上皮细胞变化，角膜表面干燥，出现血管，继发细菌感染后，角膜发生溃疡，形成穿孔。检眼镜检查：视神经乳头肿胀，视网膜上血管管径变小。

公犬猫维生素 A 缺乏症：睾丸萎缩，精液中精子少或缺乏。母犬猫维生素 A 缺乏症：重症不发情，轻者虽然发情、妊娠，但易发流产或死胎，即使产下虚弱活仔，也易患呼吸道疾病，成活率也低。犬猫产后还常见胎衣停滞。

产后不死的幼龄犬猫，常常由于骨骼畸形，颅骨和椎骨变厚；枕骨大孔变窄，压迫小脑和脊髓。临床上呈现共济失调，震颤和痉挛，最后瘫痪。同窝幼仔都发病，只是轻重不同。断奶后犬猫的维生素 A 缺乏症通常多死于继发性呼吸道疾病。

3. 防治 参考成年和正在生长发育的幼龄犬猫维生素 A 需要量，增加妊娠和泌乳期的犬猫供给量，促进对维生素 A 的消化吸收。食物中添加适量的脂肪。猫 1 次肌内注射维生素 A 210 000 IU，可维持 4～6 个月维生素 A 的需要；如饲喂含有维生素 A 的动物肝脏，每周饲喂 1 次或 2 次，就可满足对维生素 A 的需要量。犬猫维生素 A 缺乏症的治疗为每天维生素 A 剂量为 400 IU/kg 体重，连续口服 10 d 为 1 个疗程。

二、维生素 D 缺乏症

1. 病因 由于动物机体中能产生维生素 D_3，一般成年犬猫只要保证有足够的紫外线照射，在通常饲喂食物条件下是不会发生维生素 D 缺乏症的。但长期采食缺乏维生素 D 的食物的犬猫体内合成维生素 D 不足或发生慢性消化不良、寄生虫感染引起吸收障碍时，可能会发生维生素 D 缺乏症。

2. 症状　维生素 D_3 对骨骼形成极为重要，它不仅能促进钙和磷在肠道中的吸收，还可作用于骨骼组织，使钙磷最终成为骨质的基本结构。如正在生长发育时期的幼犬，维生素 D 缺乏时可发生佝偻病。幼猫不像幼犬那样易患缺乏维生素 D 性佝偻病。猫患佝偻病，主要原因是食物中钙含量或钙与磷比例不当，或较长期不晒太阳所致，而与食物中维生素 D 缺乏关系不大。

犬猫出现异嗜症状，关节疼痛，步态强拘、跛行，呈现膝弯曲姿势、O 形腿、X 形腿，骨变形，关节肿胀。幼龄动物的肋骨与肋软骨结合部肿胀，呈串珠状，胸骨下沉，脊柱骨弯曲。成年动物上颌骨肿胀，口腔狭窄，咀嚼障碍，已发生龋齿和骨折。

3. 防治　首先要保证犬猫充足的日光浴，加强运动。在食物中注意补充钙制剂。药物治疗时使用维生素 D 制剂：皮下或肌内注射 0.25 万～0.5 万 IU 维生素 D_2 钙注射液，或肌内注射 0.15 万～0.3 万 IU 维生素 D_3，也可口服鱼肝油。

三、维生素 E 缺乏症

现在已知 4 种生育酚和 4 种生育三烯酚具有维生素 E 的生物活性，其中以 α-生育酚的生理活性最高，故通常以 α-生育酚作为维生素 E 的代表。α-生育酚是黄色油状液体，属于脂溶剂，对热和酸稳定，对碱不稳定，可缓慢地被氧化破坏。因此，在酸败的油脂中往往遭到破坏。α-生育酚广泛地分布于所有绿色植物组织中，尤其是棉籽油、花生油和芝麻油中含量最多。在肉、奶油、奶、蛋及鱼肝油中也都含有此种维生素。

1. 病因　维生素 E 是一种抗氧化剂，保护食物和动物机体中脂肪，保护并维持骨骼肌、心肌、平滑肌以及外周血管系统结构完整性和生理功能。另外，还与提高免疫功能、生殖和神经有关。维生素 E 的生理功能与微量元素硒有密切关系，它的需要量与动物食物中不饱和脂肪酸含量呈正相关，食物中不饱和脂肪酸含量增多，如饲喂含不饱和脂肪酸多的金枪鱼，维生素 E 的需要量也多。酸败的脂肪可破坏维生素 E，故犬猫应避免食用这类变质性食物。

2. 症状　犬缺乏维生素 E 时可引起骨骼肌萎缩，公犬睾丸生殖上皮细胞变性，母犬难以妊娠。猫缺乏维生素 E 时，尤其是当食物中含有大量不饱和脂肪酸时，将引起体内脂肪变性，变质变硬，称为脂肪织炎或黄脂病。

患黄脂病的猫，多见于母猫，平均年龄 2.5 岁，一般表现食欲不振，无精神，发热，嗜睡。严重时因皮下脂肪发炎，手抓甚至抚摸皮肤时有明显的疼痛反应；触诊可感知皮下结节状的脂肪或纤维素性沉淀物，尤其在腹股沟区多见，在 X 线片中皮下组织可见斑点状；通常发生中性粒细胞明显增多的核左移；有时发生低蛋白质性腹水。

3. 防治　注意营养平衡，避免猫过量食用含不饱和脂肪酸过多的鱼类。每天坚持口服维生素 E 30 mg/kg 体重，至临床症状消失。初期作为支持疗法也可给予皮质激素。

四、维生素 K 缺乏症

1. 病因　犬猫维生素 K 缺乏症见于抗凝血药物香豆素，此药与维生素 K 有拮抗作用。磺胺类药物也具有抗凝作用，因此使用磺胺类药物时，可大大增加维生素 K 的需要量。抗生素会抑制动物肠道中微生物群合成维生素 K 的能力，使其需要量也增加。另外，犬猫患球虫病和其他寄生虫病时，也会增加维生素 K 的需要量。健康犬猫像其他哺乳动物一样，在其小肠中微生物群合成的维生素 K 量可满足机体的需要，因此很少发生缺乏症。

2. 症状　食欲减退，体弱，贫血，皮下、肌肉和鼻出血，粪尿带血，伤口或溃疡面难以愈合。

严重者，出现重度贫血，眼结膜苍白，皮肤干燥。血红蛋白含量和红细胞总数减少。

3. 治疗 注意补充富含维生素 K 的绿色食物。缺乏时可用维生素 K_1 肌内注射 10～20 mg，或维生素 K_3 注射液 10～30 mg，12 h 1 次。

五、维生素 B_1 缺乏症

1. 病因 宠物维生素 B_1 摄入不足会导致缺乏症。犬猫饲喂生鱼和软体动物，可发生维生素 B_1 缺乏症，这与某些鱼类和软体动物的内脏中含有硫胺素酶，可分解硫胺素有关。另外，妊娠后期、泌乳期间和生病高热时，由于维生素 B_1 需要量增多，也易发本病。

2. 症状 临床上出现食欲不振，呕吐，脱水，体重减轻；严重时伴有多发性神经炎，心脏机能障碍，以及由于脑白质及脊髓出血而发生惊厥，共济失调，麻痹和虚脱，最后心力衰竭死亡。

3. 治疗 早期，宜口服维生素 B_1 制剂，犬 10～100 mg/d，猫 5～30 mg/d，疗效明显。严重病例，由于大脑受损，疗效较差。

六、维生素 B_2 缺乏症

1. 病因 犬猫小肠内微生物群能合成部分动物机体需要的维生素 B_2，饲喂高碳水化合物低脂肪性食物更有利于其合成维生素 B_2，食物中含量不足或吸收障碍可导致缺乏症的发生。

2. 症状 动物维生素 B_2 缺乏时，表现厌食，消瘦，脱毛，结膜炎以及角膜混浊，甚至发生白内障。后腿肌肉萎缩，睾丸发育不全等，重症病例也可死亡。有的表现为口炎、阴囊炎。

3. 防治 口服维生素 B_2，犬 10～20 mg/d，猫 5～10 mg/d，或者皮下注射复合维生素 B。

七、泛酸缺乏症

1. 病因 泛酸广泛地存在于自然界和多数动植物组织中，肠道内细菌也能合成泛酸，所以犬猫一般不易发生泛酸缺乏症。

2. 症状 犬猫缺乏泛酸时，临床上表现为生长发育迟缓，胃肠机能紊乱，胃炎、肠炎，甚至溃疡；发生低血糖症、低氯血症，血浆尿素氮浓度升高，昏睡甚至死亡，死后剖解可见脂肪肝；在犬还发现脱毛现象。

3. 防治 饲喂全价日粮，投予复合维生素。给予干酵母、乳酶生、胰酶、胃蛋白酶等助消化药。犬猫严重缺乏时，可口服泛酸 0.055 mg/kg 体重。

八、烟酸缺乏症

1. 病因 长期饲喂缺乏烟酰胺的饲料，妊娠、高热、发育、感染等使机体对其需要量增加可导致缺乏症的发生。在犬和其他哺乳动物体内，能将色氨酸转化为烟酸，猫却无这种能力。因此，在猫食中即使含有色氨酸，也可发生烟酸缺乏症。

2. 症状 犬猫烟酸缺乏时，无食欲，常发生口腔黏膜炎和溃疡，往往从中流出大量黏稠带血的唾液，呼出气恶臭。犬烟酸缺乏时可综合表现为黑舌病。有的病例发生糙皮病的皮肤病变，表现对称性皮肤炎，界限明了，在容易受到刺激的颈部、肘部及会阴部多发。严重的缺乏症，发生水样腹泻、红斑性皮肤炎及脂溢性皮肤炎，甚至会引起死亡。

3. 防治 犬口服烟酰胺 50～100 mg，每天 2 次或 3 次；或 10～15 mg，每天 2 次或 3 次皮下注射或肌内注射。猫每天 2～5 mg 口服或注射。多给动物性蛋白质饲料，必要时使用抗生素控制感染。

患病动物应用大剂量烟酸治疗,可引起中毒。但烟酰胺毒性较低,可大剂量用于治疗。中毒时表现为血管扩张、瘙痒症、皮肤热感发红。

九、维生素 B_6 缺乏症

1. 病因 通常情况下不会发生维生素 B_6 缺乏,但每天摄取的维生素 B_6 在成年犬每千克体重不足 22 μg,幼犬不足 44 μg 的情况下,以及慢性腹泻造成呼吸不良、妊娠时需要量增加,或使用具有拮抗维生素 B_6 作用的药物,如异烟酸、异烟肼等,都会发生维生素 B_6 缺乏症。此外,由于维生素 B_6 参与蛋白质代谢,凡动物饲喂高蛋白质食物,其对维生素 B_6 的需要量增多,因而也易发生维生素 B_6 缺乏症。

2. 症状 幼犬猫发育不良,成年犬猫体重减轻。由于正铁血红素合成障碍,发生小红细胞低色素性贫血。临床上表现有神经症状,过敏反应,胃肠障碍,痉挛,口内炎,舌炎,口角炎等症状。眼睑、口唇周围眼根和颜面等部位易发生瘙痒性红斑性皮炎及脂溢性皮炎。幼犬缺乏导致发育不良。成年犬缺乏时,食欲减退,体重减轻。猫由于草酸钙结晶在肾小管内沉积,可发生不可逆性肾损伤。血清铁含量升高,达 300～400 μg/dL。尿中出现黄尿酸。肝、脾及骨髓可见含铁血黄素沉积。

3. 防治 食物中添加肉类、肝脏和酵母粉等。严重犬猫,肌内注射维生素 B_6 注射液 10～30 mg,然后用片剂每千克体重 1～5 mg,每天 2 次或 3 次,连用 10 d。

十、生物素缺乏症

1. 病因 当应用大量抗生素、磺胺类药物或抗球虫药后,抑制了肠道中微生物生成生物素或增饲犬猫大量生鸡蛋蛋白时,由于其中含有抗生物素蛋白,能与食物或肠道中生物素牢固结合,使其丧失活性,这时动物有可能发生生物素缺乏症。

2. 症状 缺乏的早期阶段,出现鳞状性皮肤炎;生长发育受阻,身上有臭味,后躯麻痹。猫长期饲喂生鸡蛋后,可出现食欲不振,眼睛和鼻子有干性分泌物和唾液增多;衰弱,腹泻,进行性痉挛,后躯麻痹,后期出现明显消瘦和血便。

3. 防治 抗生物素蛋白对热较敏感,用煮熟鸡蛋饲喂犬猫,就可避免生物素缺乏症。治疗每天 7～30 mg,口服或肌内注射。

十一、叶酸缺乏症

1. 病因 犬猫肠道中微生物群能合成足够的叶酸供其需要,因此,通常不易发生叶酸缺乏症。当犬猫大量出血或长期吸收不良,或服用大量抗生素和磺胺类药物,抑制了肠道中微生物群合成叶酸时,才会发生叶酸缺乏症。叶酸能通过胎盘传给胎儿,因此,妊娠后期犬猫只要不缺乏叶酸,所生幼龄犬猫也不会发生叶酸缺乏症。

2. 症状 动物叶酸缺乏时,临床上除出现厌食和体重减轻外,还发生大红细胞性贫血,白细胞总数减少,血凝时间延长、骨髓形成不全、舌炎等。

3. 防治 注意日粮结构调整,增加酵母、青绿蔬菜、豆类等富含叶酸的成分。在应用鱼粉或油浸豆饼,服用磺胺等抗菌药物时,适当增加叶酸的供给量。犬猫严重缺乏叶酸时,可口服叶酸盐,犬每天每只 5 mg,猫 2.5 mg。同时,给予维生素 C 和维生素 B_{12} 制剂,以减少叶酸消耗。

十二、维生素 B_{12} 缺乏症

1. 病因 犬猫对维生素 B_{12} 需要量都较少，一般不会发生维生素 B_{12} 缺乏。在有钴存在的条件下，其肠道中微生物群可合成维生素 B_{12} 以满足需要。犬猫食物中含蛋白质多时，维生素 B_{12} 可通过与内因子糖蛋白结合而被吸收，再运送到所需要的组织中去。

2. 症状 维生素 B_{12} 缺乏对机体内的所有细胞产生影响，尤其对细胞分裂快的组织影响最为严重，如影响骨髓的造血组织，使之产生巨成红细胞，从而引起恶性贫血。神经组织也可受到影响而引起神经纤维变性，出现食欲不振、异食癖和渐进性消瘦，甚至恶病质。

3. 防治 维生素 B_{12} 常和其他 B 族维生素同时缺乏，防治时最好应用多种 B 族维生素。维生素 B_{12} 用量为每天 10 μg。

单元四　矿物质代谢性疾病

【学习目标】

本单元属于专业拓展知识范畴。通过学习，了解宠物矿物质营养代谢病的病因、临床特征及防治措施。

【学习方法】

理实一体，课后在图书馆中或互联网上查阅有关资料。

【关键词】

宠物；矿物质；营养代谢病

犬猫机体中的各种元素，除碳、氢、氧和氮以碳水化合物、脂肪和蛋白质等有机形式存在外，其他各种元素统称为矿物质。矿物质是构成动物机体组织和维持正常生理功能所必需的重要元素。犬猫的矿物质代谢，由于无机盐在食物中分布较广，通常都能满足其机体的生理需要。但在特殊地理环境中或其他特殊条件下，也有可能发生矿物质代谢性疾病。

一、钙和磷代谢病（骨软症、佝偻病）

食物中钙磷不足或比例失调，或阳光照射不足及维生素 D 缺乏，引起的幼犬骨组织钙化不全，骨质疏松、变形的疾病称为佝偻病。如果发生在成年犬，称为骨软病。

1. 病因 主要原因是食物中钙磷不足或钙磷比例失调。食物中理想的钙磷比例，犬为(1.2～1.4)∶1，猫为(0.9～1)∶1，并占日粮总成分的 0.3%。尤其要注意磷含量过多，如大量饲喂动物肝脏，引起的钙磷失调。生、熟肉中都含钙较少，且钙磷比为 1∶20，所以用去骨骼的鱼或肉喂犬猫时容易发生钙缺乏。

维生素 D 摄取不足或长期阳光照射不足，也影响钙的吸收。生长发育期的幼龄犬猫，妊娠和哺乳犬猫对钙需要量大，如不注意钙的供给，也可发生钙缺乏。此外，小肠内 H^+ 浓度升高，由于酸性物质和钙生成不溶性的钙盐而导致钙不能吸收。饲料中金属离子（铁、镁、锶、锰等）过剩，与磷酸根形成不溶性的磷酸盐复合物，影响钙磷的吸收。慢性消化障碍及寄生虫病、食物中蛋白质不足或锰含量过高、慢性维生素 A 中毒、慢性肾机能不全等，也能直接或间接影响钙磷代谢，导致该病的发生。

2. 症状　本病在1～3月龄的幼犬容易发生。本病初期表现不明显，只表现不喜活动，逐渐发展表现为关节肿胀，前肢腕关节变性疼痛；四肢变性，呈外弧或内弧姿势。病犬喜卧、异嗜。病犬站立时，四肢不断交换负重，行走跛行；头骨、鼻骨肿胀，硬腭突出，牙齿发育不良，容易发生龋齿和脱落；肋骨扁平，胸廓狭窄；肋骨和肋软骨结合部呈念珠状肿胀，两侧肋弓外翘；异嗜及胃肠卡他，排绿便；有时不能站立，体温、脉搏、呼吸一般无变化。犬缺乏时，还常伴有甲状腺功能亢进。产后母犬缺钙，常于产后10～20 d发生产后抽搐。病犬血清检验，佝偻病表现低钙和低磷，碱性磷酸酶活性显著升高。骨软症表现低钙、高磷和碱性磷酸酶活性显著升高。

青年猫在钙缺乏时，病初表面上看似健康，随病势发展逐渐表现不喜活动，喜卧，最后表现跛行和轻瘫。严重缺钙的幼猫，腰荐部凹陷。X线片照片检查，骨骼显出结构疏松，骨髓腔扩大，骨骺的骨小梁稀疏和粗糙。骨胛骨弯曲外展，形成翼状肩胛，骨骺和脊柱易发生骨折。猫食物中钙和磷比例失调，还有可能引起泌尿系综合征。

3. 防治

(1)注意饲养管理：增加日光浴，尽量多晒太阳，多做运动。如粪便中发现寄生虫或虫卵时要驱虫。腹泻时需要给予健胃助消化药，同时还应给予品质优良的蛋白饲料。为了防止钙和磷比例不当，犬猫每饲喂100 g鲜肉，添加碳酸钙0.5 g；每100 mL牛奶添加碳酸钙0.15 g。猫食物中添加5%～10%骨粉，可满足猫对钙的需要量。

(2)补充维生素D制剂：可口服或肌内注射维生素D_3，每次每千克体重1 500～3 000 IU。注意不要造成维生素D过剩。饲料中添加鱼肝油，每天用量为每千克体重400 IU。

(3)补充钙制剂：如骨粉、鱼粉等，根据体重用0.5～5 g，拌料饲喂。口服碳酸钙，每千克体重1～2 g，每日1次；或口服乳酸钙每次0.5～2 g。维生素D_2胶性钙注射液，每次0.25万～0.5万IU，肌内或皮下注射。也可静脉注射10%氯化钙或10%葡萄糖酸钙液，犬10～30 mL，猫5～15 mL，注射时速度宜慢，每日1次，连用2～3次，病情严重者可连续静脉注射或腹腔注射2～4次葡萄糖酸钙，并予头部冷敷。

二、镁代谢病

1. 镁缺乏症　镁普遍存在于各种食物中，富含叶绿素的蔬菜是镁的主要来源。动物饲喂一般的食物不会发生镁缺乏症。但宠物食物过于单一或在发生慢性腹泻使镁排出过多，可发生镁缺乏症。镁缺乏时表现生长发育迟缓，爪外展，甚至掌骨和跖骨也外展、增长，软组织钙化，长骨骨端外缘扩大。缺镁还表现为对外界反应过于敏感，耳竖起，行走时肌肉抽动，严重时发生惊厥。

2. 镁中毒症　镁中毒主要表现为采食量减少，呕吐，生长速度下降，拉稀，甚至昏睡。应用含大量镁食物饲喂猫时，可发生猫泌尿系综合征，特征为排尿困难、血尿、膀胱炎及尿道阻塞，其固体结晶为磷酸铵镁。预防方法：一是降低食物中镁含量，干食物中镁含量应低于0.19%；二是给予利尿剂。在每100 g猫干食物中加3.5 g氯化钠，可增加猫的饮水量，使排尿量增多以降低尿中镁浓度。同时由于尿中氯离子增多，抑制尿道中磷酸铵镁的形成，可杜绝或减少猫泌尿系综合征的发生。

三、铁代谢病

1. 铁缺乏症　多种因素可影响食物中铁的吸收。通常植物性食物中，由于其中含有较多的植酸盐、草酸盐等，将影响铁的吸收；动物性食物中蛋白质具有促进铁的吸收作用，但牛奶、奶酪和蛋类则无此作用。犬猫长期食用牛奶或奶制品，或体内外寄生虫和慢性出血等，都可引起铁缺乏症。应用肉类饲喂犬猫，则不易发生铁缺乏症。犬猫铁缺乏时表现无力和容易疲劳。发生小红细胞低色素性贫血、红细胞大小不同症、异形性红细胞增多症。

2. 铁中毒症 应用过多铁，尤其是毒性较大的二价铁饲喂犬猫，易发生铁中毒。犬中毒后表现厌食、体重减轻、低蛋白血症和胃肠炎。幼龄动物铁过剩，特别是在缺乏维生素 E 和硒的情况下会发生死亡。

四、铜代谢病

1. 铜缺乏症 饲喂犬猫食物中都含有铜。铜的缺乏主要是因为锌、铁或钼的过剩，表现与钙缺乏症同样的发育迟缓、骨病变、异嗜。铜缺乏时，尽管铁含量正常，仍能引起贫血，此外，犬还会发生被毛褪色和腹泻等，猫不发生。由于铜缺乏，常可使含铜酶活性减弱，从而导致骨骼胶原的坚固性和强度降低，发生犬猫骨骼疾患。深色被毛的宠物缺铜时，眼睛周围毛发变淡、变白，状似戴白边眼镜，故有“铜眼睛”之称。

2. 铜过多症 食物中铜浓度过高时，也能引起贫血，这是由于铜和铁在小肠吸收中竞争的结果。犬具有一种特殊性缺陷，就是肝脏铜储量过多，引起铜中毒。中毒症状为肝炎、肝硬化，并且还能遗传给下一代。急性铜中毒犬猫可出现呕吐，粪及呕吐物中含绿色或蓝色黏液，呼吸加快。后期体温下降，虚脱，休克，严重者在数小时内死亡。

五、锰代谢病

1. 锰缺乏症 锰元素也是犬猫所必需的矿物元素。锰主要来源于植物性食物，动物组织中锰含量极低。锰缺乏主要原因是食物中长期缺锰。另外，日粮中含有过多的钙、铁、钴等时，也会拮抗锰的吸收和利用，造成锰缺乏症。犬猫缺乏锰时，由于不能激活一种或多种酶参与生化反应，从而引起了动物生长停滞，骨骼变形，关节肿大，生殖机能紊乱，抽搐，强直，不爱活动，以及新生动物运动失调等。

2. 锰中毒症 锰虽是一种毒性极低的微量元素，猫一旦过量也可引起锰中毒。泰国猫锰中毒，表现生殖力降低和局部皮肤白化病。另外，食物中过多锰含量在消化道内，能与铁竞争吸收，铁吸收减少，进而影响血红蛋白的生成。

六、锌代谢病

1. 锌缺乏症 一般蛋白质食物中锌含量较多，海产品是锌的主要来源，奶类和蛋类次之。饲喂过多的植物性蛋白质时，宠物对锌的需要量增多。食物中高钙也减少犬对锌的吸收。用高钙性食物饲喂幼犬，幼犬表现为厌食，生长缓慢，个体小，趾垫增厚龟裂，脸、四肢和身上有痂片和鳞片损伤。

锌缺乏症的主要临床表现是食欲不振，体重减轻，发育迟缓，呕吐，全身被毛稀疏，皮屑性皮炎，被毛脱色，睾丸发育不全，创伤愈合能力下降，精神沉郁及末梢淋巴疾患。成年犬猫缺乏锌时，发生被毛粗糙，眼、口、耳、下颌、肢端、阴囊、包皮和阴门周围出现厚的痂片和鳞片，睾丸萎缩，身体局部色素沉着过多。治疗时使用硫酸锌，每天 10 mg/kg 体重，2 周后见效。口服、注射或皮肤涂擦锌制剂也可治疗锌缺乏症。

2. 锌过多症 食物中锌含量过多，虽对动物毒性不大，但可影响动物对食物中铜和铁的吸收和利用。实验证明：每 100 g 干食物中，锌含量超过 30 mg 时，才会影响动物对食物中铁和铜的吸收。

七、碘代谢病

1. 碘缺乏症 碘缺乏时，使甲状腺代偿性机能增强，导致腺体增生，即发生甲状腺肿。甲状腺肿是动物碘缺乏的主要症状。长时间碘缺乏，甲状腺活力严重降低，可使正在生长发育的犬猫发生呆小病，使成年犬猫出现黏液水肿。临床出现被毛短而稀疏，皮肤硬厚脱屑；精神迟钝、呆板、嗜睡，钙代谢发生异常。成年母犬母猫不易妊娠或妊娠后胎儿被吸收。碘缺乏症时，应立即采取补碘措施：碘化钾或碘化钠 0.2～1 g，口服，每日 1 次，连用数日。

2. 碘中毒症 甲状腺活力降低的猫，碘给予量过大(高于正常量的 50 倍)可引起碘中毒，出现呼吸和脉搏增快、厌食、体温升高和消瘦。有的产生急性类碘缺乏症，这是由于大剂量的碘损伤甲状腺激素合成的结果。

八、硒代谢病

1. 硒缺乏症 硒是维持动物机体正常生理功能的微量元素。研究表明：硒与铅、镉和汞呈拮抗作用。硒缺乏的动物，对食物中铅、镉和汞的敏感性升高，易发中毒。硒的主要来源是肝脏、肾脏和海产品，谷物中的硒含量随其地区土壤硒含量而定。犬发生硒缺乏症，骨骼肌和心肌变性，出现白肌病和心肌病。其他动物缺乏时，发生生殖力紊乱和心性水肿。治疗时，可用 0.1%亚硒酸钠溶液 0.5～1 mL/次，肌内注射，犬每间隔 2～3 d 再注射 1～2 次。

2. 硒中毒症 硒的毒性较大，食入过多可引起中毒。硒的生理需要量和中毒量之间差异较小，因此，食物中添加硒时，应特别注意。其他动物的资料表明，硒过剩会发生神经质，食欲不振，呕吐，衰弱，运动失调，呼吸困难，以及肺水肿后数小时到数日内死亡。

复习思考题

一、名词解释

1. 高脂血症 2. 佝偻病 3. 低血糖症 4. 痛风症 5. 黄脂病

二、简述题

1. 如何诊治犬猫佝偻病和骨软症？
2. 高脂血症有哪些症状？
3. 犬猫发生营养代谢性疾病的一般原因有哪些？
4. 如何诊断和治疗痛风症？
5. 宠物易发生肥胖症的原因是什么？

本章思维导图

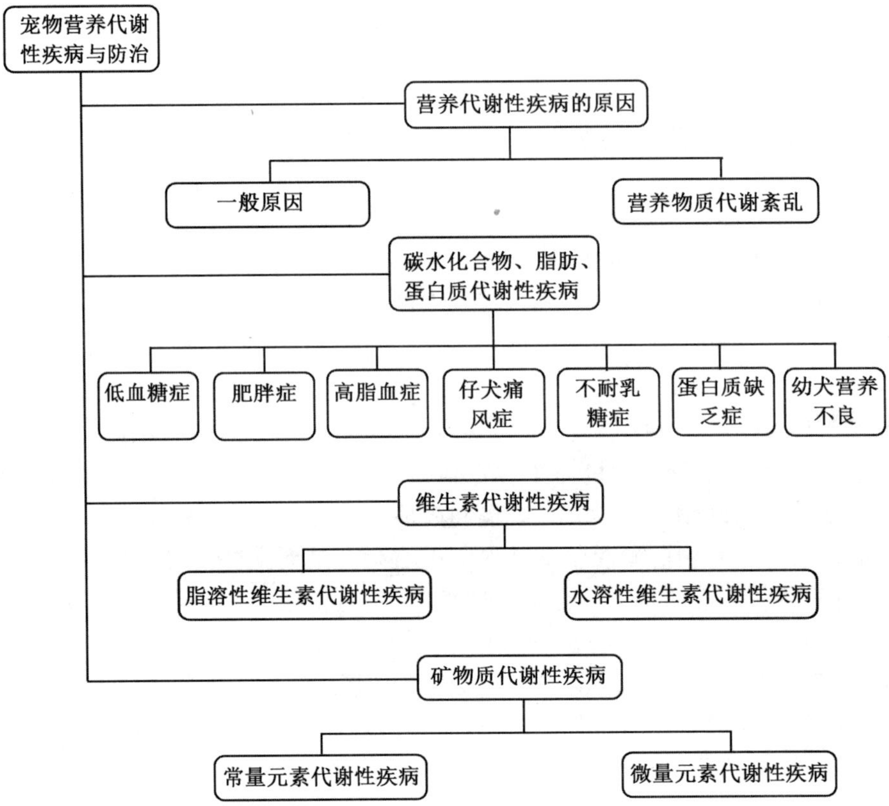
宠物营养代谢性疾病与防治
营养代谢性疾病的原因
一般原因
营养物质代谢紊乱
碳水化合物、脂肪、蛋白质代谢性疾病
低血糖症
肥胖症
高脂血症
仔犬痛风症
不耐乳糖症
蛋白质缺乏症
幼犬营养不良
维生素代谢性疾病
脂溶性维生素代谢性疾病
水溶性维生素代谢性疾病
矿物质代谢性疾病
常量元素代谢性疾病
微量元素代谢性疾病

模块六

宠物食品及其配制

【本章要点】

本章主要阐述宠物食品的种类及营养成分、宠物食品的配制及典型饲料配方。

【知识目标】

- 理解宠物食品的种类及营养成分。
- 掌握宠物食品的配制原则及配制方法。

【技能目标】

- 掌握宠物食品配方的配制方法。

单元一 宠物食品的种类及营养成分

【学习目标】

本单元属于专业知识范畴。通过学习，了解宠物食品的种类、加工工艺特点及其营养特点。

【学习方法】

理实一体，课后在图书馆中或互联网上查阅有关资料。

【关键词】

干性宠物食品；半湿式宠物食品；软膨化宠物食品；湿式宠物食品；宠物点心；食品加工工艺

营养全面的宠物食品是根据不同品种、不同年龄、不同生理阶段的营养需求和食性特点配制出的不同种类的饲料，具有营养全面、含有多种饲料原料、卫生、无毒、适口性好的特点。

目前，宠物食品的类型主要有：干性宠物食品、半湿式宠物食品、软膨化宠物食品、湿式宠物食品与宠物烘焙食品。

一、干性宠物食品

干性宠物食品主要包括烘焙型、片或粒型、压缩或浓缩型。这 3 种类型的宠物食品大部分生产工艺是相似的，主要区别在于最终的压制以及烹饪过程有所不同。干性宠物食品占宠物食品市场的绝大部分。

干性的犬粮通常含水 10%～12%、粗脂肪 5%～12%、粗蛋白质 18%～30%；干性的猫粮通常含水 10%～12%、粗脂肪 8%～12%、粗蛋白质 30%～36%。含有 80%～90%干物质的宠物食品，一般所含营养素比较均衡，属于完全食品，包装精巧，使用方便，贮存技术简单，但不适合动物随意采食。这类宠物食品是由谷物及其副产品、大豆产品、动物产品、乳制品、油脂、矿物质以及维生素补充料加工而成的。添加较多的脂肪可改善饲料产品的适口性，其方法一般是在饲料成品的表面上喷涂液态油脂和(或)调味剂。

干的犬粮在市场上可能有粉料、颗粒料、碎粒料或膨化产品等几种类型，而干的猫粮通常是经挤压熟化加工而成的产品，通常采用纸包、塑料袋或者纸盒等包装形式。

膨化宠物食品是干性宠物食品的一种，是以谷类、薯类、豆类、果蔬类或坚果类等为原料，采用膨化工艺制成的组织疏松或松脆的食品。膨化食品的质量标准遵循 GB/T 22699—2022《膨化食品质量通则》。按加工工艺，膨化食品可分为 5 类：焙烤型、油炸型、直接挤压型、其他型(微波、气流或真空膨化)。按膨化加工工艺过程，膨化食品可分为直接膨化食品(又称一次膨化食品，指用直接膨化法生产的食品)、间接膨化食品(又称二次膨化食品，是指用间接膨化法生产的食品，如果用双螺杆挤压机生产食品毛坯后再加工，则称为第 3 代挤压食品)。膨化食品组织结构多孔蓬松、口感酥脆香美、外形精巧、品种繁多，具有营养成分的保存率和消化率高(易于消化)、改善食用品质(香酥可口)、易于储存、食用方便、品种繁多的特点。

干性宠物食品的制造过程通常由以下步骤组成。

第 1 步是配料，在原料配制中，大部分原料都是粮食、肉类和脂肪，小部分是浓缩的维生素和矿物质。

第 2 步是把原料研制成合适大小的粒状。研磨可以提高营养的吸收率，以及改善、缓解加工过程。研磨后的原料大小是否均匀对于其本身水分吸收和烹饪都非常重要。

第 3 步是混料，充分的混匀所有成分对于宠物食品的生产非常重要。如果所有成分没有完全混匀，则会出现个别产品的必需营养物质过量或缺乏。一个大型的带型混合器 1 次可以混匀 1 000 kg 原料。这一步只是初步混合，只含有干物质。然后这些混合料就被储存起来，直到下一步才能完成。

第 4 步是挤压过程。挤压过程非常类似于面包的制作过程：混合、捏合、校对、成型、再次校对、切片。将上一步混合好的干物质原料和淀粉糊化，然后糊状混合配料将转移至挤压机。糊状配料移动通过挤压机，本身会产生摩擦和热量，结合这些最后确定速度和摩擦力水平，以确保产品烹饪的温度和时间。

第 5 步是干燥和冷却。新生产的这种粗粒食物是松软的，并有吸水性，挤压后的配料移至干燥机去除多余的水分。大多数食物在这一步干燥 15 min。如果食物干燥得过快或温度过高，将变得非常脆，在出售前很容易碎。之后，这些配料将通过一个冷却装置，大约需要 7 min。如果食物在离开干燥机后温度很高，并且在其未冷却前将其包装，则容易引起霉菌和细菌滋生。

第 6 步是为宠物食品涂层。涂层是制造干性宠物食品的最后一步，在颗粒表面添加必要的液体或粉末。脂肪和香料通常在这一步加入。脂肪一般不在混合阶段加入，这是因为脂肪降低淀粉的糊化作用。在颗粒表面增加脂肪和香料可大大增加犬粮的适口性。

二、半湿式宠物食品

半湿式宠物食品为典型的挤压熟化产品，其加工工艺类似于干性宠物食品。半湿式宠物食品大部分是利用屠宰场下脚料为基础原料，再配以干调料，并调配适宜的 pH，为了保证产品的卫生质量，下脚料和屠宰场副产品必须经过充分的热处理后使用。半湿式宠物食品属于完全平衡的食物，并且具有良好的组织结构和适口性，而且在普通条件下具有自身的稳定性，以利于食用和保存。

大部分半湿式犬粮的制造方法类似于干性犬粮的制造。产品的配制、混合和通过挤压机过程基本和干性犬粮相同，但是产品通过挤压机的温度和压力要稍低些。当产品离开挤压机时是不用干燥的，而是用另外一个装置补充水、保湿剂和酸。产品离开这个装置后，进入冷却装置，从而保持充足的水分和松软的质地。

由于配方不同，这 2 类产品在加工上存在明显的差异，半湿式宠物食品所用的基础原料有许多都与干性宠物食品的相同，但半湿式宠物食品除了使用干谷物混合物外，在挤压前还要加入某种肉类或其副产品的浆液与干原料混合。干湿原料的比例因厂家不同而不同，其精确比例一般被厂家视为专利资料而保密。然而，一般认为干湿原料的比例范围为(80%：20%)～(50%：50%)之间。

从加工方面考虑，当干料明显多于湿料时(80%：20%)，可以将这 2 种原料分批混合，然后输送到挤压装置进行连续熟化。但当干湿原料比例达到(60%：40%)～(50%：50%)时，则必须采用连续法来混合这 2 种原料，即直接在位于挤压机之前的连续混合装置中进行混合，一般在连续混合机中先加入干料，同时以适当的比例泵入一定量的湿料，然后将这 2 种原料混合。另外，还可注入蒸汽和水，以便形成混合均匀的物料。然后将混合的物料直接从混合室送入挤压熟化机的螺筒内进行最后的加工。

与挤压熟化的干性宠物食品所不同的是，半湿式宠物食品物料通过挤压机压模的目的不是为了“膨化”，而是为了能形成与模孔相似的料束或形状。挤压的目的则是为了使物料得到尽可能充分的熟化。通常，由于肉类原料的加入使混合物料的油脂含量较高，所以不可能使产品高度膨化，但若挤压机螺筒的形状适当，则可以使混合物料得到充分熟化。

半湿式宠物食品与干性宠物食品的另一个主要区别在于，挤压时的物料水分以及最后加工对这些水分的处理。半湿式宠物食品在挤压时的适宜水分为 30%～35%(湿度)，其在挤压后或贮存前不去除水分，这是出于 2 个原因：一是为了保证贮存稳定性而在原料中添加了某种防腐剂，二是为了使成品保持柔软性(与肉类相似)。

半湿式宠物食品的容重，无论是在挤压时还是在包装时，均与典型的干性宠物食品大不相同。半湿式宠物食品在挤压时的容重为 480～560 kg/m^3，其在包装时的容重也大致在此范围内，因为水分没有除去，而且也不要求除去。生产半湿式宠物食品的主要目的之一就是在保证产品质量的同时尽可能使所出售的产品含有较多的水分。

三、软膨化宠物食品

软膨化宠物食品是宠物食品市场上的最新产品类型之一。软膨化宠物食品在某些方面与半湿式宠物食品极其相似，即都含有相对较多的肉类或其副产品，因而它们的油脂含量一般都高于干性宠物食品。此外，可采用在半湿式宠物食品中所述的任一种方式将肉类原料加入挤压机。

然而，软膨化宠物食品与半湿式宠物食品也存在差异，其中最大的差别在于软膨化宠物食品经挤压后呈现与干性宠物食品一样的膨化外观。与生产半湿式宠物食品一样，生产软膨化宠物食品也需要对生产干性宠物食品的设备进行改造。此外，还要改变加工操作方式。

软膨化宠物食品的基本挤压过程与干性宠物食品相似，一是它们在挤压前都要用蒸汽和水进行调质，二是成品经过压模都得到膨化。然而，软膨化宠物食品的原料组成特性却与半湿式宠物食品相似，其成品虽经过膨化，但仍具有软而柔韧的特性。

软膨化宠物食品因经过膨化，其容重小于半湿式宠物食品，但仍保持着较高的水分含量，这一点与半湿式宠物食品是相似的。典型的软膨化宠物食品的水分含量为27%～32%，其最终产品容重为417～480 kg/m^3。与生产半湿式宠物食品一样，生产软膨化宠物食品也不应进行干燥处理，因而应在原料中加入防腐剂。此外，挤压后的产品在包装前需要冷却。

半湿与软、干(即软膨化)犬猫饲料都含有较高的水分(25%～35%湿度)，因而要对这些产品做稳定性处理，使其在不用冷藏保存的情况下不致腐败变质。为此需在配方中采取防腐措施，将成品的水分活性(A_w)控制在0.65～0.7，从而抑制或大大减少微生物的生长。湿润剂(糖、糖浆、食盐以及像丙二醇一类的多元醇)可以降低水分活性值，将pH调至4.0～5.5，此时许多微生物均无法生存，再加入山梨酸钾一类的防霉剂可进一步使这些饲料产品保持稳定。在这些饲料产品中，常用的原料包括动物产品、乳制品、油脂、大豆产品、谷物及其副产品、水产品、矿物质以及维生素补充料。半湿饲料具有较大的容重，通常含有新鲜的动物产品，而软、干饲料则含有脱水的动物产品，因此其容重与干性饲料相似，配方通常反映了“犬偏爱甜味、猫偏爱酸味”的习性。

四、湿式宠物食品

湿式宠物食品通常采用罐头或经过消毒的口袋包装而成。这类产品含有72%～78%的水分(湿度)以及动物产品、水产品、谷物、大豆产品、油脂、矿物质与维生素补充料等。出于对产品的经济性与可利用性方面的考虑，在罐装饲料产品中还常常加入由植物性蛋白质和(或)动物性蛋白质配制的经挤压的肉类补充剂。

湿式宠物食品开封后如果不及时吃完，产品的稳定性和品质以及适口性都有所下降。因此，湿式宠物食品需要进行严格的灭菌和密封包装，宠物主人使用该类产品时应密切关注保质期限，同时该类产品在使用前要检查食物是否出现变味、霉变以及色泽不正常等现象，如有，则立即停止食用。

湿式宠物食品的原材料以肉产品为主。肉产品首先切成小片，然后仔细称量并且添加维生素、矿物质，有时还会添加一些谷物。

搅拌及烹饪：各种原料混合后，进入搅拌机充分搅拌。这段时间产品被混匀，温度升高使得食物中的淀粉开始凝胶化，蛋白质开始变性，这样可改善食物的质地和口味。食物中含有的碳水化合物一般需要较高的温度才能完全煮熟。一旦产品烹饪完毕，即进入罐装过程。

灌装：刚烹饪好的混合物仍然是热的，待冷却后进入灌注的机器。这种机器主要完成灌注、加盖、封口，一般每分钟可完成300～600罐。一般于产品冷却后真空包装，以防止腐败。

灭菌：一旦完成罐装和密封，这些产品就进入灭菌器，121 ℃至少3 min，以确保杀菌效果。细菌中最令人关注的是肉毒杆菌，其灭菌温度在116 ℃左右。罐头在灭菌后，即可冷却、贴标签、打码，并准备进入宠物食品的销售渠道。

五、宠物烘焙食品

宠物食品的烘焙是宠物食品市场上最新的产品类型之一，主要包括面包、糕点、饼干和肉干四大类产品。生产这类产品一般不采用挤压熟化方法。但这并不意味着这类食品不能采用或不可采用挤压熟化的方法来生产。

宠物食品的烘焙与人的食品烘焙极其相似，均采用的传统加工方法包括面团制作、形状切割或模压以及焙烤等几个过程。然而，两者也存在差异，其中最大的差别在于宠物食品的烘焙中增加了各种肉类及动物性副产品。在加工工艺上，需要在原料混合前对部分特殊的原料要进行熟制，考虑到动物性饲料原料的特点，常采用低温（60～140 ℃）烘烤为主的熟制工艺。

与膨化宠物食品相比，零食类烘焙的宠物食品水分含量高，烘焙的宠物食品在烘焙后不再喷涂油脂，产品中油脂含量低，适口性好。然而由于零食类烘焙的宠物食品水分含量高，贮存时间短，因此，烘焙的宠物食品若要长时间贮存一般需要在烘烤后，进行低温脱水成型，比膨化宠物食品耗时，加工成本更高。成型后的烘焙的宠物食品，由于肉类含量，成品往往黏结性、硬度和脆度均高于宠物膨化食品，但由于烘焙的宠物食品采用低温烘烤技术，降低了食物中的养分的损失。

单元二　宠物食品的配制

【学习目标】

本单元属于专业知识范畴。通过学习，了解如何根据宠物对日粮的要求，遵循宠物食品的配方设计原则，按照宠物食品配方的设计方法步骤，配制出符合要求的宠物日粮。掌握为宠物食品的配制的方法。

【学习方法】

理实一体，课后在图书馆中或互联网上查阅有关资料。

【关键词】

宠物；配方设计原则；食品配方的设计方法；犬；猫；日粮要求

科学合理地设计宠物食品配方是科学饲养宠物的一个重要环节，饲料配方的设计也是一项技术性及实践性很强的工作。宠物食品配制的研究发展较晚，并不像动物饲料配方研究那么完善具体。但是，从不断的实践工作中总结大量生产经验，以及结合动物配方设计方法的理论成果，宠物食品的配制已经形成了一整套较成熟的理论体系。

宠物在一昼夜所采食的各种饲料的总量叫日粮。由于目前我国销售的商品性宠物食品多为国外进口，价格较贵，故家庭宠物日粮大都由自己配制。配制日粮必须根据宠物的营养需要和各种饲料的营养成分，将各种饲料按一定比混合在一起，使日粮营养全面，适口性好，饲喂方便。生产实践中，尤其商品性宠物食品的配制，是为同一类宠物在某个生长时期配制食品，通常按日粮中饲料的组成的百分比配得大量的混合饲料，我们把这类配合饲料叫作饲粮。不论日粮、饲粮或配合饲料，都是由多种饲料原料根据动物的营养需要及饲养特点按相应的比例配制而成的，所确定的各种饲料原料的搭配比例，即称为饲料配方。为宠物所制订的饲料配方也称为食品配方。宠物食品厂可根据不同的饲料配方，生产出符合各种宠物不同营养需要的系列配合饲料产品。

一、宠物食品配方设计的原则

宠物食品配方的设计涉及到许多制约因素，为了对各种资源进行最佳分配，配方设计应基本遵循以下原则。

(一)营养性原则

在设计配合饲料时,一般把营养成分作为优先条件考虑,同时还必须考虑适口性和消化性等方面。例如,观赏动物首先考虑的是适口性;鳗鱼饲料和幼龄鱼饲料则以食性优先考虑;幼龄宠物人工乳的适口性与消化性都是优先考虑的。必须按宠物相应的营养需要,首先保证能量、蛋白质及限制氨基酸、钙、有效磷、地区性缺乏的微量元素与重要维生素的供给量,对选用的饲养标准做10%左右的增减调整,最后确定实用的营养需要。

饲料配方的营养性表现在平衡各种营养物质之间错综复杂的关系,调整各种饲料之间的配比关系,宠物食品的实际利用效率等诸方面。配方的营养受制作目的(种类和用途)、成本和销售等条件制约。

(1)设计饲料配方的营养水平,必须以饲养标准为基础。

①能量优先满足原则。在营养需要中最重要的指标是能量需要量,只有在优先满足能量需要的基础上,才能考虑蛋白质、氨基酸、矿物质和维生素等养分的需要。

②多养分平衡原则。能量与其他养分之间和各种养成分之间的比例应符合营养需要,如果饲料中营养物质之间的比例失调、营养不平衡,必然导致不良后果。饲料中蛋白质与能量的比例关系用蛋白质能量比表示,即每千克饲料中蛋白质(g)与能量(MJ)之比。日粮中能量低时,蛋白质的含量需相应降低。日粮能量高时,蛋白质的含量也要相应提高。此外,还应考虑氨基酸、矿物质和维生素等养分之间的比例平衡。

③控制粗纤维的含量。不同宠物具有不同的消化生理特点,一般宠物对粗纤维的消化力很弱,饲料配方中不宜采用含粗纤维较高的饲料,而且饲料中的粗纤维含量也直接影响其能量浓度。

(2)饲料配方分型。一是地区的典型饲料配方,以利用当地饲料资源为主,发挥其饲养效率,不盲目追求高营养指标;二是优质高效专用饲料配方,主要是面对国外同类产品的竞争以及适应不同的市场要求。在实际工作中,经常以特定的重量单位,如100 kg、1 000 kg或1 t为基础来设计饲料配方。也可用百分比来表示饲料的用量配比和养分含量。

设计饲料配方时,对饲料原料营养成分含量及营养价值必须做出正确评估和决定。饲料配方营养平衡与否,在很大程度上取决于设计时所采用的饲料原料营养成分值。原料成分值尽量选用有代表性的,避免极端数字。原料成分并非恒定,因收获年度、季节、成熟期、加工、产地、品种等不同而异。要注意原料的规格、等级和品质特性。在设计饲料配方时,最好对重要原料的重要指标进行实际测定,以便提供准确参考依据。

(3)所配的饲料必须保证宠物能够采食进去,因此要注意饲料的适口性、容积和宠物的随意采食量。

(二)科学性原则

饲养标准是对动物实行科学饲养的依据,因此,经济合理的饲料配方必须根据饲养标准所规定的营养物质需要量的指标进行设计。在选用的饲养标准基础上,可根据饲养宠物的生长、繁殖等情况做适当的调整。

设计饲料配方应熟悉所在地区的饲料资源现状,根据当地饲料资源的品种、数量以及各种饲料的理化特性和饲用价值,尽量做到全年比较均衡地使用各种饲料原料。在这方面应注意的问题有以下几点。

1. 饲料品质　应选用新鲜无毒、无霉变、质地良好的饲料。黄曲霉和重金属砷、汞等有毒有害物质不能超过规定含量。含毒素的饲料应在脱毒后使用，或控制一定的喂量。

2. 饲料体积　应注意饲料的体积尽量和动物的消化生理特点相适应。通常情况下，若饲料的体积过大，则能量浓度降低，不仅会导致消化道负担过重而影响宠物对饲料的消化，而且会稀释养分，使养分浓度不足。反之，饲料的体积过小，即使能满足养分的需要，但动物达不到饱腹感而处于不安状态，也影响动物的生产性能或饲料利用效率。

3. 饲料的适口性　饲料的适口性直接影响采食量。通常影响混合饲料的适口性的因素有：味道（甜味、某些芳香物质、谷氨酸钠等可提高饲料的适口性）、粒度（过细不好）、矿物质或粗纤维的多少。应选择适口性好、无异味的饲料。若采用营养价值虽高，但适口性差的饲料，需限制其用量。对适口性差的饲料也可采用适当搭配适口性好的饲料或加入调味剂的方法以提高其适口性，促使动物采食量增加。

4. 配料多样化原则　根据不同饲料养分的有无和多少互相搭配补充，提高配合饲料的营养价值。

（三）经济性和市场性原则

经济性即考虑合理的经济效益。产品的目标是市场，设计配方时必须明确产品的定位，例如，应明确产品的档次、客户范围、现在与未来市场对本产品可能的认可与接受前景等。另外，还应特别注意同类竞争产品的特点。

（四）可行性原则

此处的可行性即生产上的可行性。配方在原材料选用的种类、质量稳定程度、价格及数量上都应与市场情况及企业条件相配套。产品的种类与阶段划分应符合宠物的生产要求，还应考虑加工工艺的可行性。

（五）安全性与合法性原则

按配方设计出的产品应严格符合国家法律法规及条例，如营养指标、感观指标、卫生指标、包装等。尤其是违禁药物及对宠物有害物质的使用或含量，应强制性遵照国家规定。有的规定不太合理或落后于科学，虽可以利用合理渠道与方法超越限制，但在一些关键性的强制性指标上必须注意执行，因产品要接受质量监督部门的管理。企业标准应通过合法途径注册并遵照执行。

二、宠物食品配方的设计方法步骤

饲料配方设计的方法较多，可分为手工设计和计算机设计两大类。常用宠物食品配方设计方法很多，它是随着人们对饲料、营养知识的深入，对新技术的掌握而逐渐发展的，最初人们使用较为简单易理解的对角线法、试差法，后来发展为联立方程式法、比价法等。近年来，随着计算机技术的发展，人们开发出了功能越来越完全、使用越来越简单、速度越来越快的计算机专用配方软件，使配方越来越合理。下面介绍两种简单实用的手工设计方法供参考。

（一）方块法

方块法又称正方形法、交叉法、四角法或对角线法，此法简单易于掌握。在饲料种类不多，所要求营养指标比较简单的情况下，使用该种方法比较方便，但如果饲料种类、要求的营养指标较多时，采用这种方法则要进行两两反复组合计算，比较麻烦，而且也不能同时满足多项指标。方块法简单易行，其缺点是只能满足粗蛋白质的需要量，而不能考虑多项营养指标。在考虑营养指标较少时，可采用此法。

例如：用玉米、高粱、麸皮、鱼粉、肉粉、豆饼、骨粉、食盐及复合预混料等为成年犬配制配合饲料配方，其步骤如下。

(1)查成年犬的饲养标准，确定成年犬日粮粗蛋白质为20%。

(2)把能量饲料按一定比例配合起来，作为第1组；再把所有蛋白质饲料按同样方法配合，作为第2组。计算2组的粗蛋白质含量，其他原料作为第3组。根据各原料粗蛋白质含量及初拟比例，分别计算出混合能量饲料和混合蛋白质饲料的粗蛋白质含量(表6-1)。其中，骨粉、食盐、复合预混料不含蛋白质，在饲粮中各占1%、1%、0.5%。因此，在饲粮中，混合能量饲料和混合蛋白质饲料所占配方比例为97.5%。

表 6-1 各饲料的粗蛋白质的含量及初拟比例 %

饲料种类	饲料原料	粗蛋白质含量	初拟比例	粗蛋白质含量计算值	合计
混合能量饲料	玉米	8.7	70	8.7×70=6.09	9.8
	高粱	9.0	15	9.0×15=1.35	
	麸皮	15.7	15	15.7×15=2.36	
混合蛋白质饲料	鱼粉	63.5	20	63.5×20=12.7	47.5
	肉粉	54.0	20	54.0×20=10.8	
	豆饼	40.0	60	40.0×60=24.0	

(3)计算混合能量饲料和混合蛋白质饲料在饲粮中的配比。

①先计算出混合能量饲料和混合蛋白质饲料应含有的粗蛋白质的百分比：

$$20 \div 97.5 \times 100\% = 20.5\%$$

②作对角线交叉图，把混合料预达到的粗蛋白质含量20.5%放在对角线交叉处，能量混合饲料和蛋白质混合饲料的粗蛋白质含量分别放在左上角和左下角；然后以左方上、下角为出发点，分别通过中心向对角线交叉，用大数减小数，并将得数分别记在右上角和右下角，如图6-1所示。

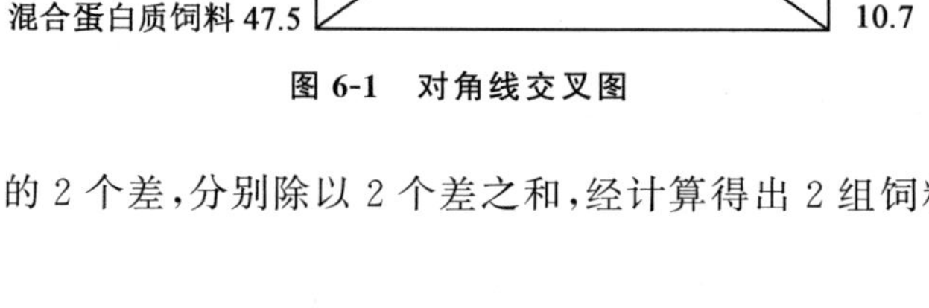

图 6-1 对角线交叉图

③用以上所得到的2个差，分别除以2个差之和，经计算得出2组饲料在最后配方中的百分含量。

混合能量饲料：27%÷(27+10.7)%×100%=71.62%

混合能量饲料占最后配方中的百分含量：71.62%×97.5%×100%=69.83%

混合蛋白质饲料：10.7%÷(27+10.7)%×100%=28.38%

混合蛋白质饲料占最后配方中的百分含量：28.38%×97.5%×100%=27.67%

即混合能量饲料和混合蛋白质饲料的总和是69.83%+27.67%=97.5%

④进一步计算各单项能量饲料及蛋白质饲料的用量百分比。

玉米：69.83%×70%×100%=48.9%

高粱：69.83%×15%×100%=10.5%

麸皮：69.83%×15%×100%=10.5%

鱼粉：27.67%×20%×100%=5.5%

肉粉：27.67%×20%×100%=5.5%

豆饼：27.67%×60%×100%=16.6%

(4)列出配方单：玉米48.9%、高粱10.5%、麸皮10.5%、鱼粉5.5%、肉粉5.5%、豆饼16.5%、骨粉1%、食盐0.5%、复合预混料1%。复合预混料添加剂按产品说明书添加。

(二)试差法

试差法是一种经验法，先初步拟定一个饲料配方，再计算该配方的营养成分含量，并与饲养标准对照比较，若能量和粗蛋白质成分含量不足，需进行适当调整配方比例，直到满足为止。注意的是，配方中营养成分的浓度可稍高于饲养标准，一般控制在2%以内。试差法的步骤如下。

(1)查饲喂对象的饲养标准，主要参考国标或美国NRC标准，必要时可进行适当调整。

(2)查现有饲料营养成分表，并列出各种饲料原料的营养成分含量。

(3)根据设计者经验初拟配合饲料的配方。

(4)计算初拟配方营养成分含量(不含矿物质和预混料)。

(5)根据初拟配方营养成分含量与饲养标准要求之差额，适当调整部分原料配合比例，使配方中各种营养成分含量逐步符合饲养标准。方法是：用一定比例的某一原料替代同比例的另一原料。通常首先考虑调整能量和粗蛋白质的含量，其次再考虑钙、磷以及其他指标。

(6)列出调整后的全价配合饲料的配方组成，并附加说明。

通过以上步骤，可设计出宠物食品的配方，在实际生产中应用。试差法道理简单，容易理解掌握，但是通过试差法配制饲料配方也存在一定的缺点：由于要进行多次的配方调整，反复计算，所以计算量较大；再有，由于配方设计时盲目性较大，所以一般获得的配方营养含量常与饲养标准有一定差异，很难筛选出最佳配方，获得最佳经济效益。

三、宠物对日粮的要求

(一)犬对日粮的一般要求

1. 营养要全面　根据各种饲料的营养成分，针对犬的生长发育情况、生理消化吸收特点以及营养的需求分别取舍、合理搭配。首先应考虑满足犬对于蛋白质、脂肪和碳水化合物的需要，然后再适当补充维生素和矿物质；在犬日粮的质量及数量上，首先满足质量要求、其次考虑数量。

2. 不能单一配方长期使用 长期给犬饲喂单一的饲料，极易导致犬因长期食用一种食物而胃口变坏、伙食甚至拒食。应多准备几种配方，定期调整变换，调剂饲喂。犬日粮先应加工处理。在给犬喂食前，饲料应进行加工处理，不宜生吃的要加热处理；有些影响犬的胃口，也可经过处理提高食物的适口性，提高饲料的消化率，使犬食量增加。

3. 注意饲料中热量的比例 犬日粮中各种营养物质的搭配恰当与否，将直接影响到犬的健康。如果犬日粮中碳水化合物过多，将使提供的热量偏大，犬长期食用，其躯体的均匀性将受到影响，甚至还会使犬的食欲减少。

4. 要考虑食物的消化率 犬进食的食物不一定能全部吸收与利用，干燥型饲料的消化率为68%左右，而半湿型饲料的消化率为80%～85%。因此，日粮中的各种营养物质含量应高于犬的营养需要量。

5. 要注意卫生 为犬准备的各类饲料一定要新鲜且制作之前应清洗干净，如果变质一定不能饲喂给犬。

另外，各种饲料在饲喂前要经过一定的加工处理，以增加饲料的适口性，提高犬的食欲，提高饲料的消化率，防止有害物质对犬的伤害。生肉或内脏要用水洗净，切碎煮熟，再混入蔬菜，短时间煮沸；使之成为混合的肉菜汤。蔬菜应充分冲洗，除去泥沙。不能用生肉和生菜喂犬，以防寄生虫病和传染病，但又不宜长时间煮，以免损失大量的维生素。米类不宜多次过水，以充分利用养分。米可做成米饭，面粉做成馒头，玉米面做成饼或窝窝头，然后与肉菜汤拌喂。骨头可直接喂犬，让其啃食，也可制成骨粉，与其他饲料一起拌饲。

（二）猫对日粮的一般要求

1. 营养要全面 要根据猫的体重，每天需要食物量、能量、蛋白质、脂肪、糖类、矿物质和水的数量（表6-2、表6-3）来配制。首先要考虑营养全面，然后考虑猫要能吃得下。

表6-2 猫每天需要的食物量

生理阶段	体重/kg	每天需要食物量/g
初生	0.12	30.0
5周龄	0.5	85.0
10周龄	1.0	145.0
20周龄	2.0	185.0
30周龄	3.0	210.0
成年公猫	4.5	250.0
妊娠猫	3.5	260.0
泌乳猫	2.5	425.0
去势公猫	4.0	210.0
去势母猫	2.5	150.0

表6-3 猫理想日粮的营养成分 %

生理阶段	水	蛋白质	脂肪	糖类	灰分	钙
初生猫	72.0	9.5	6.8	10.0	0.75	0.035
仔猫和成年猫	69.0	14.0	10.0	5.0	1.0	0.01

2. 因猫而异　要根据不同品种猫的食性特点灵活掌握。国内品种猫适应性强，对饲料要求的不严，可以以淀粉类饲料为主，少加点肉、鱼或鱼肉汤；进口猫要以鱼肉等为主，少加点米饭或馒头等淀粉类饲料。

3. 要卫生　饲料要新鲜、清洁、适口性好。不能用发霉变质的饲料来配制猫的日粮。此外，猫的日粮最好现喂现配，在夏季更应如此。

四、典型饲料配方

1. 犬的食品典型配方　国外犬多喂商品型饲料，可从市场上选购。这种饲料是经过科学方法配制而成的全价饲料，适口性好，营养全面，容易被消化吸收，使用也非常方便。一般分为3种类型：干型饲料、半湿型饲料和罐装饲料。

(1)干型饲料含水量低，有颗粒状、饼状、粗粉状和膨化饲料，这种饲料不需冷藏就可长时间保存，饲喂时要提供充足的饮水。

(2)半湿型饲料含水量在20%～30%，一般做成小饼状或粒状，密封口袋包装，本身有防腐剂，不必冷藏，但开封后不宜久存。

(3)罐装(湿型)饲料含水量为74%～78%，制成各种犬食罐头，营养成分齐全，适口性好，是最受欢迎的犬饲料。

我国喂犬的饲料大多是自行配制的，容易引起饲料营养不全或因配制方法不当而造成营养成分丧失，或因犬的偏食而发生某些疾病。为使犬健康生长，根据其营养需要，将各种饲料按一定的比例混合在一起，制成营养比较全面的日粮是十分必要的。下面介绍犬的几种简易日粮配方。

①成犬配方：大米35%、玉米面35%、高粱面10%、豆饼10%、麦麸10%，另加食盐1%、骨粉2%、鱼粉6%、肉250 g、青菜150 g。

②成犬配方：肉350 g、米250 g、面食300 g、蔬菜400 g、奶渣100 g、动物脂肪10 g、鱼肝油8 g、酵母6 g、青绿蔬菜100 g、盐10 g、骨粉14 g。

③幼犬哺乳期补饲配方：瘦肉或内脏500 g(绞碎)、鸡蛋3个、玉米粉300 g、青菜500 g(切碎)、生长素适量、食盐4 g，混匀后加水做成窝窝头蒸熟。赖氨酸5 g、蛋氨酸3 g、多种维生素适量，加少许骨肉汤供仔犬舔食。

④幼犬人工乳配方：鸡蛋1个、浓缩骨肉汤300 g、婴儿糕粉50 g、鲜牛奶200 mL，混合后煮熟，待凉后加赖氨酸1 g、蛋氨酸0.6 g、食盐适量。

2. 猫的食品典型配方(表6-4和表6-5)

表6-4　美国猫粮配方举例　%

成分	配方Ⅰ	配方Ⅱ
玉米	26.0	26.0
小麦粉	21.4	25.0
燕麦粉	1.0	—
啤酒酵母	1.0	3.0
麦芽	2.0	3.0
豆粕	16.0	23.0

续表6-4

成分	配方Ⅰ	配方Ⅱ
玉米蛋白粉	6.0	—
鱼粉	2.0	0.5
肉粉	—	17.0
鸡下水	18.0	—
乳粉	0.6	—
鱼浸膏	3.0	—
多种维生素和矿物质	3.0	2.5

表 6-5 国内猫粮配方举例 %

成分	配方Ⅰ	配方Ⅱ
大米	30.0	39.0
玉米粉	29.3	39.3
肉类	35.0	—
鱼粉	4.0	20.0
食盐	0.5	0.5
矿物质	1.0	1.0
多种维生素	0.2	0.2

五、我国宠物食品的出口

随着人们生活水平的提高，我国的宠物市场开始进入一个蓬勃发展的时期。据有关资料显示：单以宠物犬为例，北京目前就有 50 多万只，而且仍在以每年 8%的速度增长，上海约有 70 万只，每年在宠物上的花费更是高达 6 亿元。据粗略估算，全国宠物犬的数量在 3 000 万只以上。这也让宠物相关行业得到了极大的发展。民以食为天，同样，宠物市场的周边消费也主要是集中在宠物食品消费方面。因此，中国的宠物食品市场也成为国内国外主要食品生产企业必争的风水宝地。

目前，我国出口的动物源性宠物食品用品主要有发泡皮结骨、本色皮结骨、夹肉皮结骨、漂白皮结骨、本色皮压骨、粒料、牛(猪)耳朵、牛蹄、牛骨以及新开发的宠物食品等，主要输往欧洲的德国、英国、法国、意大利、西班牙、丹麦、捷克、匈牙利等国家，北美洲的美国、加拿大和南美洲的智利、哥伦比亚、委内瑞拉等国家，澳大利亚以及亚洲的以色列、日本、韩国等国家。它们对产品的安全卫生质量要求很严。一是卫生方面的要求。如不得检出沙门菌，大肠菌群不得超出进口国的标准要求；二是国外注册、登记、备案的要求。进口国都要求加工企业在生产国获得官方备案或注册资格，美国、以色列还要求进口方申请进口许可证，一些欧盟国家要求在其国家备案(法国农业部要求注册)，并获取备案号；三是国外要求通过 HACCP 认证，欧盟 1774/2002/EC 对此已做出明确规定。

我国宠物食品出口企业要想占领较大份额的国际市场除符合进口国检验检疫方面的要求

外，还要注意以下几个方面：一是要提高产品档次；二是要不断开发新的产品品种；三是要加强自主开发，防止知识产权纠纷；四是要重点普查皮制品的双氧水（过氧化氢）、石灰、酸等化学残留和肉类宠物用品的兽药残留；五是要尽快建立 HACCP 体系。

复习思考题

1. 宠物食品的种类及其营养成分是什么？
2. 宠物食品配方设计有哪些原则？

本章思维导图

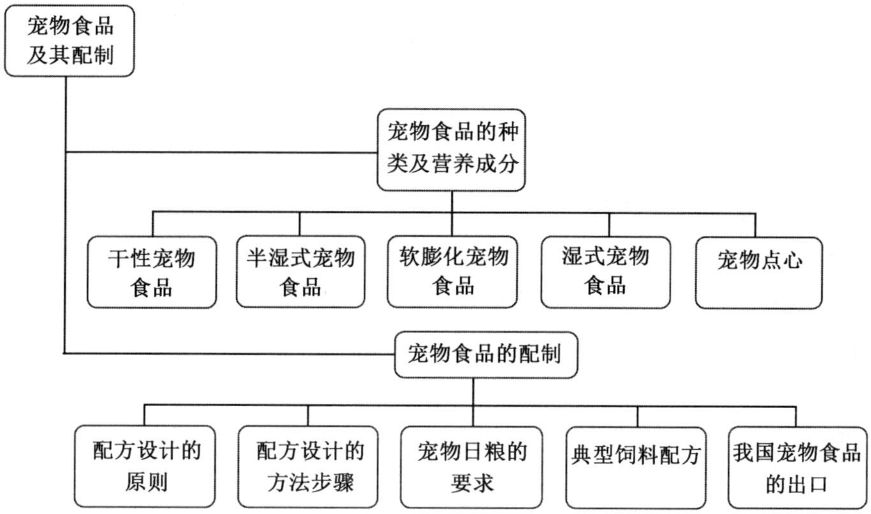

模块七

宠物食品的加工

【本章要点】

本章主要阐述宠物食品加工过程中原料的加工工序及设备，以及宠物食品加工工艺、质量控制、自制宠物食品的方法。

【知识目标】

- 理解宠物食品加工过程中原料的加工工序及设备。
- 掌握不同宠物食品加工工艺、质量控制。
- 了解自制宠物食品的方法。

【技能目标】

- 掌握宠物食品主要加工工序的操作以及常见宠物食品的加工工艺。
- 掌握自制宠物食品的配制方法。

单元一　宠物食品原料的接收与清理

【学习目标】

本单元属于专业拓展知识范畴。通过学习，了解宠物食品加工的必要性、不同宠物食品原料的接收工艺及与原料中杂质清理方法。

【学习方法】

理实一体，课后在图书馆中或互联网上查阅有关资料。

【关键词】

宠物食品加工；原料的接收工艺；原料中杂质清理工艺；宠物食品的预处理；原料的物理和化学特性；原料接收设备

宠物食品加工是指采用各种必要的方法使宠物获取食品最大的潜在营养价值，实际上就是指以某种方式改变原料组分、形态、适口性等特征，使宠物最大限度地利用其本身的价值。宠物食品范围很广，既包括人类食品，又包括动物采食的饲料。为了保证宠物对食物营养充分安全地利用，必须对所用原料进行不同程度的加工。

食品加工方法可以分为物理、化学、生物的方法。物理方法包括改变食品的水分、加热、加压、黏结或粉碎；化学方法包括淀粉的结构变化、蛋白质的降解、某种物质的分解以及新物质的产生等。食品加工影响食物的营养价值，某些养分有所提高，而另一些却有所下降。谷物工业化加工中采用的许多方法会降低某些成分的营养价值。食品加工的目的是：a. 改变适口性。b. 提高养分的利用率。c. 改变粒度。食品的粒度减小有助于咀嚼、吞咽。在某些情况下，通过制粒或压块来增大其粒度。d. 改变水分含量。调节原料的水分含量，以利于贮存，增强适口性，利于消化或为其他加工做准备。e. 改变食品的密度。饲料单位体积的重量（容重）会影响总采食量。例如，制粒或压块可增加其能量密度和食物摄入量，减少运输费用和贮存空间。f. 减少霉菌、沙门菌等有害物。g. 脱毒或除去不必要的成分。某些原料中可能含有毒物质，过早摄入会导致生长不良，甚至引起死亡。

犬和猫均属以食肉为主的杂食性动物，其新陈代谢旺盛，需要充足的营养才能满足生长需要。其所需营养主要来自所食肉类及谷物。随着人类对宠物的驯化和豢养，宠物的食物结构越来越丰富。

宠物采食不仅是要获取食物中的营养，而且是要保证所获营养的数量及比例符合机体健康成长的需要。在选择宠物食品时不仅要考虑食品中所含营养物质的总量，还要考虑宠物对营养物质的消化利用率。例如，蛋白质含量羽毛粉、鱼粉和豆粕，其蛋白质含量依次降低，但是就宠物对其消化利用来说，羽毛粉最差，这主要是由于其氨基酸组成比例不平衡所致。另外，尽管犬不能消化吸收粗纤维，对高纤维食品的消化率较低，但通过适当的加工，可提高犬对其的消化率，同时在食物中应适当选择添加一定水平的粗纤维食物，可防止或治疗腹泻、便秘。

宠物食品还要考虑适口性。犬喜食脂肪，喜好含硫化合物、发酵味道、氨基酸和氯化钠。猫一般拒食苦味，喜酸味、甜味、氨基酸等。犬喜欢高质量的饲粮，劣质食物会影响犬的采食，大多数犬喜欢经常变换食物并从中得到营养，但不能突然变换。因此，在宠物的食品加工过程中，仅仅考虑食物的营养水平和价值是不够的，食物的味道还必须让宠物喜爱，如果食物的味道宠物不喜欢，就会影响宠物的食欲，甚至会影响宠物与主人的感情。宠物的喜食性、食物气味、外观等因素对于宠物食品的质量是非常重要的。

安全性是食品质量的一项关键指标。食品不能含有毒成分或被污染。食品的加工和烹饪可提高食品的外观、口味、质地和消化率，更主要的是保证食品安全可用。通过加热可杀死细菌（如大肠杆菌、沙门菌、肉毒梭菌等）、霉菌、寄生虫及多数毒素和毒物；可破坏一些植物中对机体有害的物质，如大豆中的胰蛋白酶抑制物、木薯中的氰糖苷；还可使淀粉糊化，提高宠物对淀粉的消化率。烹饪可使肉类嫩化，破坏蛋白质结构，使肉类肽链断裂，一定程度上可提高消化率，但过度烹饪是有害的，可造成维生素和矿物质的损失。因而，宠物食品加工要全面考虑安全性，适口性，喜食性，可接受性，外观，方便购买和存放等因素。为防止偏食，尽量避免每天饲喂单一食物，可将通常饲喂的食物混合或轮换交替，以满足其各种营养的需求。

犬和猫都是以肉食为主的杂食性动物，其主食为肉类、鱼类及其副产品，屠宰下脚料如血块、内脏、骨粉都是很好的主食原料。奶类、蛋类、谷物及薯类、蔬菜等是很好的犬猫食品辅助原料。各种原料的副产品也是很好的饲料原料，这一点为生产宠物食品提供了廉价而丰富的原料。

一、宠物食品的预处理

肉类是宠物主要的食物来源，主要包括动物肌肉组织，也包括位于肌肉上的皮下脂肪、肌肉内部含有的脂肪，无论是猪、牛、羊、兔等畜肉，还是鸡、鸭等禽肉，宠物对其利用没有明显差别。尽管宠物可以采食生肉，但为了保证食品卫生和安全，最好进行适当的加工处理，尤其是血液、骨骼、肝脏、肾脏、胃等。对于宠物猫来说，可适当喂一些经过检疫的无病生肉，以满足猫对某些维生素的需要。例如，在猫的发育阶段、妊娠期和哺乳期需要大量的烟酸，烟酸对于维持皮肤和消化器官正常功能有重要作用，猫本身不能合成烟酸，只能从动物肉中获得，烟酸遇热会很快分解，因而要补充烟酸必须喂生肉。

如果使用冻结肉，则应采用正确的解冻方法，无论是空气解冻，还是水解冻，应尽量避免微生物大量繁殖。按照国家和地区的分割标准对肉进行分割，应当修割掉碎骨、软骨、淋巴结、脓包等。

水产原料的预处理是水产食品加工的主要工序，因原料品种不同，制品的形式要求不同，操作内容也不同。冷冻水产品解冻的理想方法是在低温下短时间内进行，以防止鱼体品质降低。在进行大量快速处理时，常采用流水解冻法。水温控制在 15～20 ℃，水的流速一般在 1 mL/min 以上。在水槽中充气，可加速解冻。解冻程度以中心部位有冷硬感的半解冻状态为宜。

鱼肉的营养非常丰富，但饲喂鱼肉也有一些不利影响。鱼肉的适口性和肉相比稍差，而且犬一般很难接受鱼的气味和外观；鱼肉中有时含有寄生虫，食用鱼骨有风险；鱼肉中含有硫胺酶(可降解硫胺素，加热可破坏其活性)，因而经过适当的烹饪可使之更安全。猫不能喂过多的鱼肉，过量的鱼肉会消耗猫体内的维生素 E。

动物骨骼是一种很好的钙源食物。饲喂动物骨骼一定要慎重，要防止卡住食道或刺伤消化道。可以将骨头加工成骨粉来饲喂，将骨骼上的肉剔除，然后砸碎骨骼，上火烘焙，碾成粉末，或将骨骼晒干，用机器粉碎或砸成碎骨渣，拌在料中一起食用。

乳制品主要包括奶油、脱脂乳、乳清、酸奶、奶酪、酥油等，绝大多数犬喜食，且消化利用率较高，但对于鲜乳，最好能够加热消毒后食用。

蛋类是非常完美的食物，营养丰富，利用率高，可生食也可熟食，生食可能会引起部分宠物腹泻，熟食有利于蛋白质的消化。

谷类及副产品是宠物主要的能量来源。一般来说，谷类产品比谷粒或粗粉更易利用，如面粉制成的馒头以及面包、饼干等烤制点心。生大米不能被犬、猫有效利用，除非经过烹饪。谷类对犬来说适口性差，与其他食物相比，消化率也低。只有经过精心烹饪加工才能显著提高其消化能和可消化的干物质。猫喜欢干食，液体或糊状的食物易使猫厌食，一般将大米做成米饭，面粉做成馒头、面包，玉米面做成饼、窝头等。

脂肪和油类(植物和动物油)也是很好的能量来源，消化利用率较高，但反复多次加工后的熟脂肪和油类不能食用，可能对宠物产生危害作用。罐装食品是一种安全、简便、营养均衡的食品，主要由肉及其副产品、禾谷类粮食、矿物质、补充的维生素等混合制成，是一种非常可口的饲粮，其中以不加谷类的肉块禽肉汁的罐头最受宠物喜爱。制作罐装食品的过程也是一个灭菌的过程，能够杀灭有害菌，而营养成分几乎没有损失，成品的保质期较长。

半湿饲粮通常含水 15%～30%，主要由肉及其副产品、大豆等植物蛋白以及谷类、脂肪等组成。加工过程中通过添加一些抗氧化剂、防腐剂来抑制霉菌生长和发酵物的产生或通过添加有机酸降低 pH 以防止食物变质。

干饲粮包括全价饲粮(粉状、颗粒状、膨化)、烘烤饼干、压模饼干、富含蛋白质的肉类等。加工过程中通过加热及严格控制其水分含量来提高保存时间，干饲粮可在干燥、通风、凉爽的储存环境下保存几个月。

二、原料的接收与清理

原料的接收是饲料加工过程的第一道工序，也是保证生产连续性和产品质量的重要工序。

原料接收的任务是通过运输设备，将饲料加工过程中所需的各种原料运至加工厂内，经过质检、称重等过程，将符合质量要求的原料入库保存或直接使用。饲料加工厂在设计过程中应根据原料的性质、运输形式及包装形式等具体情况，选择合适的接收设备。原料的接收能力大小应以满足饲料厂的生产需要为前提，采用适用的先进工艺与设备，以减轻工人的劳动强度，节省能耗，降低成本及保护环境。饲料原料和其他粮食一样，在收割、贮藏和运输中难免会混入各种不同的杂质。饲料原料中混杂的杂质如不事先清除，就会影响畜禽的生长，在加工过程中损坏设备，影响生产。

（一）原料及成品的基本特性

1. 加工特性

按原料及成品的加工特性，大致可分为以下几类。

①待粉碎组分，主要有谷物、油料种子、饼粕等。其多为颗粒状，占总量的 70%～80%。

②各种谷物及动物加工副产品，如米糠、麸皮、蛋白粉、豆粉、血粉等，占总量的 20%～30%，其状态多为粉状。

③容重较大的无机盐类，如硫酸盐、磷酸盐、石粉、盐等。这类物质多为包装。因盐类对金属有腐蚀作用，并易吸湿结块，所以贮藏时要注意其特性。

④液态原料，如糖蜜、油脂及某些液态氨基酸、维生素等。

⑤药物及微量组分，主要有一些抗生素、维生素、香味剂等。这些物料其特点是品种多、数量少，价格较高，有些品种对人有害，贮藏时要有专门的场所存放和专人管理，不可与其他物料混杂。

⑥生产的成品有粉料、粒料，有包装也有散装。

从原料及成品的种类可知，饲料加工中除有少量的液体外，大部分是颗粒状和粉状原料。颗粒体和粉状体统称为散粒体。

2. 物理特性

(1)散落性。散落性是反应物料在自由状态下向四周扩散的能力，它是物料流动性的一个特性。粉状和粒状物料在粒度上大致分为：粉体，10 μm～2.0 mm；粒体，2.0 mm～5.0 cm；5.0 cm 以上称为“块”；不足 10 μm 的属胶体范畴。

散粒体具有与液体相似的流动性质，这种流动性表现为散落性。由于颗粒之间有一定的剪切应力，使这种流动性能有很大的局限性，散粒体的剪切应力由摩擦力及吸附力组成，剪切应力与散粒体受到的垂直压力成正比。当垂直压力为零时的剪切应力又称为初剪切应力。流动性好的散粒体，又称理想散粒体。粉状或片状物料属于流动性不良的散粒体。另外，物料的水分、粒度、压实程度都将影响其散落性。

(2)摩擦系数。散粒体颗粒之间的摩擦称为内摩擦，内摩擦力的大小常用内摩擦角来表示。内摩擦角的正切值为内摩擦系数。散粒体与多种固体材料表面间的摩擦因素称为外摩擦因素。相应的有外摩擦角，又叫自流角，即散粒体沿固体材料表面滑落时，该表面与水平面形成的最小角度。

(3)自动分级。散粒体在运输、流动、振动的过程中，由于各颗粒间的密度、粒度及表面特性不同，会按各自特性重新分类积聚的现象称为自动分级。一般来说，大而轻的颗粒易浮在粒堆的上部或飘到边缘，小而重的物料易堆积在下部。当输送距离远，振动大时，自动分级就严重。自动分级对原料清理和分级是有利的，因为杂质的聚集便于清理，而对于饲料的混合是一种反作用，是影响混合均匀度的主要因素，所以在饲料加工工艺设计中，要尽量减少混合料的分级并采取如制粒、添加液态饲料、减少输送工段来保证产品质量。

(4)密度。密度是散粒体自然堆积时单位体积质量。散粒体的体积质量与粒子大小、表面光滑程度及水分等因素有关。在计算仓容时密度是一个重要指标。

(二)原料及成品的化学特性

1. 吸附性 是一种物质原子或分子吸附另外一种物质的能力。对饲料行业来讲，吸附性即为某种饲用原料将其他物质吸附于自身表面上的性质。吸附性是为饲料微量添加剂选择载体和稀释剂的依据之一。为了使微量添加剂在饲料中混合均匀，需要先选择具有良好吸附性的物料作为载体，与微量的小组分物料混合，然后再将其均匀地混合到大批量的饲料中，以保证饲料的效价与安全，饲料的吸附能力往往与物料的形状(粒状、片状)、表面特性(光滑、粗糙)以及含水量有很大关系。

2. 吸湿性 是指饲料原料对周围空气中的水分的吸收与放出能力。某些饲料原料具有较强的吸湿性，如食盐、硫酸盐、氯化胆碱以及含盐较高的鱼粉等。吸湿性强的饲料，其稳定性不好，易失效、霉变、结块或自动分解。另外，在配合饲料中也会影响其他饲料的贮藏和品质保持。

3. 热稳定性 是指饲料中的某些化学成分在热加工条件下，抵抗热破坏的能力。饲料中的维生素(如维生素 C、维生素 A 等)、氨基酸在高温下易氧化失效。某些矿物质在高温作用下生物学效价也会降低。另外，原料中的某些有害成分，如大豆中的抗胰蛋白酶、菜籽饼(粕)中的芥子酶以及一些有害的微生物和细菌在高温作用下也会失去活性或被杀死。

4. 化学稳定性 是指某种饲用生物活性物质在外来化学物质的作用下，抵抗破坏的性能。化学稳定性是选择维生素、微量元素盐类和某些其他添加剂如抗氧化剂、防霉剂等的主要条件。

5. 毒性 某些饲料原料，主要是微量矿物质添加剂以及一些药物等含有对人体和宠物体有害的重金属和其他有毒成分，如硫酸铜、硫酸锌等都含有对人、畜有害的铅、砷、镉等有害重金属。因此，选用微量矿物质添加剂时一定要选用达到国家质量标准的产品。

6. 静电性 静电现象通常与活性成分有关。干燥而粉碎得很细的物料常常会带有静电荷，产生吸附作用使活性成分吸附在混合机或输送设备上，造成混合不均匀。预混合饲料厂为克服静电现象通常在主要设备上装有接地装置。

(三)原料接收设备和设施

饲料厂常用的原料接收设备包括刮板输送机、斗式提升机、螺旋输送机、带式输送机、气力输送设备和计量设备等，原料接收设备应根据原料的特性、数量、运输距离等具体情况来选用。例如，刮板输送机和螺旋输送机都可水平输送饲料，但前者多用于远距离而后者多用于短距离。气力输送特别适用于船舶散装原料的装卸，其优点为粉尘少，劳动强度低，缺点为动力消耗大。

饲料厂原料的称重设备包括台秤、自动秤、地中衡等，台秤多用于小批量的包装原料进厂的称重；自动秤适合于散装原料称重；地中衡用于以公路运输为主的饲料厂的原料和成品的称重，地中衡应安装于地势较高、便于出入的位置。

原料的贮存通常采用筒仓、房式仓等形式，筒仓主要用于粒状原料贮存，房式仓主要用于存放各种包装原料；微量矿物质原料和添加剂则要求在专用储存仓中保存，由专人保管，液态原料一般采用液罐存放。

(四)原料的接收工艺

饲料厂原料接收工艺要适合饲料厂的具体情况,根据接收原料的种类、包装形式及运输工具的不同而采用不同的工艺。

1. 散装车接收　散装卡车或罐车入厂的原料(谷物类原料),经地中衡称重后卸入下料坑,汽车下料坑应配置栅栏,以除去大的砖块、麻绳等大型杂质,下料坑处配以吸风罩,风速为1.2~1.5 m/s,以减少粉尘。原料卸入下料坑后,经水平输送机、斗提机、初清筛、磁选设备和电子秤,然后经斗式提升机提升,送入筒仓储存,也可直接进入待粉碎仓或配料仓使用(图 7-1)。

2. 气力输送接收　气力输送特别适用于船舶散装原料的接收。气力输送装置(图 7-2)由吸嘴、料管、卸料器、关风器、除尘器和风机等组成,在风机风力作用下,吸料嘴将物料吸入卸料器,分离出的物料经关风器卸入后序的输送设备。气力输送设备分为可移式和固定式 2 种,一般大型饲料厂宜采用固定式,小型饲料厂可采用可移式的。气力输送装置具有吸料干净、粉尘少、结构简单、操作方便,劳动强度低等优点,但其缺点为能耗比其他机械输送方式高。

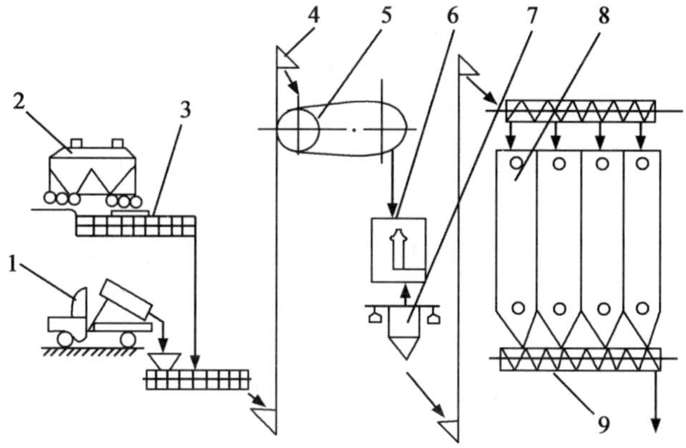

图 7-1　散装卡车和罐车接收原料工艺

1. 自卸卡车　2. 铁路罐车　3. 刮板输送机　4. 斗提机　5. 锥筒初清筛　6. 永磁滚筒　7. 自动秤　8. 立筒仓　9. 螺旋输送机

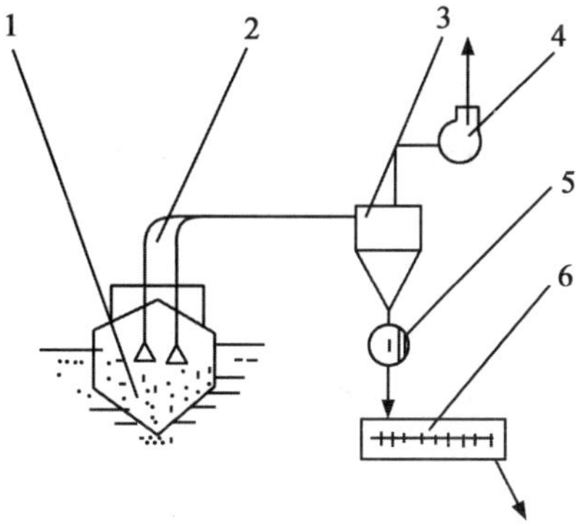

图 7-2　气力输送装置接收原料工艺

1. 船舱　2. 吸嘴　3. 卸料器　4. 风机　5. 关风器　6. 刮板输送机

3. 袋装原料接收　袋装原料进厂后,经地中衡计量后,可按散装原料(谷物类原料)进厂方式接收,也可通过人力或机械方式将袋装原料搬运至原料仓,堆垛保存。

4. 液体原料接收　饲料厂接收的液体原料包括油脂、糖蜜、液体蛋氨酸和氯化胆碱等。液体原料接收时,首先需进行检验,主要内容包括感官鉴定颜色、气味,并测量密度以及进行其他化学分析,经检验合格的原料方可接收。液体原料的运输一般采用桶装或罐车,液体原料进厂后由液体接收泵将液体原料泵入贮存罐中保存,贮存罐中配有加热装置,接收工艺见图 7-3。

(五)原料的清理

在进入饲料厂的原料中,可分为植物性原料、动物性原料、矿物性原料和其他小品种的添加剂。其中动物性原料(如鱼粉、肉骨粉)、矿物性原料(如石粉、磷酸氢钙)以及维生素、药物等的清理已在原料生产过程中完成,一般不再清理。饲料厂需清理的主要是谷物性原料及其加工副产品。糖蜜、油脂等液体原料的清理则是在管道上放置过滤器等进行清理。

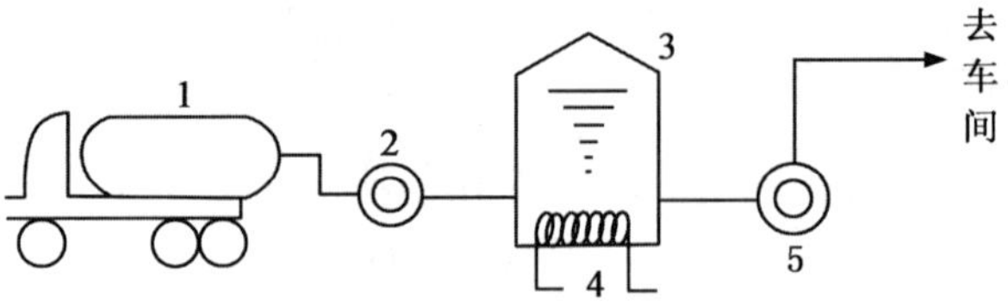

图 7-3 液体原料接收工艺

1. 运输罐车 2. 接收泵 3. 储存罐 4. 加热蛇管 5. 输出泵

饲料谷物中常夹杂着一些沙土、皮屑、秸秆等杂质。少量杂质的存在对饲料成品的质量影响不大。由于成品饲料对含杂的限量较宽,所以饲料原料清理除杂的目的不单是为了保证成品的含杂不要过量,而是为了保证加工设备的安全生产,减少设备损耗以及改善加工时的环境卫生。饲料加工厂常用的清理方法有 2 种:a. 筛选法:用以筛除大于及小于饲料的泥沙、秸秆等大杂质和小杂质;b. 磁选法:用以分除各种磁性杂质。此外,在筛选、磁选以及其他加工过程中常辅以吸风除尘,以改善车间的环境卫生。

1. 筛选

(1)筛选的基本原理。筛选是根据物料颗粒与杂质宽厚尺寸或粒度的不同而达到清理目的,是加工厂使用最普遍的方法。其基本工作原理主要是根据颗粒大小不同,利用一定规格的筛网与谷物原料发生相对运动,一般大的杂质不能通过筛网,而谷物类原料在重力作用下穿过筛网,以获得清理。

(2)常用的筛选设备。常见的初清设备有振动筛、网带式初清筛、圆锥式初清筛、圆筒式初清筛等。按照选用设备要结构简单、操作方便、耗电量少、粉尘不外扬、噪声小、便于密闭等原则,饲料厂以选用圆筒式初清筛较合适。

①网带式初清筛(图 7-4):由网带、进出料口、沉降室、传动装置等组成,其主要工作部件是网带。网带是由钢丝编织而成的方形筛孔(14 mm×14 mm 或 16 mm×16 mm),分段焊接在牵引链板上,仅作为清理构件。

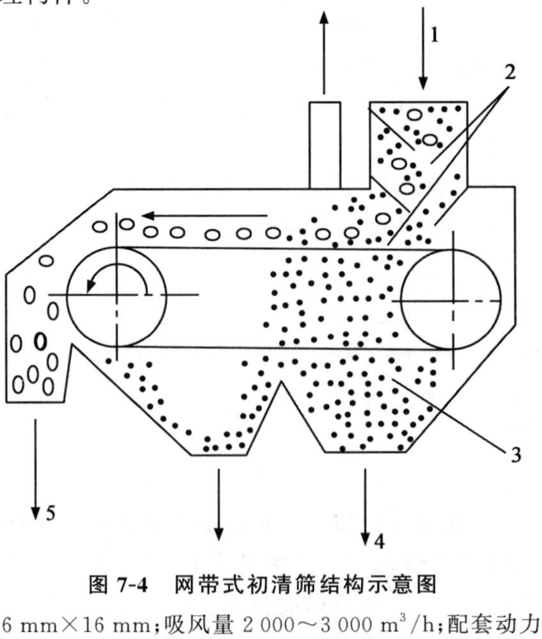

图 7-4 网带式初清筛结构示意图

筛孔规格 16 mm×16 mm;吸风量 2 000～3 000 m^3/h;配套动力 2.2 kW。

1. 原料进口 2. 网带 3. 沉降室 4. 清净原料出口 5. 杂质出口

工作时，传动机构驱动链板上网带不断运转，原料从进料口落下，并穿过上下网带而流向原料出口，不能穿过筛孔的大杂质，被上网带送至杂质出口排出。粉尘由吸风口排出，网带一般用刷子清理筛面和用刮刀切割麻绳等容易缠绕的纤维类杂质。SW-1000 型网带式初清筛的主要技术规格：网带宽度 1 000 mm，长度 1 997 mm，网带线速 0.21 m/s；筛孔为方形，规格为 14 mm×14 mm。

②圆锥式初清筛（图 7-5）：由圆锥形冲筛筒、托轮、吸尘口、传动装置和机架等组成。原料从进料口进入圆锥筛小头内，谷物通过筛孔由底部出料口排出，留在筛面的大杂质由筛筒大头排出，圆锥初清筛的优点为结构简单、产量较高，清理效果尚好。但缺点为更换筛面不便，噪声较大等，圆锥式初清筛在我国饲料业发展初期曾广泛使用，现多为圆筒式初清筛所取代。

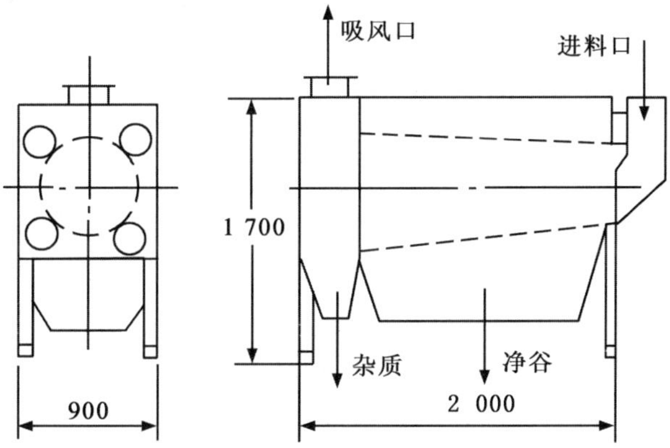

图 7-5　圆锥式初清筛结构示意图（单位：mm）

③圆筒式初清筛：SCY 型冲孔圆筒初清筛已广泛应用于饲料厂（原料清理），其由冲孔圆形筛筒、清理刷、传动装置、机架和吸风部分组成，如图 7-6 所示。

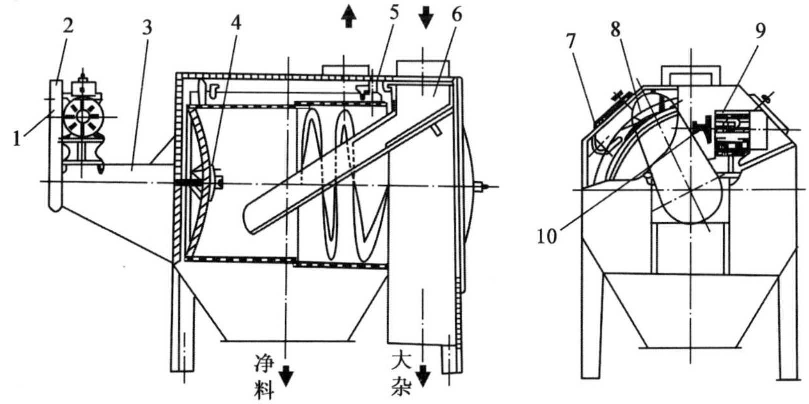

图 7-6　SCY 型冲孔圆筒初清筛结构示意图

1. 蜗轮减速器　2. 链壳　3. 支撑板　4. 轴　5. 筛筒　6. 进料　7. 操纵门
8. 清理刷　9. 电动机　10. 联轴器

原料由进料口经进料管进入筛筒中部，筛筒的一端封闭。整个筛筒由主轴呈悬臂状支撑。整筛筒分前、后两段，靠近轴端的半段多用 20 mm×20 mm 方形筛孔，可使料粒较快地过筛；而靠近出杂口的半段常用 13 mm×13 mm 的较小方形筛孔，以防止较大杂质穿过这段筛孔而混入谷物中去，而且在该段筛筒上装有导向螺旋片，以便将杂质排向出杂口。为避免筛孔堵塞，在筛架上装有清理刷，在顶部设有吸风口，及时吸走灰尘。该机结构简单，造价低，单位面积处理量大，清理效果好，杂质含谷少，更换筛面方便，占地面积较小。

圆筒式初清筛有 SCY50、63、80、100、125 等几种型号，相应的处理量分别为 10～20、20～40、40～60、60～80、100～120 t/h。

2. 磁选

(1)磁选的原理。磁选的任务是清除原料和成品中的金属杂质，以保证安全生产和产品质量。磁选设备的主要工作元件是磁体。每个磁体都各有 2 个磁极。在磁极周围空间存在着磁场。当饲料原料通过磁场时，由于谷物为非导磁性物质，在磁场内能自由通过，而其中的金属杂质则被磁化，跟磁场的异性磁极相互吸引而与谷物分开。通常对磁选设备的要求是：原料通过磁选，磁性金属杂质去除率需大于 95%以上。

(2)常用磁选设备。常用磁选设备有永磁滚筒、永磁筒、悬浮或电磁分离器等，其中以不用动力的永磁筒为好。

①永磁筒：永磁筒的结构见图 7-7。它由内筒和外筒 2 部分组成，外筒通过上下法兰连接在饲料输送管道上；内筒即磁体，它由若干块永久磁铁和导磁板组装而成，磁体的特点是磁极极性沿圆柱体表面轴向分段交替排列。磁体外部有一表面光滑且耐磨的不锈钢外罩，并用钢带固定在外筒门上。

永磁筒在工作时，物料由进料口落到内筒顶部的圆锥体表面，向四周散开，随后沿磁体外罩表面滑落。其中的铁质因密度大而弹向外筒内壁，在筒壁反力及重力的作用下，铁质将沿着近于磁力线方向下落，故易被磁铁吸住。而非磁性物料则从出料口排出。永磁筒具有结构简单、磁选效果好、不需动力等优点，因此广泛应用于饲料厂的磁选工序。

②永磁滚筒(图 7-8)：由进料口、供料压力门、永磁滚筒、出料口、排铁杂口、驱动装置和机壳等组成。永磁滚筒主要由不锈钢板制成的外滚筒和半圆形的磁芯组成。磁芯由锐钨铁氧体

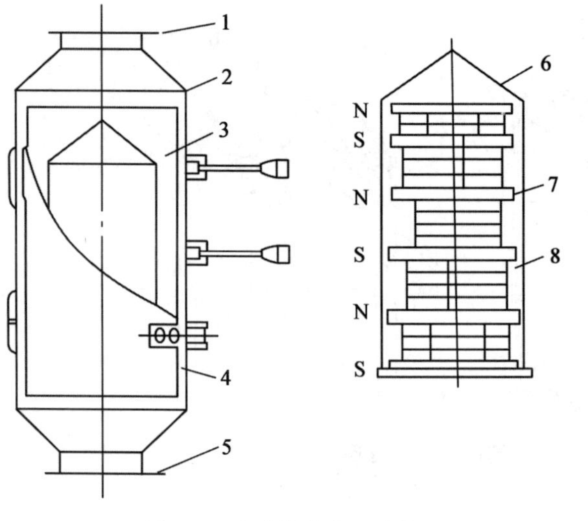

图 7-7 永磁筒结构示意图

1. 进料口 2. 外筒 3. 磁体 4. 外筒门 5. 出料口 6. 不锈钢外罩 7. 导磁板 8. 磁铁块

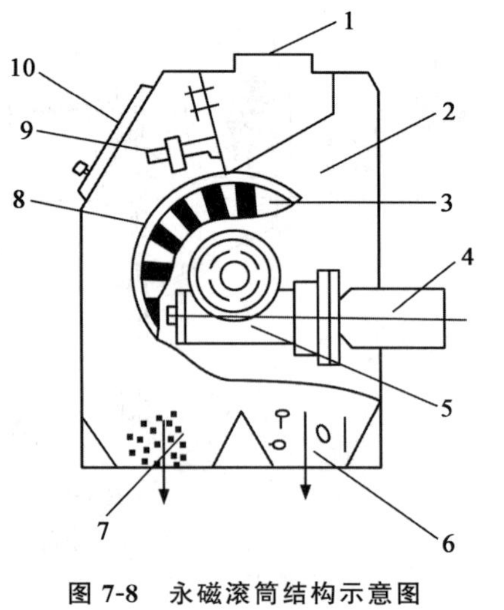

图 7-8 永磁滚筒结构示意图

1. 进料口 2. 机壳 3. 磁铁 4. 电动机 5. 减速器 6. 排铁杂口 7. 净物料出口 8. 滚筒 9. 压力门 10. 观察窗

永久磁块和铁隔板按一定顺序排列呈 170°圆弧形，安装于固定轴上，铁隔板起着集中磁通作用。永磁块分为 8 组排列，形成多极头开放磁路。磁芯表面与滚筒内壁间隙小于 2 mm，以减少气隙磁阻。

永磁滚筒在工作时，物料经压力门顺进料淌板（倾角约 35°）流经滚筒时，铁杂被磁芯组所对滚筒外表面吸住，并随外筒旋转而被带到无磁区，铁杂自动落下，由排杂口排出，而被清理物料从出料口排出。永磁滚筒优点为物料与磁铁不直接接触、寿命长、无须人工经常清理、磁选效果好，但价格较贵。

单元二　粉　　碎

【学习目标】

本单元属于专业拓展知识范畴。通过学习，了解宠物食品原料粉碎粒度对宠物食品品质的影响，粉碎工艺对粒度的影响特点，饲料的配料计量系统的组成及工作过程。

【学习方法】

理实一体，课后在图书馆中或互联网上查阅有关资料。

【关键词】

粉碎；粒度；粉碎方法；饲料的配料计量；粉碎机

粉碎是用机械的方法克服固体物料内聚力而使之破碎的一种操作。饲料原料的粉碎是饲料加工过程中最主要的工序之一。它是影响饲料质量、产量、电耗和加工成本的重要因素。粉碎机动力配备占饲料厂总功率配备的 1/3 左右。微粉碎能耗所占比例更大，因此如何合理选用先进的粉碎设备、设计最佳的工艺路线、正确使用粉碎设备，对于饲料生产企业至关重要。

一、粉碎的目的与要求

饲料粉碎对饲料的可消化性和动物的生产性能有明显影响，对饲料的加工过程与产品质量也有重要影响。适宜的粉碎粒度可显著提高饲料的转化率，减少动物粪便排泄量，提高动物的生产性能，有利于饲料的混合、调质、制粒、膨化等。

（一）粉碎目的

①增加饲料的表面积，有利于动物的消化和吸收。动物营养学试验证明，减少颗粒尺寸，改善了干物质、蛋白质和能量的消化和吸收，降低了料肉比。

②改善和提高物料的加工性能。通过粉碎可使物料的粒度基本一致，减少混合均匀后的物料分级。对于微量元素及一些小组分物料，只有粉碎到一定的程度，保证其有足够的粒子数，才能满足混合均匀度要求；又如对于制粒加工工艺，粉碎物料的粒度必须考虑粉碎粒度与颗粒饲料的相互作用，粉碎的粒度会影响颗粒的耐久性和水产饲料在水中的稳定性。

（二）粉碎粒度要求

对于不同的饲养对象、不同的饲养阶段，有不同的粒度要求，而这种要求差异较大。在饲料加工过程中，首先要满足动物对粒度的基本要求，此外再考虑其他指标。

二、粉碎粒度

1. 粒度 物料颗粒的大小称之粒度，它是粉碎程度的代表性尺寸。对于球形颗粒来说，其粒度即为直径。对于非球形颗粒，则有以面积、体积或质量为基准的各种名义粒度表示法。在饲料行业一般采用粒度来表示物料的粒径。

2. 粒度分布 粉碎后的固体颗粒不仅形状不一致，其大小也不一致。一般采用在全部颗粒中粒度小于 d 的所有颗粒的粒数、表面积和体积占全部颗粒的粒数、表面积和体积的百分率表示，分别称为粒数、表面积与体积的累积分布函数，以符号 $A(d)$表示之。

3. 粉碎比 物料粉碎前后的粒度比称为粉碎比或粉碎度。它主要是指粉碎前后的粒度变化，同时近似反映出粉碎设备的作业情况。一般粉碎设备的粉碎比为 3～30，但微粉碎和超微粉碎远远超过这个范围，达到 300～1 000 以上。对于一定性质的物料来说，粉碎比是确定粉碎作业程度、选择设备类型和尺寸的主要依据之一。

对于大颗粒物料粉碎成细粉的粉碎操作，如要通过一次粉碎完成则粉碎比太大，设备的利用率低，故通常分成若干级，每级完成一定的粉碎比。这时可用总粉碎比来表示，它是物料经几道粉碎后各道粉碎比的总和。

三、粉碎方法

在饲料加工过程中，对于谷物和饼粕等饲料，常用击碎、磨碎、压碎与劈碎的方式将其粉碎。

1. 击碎 物料在瞬间受到外来的冲击而粉碎，它对于粉碎脆性物料最为有利，因其适应性广、生产率高，在饲料厂广泛被应用。

2. 磨碎 物料与运动的表面之间受一定的压力和剪切力作用，当剪切力达到物料的剪切强度极限时物料被破碎。

3. 压碎 物料置于两个粉碎面之间，施加压力后粉料因压力达到其抗压强度极限而被粉碎，所以粉碎效果较好。

4. 劈碎 当用一个平面和一个带尖棱的工作表面挤压物料时，物料沿压力作用线的方向劈裂，当劈裂平面上的拉力达到或超过物料拉伸强度极限时物料破碎。

四、饲料的配料计量

饲料的配料计量是按照预设的饲料配方要求，采用特定的配料计量系统，对不同品种的饲用原料进行投料及称量的工艺过程。经配制的物料送至混合设备进行搅拌混合，生产出营养成分和混合均匀度都符合产品标准的配合饲料。饲料配料计量系统指的是以配料秤为中心，包括配料仓、给料器、卸料机构等，实现物料的供给、称量及排料的循环系统。现代饲料生产要求使用高精度、多功能的自动化配料计量系统，电子配料秤是现代饲料企业中最典型的配料计量秤，采用计算机技术来控制饲料生产过程，特别是配料-混合过程，电子配料秤正是适应这一需求的配料计量装备系统。

（一）电子配料秤的组成及工作过程

1. 电子配料秤的组成 电子配料秤主要由秤斗、传力连接件、称重传感器、重量显示仪表和电子线路（含电源、信号放大器、模数转换、调节元件、补偿元件等）组成。

(1)秤斗:是用来承受待称物料重量并将其传递给传感器的箱形部件,由秤体和秤门组成。

(2)传力连接件:是保证将待称物料的质量完全作用于称重传感器上的机械装置。

(3)传感器:是能将非电的物理量(如重力、拉力、位移、速度、流量等)转换成电量(电压、电流、电阻或电容)或电信号并传送出去的一种转换元件。

(4)重量显示仪表:其作用是将称重传感器的称重结果用模拟形式或数字形式显示出来。重量显示仪表随着称重传感器及集成电路的进步而发展,由模拟式到数字化,由分立元件到集成电路,到电脑化、智能化。

(5)配料控制器:电子配料秤的计量性能、控制和实现功能都是由配料控制器来完成的。

2. 电子配料秤的工作过程　这是一种多品种物料依序连续、累计称量、示值停顿显示,并分批周期作业、自动控制操作的一种动态的、复杂的称量过程。

(1)称量校对:先进行零位校对,即秤斗重量为皮重,去皮后显示重量应为零。然后进行称重校对,即用标准砝码加在秤斗上,使仪表显示重量与加上的砝码重量一致;并要求分度值重量以及最大量程都要在允许误差内。称量校对要对新秤或修理后的秤进行。

(2)确定生产参数:包括秤数、料仓数、首号仓及下料顺序等。

(3)确定饲料配方:向计算机输入所选用的配方号,显示料仓号与料名,向配料仓输入配料原料,并将混合时间、放料时间等工艺参数输入计算机。

电子配料秤工作时,将每批(每秤)被称物料按品种(或料仓)排列成不连续的序列,依次称重(可实时显示单次称量和累计称量结果),将示值累加得出累计称量结果,得出该批物料总重量。完成一个配料周期之后,由配料混合控制系统指令,再进入下一个配料周期,称量第二批料,如此配料生产得以协调与连续进行。

(二)配料工艺及其给料设备

1. 配料生产工艺　设计合理的配料工艺流程,在于正确地选定配料计量装置的规格、数量,并使其与配料给料设备、混合机组等设备的组合充分协调。优化的配料工艺流程可提高配料准确度、缩短配料周期,有利于实现配料生产过程的自动化和生产管理的科学化。

目前最常见的配料工艺流程有多仓数秤(2～4 个配料秤)、多仓一秤和一仓一秤等几种形式。

一仓一秤工艺是在 8～10 个配料仓的小型饲料加工机组中,每个配料仓下配置一台重量式台秤。各台秤的称量可以不同。作业时各台秤独立完成进料、称量和卸料的配料周期动作。这种工艺的优点是配料周期短、准确度高,但设备多、投资大、使用维护也较复杂。

多仓一秤工艺是在 6～10 个配料仓的小型饲料加工厂中,全部配料仓下仅配置一台电子配料秤。各配料仓依次称量配料,配料周期相对较长,配料仓多了就有配料周期比混合周期长因而降低生产效率的问题;更重要的是小配比(5%～20%)的原料的称量时的误差很大,会降低产品的质量和增加生产成本。故目前这种工艺也应用不广。

应用较多的配料工艺是多仓双秤与多仓三秤的工艺形式。多仓三秤是在多仓双秤的基础上增加一台预混合载体的定量秤,其余工艺相同。各种饲料原料经仓顶输送设备和分配器分配进入相应各配料仓中存贮。配料时由给料器分别依次将原料送至秤斗中。大配比(≥20%)的原料送至大秤斗;小配比(5%～20%)的原料则被送至小秤斗称量。每种料的定量由配料控制器控制给料器的给料,即给料器的开关依设定的顺序与时间实现。当全部料仓的物料按设定配方要求称量配料完毕,称够规定累计重量(每批料量)时,秤斗门打开将秤斗内物料放入混合机混合室中进行搅拌混合。

2. 分配设备 分配设备的作用是将不同的饲用原料分配到指定的配料仓，常见的设备有分配螺旋输送机和分配器2种。分配螺旋输送机通过插板或电磁阀与排成一列直线的配料仓顶部相通，当要求将原料送入某号配料仓时，打开该号仓顶的插板或电磁阀门而关闭其余插板或阀门。但最末位的配料仓上不设闸门，以免螺旋机所带残料堵塞。饲料厂常用的分配器有三通阀、摆动分配器与旋转分配器等几种。三通阀可将输送来的物料自流下落至2个配料仓中的任何一个仓体内；摆动分配器采用电动推杆与连杆等构成的四杆机构，带动分配管（活动溜管）运动，当分配管到达预定的仓号位置上时，通过分配管上的磁铁使相应位置上的干簧管信号线路接通，指令电动推杆停转，从而实现了分配管定位于预定仓号位的固定溜管上；旋转分配器通过旋转溜管和若干个固定溜管中的设定溜管，从提升机输送来的物料，自动流入设定配料仓位。

3. 料位指示器 料位指示器（简称料位器）是用来显示配料仓内物料的位置（满仓、空仓或某一高度的料位）的一种监控传感元件。当斗式提升机将配料仓装满时，上料位器即发出信号，使操作员（或自动）及时调换仓号或停止进料。当配料仓卸空时，下料位器即发出空仓信号或声光警报，使操作员（或自动）迅速采取加料或关闭后续设备的措施，保证生产过程连续运行或停机。若上、下料位器与斗式提升机或其他进料机用继电器相连，即可做到空仓时自动控制进料机进料，满仓时自动停止进料。

4. 秤斗的给料器 由配料仓卸料或向配料秤秤斗给料需采用给料器。饲料厂中最常用的配料给料器是螺旋给料器，螺旋给料器由动力传动装置、进料口、料槽、给料螺旋体、出料口及机壳等构成。传动装置一般采用三角皮带传动或采用双速电机、变频电机传动，要求是可变速以实现快慢速给料，制动迅速以提高给料量的精确性，并且结构紧凑、便于自动控制。故现代饲料厂多采用双速电机传动或变频电机传动，以提高配料的准确度。

单元三 混合与制粒

【学习目标】

本单元属于专业拓展知识范畴。通过学习，了解宠物食品原料混合均匀的必要性、不同类型原料的混合工艺和制粒加工工艺及注意事项。

【学习方法】

理实一体，课后在图书馆中或互联网上查阅有关资料。

【关键词】

混合；混合工艺；混合机；制粒；制粒工艺；制粒机械

所谓混合，就是各种饲料原料经计量配料后，在外力作用下各种物料组分互相掺和，使其均匀分布的一种操作。在饲料生产中，主混合机的工作状况不仅决定着产品的质量，而且对生产线的生产能力也起着决定性的作用。每头或每只畜禽每天或每餐的采食量只是工厂生产的某一批饲料中极少的一部分。为保证畜禽每餐都能采食到包含有各种营养成分的饲粮，就必须保证各组分物料在整批饲料中均匀分布，尤其是一些添加量极少而对畜禽生长又影响很大的“活性成分”，如维生素、微量元素、药剂及其他微量成分等，更要求分布均匀。

一、混合类型

按被混合物料的状态(性质)来分,有固-固混合和固-液混合 2 种。固-固混合又包括了主流混合和预混合;固-液混合为粉状饲料中添加少量液体的固液混合。

按混合工艺来分,混合操作又分为分批混合和连续混合 2 种。分批混合就是将多种混合组分根据配方的比例要求配置在一起,并将其送入周期性工作的"批量混合机"进行混合。混合机的进料、混合与卸料 3 个工作过程不能同时进行。3 个工作过程组成 1 个完整的混合周期。混合 1 个周期,即生产出一批混合好的饲料。这种混合方式改换配方方便,各批之间的混杂较少,是目前普遍应用的一种混合工艺。连续混合是各种物料分别同时连续计量,并按配方的比例配制成一股含有各种组分的料流。当料流进入连续混合机后,混合成一股均匀的料流。这种混合工艺的优点是可连续地进行生产,前后工段容易衔接,操作简单,目前连续混合仅用于混合质量要求不高的场合。

二、混合过程

混合过程实际上是物料间相互掺和和相对运动的一个过程。在外力作用下,物料混合可分为对流混合、剪切混合和扩散混合 3 种类型。

1. 对流混合(又称体积混合)　对流混合中物料在外力作用下从一处移向另一处,即物料团做相对运动,这种类型的混合使物料达到粗略的混合,混合程度决定于机械作用的强度,而物料特性对混合质量的影响较小。

2. 剪切混合　在混合机构作用下,使物料间彼此形成许多相对滑动的剪切面而发生的混合。

3. 扩散混合　物料由于受到压缩,或在流动的过程中粒子间的相互吸引、排斥或掺插,而引起的物料间的无定向无规律地移动。扩散混合的速度主要决定于物料的物理特性,即分散性良好的物料比黏滞料易混合均匀。

无论采用何种混合设备,3 种混合类型总是同时存在的。但混合机类型与混合时间不同,所起的作用大小也不同。在混合过程中,一方面机械对物料起着混合作用,而另一方面由于物料粒子间存在的相对密度、粒度、表面特性等的差异,在运动时必定也产生着自动分级。自动分级将使物料的均匀状态受到破坏,这种使均匀状态受到破坏的现象,称之为"离析",也称为"自动分级"。无论采用什么混合设备,混合和离析这对矛盾都是同时存在的,只是程度不同而已。在这一过程中,对流混合起着主要作用,使物料很快从不均匀到粗略均匀,这一过程的快慢主要决定于混合设备的构件。随着时间的进行,对流混合作用逐步减弱,而扩散混合作用逐步成为主流混合。对流混合使物料混合得更为细致、更为均匀。这一阶段的混合主要决定于物料的物理特性,以及组分的多少和组分的大小。伴随着混合的进行,离析也始终存在。进一步的作用使混合与离析达到动态平衡,达到动态平衡后,混合的均匀性随时间不再改变。

三、混合机的混合质量

(一)影响混合质量的因素

混合过程实际上是对流、扩散、剪切等混合作用与分离作用同时并存的一个过程,所以凡是影响这些作用进行好坏的诸因素都将影响混合物料的混合质量。

1. 机型的影响 由于对流混合是将物料成团地从料堆的一处移到另一处的作用,因此可以很快地达到粗略的、团块状的混合,并在此基础上,可以有较多的表面进行细致的颗粒之间的混合,因此以对流作用为主的混合机的混合速度必然较快,如卧式螺带混合机、双轴桨叶混合机。

而以扩散作用为主的机型,如滚筒混合机,则混合作用较慢,要求的混合时间较长,物料的物理性能(如粒度、粒型、容重等)的差异对混合效果的影响较大,但颗粒间的混合可以进行的比较细致。

2. 混合物料物理特性的影响 物理特性主要是指物料的容重、粒度、颗粒表面的粗糙度、物料的水分、散落性、结团的情况和团粒组分的多少和组分的大小、混合物料的平均粒径小、混合物料的粒径均匀,则混合的速度慢,且混合所能达到的均匀度高。当 2 种粒径不同的物料混合时,两者粒径的差别越大,则混合所能达到的精度越差。因此,力求选用粒度相近的物料进行混合。

当混合物料之间的容重差异较大时,则所需的混合时间较长,而且混合以后产生的分离现象也较严重,可以达到的最终混合精度较低。在条件许可时,尽量选择容重相近的原料。特别是预混合料载体和稀释剂的选择,更应该注重这一点。

不同的混合机以及不同的混合转速对相对容重差异及粒度差异影响的敏感程度不一样。V 形混合机在达到的动态平衡时,变异系数(CV)值波动的幅度较大,即显得有时均匀,有时不均匀;采用卧式螺带混合机时,即使混合料之间的容重差异较大,由于主要利用对流混合作用进行混合,因此,仍可将物料混合得较为均匀。

物料粒子表面的粗糙程度、物料水分、散落性等因素影响了物料的流动性能。物料的流动性能对混合状态的影响可归结为一条规律:物料的流动性好,易于混合,但混合最终的均匀程度不高,且混合产品易于分级;混合接近完成前,添加黏性大的糖蜜、油脂等,以降低其散落性而减少分离作用。

3. 充满程度的影响 一般采用充满系数来表示充满程度。

$$充满系数(\varphi)=\frac{装入物料容积}{混合机容积}$$

无论对于哪种类型的混合机,适宜的装满状况是混合机能正常工作,保证混合效果的前提条件。若装料过多,会使混合机超负荷工作;装料过少,则不能发挥混合机的效果。

对于卧式螺带混合机以转子所占有的体积为机容,充满系数一般取 0.6～0.8,当 φ 大于 100%和 φ 小于 40%时,混合效果明显下降。

各类混合机的充满系数:分批卧式螺带式混合机 0.6～0.8,双轴桨叶式混合机 0.8～0.9,分批立式混合机 0.8～0.85,连续型混合机 0.3～0.5。

4. 进料程序的影响 为提高混合均匀度,减少物料的飞扬,在进料时应先把配制好的配比量比较大的大宗原料先进,再进小组分物料,最后再把 20%的大组分物料加在上面,既保证这些微量组分易于混合,又避免飞扬损失。如在间隙混合机中混合液态组分,则先投入所有粉料并混合一段时间,而后加入液态组分并将其与粉料混合均匀。

(二)避免分离的措施

在物料过度混合、运输、流动、振动、打包过程中都可能产生分离。在分离过程中,小的粒子有移向底部、较大的粒子有移向顶部的趋势。为避免混合料成品进一步分离，一般采取如下措施。

①力求混合物料组分的容重、粒度一致，必要时添加液体饲料。

②掌握好混合时间，避免混合不均或过度混合。

③掌握适宜的充满系数及安排正确的进料程序。

④混合料成品最好采用刮板或皮带输送机进行水平输送，不宜采用绞龙和稀相气力输送，以避免严重的自动分级。

四、混合工艺

(一)混合周期

混合机每批料的混合周期 T_z(min)为：

$$T_z = T_r + T_j + T_x$$

式中：T_r 为混合机装料时间，即从配料秤加料起，至秤斗门关闭止的时间，min；T_j 为设定的最佳混合时间，即由秤斗门关闭起至混合机卸料门开始打开为止的时间，min；T_x 为卸料时间，即卸料门打开起至关闭完毕为止的时间，再加上混合停歇时间，min。

混合周期应与配料周期相适应，以获得相同的生产节拍。卧式螺带混合机带喷液系统工作时，需 4～5 min 的混合时间。达到混合时间(预先输入计算机)后，计算机指令打开混合机卸料门卸料，卸完料后关闭混合机门。延时一段时间(间歇)，然后再进入下一个混合周期。

(二)混合工艺要求

混合工艺是指将饲料配方中各组分原料经称重配料后，进入混合机进行均匀混合加工工艺方法和过程。对混合工段的要求是混合周期短、混合质量高、出料快、残留率低以及密闭性好，无外溢粉尘。混合机的生产能力决定了饲料厂的生产规模，所以按生产规模来选择混合机容量大小，当采用单台卧式螺带混合机为生产线主机时，它们之间的关系如表 7-1 所示。

表 7-1　饲料厂生产规模与混合机关系

项目	混合机的批量/(kg/批)				
	500	1 000	2 000	3 000	4 000
混合周期/min	6	6	6	6	6
饲料厂生产规模(年单班产)/万 t	1	2	4	6	8

(三)混合工艺流程

主要原料由大配料秤称重后进入混合机，含量在 0.5%～5%的小料，由小配料秤称重后进入混合机，量更少的添加剂及易潮解的食盐等经称重后由人工添加口加入。

大型混合机的顶盖上配有独立除尘系统，使混合机始终处于微负压状态下工作，消除了混合机混合时产生的正压，从而免除了对配料称重精度产生影响。除尘的细粉同时又回到混合机内部，避免灰尘外溢。对于小型混合机只要求设计气流平衡管，以沟通配料秤与混合机，使装卸料时产生的气流往返于混合机与秤斗之间，这样就可以消除对配料精度产生的影响。

五、制粒

(一)制粒的目的

通过机械作用将单一原料或配合混合料压实并挤压出模孔形成的颗粒状饲料称为制粒。制粒的目的是将细碎的、易扬尘的、适口性差的和难于装运的饲料,利用制粒加工过程中的热、水分和压力的作用制成颗粒料。与粉状饲料相比,颗粒饲料具有以下优点。

1. 提高饲料消化率 在制粒过程中,由于水分、温度和压力的综合作用,使饲料发生一些理化反应,使淀粉糊化,酶的活性增强,能使饲喂动物更迅速地消化饲料,转化为体重的增加。

2. 减少动物挑食 配合饲料是由多种原料根据动物的营养需要配合而成,通过制粒使各种粉状原料成为一个整体,可防止出现动物从粉料中挑拣其爱吃的,拒绝摄入其他成分的现象,由于颗粒饲料在贮运和饲喂过程中可保持均一性,因此,可减少饲料损失8%~10%。

3. 使得储存运输更为经济 经制粒一般会使粉料的散装密度增加40%~100%。

4. 避免饲料成分的自动分级,减少环境污染 在粉料贮运过程中由于各种粉料的容重不一,极易产生分级,制成颗粒后就不存在饲料成分的分级,并且颗粒不易起尘,在饲喂过程中颗粒对空气和水质的污染较粉料要少得多。

5. 杀灭动物饲料中的沙门菌 沙门菌被动物摄入体内会保留在动物组织中,人吃了感染这种细菌的动物产品后会得一种沙门杆菌的肠胃病。采用蒸汽高温调质再制粒的方法能杀灭存在于动物饲料中的沙门菌,减少病菌的传播。

随着颗粒饲料的优越性逐渐被人们所认识,颗粒饲料占配合饲料的总量不断提高。随着产品质量的提高和动物饲养量的不断扩大,制粒饲料占有量将进一步提高。

与粉状饲料相比,颗粒饲料也存在一些不足,如电耗高、所用设备多、需要蒸汽、机器易损坏及消耗大等。同时,在加热、挤压过程中,一部分不稳定的营养成分受到一定程度的破坏等,但综合经济技术指标优于粉状饲料,所以制粒是现代饲料加工中一个必备的加工工段。

(二)颗粒产品的分类

颗粒饲料通常有以下3种类型。

1. 硬颗粒 调质后的粉料经压模和压辊的挤压,通过模孔成型。硬颗粒饲料产品以圆柱形为多,其水分一般低于13%,相对密度为1.2~1.3,颗粒较硬,适用于多种动物,是目前生产量最大的颗粒饲料。

2. 软颗粒 软颗粒含水量大于20%,以圆柱形为多,一般由使用单位自己生产,即做即用,也可风干使用。

3. 膨化颗粒 粉料经调质后,在高温、高压下挤出模孔,密度低于1。膨化颗粒饲料形状多样,适用于水产动物类、幼畜、宠物等。

(三)硬颗粒饲料的质量要求

在颗粒饲料中,硬颗粒饲料占了相当大的比重,现仅介绍对硬颗粒饲料的质量要求。

1. 感官指标 硬颗粒饲料产品的形状要求大小均匀,表面有光泽,没有裂纹,结构紧密,手感较硬。

2. 物理指标

(1)颗粒直径。直径或厚度为 1～20 mm,根据饲喂动物种类而不同。

(2)颗粒长度。通常颗粒饲料的长度为其直径的 1.5～2 倍,鸡饲料的长度要严格控制,过长会卡塞喉咙,导致窒息。

(3)颗粒水分。我国南方的颗粒饲料水分应≤12.5%,贮藏时间长的应更低,北方地区可≤13.5%。

(4)颗粒密度。颗粒结构越紧,密度越大,越能承受包装运输过程中的冲击而不破碎,产生的粉末越少,颗粒饲料的商品价值越有保证,但过度的坚硬会使制粒机产量下降,动力消耗增加,还使动物咀嚼费力。通常颗粒密度以 1.2～1.3 g/cm^3 为宜,一般颗粒能承受压强为 90～2 000 kPa,体积容量为 0.60～0.75 t/m^3。具体数据因制粒或压块的物料种类而不同。

(四)制粒机械的分类

1. 按结构特征分类　可将制粒机械分为以下 4 种。

(1)对辊式制粒机。其主要工作部件是一对反向、等速旋转的轧辊。它依靠轧辊的凹槽,使物料成型。因该机压缩作用时间短,颗粒强度较小,生产率低,一般应用较少。

(2)螺旋制粒机。其主要部件是圆柱形的或圆锥形的螺杆,它依靠螺杆对饲料挤压,通过模板成型,生产效率不高。我国多用其生产软颗粒饲料。

(3)环模制粒机。其主要部件是环模和压辊,通过环模和压辊对物料的强烈挤压使粉料成型。它又可分为齿轮传动型和皮带传动型 2 种,是目前国内外使用最多的机型,主要用于各种畜禽料、特种水产料和一些特殊物料的制粒。

(4)平模制粒机。其主要工作部件是平模和压辊,结构较环模简单;但平模易损坏,磨损不均匀。国内的平模制粒机多为小型机,它较适用压制纤维型饲料。

2. 按产品形式分类　可将制粒机械分为以下 2 种。

(1)硬颗粒制粒机。此种类型的制粒机生产出的颗粒饲料具有较大的硬度和密度。

(2)软颗粒制粒机。此种类型的制粒机生产出的颗粒饲料水分较大,密度小。

目前使用的最多的是环模式硬颗粒制粒机。

(五)制粒工艺的主要设备

目前使用的饲料制粒机主要有环模制粒机和平模制粒机 2 种,在生产中环模制粒机应用较多。

1. 环模制粒机　环模制粒机按环模的配置不同又有立式和卧式之分,立式环模制粒机的主轴是垂直的,环模圈水平配置;而卧式环模制粒机的主轴水平,环模圈垂直配置。一般小型饲料厂用立式,大、中型饲料厂用卧式较多。图 7-9 为单轴调质器的卧式环模制粒机,图 7-10 为双轴差速调质器的卧式环模制粒机,图 7-11 为三轴调质器的卧式环模制粒机。

(1)卧式环模制粒机的构造和工作过程。卧式环模制粒机的构造见图 7-12,主要由喂料器、调质器、压粒机构、电动机及传动机构等组成。

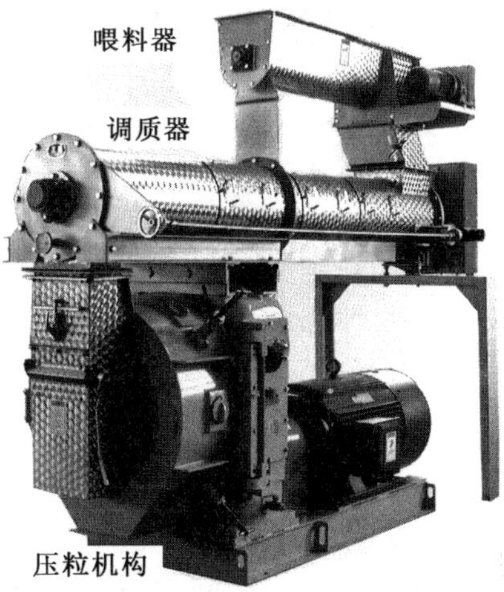

图 7-9　单轴调质器的卧式环模制粒机

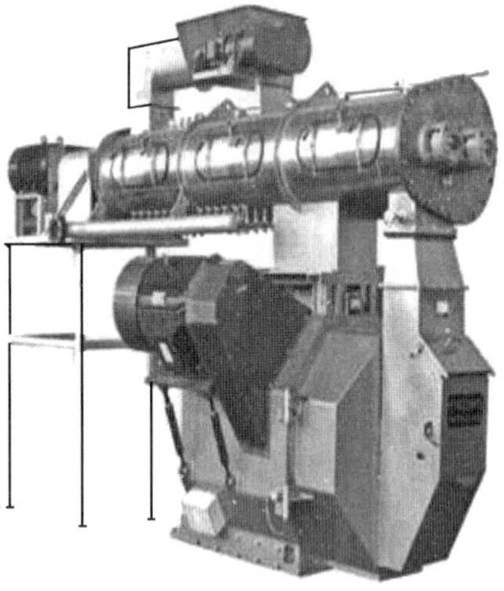

图 7-10 双轴差速调质器的卧式环模制粒机

图 7-11 三轴调质器的卧式环模制粒机

压粒机构是制粒机的核心部分，主要由环模、压辊、分配器和切刀等组成（图 7-13）。环模的周围有许多孔径相同的模孔，在环模内装有 2～3 个压辊，压辊装在一个不动的支架上，压辊能随环模的转动而自转，压辊与环模之间有很小的间隙。工作时环模由于电动机的驱动作顺时针转动，进入环模的饲料被分配器和转动着的环模带入压辊和环模之间，饲料被两个相对旋转的部件逐渐挤压，通过环模上的孔向外挤压出来，再由固定不动的切刀切成短圆柱状颗粒。

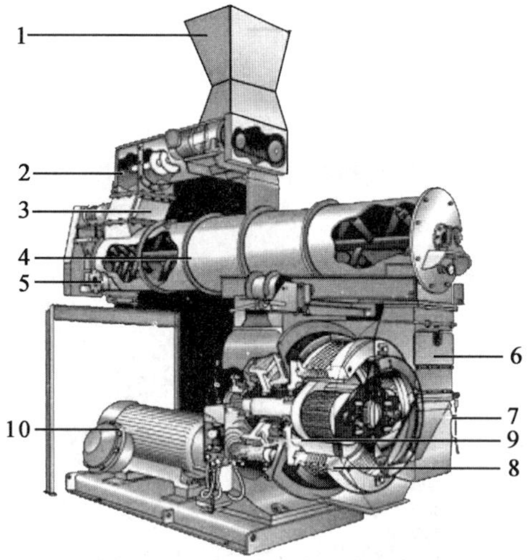

图 7-12 卧式环模制粒机的构造

1. 喂料斗 2. 喂料器 3. 下料溜管 4. 调质器 5. 蒸汽进口 6. 下料管 7. 下料斜槽 8. 环模 9. 主轴 10. 电动机

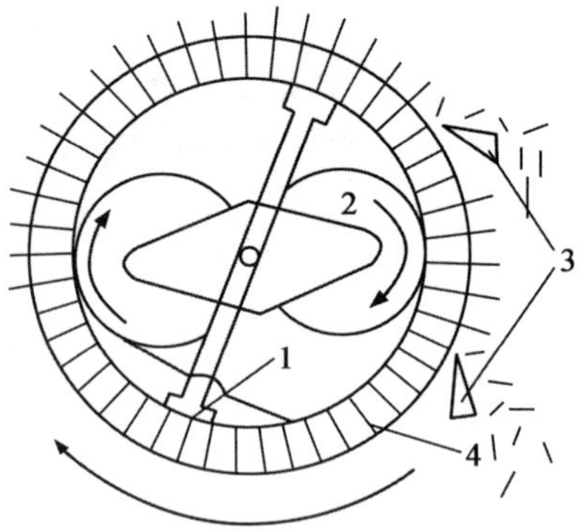

图 7-13 压粒机构

1. 分配器 2. 压辊 3. 切刀 4. 环模

环模由镍铬合金钢精加工制成，热处理后表面硬度为 HRC53～59。环模孔径一般为 Φ3.2 mm（鸡料用）、Φ3.5～5.5 mm（猪料用）和 Φ4.5～8 mm（牛料用）。为节省能耗、提高产量，加工雏鸡用颗粒料时常用 Φ4.5 mm 或 Φ6.8 mm 的模孔加工，然后用破碎机破碎成细小颗粒，再用分级筛筛分。环模使用寿命有限，一般能加工 5 000～8 000 t 饲料。环模与主轴的连接方式有抱箍式和螺纹式连接。

压辊一般有 2～3 个，用来向环模工作表面施加压力而挤出饲料。压辊采用与环模相同的材料，表面加工成与轴线平行的齿形槽或在其表面钻孔，以增加摩擦力，加工后也要热处理，压辊半径的大小影响着抓粉能力。压辊轴承的工作条件较差，温度高且粉尘多，应采用迷宫式油封来密封轴承。压辊与环模圈之间的间隙为 0.1～0.3 mm，压辊回转中心与压辊轴心有一偏心距，只要转动压辊轴，就能改变压辊与环模圈之间的间隙。

分配器的作用是将调质后的饲料均匀分给各个压辊，数量与压辊数相同。

切刀用来将从环模圈挤出的柱状物料切成长度适宜的颗粒，通常颗粒长度为颗粒直径的 1.5～2 倍，一个压辊配一把切刀，它与环模间距也需调节（图 7-14）。切刀刃口为直线型，可以用普通磨石磨锐。

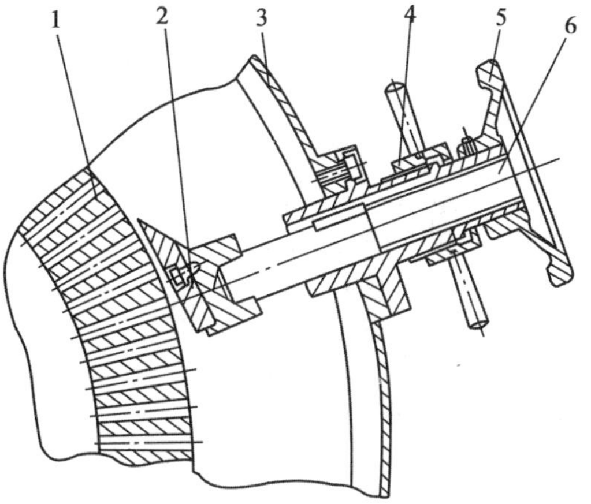

图 7-14　切刀的调整

1. 压模　2. 切刀　3. 门盖　4. 锁紧螺母
5. 调节手轮　6. 切刀

卧式环模制粒机的传动机构有 2 种：一种是电动机，通过齿轮传动带动环模转动（图 7-9），另一种是电动机（或双电动机），通过皮带传动带动环模转动（图 7-10）。

卧式环模制粒机还包括下料斜槽、过载保护装置、润滑系统、环模起调装置等。

①下料斜槽。饲料经过喂料器和调质器后，要经过下料斜槽进入环模圈内，一般由不锈钢制成，有的内部安装保安磁铁，确保主机安全。

②过载保护装置。遇到过载等紧急情况，可以自动打开机外排料门，机外排料。当有异物如石块、铁杂、麻线等进入环模圈内，压辊不再随环模转动，主轴扭矩超过正常扭矩，当剪切力超过安全销的允许强度极限被折断，使主轴的花键盘转动，碰动行程开关使主机停止，避免造成过大损失。

③润滑系统。由于制粒机的功率大，温度高湿度大，工作条件恶劣。因此采用电动加油泵把润滑油压入主轴承处进行润滑。

④环模起吊装置。大型环模制粒机的环模重量大，拆装更换环模不方便，常在调质器的下方设有钢梁滑轨，用蜗轮蜗杆机构传动的吊车，把吊具上的孔与环模上的螺孔用螺栓连接后进行吊装，可以减轻劳动强度，提高工作效率。

（2）颗粒成型的工作过程。粉状物料经过磁选装置除去铁质后，经无级调速的螺旋喂料器送至调质器，在调质器内粉料与水蒸气、糖蜜、油脂等充分混合，使物料的水分达到 15%～19%，温度达到 80～90 ℃，然后经过分配器将物料分配到由环模包围的压制室内，借助重力、环模旋转产生的离心力以及喂料刮刀的作用均匀地喂入环模内的 2 个压缩区，即 2 个压辊与环模形成的楔形空间内，因压辊与环模内壁的最小间隙仅为 0.1～0.3 mm，在环模和压辊的强烈挤压作用下，物料逐渐被压实挤入环模的模孔中并在模孔中成型。模孔每经过 1 次压辊被压入一定量的物料，由于环模转速较高，所以被视为连续地挤压。在结构上环模与减速器连接，由电机带动旋转，压辊绕自身轴旋转，压辊的旋转动力间接地取自电动机。电动机带动压模，压模带动物料，物料依靠摩擦力带动压辊转动。在压辊与压模的挤压下，物料呈长条形通过模孔，并由切刀切成长度适宜的圆柱体。切刀的位置可以调节，可以得到不同长度的颗粒。

2. 平模制粒机 平模制粒机有动辊式、动模式。动辊式平模制粒机的平模不转动，压辊在电动机驱动下公转，并在粉料的摩擦下自转，以小型机为主。

平模制粒机（图 7-15）的平模在主电动机的驱动下绕立轴转动，压辊在物料摩擦力的作用下自转，以中型机为主。

平模制粒机结构简单、制造容易、造价低，适于加工纤维性的物料，其中动辊式制粒机的平模固定不动，平模表面磨损较均匀。压辊由传动装置带动而公转，因与平模上物料接触而自转，压制出的颗粒质量较好，较常见。

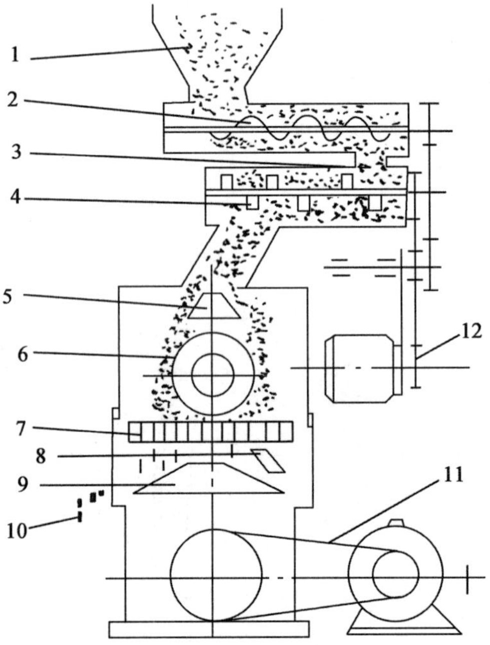

图 7-15 平模制粒机结构简图

1. 料斗 2. 螺旋喂料器 3. 蒸汽孔 4. 调质器 5. 分料器 6. 压辊 7. 平模 8. 切刀 9. 出料盘 10. 颗粒料 11. 皮带 12. 链轮

3. 平模制粒机的优缺点 平模制粒机与环模制粒机相比，具有结构简单、制造方便、价格低廉等优点，特别是平模的加工比环模容易得多。但平模制粒机工作时，压辊内外侧线速度不一致，所以压辊在转动过程中既有滚动又有滑动，最终导致压辊内外侧摩擦不一致，物料受力不一致。为克服上述问题，国外有些大型平模制粒机的压辊制作成锥形，以保证压模的磨损一致。

（六）制粒工艺的其他设备

1. 冷却器 粉状原料在调质器吸收了来自蒸汽中的大量热能和水分以及来自机械摩擦的附加热量后，一般出机的颗粒料的温度在 75～95 ℃，水分在 14%～18%。过高的温度和水分使得颗粒料不便储存和运输，同时高温高水的颗粒较软，容易粉化。因此，应及时将颗粒料进行冷却、去水，降低物料的温度，提高颗粒料的硬度。

目前，饲料企业使用的冷却器主要有 3 种，即立式、卧式和逆流式。逆流式冷却器（图 7-16）以其自动化程度高、占地面积小、吸风量小、功耗低等优点，迅速取代其他 2 种冷却器成为当今主流产品，为饲料企业广泛采用。

2. 破粒机 不同的畜禽在不同的生长期，对颗粒饲料大小要求是不同的，如喂养雏鸡就需要较小的颗粒饲料。若使用小孔径压模直接压制小颗粒，则产量低、动力消耗大。破粒机是将大颗粒（Φ3.0～6.0 mm）破碎成小颗粒（Φ1.6～2.5 mm）的专用设备。采用先压制大颗粒再用碎粒机破碎成小颗粒，可提高产量近 2 倍，大幅度降低了能耗，并提高了饲料厂全流程的生产效率。碎粒机结构及工作示意图如图 7-17 所示。

3. 颗粒分级筛 颗粒分级筛是制粒工段中的最后一道工序。当粉料被压制成型经冷却或颗粒料被破碎后，需经过分级筛提取合格的产品，把不合格的小颗粒或粉末筛出来重新制粒，并把几何尺寸大于合格产品的颗粒重新送回到破碎机中破碎。

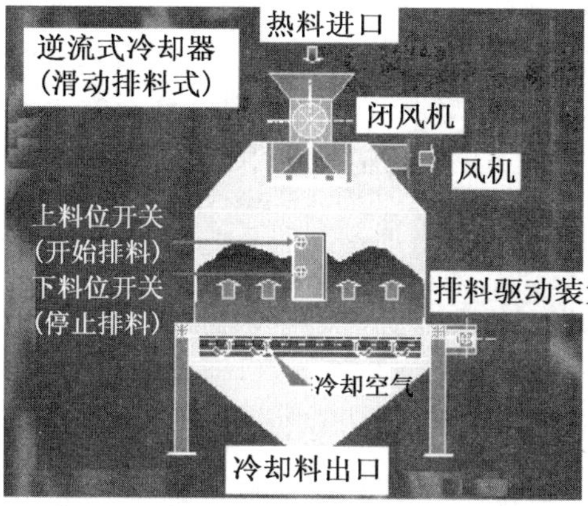

图 7-16　逆流式冷却器结构示意图

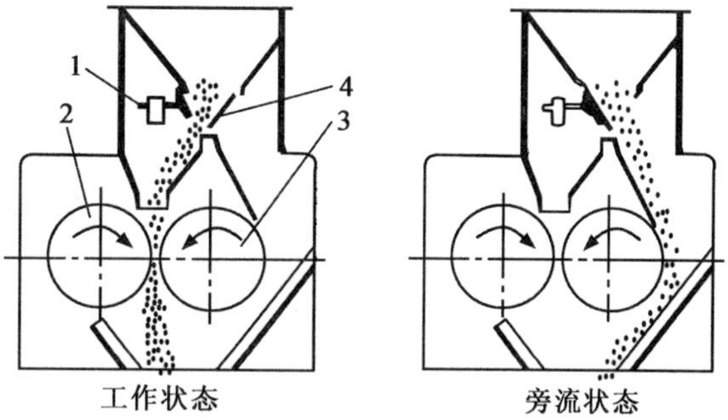

图 7-17　碎粒机结构及工作示意图

1. 压力门　2. 快辊　3. 慢辊　4. 翻板

分级筛是根据物料粒度大小进行筛选，必须选择适当的筛孔和相对运动速度，使物料能与筛面充分接触。在筛选过程中，凡大于筛孔尺寸不能通过筛孔的物料称为筛上物，小于筛孔尺寸能穿过筛孔的物料称为筛下物。目前分级筛的种类主要有回转振动分级筛(图 7-18)和振动式分级筛(图 7-19)。

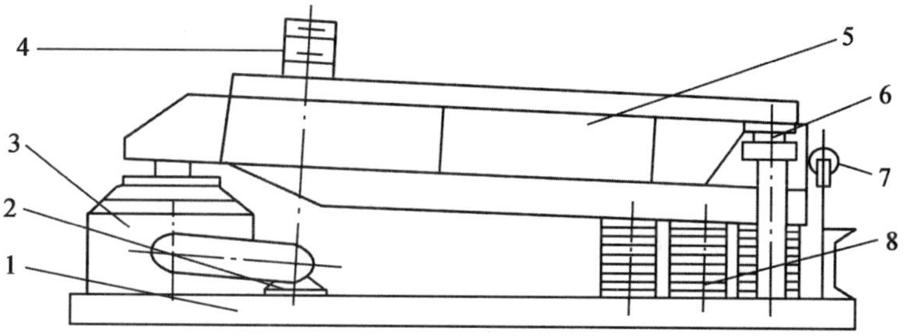

图 7-18　回转振动分级筛的结构

1. 机架　2. 电动机　3. 传动箱　4. 进料口　5. 筛箱　6. 滑动轴承　7. 拉杆　8. 出料

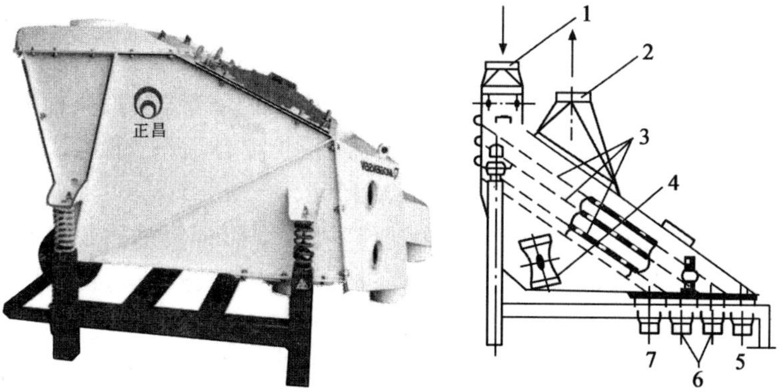

图 7-19　振动式分级筛实物图和示意图

1. 进料口　2. 吸风口　3. 筛网　4. 振动电动机　5. 大颗粒出口　6. 合格颗粒出口　7. 细碎粉末出口

4. 熟化器 在生产鱼、虾等水产饲料时，为提高粉状物料的调质效果，采用熟化器加强调质。混合粉料在通过熟化器时得到连续的搅拌，在熟化器内停留一定时间，由于物料有较长时间吸收蒸汽及液体，得到充分的水热处理，使物料的柔软性、可塑性及部分物料的润滑性大大改善。采用熟化后，制粒机电耗降低 10%～20%，并延长了压模、压辊的使用寿命，颗粒产品的质量更好。

单元四 宠物食品加工工艺

【学习目标】

本单元属于专业拓展知识范畴。通过学习，了解宠物食品加工工艺是饲料生产工艺和食品生产工艺的互相结合，挤压膨化宠物食品加工工艺过程，实罐罐头及软罐头生产工艺流程，食品烘焙生产工艺流程。

【学习方法】

理实一体，课后在图书馆中或互联网上查阅有关资料。

【关键词】

食品加工工艺；饲料生产工艺；挤压膨化宠物食品加工工艺过程；犬食品加工工艺过程；猫食品加工工艺过程；食品烘焙生产工艺流程；制粒；挤压膨化设备

宠物食品加工工艺是饲料生产工艺和食品生产工艺的互相结合。

为了保证宠物食品的质量，提高饲料的利用率，必须科学合理地选择先进的饲料加工工艺。目前，膨化饲料已经广泛应用于鱼类养殖和宠物饲养。宠物食品的加工工艺除与畜禽配合饲料加工工艺基本相似外，尚有一定的特殊性，还需要挤压膨化加工工艺，挤压膨化是生产膨化饲料最主要的工艺形式。

一、配合饲料生产工艺

配合饲料是根据动物的饲养标准和原料的营养特点，将多种饲料原料(包括添加剂)混合均匀，组成的混合物。国际上全价配合饲料生产工艺一般分为 2 类：一类是先粉碎后配合加工工艺，另一类是先配合后粉碎加工工艺。

1. 先粉碎后配合加工工艺 将需要粉碎的原料通过粉碎设备逐一粉碎成粉状后，分别进入各自的中间配料仓；按照饲料配方的配比，对这些粉状的能量饲料、蛋白质饲料和添加剂饲料逐一计量后，进入混合设备进行充分的混合，即成粉状配合饲料。如需压粒就进入制粒系统加工成颗粒饲料或膨化料，其工艺流程如图 7-20 所示。

此工艺优点是：单一品种饲料进行粉碎时粉碎机可按照饲料的物理特性充分发挥其粉碎效率、降低电耗、提高产量、降低生产成本，粉碎机的筛或风量还可根据不同的粒度要求进行选择和调换，这样可使粉状配合饲料的粒度质量达到最好的程度。

此工艺的缺点是：需要较多的配料仓、进出料控制阀门和破拱等振动装置，因此生产工艺复杂，建设投资大；当需要粉碎的饲料种类超过 3 种以上时，还必须采用多台粉碎机，否则将造成粉碎机经常调换品种，操作频繁，负载变化大，生产效率低，电耗也大。目前，这种工艺均采用电脑控制生产，配料与混合工序和预混合工序均按配方和生产程序进行。此加工工艺多用于生产规模较大、配比要求与混合均匀度高、原料品种多的饲料。

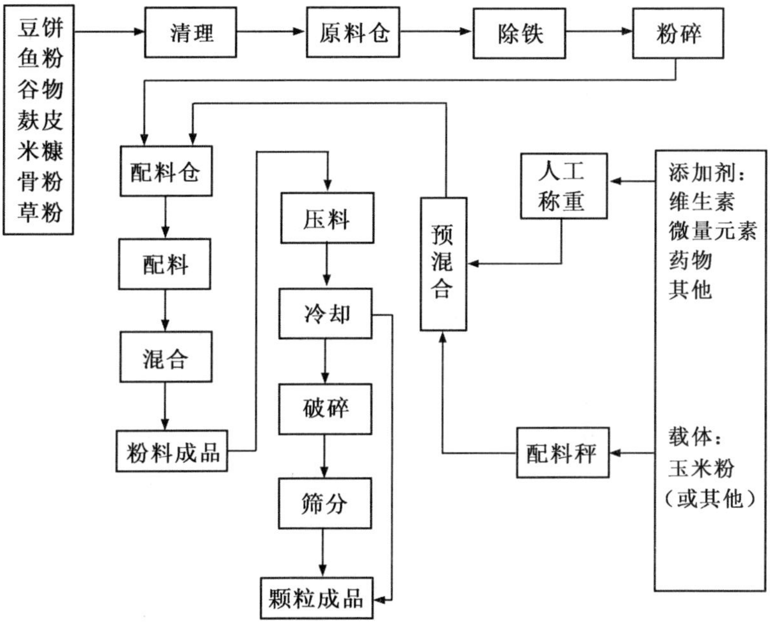

图 7-20 先粉碎后配合加工工艺

2. 先配合后粉碎加工工艺 先将各种原料(不包括维生素和微量元素)按照饲料配方的配比,采用计量的方法配合在一起,然后进行粉碎,粉碎后的粉料进入混合设备进行分批混合或连续混合,并在混合开始时将被稀释过的维生素、微量元素等添加剂加入。混合均匀后即为粉状配合饲料。如果需要将粉状配合饲料压制成颗粒饲料时,将粉状饲料经过蒸汽调质,加热使之软化后进入制粒机进行压粒,然后再经冷却即为颗粒饲料。

如图 7-21 所示为先配合后粉碎加工工艺流程,包括原料清理除杂系统、配料系统、粉碎系统、混合系统和压粒系统。它的主要优点是:工艺流程简单、结构紧凑、投资少、节省动力,原料仓就是配料仓,从而省去中间配料仓和中间控制设备。缺点是:部分粉状饲料要经粉碎,造成粒度过细,影响粉碎机产量,又浪费电能。

此工艺特点:原料仓也是配料仓,减少投资;不需要更多料仓,可适应物料品种的变化;粉碎机工作情况好坏会直接影响全厂工作。

这种工艺适用于小型饲料加工厂。

综上所述,2 种工艺各有特点,选择哪种工艺主要取决于所用原料性质。为充分发挥 2 种工艺的优点,国内外在开发集先粉碎后配合和先配合后粉碎为一体的综合工艺方面已取得新的进展。

3. 添加剂预混合饲料加工工艺 添加剂预混合饲料是全价配合饲料的组成部分,可分为单品种预混合料和综合预混合料 2 种类型。其加工工艺主要包括载体处理工艺、矿物盐处理工艺、维生素添加剂生产工艺、预混合饲料生产工艺,其工艺流程为:

载体处理工艺:载体、稀释剂→清理除杂→配料仓→计量。

矿物盐处理工艺:矿物盐→破碎→干燥→配料仓→计量→混合→计量包装。

维生素添加剂生产工艺:维生素→配料仓→计量→混合→计量包装。

预混合饲料生产工艺:原料前处理→粉碎→配料→混合→物料输送→计量包装→贮存。

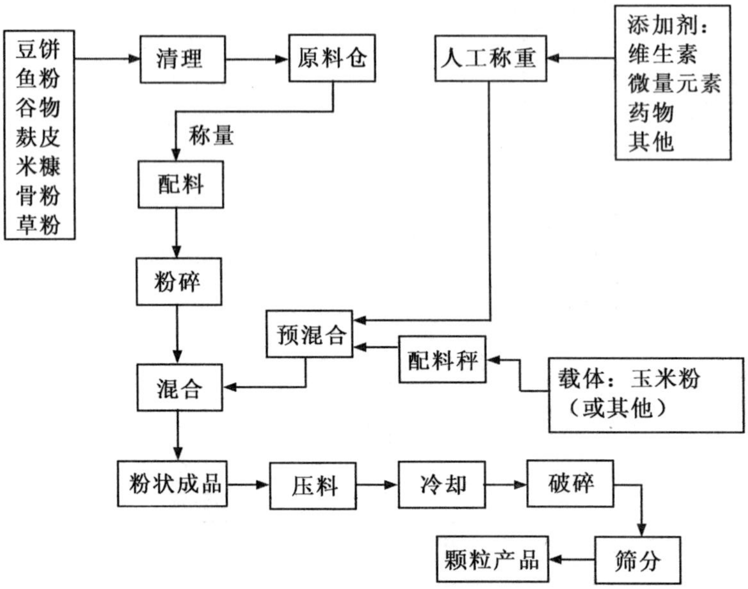

图 7-21 先配合后粉碎加工工艺

4. 制粒工艺 通过机械或化学方法，将粉状或液体原料聚合成型的过程统称为制粒。饲料工业中，将粉状饲料经过水、热调制，通过机械压制成型的过程称为制粒。其成品可分为硬颗粒、软颗粒、膨化颗粒等。

(1)颗粒料的优点。

①可避免宠物挑食，有利于宠物营养的全面摄入，减少饲喂损失。

②饲料报酬率高。制粒过程可使淀粉糊化、酶活性增强，有利于宠物的消化吸收。

③可杀灭沙门菌。蒸汽高温调质过程能杀灭沙门菌。

④贮存运输更经济。制粒可使散装密度增加 40%～60%。

(2)国家和行业对颗粒物理性状要求的指标。

①颗粒直径。根据所饲喂的动物品种而定。

②颗粒长度。一般为直径的 1～2 倍。

③水分。北方≤14%，南方≤12.5%。

④粉化率，是指颗粒料在规定条件下产生的粉末占总重的百分比。动物料≤12%，鱼料≤8%。

⑤耐水性，指颗粒料在水中抗溶蚀的能力，以在水中保形时间计。水产颗粒料耐水性≥15 min。

⑥外观、气味、色泽较好，表面光滑，无腐败发霉及其他异味。

(3)制粒工艺流程。

制粒工艺流程主要由原料准备、制粒成型、后处理共 3 个阶段组成。该工艺流程可因饲喂对象、特殊要求而有所不同。制粒工艺的组合方式多且前处理工艺复杂，一般有一次调质、二次调质、二次制粒、膨胀制粒工艺。

一次调质工艺，是指粉料进入待制仓、调质器后，经过颗粒机制粒、冷却、破碎，经分级筛分级后喷涂油脂和其他液体，制得成品。

二级调质工艺，是指原料经过调质后，进入熟化器，再次调质后颗粒机制粒、冷却，然后进入与一次调质工艺相同的后序工艺。此工艺生产的颗粒产粉率低，能提高液体原料的添加量，但能耗增加。

二次制粒工艺，是指原料经过调质后第1次制粒，压模孔径比第2次制粒大50%，第2次制粒后序工艺与上述基本相同。此工艺可生产出高品质的颗粒，但能耗比一次制粒高20%。

膨胀制粒工艺，是在制粒前物料预先经过高温膨胀。原料经过调质进入膨胀器，然后经过松料器后进行制粒，或不制粒直接冷却。后序工艺与上述基本一致。此工艺可增加油脂等液体添加量、利于淀粉糊化、提高灭菌度、提高生产率等，但能耗比二次制粒高20%。

影响颗粒饲料加工质量的因素主要的配方因素、调质因素、制粒因素、冷却因素，等等。配方含量的不同对成品颗粒的质量有较大影响，不同原料的黏合性有明显差别，因而应控制谷物等黏合性差的原料的添加比例。原料粉碎粒度应均匀细致，这将有利于成品质量的提高。调质过程是制粒的关键步骤，有利于淀粉的糊化，温度一般控制在85～98 ℃，蒸汽的供给既要保证调质对水蒸气温度和量的要求，又不能使水分过高。制粒机的环模规格和速度要与不同的配方相适应，否则会影响制粒的质量和效率。干燥和冷却要均匀彻底，否则会导致颗粒松散和霉变。

二、挤压膨化宠物食品加工工艺

(一)膨化宠物食品的特点与发展现状

干膨化宠物食品是犬猫饲料市场的典型产品，其销售量最大(>30%)。该类饲料产品是通过挤压熟化方法加工而成的，一般为多种原料的混合物，如磨碎谷物(小麦、玉米、高粱)、大豆粕、肉骨粉、食盐、牛羊脂、色素以及某种维生素预混料。添加较多的脂肪可改善饲料产品的适口性，其方法一般是在饲料成品的表面上喷涂液态油脂和(或)调味剂。这类饲料产品通常含有10%～12%的水分(湿基)。以干物质为基础，干的犬饲料与猫饲料的粗脂肪含量通常分别为5%～12.5%与8%～12%，粗蛋白质含量一般分别可达到18%～30%与30%～36%。

半湿产品为典型的挤压熟化产品，其加工工艺类似于干膨化产品。然而，由于配方不同，与干膨化产品在加工上存在明显的差异。半湿产品所用的基础原料有许多都与干膨化产品的相同，但半湿产品除了使用干谷物混合物外，在挤压前还要加入某种肉类或其副产品的浆液与干原料混合。从加工方面考虑，当干料明显多于湿料时(80%∶20%)，可以将这2种原料分批混合，然后输送到挤压装置进行连续熟化。但当干湿原料比例达到(60%∶40%)～(50%∶50%)时，则必须采用连续法来混合这2种原料，即在直接位于挤压机之前的连续混合装置中进行混合。与加工挤压熟化的干膨化产品所不同的是，半湿产品物料通过挤压机压模的目的不是为了“膨化”，而是为了能形成与模孔相似的料束或形状。挤压的目的则是为了使物料得到尽可能充分的熟化。通常，由于肉类原料的加入而使混合物料的油脂含量较高，所以不可能使产品高度膨化，但若挤压机螺旋的形状适当，则可以使混合物料得到充分熟化。

半湿产品与干膨化产品的另一个主要区别在于挤压时的物料水分以及最后加工对这些水分的处理。半湿产品在挤压时的适宜水分为30%～35%(湿度)，其在挤压后或贮存前不去除水分，这是出于2个方面的原因：一是为了保证贮存稳定性而在原料中添加了某种防腐剂；二是为了使成品保持柔软性(与肉类相似)。半湿产品的容重，无论是在挤压时还是在包装时，均与典型的干膨化产品大不相同。半湿产品在挤压时的容重为480～560 kg/m^3，其在包装时的容重也大致在此范围内，因为水分没有除去，而且也不要求除去。生产半湿产品的主要目的之一就是在保证产品质量的同时尽可能使所出售的产品含有较多的水分。

软膨化宠物食品是宠物食品市场上的最新产品类型之一，在某些方面与半湿产品极其相似，即都含有相对较多的肉类或其副产品，因而它们的油脂含量一般都高于干膨化产品。此外，可采用前面在半湿产品中所述的任一种方式将肉类原料加入挤压机。然而，软膨化产品与半湿产品也存在差异，其最大的差别在于软膨化产品经挤压后呈现干膨化产品一样的膨化外观。与生产半湿产品一样，生产软膨化产品也需要对生产干膨化产品的设备进行改造，此外还要改变加工操作方式。软膨化产品的基本挤压过程与干膨化产品相似：一是它们在挤压前都要用蒸汽和水进行调质；二是成品经过压模都得到膨化。然而，软膨化产品的原料组成特性却与半湿产品相似，其成品虽经过膨化，但仍具有软的特点。

宠物点心通常采用骨头的形状与外观，但也有其他形式的点心产品，如饼干状或薄饼状。生产这类产品一般不采用挤压熟化方法。最常用的传统加工方法包括面团制作、形状切割或模压以及焙烤等几个过程，最终获得合乎要求的成品。然而，这并不意味着点心类宠物食品不能采用或不可采用挤压熟化的方法来生产。

典型的点心类宠物食品挤压系统所采用的基本原理与设备布置与典型的半湿饲料产品的挤压系统相同。在某些情况下，还可将干膨化产品的挤压系统用来生产宠物点心。其主要区别在于，最后的压模与切割装置应设计成能够生产较大尺寸的，形如骨头状、饼干状及薄饼状等的产品。

（二）膨化宠物食品加工工艺流程

利用螺杆挤压膨化可生产各种膨化谷物颗粒饲料，完整的挤压膨化工艺流程见图 7-22。膨化宠物食品工艺流程图及所需附加设备如图 7-23 所示。

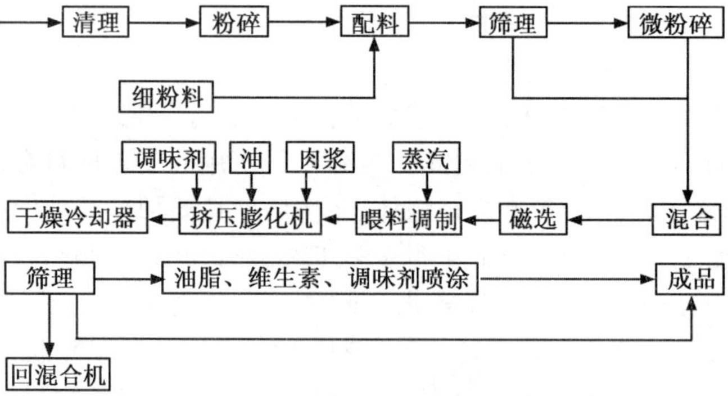

图 7-22 挤压膨化工艺流程

（三）猫食品的生产工艺流程

1. 工艺流程 原料配制→拌粉→挤压膨化→干燥→抛光→喷油→喷脂→包装。

2. 设备配置 拌粉机→螺旋上料机→调质器→膨化机→风送机→烤箱→抛光机→喷油机→喷脂机。

3. 特点 该生产线以豆粕、花生粕为主要原料，经粉磨、搅拌、调质、高温、高压、高剪切，将球形蛋白质分子打开成链状蛋白质分子并重新组织化，形成层片状纤维结构，其产品营养价值高，具有肉的状态和口感，不含胆固醇和动物脂肪，具有吸油、吸水、吸味的特点。

（四）犬食品的生产工艺流程

1. 主要原料　包括鸡胸肉、精制面粉、大豆粉、食盐和白砂糖等。

2. 主要仪器设备　包括多功能搅拌机、膨化机、烤炉、比容测定仪、水分快速分析仪及凯氏定氮仪等。

3. 基本配方　鸡胸肉9%、大豆粉30%、精制面粉50%、食盐3%和白砂糖8%。

4. 工艺流程　配料、混料→预处理→挤压→冷却→复合成型→烘干→油炸→调味→包装。

①产品品质评定：利用凯氏定氮法测定产品的粗蛋白质含量，水分快速分析仪测定水分含量，比容测定装置测定比容，由硬度测定评判产品的质地。

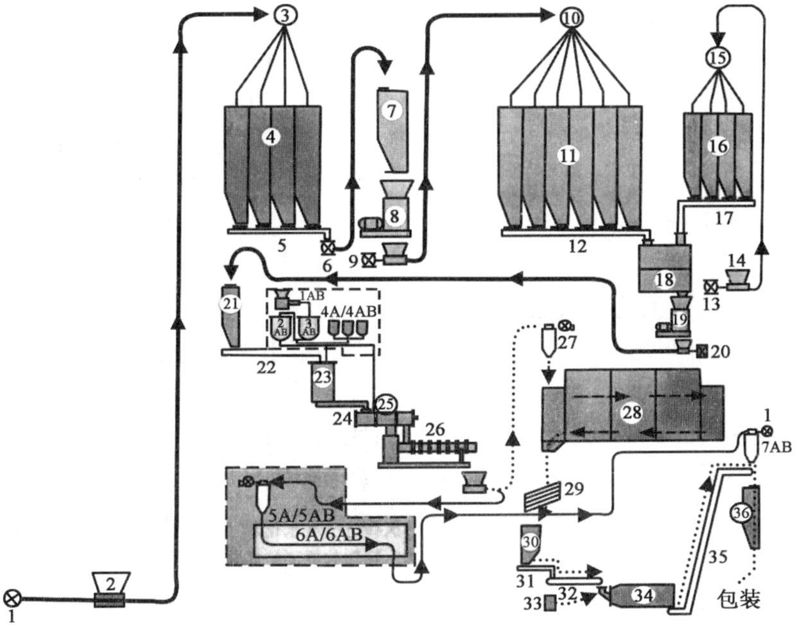

图7-23　膨化宠物食品工艺流程图及所需附加设备

1. 风机　2. 卡车自动卸料处　3. 分配器　4. 原料仓　5. 螺旋输送机　6. 风机　7. 粗粉碎料仓　8. 锤片式粉碎机　9. 风机　10. 分配器　11. 粉碎料仓　12. 螺旋输送机　13. 风机　14. 拆袋卸料处　15. 分配器　16. 微量原料仓　17. 螺旋输送机　18. 称量混合机和缓冲仓　19. 锤片式粉碎机　20. 鼓风机　21. 成料仓　22. 螺旋输送机　23. 活底料仓　24. 喂料器　25. 预调质器　26. 膨化机　27. 集料仓　28. 干燥机/冷却机　29. 振动筛　30. 缓冲仓　31. 螺旋输送机　32. 皮带秤　33. 油脂罐　34. 脂肪喷涂器　35. 冷却输送带　36. 成品料仓

半湿饲料生产所需附加设备：1AB. 绞肉机　2AB. 接受罐与泵　3AB. 浆液料罐与泵　4AB. 液态添加剂罐与泵 5AB. 集尘器　6AB. 冷却器　7AB. 集尘器

软膨化饲料生产所需附加设备：4A. 液态添加剂罐与泵　5A. 集尘器　6A. 冷却器

②配方设计与原料选择：设计配方应考虑犬的营养需求。犬属于杂食性动物，故配方中应含有动物性营养成分与植物性营养成分。原料可选择鸡胸肉、大豆粉和小麦粉。鸡胸肉可提供优质蛋白质、丰富的脂肪、矿物质和大量维生素。而蛋白质是宠物食品质量的一个关键因素，氨基酸的缺乏，尤其是必需氨基酸的缺乏将导致宠物食欲减退、生长受阻、体重减轻、肌肉萎缩、消瘦和死亡，并且，由于蛋白质具有保水性、弹性等功能特性，还能增强饲料的咀嚼性与韧性。鸡肉

中含有丰富的亚油酸等犬所必需的脂肪酸，在满足机体对能量需要的同时，保证其毛皮光洁，且犬对动物性脂肪的消化吸收率也高。小麦粉和大豆粉除提供植物性蛋白质外，主要供给丰富的碳水化合物，它们不仅可为犬提供充足的能量，并且可降低机体对蛋白质和脂肪的消耗。如果食物中长期缺乏碳水化合物，将造成宠物的血糖下降，影响其正常的生长发育和活动。考虑到犬消化纤维素的能力十分有限，配方中纤维素的比例不能过高，故选用精制面粉。另根据“猫酸犬甜”原则，在配方中加入 6%白砂糖，并加入少量风味剂。

5. 制作工艺操作要点

(1)配料、混料。该工序是将干物料混合均匀与水调和达到预湿润的效果，为淀粉的水合作用提供一些时间。这个过程对最后产品的成型效果有较大的影响。一般混合后的物料含水量在 28%～35%，由混合机完成。

(2)预处理。预处理后的原料经过螺旋挤出使之达到 90%～100%的熟化，物料是塑性熔融状，无任何残留应力，为下一道挤压成型工序做准备。本工序由特殊螺旋设计，并由有效的恒温调节机构来控制。

(3)挤压。这是该工艺的关键工序，经过熟化的物料自动进入低剪切挤压螺杆，温度控制在 70～80 ℃。经过特殊的模具，挤压出宽 200 mm、厚 0.8～1 mm 的大片，大片为半透明状，韧性好。其厚度直接影响到复合成型和烘干的时间，所以模具中一定要装有调节压力平衡的装置来控制出料均匀。

(4)冷却。挤压过的大片必须经过 8～12 m 的冷却长度，有效地保证物料在产品成型时的脱膜，为节省占地面积，可把冷却装置设计成上下循环牵引来保证最少 10 m 的冷却长度。

(5)复合成型。该工序由 3 组程序来完成。第 1 步为压花，由 2 组压花辊来操作，使片状物料表面呈网状并起到牵引的作用，其他不需要表面网状的片状物料可更换为平辊使其只具有牵引作用。第 2 步为复合，压花后的 2 片经过导向重叠进入复合辊，复合后的产品随输送带进入烘干，多余物料进入第 3 步接收装置，由一组专往挤压机返回的输送带来完成，使其重新进入挤压工序，保证生产不间断。

(6)烘干。挤出的坯料水分处于 20%～30%，而下一道工序之前要求坯料的水分含量为 12%，由于这些坯料此时已形成密实的结构，不可迅速烘干，这就要求在低于前 2 道工序温度(通常为 60 ℃)的条件下，采用较长的时间来进行烘干，以保持产品形状的稳定。

(五)实罐罐头及软罐头生产工艺流程

宠物实罐罐头的生产工艺与人类食品罐头的生产工艺基本一致。其工艺流程大体为：洗罐→装罐→预封→排气→密封→杀菌→冷却→检测→包装。

实罐罐头的排气方法主要有热力排气法、真空封罐排气法和蒸汽喷射法。

软罐头食品是指用高压锅经 100 ℃以上的湿热加热灭菌，用塑料薄膜与铝箔复合的薄膜密封包装的食品，其包装材料主要有普通蒸煮袋(耐 100～121 ℃)、高温蒸煮袋(耐 121～135 ℃)、超高温杀菌蒸煮袋(耐 135～150 ℃)。蒸煮袋的材质主要有聚乙烯(PK)薄膜、聚丙烯(PP)薄膜、聚酯(PET)薄膜、尼龙(PA)薄膜、聚偏二氯乙烯(PVDC)薄膜、铝箔等。

软罐头生产工艺流程为：制袋(预制袋开袋口)→固体食品充填→流体食品充填→排气→袋口密封→杀菌→检验→包装。

软罐头的排气方法主要有蒸汽喷射法、真空排气法、抽气管法、反压排气法等。软罐头具有重量轻、体积小、杀菌时间短、不受金属离子污染等优点，但其容量限制在 50～500 g，蒸煮袋价格高，不适于带骨食品。

(六)烘焙食品生产工艺流程

人类食品中饼干的品种极其繁多，其生产工艺也随品种、配方的不同而有较大差别，这主要取决于饼干中糖、油含量及成型方法。宠物饼干生产工艺与之大体相同。

1. 辊印甜酥性饼干生产工艺流程　此类饼干由油、糖含量较多的半软性面团制成。生产工艺流程为：面粉和淀粉→过筛→调粉（加入预处理的辅料）→面团输送→辊印成型→焙烤→冷却→包装。

2. 冲印韧性饼干生产工艺流程　此类饼干由筋力中等面粉经长时间调制而成，也称硬质饼干、油、糖含量较少。生产工艺流程为：面粉和淀粉→过筛→调粉（加入预处理的辅料）→静置→辊印→冲印成型→焙烤→冷却→包装。

3. 苏打饼干生产工艺流程　此类饼干采用发酵工艺，油、糖含量较少。生产工艺流程为：面粉→过筛（加入活化酵母）→第 1 次调粉→第 1 次发酵（加入预处理辅料）→第 2 次调粉→第 2 次发酵→辊轧→冲印成型→焙烤→冷却→包装。

(七)膨化宠物食品加工工艺要求及特点

(1)当对单种原料进行挤压膨化作业时，通常不加油脂、添加剂等，只使用汽或水来调质，或只进行干法膨化。当饲料中加入较多肉浆、油等组分时，需采用双螺杆挤压膨化机。

(2)饲料的调质效果和膨化效果与饲料的粉碎粒度有密切关系。谷物及饼粕类基础原料应采用筛板孔径为 1.5～2 mm 的锤片式粉碎机进行粉碎，其粒度以控制在 16 目筛（孔径约为 1 mm）上物低于 9%为宜。

(3)当进行湿法膨化时，饲料的水分要达到 18%～25%，因而膨化后必须对饲料进行烘干和冷却，以保证产品的安全贮存和运输。

(4)为了最大限度地保持调味剂和维生素的效力，满足生产要求，对宠物食品或某些水产动物饲料通常进行表面喷涂。

单元五　宠物食品质量控制

【学习目标】

本单元属于专业拓展知识范畴。通过学习，了解宠物食品品质受饲料原料品质及特性、加工过程、产品贮运的影响因素的影响。

【学习方法】

理实一体，课后在图书馆中或互联网上查阅有关资料。

【关键词】

宠物食品；品质；食品加工工艺；饲料原料；挤压膨化；贮存；运输

一、影响质量的因素

影响宠物食品质量的因素很多，主要有选用配方、饲料原料、加工过程、产品贮运等环节，然而，饲料的加工过程也就是饲料质量的控制过程。

采用科学的加工方法，可以保证宠物食品原料中的淀粉成分转变成可溶的形式，避免对原料中蛋白质的过度加工或破坏，满足宠物食品的粒度、形状与容重等物理特性要求，以保证宠物食品的质量。

1. 影响饲料品质的因素 饲料的营养价值会因受到外界环境因素的影响而遭受破坏，这些因素包括光线、空气、热源、熏蒸消毒剂、辐照、运输与贮存条件等。

(1)光线。饲料中多种成分经光照射后会起化学变化而破坏分解。常见者如核黄素、叶酸及维生素 B_2，因此制作、贮存、运送时，应将饲料放在阴暗处以减少营养成分的破坏。

(2)空气。饲料制作过程中如搅拌过度，会增加营养成分如维生素 A 的氧化，添加抗氧化剂有助于减缓氧化的过程。

(3)加热处理。饲料经干热和蒸汽处理会导致营养成分的变化，甚至产生有毒的物质和抗养分吸收的物质。

一般而言，破坏的程度与温度及时间成正比，如加热不当氨基酸在蛋白质中会形成键结，或氨基酸与脂肪和碳水化合物键结而形成不可消化的物质。多数维生素在高温下也会破坏，特别是维生素 B_1、维生素 B_6、维生素 A 和维生素 C。加热处理对饲料的物理性状也会有影响，如颗粒饲料凝结成块、变硬、焦化，产生异味而降低适口性。另外，加热处理不当会导致饲料发霉，脂肪酸氧化，适口性下降。清洁级、SPF 级、实验动物配合饲料应进行 121 ℃ 20 min 高压消毒灭菌。饲料经高压灭菌后的成分变化如表 7-2 所示。

表 7-2 饲料经灭菌后的成分变化

项目	高压灭菌	辐照灭菌(60 ℃)
色泽	颜色变深	几乎无变化
颗粒(小鼠料)	硬度增加 1.2～1.6 倍	几乎无变化
颗粒(大鼠料)	硬度增加 0.7～0.9 倍	由软变硬(90%～95%)
一般成分	几乎无变化	几乎无变化
饲料消化率	降低或无变化	几乎无变化
粗蛋白质消化率	降低或无变化	几乎无变化
粗脂肪消化率	无变化	几乎无变化
维生素 A 残存率/%	53～100	50～100
维生素 E 残存率/%	90～100	52～100
维生素 B_1 残存率/%	15～40	75～96
维生素 B_2 残存率/%	85～100	83～100
维生素 C 残存率/%	22～82	90～100

(4)60 ℃辐照处理。以谷类为主的饲料通常采用 60 ℃辐照处理，其承受 5 min 的照射通常不会出现营养物质的破坏，维生素 B_1、维生素 B_6、维生素 E 可能会受到轻微的影响，而蛋白质成分几乎不受任何影响。饲料中若有水汽存在，经照射后会产生羟自由基，不仅使维生素氧化增加，动物吃下后也会对动物组织器官造成损害。饲料经 3 min 60 ℃辐照灭菌后的成分变化如表 7-2 所示。

(5)熏蒸。较常使用的饲料熏蒸消毒剂是环氧乙烷气体，经其处理的饲料营养成分变化不大，但必须放在室温环境中充分的通风，以免药剂残留，影响动物生理特性。否则，残留的物质被吸收后，要在肝脏中代谢分解，其可能对肝脏造成毒害。

(6)运输。运输过程造成饲料损害的原因有因挤压造成粒状饲料的破碎以及包装破损和运输环境不良导致营养成分的丢失、变质或污染。可选用硬质容器、塑料袋和厚纸袋包装。硬质容器可防止饲料被压碎,塑料袋可隔潮,但饲料本身必须干燥,以防长期存放而变质,厚纸袋通气性好,最好混合使用上面的包装材料。国外有采用冷藏、充氮运输车运送饲料的,在封柜前将氮气充入货柜。

2. 质量监测 加工好的成品饲料应进行抽样,检测是否达到国家规定的营养标准、化学污染物标准(表 7-3)和微生物标准(表 7-4),质检合格的饲料方可出厂。

表 7-3 化学污染物标准 mg/kg

项目	标准	项目	标准
砷	≤0.7	六六六	≤0.3
铅	≤1.0	滴滴涕	≤0.2
镉	≤0.2	黄曲霉毒素	≤20.0
汞	≤0.02		

表 7-4 微生物标准

项目	小、大鼠	兔	豚鼠	地鼠	犬	猴
菌落总数/(CFU/g)	5×10^4	1×10^4	1×10^4	1×10^4	5×10^4	5×10^4
大肠菌群/(MPN/100 g)	30	90	90	90	30	30
霉菌和酵母数/(CFU/g)	100	100	100	100	100	100
致病菌(沙门菌)	—	—	—	—	—	—

3. 商品化饲料的标签要求 商品化饲料必须附有标签,以确保使用单位了解所购饲料的有关内容,包括:配合饲料名称,饲料营养成分分析保证值和卫生指标,主要原料名称,使用说明,净重,生产日期,保质期(注明储存条件及储存方法),生产企业名称、地址及联系电话等。还可以标注商标、生产许可证、质量认证标志等内容。标签不得与饲料的包装物分离。

二、质量管理

(一)原料的质量管理

饲料原料质量是饲料质量的基本保证,只有合格的原料才能生产出合格的产品,产品质量同原料质量密切相关。研究表明,饲料产品营养成分及质量的差异 40%~70%来自原料质量的差异。如果原料有结块、发霉、污染、虫蛀、变质等质量问题,则产品质量就得不到保证。因此,在采购原料时要注意质量,在运输、装卸、贮藏等过程中,要防止潮湿、高温等不良因素对原料质量的影响;应按国家有关质量标准对原料进行质量检查与定量分析,保证新鲜、无生物性、化学性污染物质,如细菌毒素、微生物毒素、杀虫剂、虫害、植物性有毒物质、营养成分分解物质、亚硝酸盐类和重金属等;不使用异味、霉变、虫蛀的菜籽饼、棉籽饼和亚麻仁饼等作为饲料原料,以保证原料的质量能满足饲料生产的需要。

1. 食品的细菌污染 自然界中,细菌几乎无处不在,食品在生产、加工、储存、运输、销售及消费过程中,随时都有被细菌污染的可能。食品的细菌污染是最常见的食品污染,可引起食品腐败变质、食品中毒及介入食品传播的传染病等,从而造成对宠物健康的损害。

所谓食品污染，世界卫生组织的定义是指“食物中原来含有或者加工时人为添加的生物性或化学性物质，其共同特点是对人体健康有急性或慢性的危害。”

污染食品的细菌有致病菌、条件致病菌和非致病菌 3 类。污染食品后使人致病的为致病菌，如伤寒杆菌、痢疾杆菌等；条件致病菌在通常条件下并不致病，当动物机体抵抗力下降时，就有可能致病，如变形杆菌、大肠杆菌等；非致病菌一般不引起疾病，但它们却与食品腐败变质密不可分，并为致病菌的生长繁殖提供条件，而且食品腐败变质时，细菌的代谢等也会对动物产生有害的物质，因此常常是评价食品卫生质量的重要指标，如芽孢杆菌属、假单胞菌属等。

2. 食品细菌污染的途径 食品在生产、加工、储存、运输、销售及消费过程中，随时都有被细菌污染的可能。

(1)原材料受污染。一般天然食品内部没有或很少有细菌，但食品原料在采集、加工前已被环境中的细菌等微生物污染，原料破损之处尤其居多。即使在运输贮藏过程注意到卫生措施，但由于在产地早已污染了大量细菌，如果不加处理，这些细菌不会消失，而且还会不断繁殖。因此，加工前的原料中所含有的细菌比加工后更多。

(2)加工过程的污染。容器、用具、管道未清洗干净或使用不当，生产工艺不合理，个人卫生及环境卫生不良等均可造成食品的细菌污染。食品加工过程中受细菌污染的机会也很多，主要有以下 3 种方式。

①环境污染。生产车间内外环境不良，空气中的细菌会随灰尘沉降到食品、食品加工原料及加工机械设备上面而造成食品的污染。鼠、苍蝇及蟑螂等一旦接触加工食品，其体表面与排泄物都会造成污染。

②加工中的交叉污染。一般情况下，食品经过加工处理后，对食品上的细菌的生存是不利的，但如果加工过程不合理地操作和管理，灭菌不彻底，加工用水不卫生，不符合水质卫生标准也会造成细菌对食品的污染。此外，若加工过程原料、半成品、成品交叉污染，未能使生熟食品分开，则食品中细菌的数量不但不能得到控制，还会因此加重污染。

③从业人员的污染。食品从业人员如果不注意个人卫生，不认真执行卫生操作规范，或从业人员患有传染性疾病等均可通过其手、衣服、帽、呼吸道、痰沫、唾液等造成食品的污染。

(3)运输与销售过程的污染。食品运输的交通工具和容器具，散装食品的销售用具、包装材料不符合卫生条件都可使食品造成污染。

(4)食品消费的污染。食品在消费过程中也可能被污染且易被忽视，食品购买后不合理地存放，或存放时间过长或烹调用具的不卫生等均可造成食品的污染。

3. 食品细菌污染的危害

(1)食品价值降低。污染食品的细菌能在食品中大量繁殖，引起食品的腐败变质，使食品的营养价值、感官品质和商品价值降低。

(2)食物中毒。细菌在适宜的温度、湿度、水分、pH 等条件下大量繁殖，使食品含有大量的致病菌，当动物摄入一定量的活菌，将会导致消化道疾病；此外，有些污染菌在食品中繁殖并产生毒素，引起动物中毒。目前，我国发生较多的细菌性食物中毒有沙门菌、副溶血性弧菌、变形杆菌、金黄色葡萄球菌、致病性大肠杆菌、肉毒梭菌等。

(3)传播人畜共患疾病。当食品经营管理不当，特别是对原料的卫生检查不严格时，销售和食用了严重污染病原菌的畜禽肉类，或加工、储藏、运输等卫生条件差，致使食品再次污染病原菌，可能造成人畜共患疾病(如炭疽病、布鲁氏杆菌病、结核菌、口蹄疫等)的大量流行。

(二)加工的质量控制

1. 加工工序质量管理　为了保证宠物食品的质量,在加工中应确保加工工序的工作质量。

(1)清理。原料及副料都应进行清杂、除铁处理。清理标准是:有机物杂质不得超过50 mg/kg,直径不大于10 mm;磁性杂质不得超过50 mg/kg,直径不大于2 mm。为了确保安全,在投料坑上应配置条距30～40 mm的栅筛以清除大杂质。此外,在原料粉碎或粉料制粒之前,还应进行去杂除铁。要经常检查清洗设备和磁选设备的工作状况,看有无破损及堵孔等情况。还要定期清理各种机械设备的残留料。

(2)粉碎。主要控制粉碎粒度及其均匀性。饲料颗粒过大和过小都会导致饲料离析现象的发生,从而破坏产品的均匀性。各种动物都有合适的粉料粒度范围,应按其要求保证合适的粉碎粒度。在粉碎作业中,要注意检查粉碎机筛板是否破坏、筛托固定螺栓有无松动漏料等情况。对预混合原料的粉碎,最好使用气流分级。

(3)计量。配料计量精度的高低直接影响到饲料产品中各组分的含量,对动物影响极大。要保证计量准确无误、计量设备定期校验。操作人员必须有很强的责任心,要严格按配方执行。

(4)混合。在饲料生产中,混合起着保证饲料加工质量的作用。其控制要点主要有选择适合的混合机、正确的混合操作程序,并定时检查混合均匀度和最佳混合时间,还要防止更换配方时或预混料混合时的交叉污染。

(5)成型。饲料生产率的高低和质量的好坏,除与成型设备性能有关外,很大程度取决于原料的成型性能(压制成型的难易程度)和调质工艺。同样一台成型设备,由于物料特性、工艺条件和操作水平的差异,其生产率可能相差3～4倍。制粒的工艺条件是根据饲料配方中主要原料的理化特性、日粮的制粒性能制订的,它主要包括为成型作准备的物料调质情况,即蒸汽压力、温度、水分及调质时间。研究表明,按不同的原料和饲喂要求来调质,可提高成型粒料的硬度,减少粉化率,并对饲料起到消毒作用。

(6)储藏。因为原料供应和产品销售受到诸多因素的制约,为保证饲料厂生产、销售等正常运转,需要建立仓库,进行必要的贮存。影响原料或产品贮存质量的主要因素有:a. 仓库的温度和相对湿度如果控制不当,则会使贮存物料结块、发霉、变质;b. 管理制度如不严格,会造成贮存物料乱堆放或混杂,不能按时间顺序和数量要求进出物料;c. 安全防护如不得力,会出现老鼠、昆虫啮咬,造成污染、损失等。

2. 挤压膨化过程质量管理　饲料在挤压膨化加工过程中,其营养成分会发生变化,挤压膨化加工对饲料中蛋白质、脂肪、粗纤维、维生素等营养物质的影响如下。

(1)蛋白质。饲料原料中蛋白质经适度热处理可以钝化某些蛋白酶抑制剂,如抗胰蛋白酶、脲酶等,提高消化利用率。研究表明:采用高温短时膨化,饲料中蛋白质和氨基酸利用率降低不明显,但过分加热会使赖氨酸等重要氨基酸脱去氨基,与葡萄糖分子结合而影响酶的作用,使犬机体难以消化吸收,造成蛋白质的损失。因此,动物性蛋白质饲料的加热温度和时间要适当。

(2)脂肪。饲料原料中含有多种由微生物分泌的脂肪酶,使饲料中脂肪在贮存中易发生酸败,而这些脂肪酶在50～75 ℃条件下会失活,经过膨化后脂肪酶会完全失活,饲料中大部分微生物也会被杀死,有利于提高饲料的贮藏性能。另外,膨化后饲料的游离脂肪酸含量有所升高,低密度的膨松结构使脂肪易被氧化,因此,在饲料中或在油脂中添加抗氧化剂也有必要。

(3)粗纤维。犬机体不能分解吸收纤维素、半纤维素,饲料经过膨化后,由于湿、热、压力和膨胀作用,使粗纤维中细胞间及细胞壁内各层木质素熔化,使部分氢键断裂,结晶度降低,高分子物质发生分解反应，原有的紧密结构变得蓬松，释放出部分被包围结合的可消化物质，扩大了饲料的消化面积，从而提高了这部分饲料的消化率和利用率。因此，纤维含量多的饲料经过膨化后，消化率都有所提高。

(4)维生素。大部分维生素对热、湿敏感，在 120～160 ℃条件下会有不同程度的损失。因此，在加工过程中要选择经稳定化处理的维生素添加剂。研究表明：普通的维生素 A 在犬饲料的挤压膨化中损失达 40%，而采用高稳定性维生素 A 损失只有 12.5%。对于稳定性好的维生素可在混合时或配料时加入，而稳定性差的维生素最好在膨化后进行颗粒表面喷涂，这样可大大减少损失。另外，要严格控制挤压膨化、调质的工作条件，在满足膨化的前提下，尽量减少对维生素的破坏。

另外，大豆中含有抗胰蛋白酶等影响动物对蛋白质消化利用的不良因子，采用挤压膨化可有效地降低抗胰蛋白酶等有害因子的活性，提高大豆饲用价值。棉籽饼含有棉酚，菜籽饼含有芥子苷，后者在动物体内还可分解成异硫氰酸盐和噁唑烷硫铜等毒素，膨化过程也能降低这些毒素的含量。饲料原料常含有大肠杆菌、沙门菌等有害微生物，特别是动物性饲料原料中含量较多，这些有害微生物经高温、高湿、高压和膨化作用，可大部分被消杀。

3. 颗粒大小的影响 原料的颗粒大小，对宠物食品组织结构和均匀度有一定影响，而且只有原料的颗粒大小均匀，才能保证所有颗粒的吸水量一致，从而提高宠物食品质量。虽然挤压熟化加工可以利用各种大小的原料颗粒，但为了防止原料颗粒在挤压熟化前的混合与运输过程中产生分离，颗粒的大小与容重应尽量一致。

如果原料颗粒太大，可能导致成品中含有不合格和熟化不当的颗粒，使成品的外观与适口性变差。如果原料颗粒大于模孔，则会使模孔阻塞，甚至部分损坏，从而导致产品外观较差，并影响系统的加工能力。只有所有原料的颗粒大小均匀，才能保证所有原料颗粒在挤压加工中得到充分而均匀地熟化，从而避免成品中出现生硬、熟化不足的颗粒。

一般多数宠物食品生产厂家都是先将原料粉碎后，才进行挤压加工。生产干膨化宠物食品时，通常在挤压加工前先经锤片式粉碎机粉碎，要求粉碎机的筛板孔径为 1.6 mm 或 2.0 mm。而生产半湿与软膨化宠物食品时，其饲料混合物在挤压前所要求的颗粒大小可能较小。若原料混合物中未采用粉状原料，则通常用 20 目(美国标准)筛片过筛。如果成品的外形要求精细或挤压机的模孔较小，如模孔直径小于 3.2 mm，建议先将原料混合物粉碎，使其能通过 20 目筛片。

4. 宠物食品适口性的影响 为了促进宠物采食足量的必需营养物质，保证宠物具有良好的食欲，宠物食品必须具有良好的适口性。适口性主要取决于产品的配方、颗粒大小、形状、容重及组织结构。

改善宠物食品适口性的方法是在饲料产品中添加调味剂，调味剂包括脂肪、肉汁、糊精料、植物油或鱼油、动物脂肪、经解脂的牛羊脂、大蒜、洋葱、糖、脱脂干燥乳制品、牛肉及其他肉类。这些原料可在挤压前与其他原料混合，或通过喷雾、翻滚或浸泡的方式包裹在终产品的表面。

在挤压加工前添加大量的调味剂可能使成品的容重不够理想。在挤压熟化过程中通常用延长蒸汽预调质时间或加长挤压筒体长度的办法，来增加物料在挤压熟化阶段的停留时间，以此克服内部添加大量调味剂所引起的润滑性。在加工时，当物料即将通过模孔被挤出时，向模孔中喷入脂肪或其他调味剂，这种方法可使调味剂在未通过挤压系统的情况下完全渗透到挤出物中。

5. 可加工性

(1)淀粉类原料。对淀粉类原料进行适当加工可改善宠物食品的消化率。加工的难易程度随淀粉或淀粉类谷物的品种来源不同而变化。玉米与块茎类容易膨化，作为主要淀粉来源时，其宠物食品产品的容重一般较低。相比而言，小麦与稻谷或面粉则需要更大的功率才能使产品获得相似的容重与产量。即使在同一谷物品种内，其可加工性仍存在差异。软质小麦及其副产品要比含蛋白质较多的硬质小麦更容易膨化。

（2）蛋白质饲料。未经熟化的油菜籽蛋白质是多数宠物食品的主要成分之一，可部分溶于水。这类蛋白质经挤压系统中的温度、水分及停留时间等条件作用后，将具有延展性，在其细胞结构外形成良好的包膜层，同时因变性而失去水溶性。蛋白质一旦失去水溶性，也就丧失了许多功能特性，甚至变得没有活性，即难以再现其延展性。所以，许多可用的动物性蛋白质原料因其蛋白质溶解度较低而很少对产品膨化发生作用，甚至有可能阻碍产品的膨化。

许多植物性蛋白质的水溶性较高，这种蛋白质可通过挤压熟化加工成组织化的蛋白质产品。该产品的容重受到挤压过程的控制，这一点与淀粉类原料的容重非常相似。由于饲料原料具有各自不同的可加工性，因此将淀粉类原料与蛋白质类原料混合可生产出各种不同质量的产品。

在挤压膨化期间，如果产品中淀粉类原料含量高，最利于产品的膨化，其次是植物性蛋白质，而动物性蛋白质对膨化则无促进作用，甚至会起阻碍作用。因此，在那些因蛋白质含量高而限制淀粉用量的配方中，淀粉类原料必须是纯淀粉或经严格选择的谷物，只有这样才能保证最佳的膨化。若不能使淀粉含量达到适当膨化所需的水平，则应添加小麦面筋或大豆粉等植物性蛋白质，以便促进膨化。

（3）脂肪或脂类。此类除具有与蛋白质相似的增强饲料咀嚼性及韧性的作用外，还具有润滑性与弹性。当脂肪总含量低于8%时，可增强宠物食品的膨化性能，但当脂肪含量高于8%时，则会减弱面团强度与膨化性能，并使产品的质地变软。在生产加工脂肪含量17%以上的高能量宠物食品时，建议在产品干燥冷却后，从外部将脂肪以喷涂的方式添加到产品中。

脂肪来源对膨化率也会产生影响，以特定原料形式提供的脂肪与以纯脂肪或几乎纯脂肪的形式添加的脂肪相比，对膨化的影响小，如以全脂油菜籽提供脂肪对膨化的影响要小于纯菜籽油。

在宠物食品配方中添加0.5%～1%单酸甘油酯，可消除粗糙的表面，减少细粉尘，并使产品具有更明显的形状。另外，单酸甘油酯可与直链淀粉和蛋白质形成复合物，从而使许多膨化产品的黏度降低。

（4）粗纤维。粗纤维中纤维素和半纤维素等物质是饲料中活性相对较差的成分，当其含量占混合物总重的15%以上时，则会减弱产品的膨化性能。

（5）灰分。低灰分原料可改善产品的膨化性能，并减少挤压部件的金属磨损。从营养与健康的角度，低灰分原料的选择对于生产猫的食品尤为重要。

多数宠物食品配方中都含有纤维素、矿物质、食盐、维生素及增色剂、乳化剂等，这些成分或原料含量的增加会降低产品的膨化性能。

6. 挤压加工变量的影响　在宠物食品加工中，与挤压蒸煮系统有关的加工变量对宠物食品质量有很大影响，其中一些重要的加工变量对宠物食品的影响如下。

（1）颗粒大小。宠物食品原料或配方混合物的颗粒大小将影响成品的外观、质量及适口性。例如，当原料含有大量超过16目筛孔的颗粒时，将使成品产生较多的细粉尘，同时可能使淀粉类原料很少发生熟化或糊化，从而降低成品的适口性。

（2）喂料装置。变速喂料装置作为挤压机的配套部分用来调节物料进入挤压机的流量。为使挤压熟化系统达到最佳的效率，有必要对物料的流量进行微调节。若喂料装置设计良好可精确地计量物料流量，在生产条件下精确度可达±0.5%。喂料装置的精确度不能小于原料容重的变异。

(3)预调质。是挤压熟化系统中的一个重要工序。可将蒸汽、水、调味剂、增色剂以及其他液体(如脂肪、肉浆与可溶物)加入调质圆筒中，与原料混合物掺和。预调质可以改善产品的风味与组织结构，增加物料进入挤压机的流量。当物料在80～93 ℃调质圆筒中的停留时间稍有增加时，就可以明显提高挤压机的处理量及成品的熟化效果，而在同一调质圆筒中，增大蒸汽流量与能量输入则成品也能获得同样好的效果。

(4)熟化。挤压机螺筒内螺杆部件的几何设计或结构具有多变特性。合理的设计或结构，将有助于产生机械剪切力与摩擦，使原料混合物通过挤压机螺筒时，能提供充足的热量来熟化物料或使之糊化，并最终将物料挤出模孔。因此，挤压机螺筒内螺杆部件的设计与结构是重要的加工变量之一。

(5)添加水分。在挤压过程中添加水分对于淀粉糊化、成品风味的形成以及挤压机的处理量与维修费用都有重要的影响。挤压机螺体内低水分物料能增加摩擦阻力，从而需要更大的功率，而高水分物料则会降低摩擦阻力，提高产量，并减少对挤压机部件的磨损。

(6)挤压机螺筒内的压力。一般取决于压模模孔与物料进入挤压机的流量。压力释放致使水变为蒸汽，从而引起成品膨化。因此，对物料给定模孔的流量进行调节，可有效地控制成品的容重。多数挤压机都装有夹套，热流体(蒸汽或水)可通过夹套循环流动来增加或减少传递给挤压机螺筒内物料的热能，从而利于控制成品的形状与容重。向挤压机螺筒内直接输入蒸汽是提高成品熟化程度的方法之一。

(三)储运中质量管理

宠物食品在库房中存储时，要码放整齐，避免混料或发错现象发生，保持存储环境的干燥、避光、通风、整洁与卫生。

在运输过程中，要防止雨淋、日晒，避免包装破损，保证产品质量。

单元六　自制宠物食品的方法

【学习目标】

本单元属于专业实践知识范畴。通过学习，了解自制宠物食品的优势、自制宠物食品加工方法及注意事项。

【学习方法】

实训课，课后在图书馆中或互联网上查阅有关资料。

【关键词】

犬；猫；宠物食品；品质；调制方法

自制饲料比商品饲料成本低，价格便宜，还可以根据宠物的品种、体型和用途，随时生产宠物需要的新鲜饲料，但在原料采购、饲料配方及加工方法等方面，难以生产出优质饲料。为了提高宠物食品的适口性和利用率，确保饲料的营养价值，防止有害物质对犬猫的影响，应采用科学的加工调制方法，既要做到讲卫生、保营养，又要使犬猫喜食、易消化和降低成本。

一、自制犬饲料

为了提高犬对食物中各种营养物质的利用率，促进犬的生长发育，保证犬的健康，消除疾病对犬的传染，减少饲料营养物质在加工过程的损耗，将饲料加工、煮熟后，加入调味品以及添加剂等，可以增进食欲，易于消化吸收，获得良好的饲养效果。加工调制犬饲料时，可根据不同原料采用科学的调制方法。

(一)调制方法

通常采用的加工调制方法有晒干、粉碎、打浆、发酵、糖化、蒸煮、膨化、浸泡和制形等。选用原料以动、植物性混合饲料为宜，常用的动物性饲料有肉、鱼、蛋、乳等，植物性饲料有大米、小米、高粱米、玉米、豆类、薯类、蔬菜等。

1. 谷类及副产品　玉米面、小麦面，小麦麸和大米等这些谷类饲料含淀粉较多，犬对淀粉的消化能力较差，在饲喂前应进行加热、蒸煮，可蒸窝头或煮成粥。一般单独煮成米饭或煮成糊粥，再加煮熟的肉、汤，切碎的蔬菜，煮好后加适量的调味剂，候温便可饲喂。也可将上述含淀粉类谷物粉碎后，加适量的碎肉、油脂、维生素和矿物质等，均匀搅拌后烘成饼干，给犬食用。

2. 蔬菜和块根　蔬菜应洗净后切碎，然后放在锅内煮。对块根类如萝卜、薯类，不削皮直接放入锅内煮熟后食用。

3. 肉类及副产品　用冷水洗净切碎、煮熟，加入蔬菜，煮沸成肉菜汤饲喂。

4. 鱼类及副产品　鱼体内含有硫胺素酶，可破坏硫胺素（维生素 B_1），加热能使硫胺素酶失去活性，因此鱼类及副产品应加热后饲喂。

5. 蛋品　蛋品中蛋白质所含氨基酸的比例最适合犬的需要，但蛋清中含有抗生物素蛋白，能与生物素相结合而降低生物素的作用，因此蛋品也应加热后饲喂。

6. 乳品　是犬的好饲料，鲜奶、奶油、奶酪和黄油等可直接饲喂。牛奶、羊奶都不能直接喂幼犬，因为牛奶、羊奶中蛋白质、脂肪、钙等的含量都大大低于犬奶，因此必须经过调整后才能作为犬奶的代用品饲喂幼犬。

蔬菜、肉类和谷物不要合煮，应分别煮熟后放凉，在饲喂前将粥或窝头、肉类(带汤)、蔬菜、食盐、骨粉(磷酸氢钙)、维生素和微量元素按比例定量混合均匀，然后饲喂。

(二)注意事项

(1)使用残羹剩饭(尤其是饭馆和餐厅的残羹剩饭)饲喂犬时，一定要煮沸消毒后饲喂，不能直接喂。这类食物一般含盐较多，最好不单独饲喂，要与其他饲料混合、拌匀后再饲喂，以防止食盐中毒。

(2)自制饲料最好现吃现做，尤其不宜过夜。特别是夏天，放置过久极易腐败变质，犬采食后易发生饲料中毒或其他疾病。在冬季，饲料贮存不当易结冰，犬吃后易发生胃肠炎，妊娠母犬易发生流产。

(3)在饲料的加工制作过程中，不能把食物煮成半生半熟或烧糊，否则会影响口感，使犬对饲料的消化与吸收受到不良影响。

(4)犬喜温料熟食，犬食温度最好为 40 ℃左右，避免过冷、过热，不得超过 50 ℃，夏季可以冷食，冬季需要温食。

(5)犬食一般不放食盐，俗话“猫咸犬淡”就是说犬食不宜放食盐。

(6)当天加工的犬食,要当天喂完,特别是夏天不宜过夜。腐败变质的食物不能饲喂犬。

二、自制猫饲料

目前,我国大多数的养猫者并不一定为猫特别调制饲料,只在饭中配以适量的肉和鱼。自制猫饲料时,动、植物性饲料都要经过加工调制,如煮熟、切块、绞碎、蒸馍等,以便增加饲料的适口性,提高猫对饲料的消化率,防止有害物质对猫的伤害。

(一)调制方法

1. 肉类、鱼类和畜禽内脏 首先要洗去血污、泥沙,保证食物的清洁卫生。各种肉类应煮熟,切成小块或肉末,拌入其他饲料中饲喂。生肉易引发猫的传染病和寄生虫病,但肉煮得时间太长会破坏蛋白质的结构和损失大量的维生素,煮至半熟即可。

鱼类(包括鱼头和鱼内脏)喂猫,要煮熟切碎再喂,否则不但易引起猫的腹泻,还可能使猫感染寄生虫病和传染病。

用内脏喂猫一定要洗干净,煮熟后切成小块饲喂。肝脏中维生素 A 含量高,每周喂 1~2 次较适宜,过量会引起维生素 A 中毒,同时会引起便秘。内脏中以肺脏最好,不但营养丰富,而且没有任何副作用。

2. 骨头 可将骨头制成骨粉后,拌在饲料中一起饲喂。饲喂带骨头的肉要防止卡住食道或刺伤胃肠。

3. 谷物及副产品 各种谷物和麦麸、米糠类也要煮熟后喂,否则猫吃后不易消化。猫喜吃干食,不愿吃液态或糊状饲料。可将大米做成米饭,面粉做成馒头、面包,玉米面做成饼或窝头供猫食用,如果再加入碎肉、鱼块干喂,猫更喜采食。

4. 豆科植物和饼类饲料 这些饲料必须煮熟后喂或在榨油后用豆饼或豆粕喂猫。

5. 乳制品 猫非常爱吃富含脂肪和脂溶性维生素的奶油和乳酪,有的猫不能适应乳糖,对于这种猫则应避免喂给乳制品。

6. 蛋类 蛋类常用于饲喂生长发育期的猫,因蛋中富含蛋白质、维生素 B_2、叶酸、维生素 B_{12} 和维生素 A、维生素 D,但饲喂前应将蛋类煮熟,以提高消化率。

7. 脂肪 猫也非常爱吃脂肪,尤其是动物性脂肪。脂肪增加了食物的味道和适口性,也有助于谷物粉的成型。在脂肪加工熟制过程中,应避免反复用热油炸,因为这样处理会含有过氧化物和其他对猫有害的物质。

(二)注意事项

(1)猫吃食很挑剔,对混有泥沙或污秽不洁的食物不愿采食。因此,为了保持清洁卫生,饲料必须洗净,除去血污、泥沙等。

(2)生肉里可能有寄生虫或传染病病菌,猫吃后可引起寄生虫病或感染传染病。有的肉里面还含有有害物质,比如生鱼里有一种酶,可分解破坏维生素 B_1。肉不能煮得太熟,煮的时间长了,会破坏蛋白质的结构和损失大量的维生素,一般煮到半熟,切成小块或剁成肉末,与其他饲料拌喂。

(3)由于猫自身不能合成烟酸,只有从动物的肉中获得,烟酸遇热很快就会分解破坏,所以要补充烟酸就必须喂生肉。生肉必须新鲜,死亡的畜禽肉或腐败变质的肉,绝对不能生喂。饲喂带骨肉要防止卡住食道或刺伤胃肠。用内脏喂猫一定要洗干净,煮熟后切成小块饲喂。

单元七　低温宠物食品烘焙

【学习目标】

本单元属于专业拓展实践知识范畴。通过学习，了解自制低温宠物烘焙食品的优势、低温宠物烘焙食品加工工艺及注意事项。

【学习方法】

实训课，课后在图书馆中或互联网上查阅有关资料。

【关键词】

宠物食品；烘焙；调制方法

以往，在宠物食品中，主要有3种形式：一种是膨化工艺的干粮，另一种是蒸煮工艺的湿粮，再有一种是高温烘烤型半湿粮。

由于膨化宠物粮和高温烘烤型半湿粮采用的是高温短时烘焙的加工方式，其缺陷和膨化型干粮及高温蒸煮型湿粮的缺陷一致，即高温造成的营养成分不同程度地流失，且水分含量低，会影响适口性。宠物烘焙食品采用低温烘焙方法，不仅可降低营养成分的流失，而且水分含量较高，投食方便，形状可任意改变，宠物主人能很好地根据宠物自身大小、体型和食量等条件控制宠物食品的摄入量。

宠物烘焙食品中品种极其繁多，其生产工艺也随品种、配方的不同而有较大差别，这主要取决于原料组成、水分含量及成型方法。

一、调制方法

(1)选择食品原料，包括新鲜肉类，面粉类，新鲜水果、蔬菜，牛磺酸，复合维生素等。

(2)肉类、鱼类和畜禽内脏　首先要洗去血污、泥沙，保证食物的清洁卫生。取鲜肉原料，使用搅拌机对鲜肉原料进行搅拌，得到肉泥。通过蒸发或冷冻将水分浓缩至60%～65%后得到肉泥，冷却备用。

(3)蔬菜洗净、切碎。

(4)混合。将备用食材与面粉(膨化大豆蛋白、马铃薯粉、乳清蛋白粉、糙米粉、玉米粉等)、啤酒酵母、酵母抽提物、食盐、微量元素预混合饲料和成面团。

(5)成型。使用模具将面团挤压成型并脱模至烤盘中，将烤盘放入烤箱中，在80～100 ℃烘焙4～6 h。

(6)烘焙好的宠物食品从烘焙设备中取出冷却即可食用。

二、注意事项

(1)在材料选择时，避免使用影响宠物健康的食材。如巧克力含咖啡因、可可碱和茶碱会过度刺激神经系统；洋葱与青葱含硫代亚硫酸，破坏犬身体的红细胞循环，并使红细胞急速氧化，导致贫血。

(2)面团中蔬菜比例不能过高，否则影响产品成型。鲜肉比例不能过高，否则会使产品硬度增加，影响适口性。

(3)挤压成型面团不能过厚,过厚需要烤得时间长,影响成品色泽。

复习思考题

1. 按原料及成品的加工特性,原料大致可分为哪几类?
2. 饲料进行粉碎的目的是什么?
3. 电子配料秤是由哪些部件组成的?
4. 饲料混合的类型有哪些?

本章思维导图

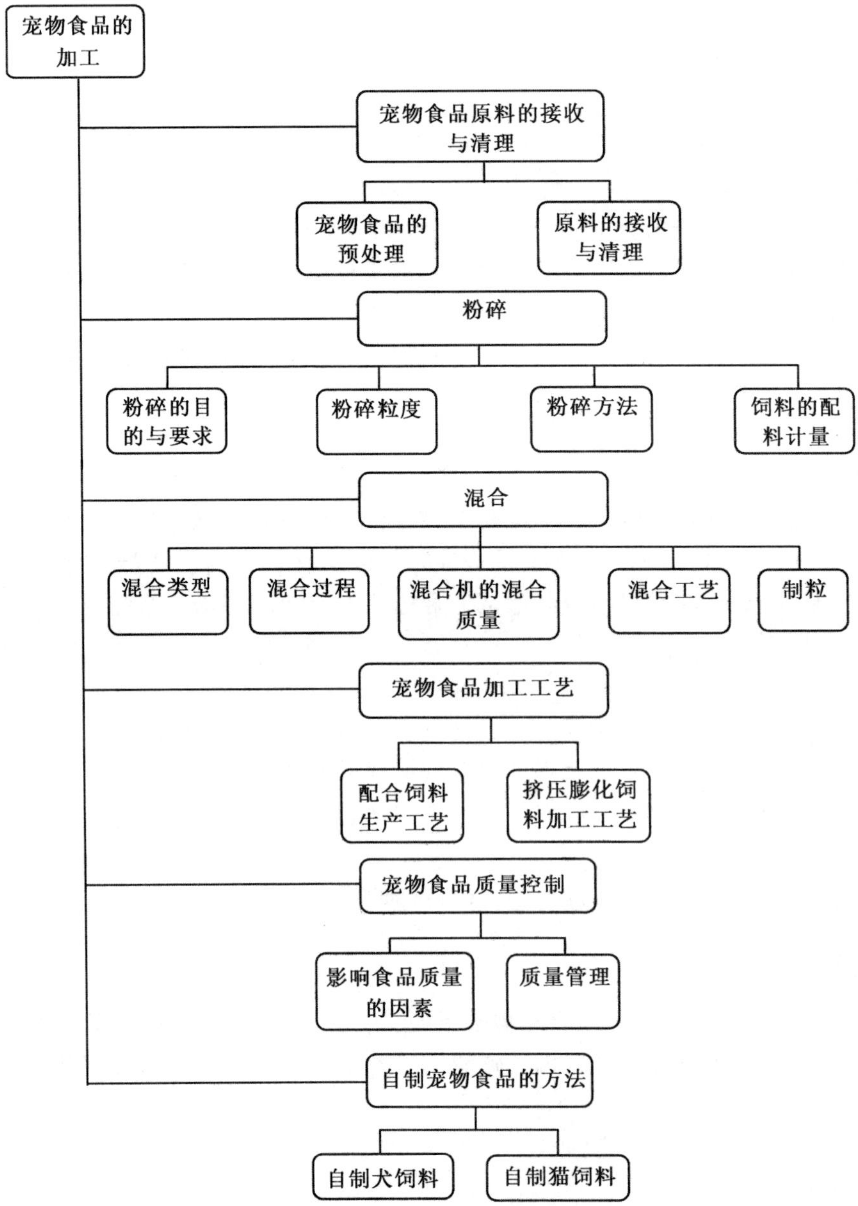

模块八

宠物食品卫生及 HACCP 体系的应用

【本章要点】

本章主要介绍了宠物食品的安全与卫生法规的概念和管理办法、HACCP 体系的原理与应用。

【知识目标】

- 掌握宠物食品安全与卫生质量的概念。
- 了解宠物食品的安全性评价、卫生法规和卫生管理办法方法。
- 理解和掌握 HACCP 体系的原理及其应用。

【技能目标】

- 学会食品卫生的控制方法，并能进行运用。

宠物食品的卫生与安全在很大程度上决定着宠物的健康和生命安全，不仅对宠物养殖业的经济效益有着重要影响，而且与人类健康也密切相关。环境中的有毒有害成分最终可以通过食物链经植物性食物和动物性食物部分或全部转入人体中，从而对人体产生毒害作用和致病作用，甚至致人死亡。

单元一　宠物食品安全与卫生质量

【学习目标】

本单元属于专业拓展知识范畴。通过学习，了解优质宠物食品应具备的条件、食品安全与卫生法规的概念和管理办法、宠物食品的安全性评价方法、宠物食品生产加工过程中危害的来源与控制办法、宠物食品生产经营过程中的不安全因素及其控制办法。

【学习方法】

课堂讲授，课后在图书馆中或互联网上查阅有关资料。

【关键词】

宠物食品；品质；食品安全；食品卫生；食品安全性评价方法；法规；管理办法

一、宠物食品

(一)原料要求

原料新鲜优质,不含任何人工合成色素和防腐剂,达到人可以安全食用的健康标准。这是保证宠物食品品质的前提。

(二)制作工艺

工艺流程设置要科学、合理,精心制作,规范生产,确保生产过程中营养不流失,不被破坏,保证食品营养均衡。

(三)卫生要求

从选料、生产、包装和运输等方面都要符合食品生产 HACCP(危害分析与关键控制点)标准,卫生指标含量要确保生产出来的食品达到人可以安全食用的标准。

二、宠物食品安全、卫生及质量的概念及相关法律规范

(一)概念

宠物食品安全、宠物食品卫生、宠物食品质量的概念以及三者之间的关系,有关国际组织在不同文献中有不同的论述。国内专家、学者对此也有不同的认识。从目前的研究情况来看,在宠物食品安全概念的理解上,国际社会已经基本形成如下共识。

1. 宠物食品安全是个综合概念 宠物食品安全包括宠物食品卫生、宠物食品质量、宠物食品营养等相关方面的内容和宠物食品(食物)种植、养殖、加工、包装、贮藏、运输、销售、消费等环节。而作为概念的宠物食品卫生、宠物食品质量、宠物食品营养等(通常被理解为部门概念或者行业概念)均无法涵盖上述全部内容和全部环节。宠物食品卫生、宠物食品质量、宠物食品营养等在内涵和外延上存在许多交叉,由此造成宠物食品安全重复监管。

2. 宠物食品安全是个社会概念 与卫生学、营养学、质量学等学科概念不同,宠物食品安全是个社会治理概念。不同国家以及不同时期,宠物食品安全所面临的突出问题和治理要求有所不同。在发达国家,宠物食品安全所关注的主要是因科学技术发展所引发的问题,如转基因食品对人类健康的影响;而在发展中国家,宠物食品安全所侧重的则是市场经济发育不成熟所引发的问题,如假冒伪劣、有毒有害宠物食品的非法生产经营。

3. 宠物食品安全是个政治概念 无论是发达国家,还是发展中国家,宠物食品安全都是企业和政府对社会最基本的责任和必须做出的承诺。宠物食品安全具有唯一性和强制性,通常属于政府保障或者政府强制的范畴。而宠物食品质量等往往与发展观有关,具有层次性和选择性,通常属于商业选择或者政府倡导的范畴。近年来,国际社会逐步以宠物食品安全的概念替代宠物食品卫生、宠物食品质量的概念,更加显现了宠物食品安全的政治责任。

4. 宠物食品安全是个法律概念 自 20 世纪 80 年代以来,一些国家以及有关国际组织从社会系统工程建设的角度出发,逐步以食品安全的综合立法替代卫生、质量、营养等要素立法。1990 年英国颁布了《食品安全法》,2000 年欧盟发布了具有指导意义的《食品安全白皮书》,2003 年日本制定了《食品安全基本法》。部分发展中国家也制定了《食品安全法》。综合型的

《食品安全法》逐步替代要素型的《食品卫生法》《食品质量法》《食品营养法》等，反映了时代发展的要求。

基于以上认识，宠物食品安全的概念可以表述为：宠物食品（食物）的种植、养殖、加工、包装、贮藏、运输、销售、消费等活动符合国家强制标准和要求，不存在可能损害或威胁人体健康的有毒有害物质以及导致消费者病亡或者危及消费者及其后代的隐患。该概念表明，宠物食品安全既包括生产安全，也包括经营安全；既包括结果安全，也包括过程安全；既包括现实安全，也包括未来安全。

（二）食品卫生法律法规标准体系

1. 中华人民共和国食品卫生法　第八届全国人民代表大会常务委员会第十六次会议通过，1995年10月30日公布实行。《中华人民共和国食品安全法实施条例》已经2019年3月26日国务院第42次常务会议修订通过，自2019年12月1日起施行。

2. 食品卫生规章及规范性文件　食品卫生规章可分为以下5个方面：a. 食品及食品原料；b. 食品生产经营；c. 食品包装与容器；d. 食品卫生监督；e. 食品卫生检验。

3. 食品卫生标准　食品卫生标准分为强制性标准和推荐性标准，即国家标准、行业标准、地方标准、企业标准。目前已制定的国家食品标准3 400项，国家标准2 206项，行业标准1 194项，与食品安全相关的标准2 620项（其中基础标准31项），限量标准（包括产品卫生标准）216项，管理及控制标准588项，检测检验方法标准1 560项，特定产品标准163项，标签标准21项，包装材料卫生标准40项。

（三）食品卫生监督管理机构及体系

中央级别：卫健委及其所属技术机构。

卫健委：主管全国食品卫生监督管理工作，制定规章、标准和其他规范性文件；国家级行政审批与许可项目等。

技术机构：技术支持工作，包括食品卫生监测检验、标准研制、污染物监测、技术培训、食品安全与功能学评价、应用性研究等。

地方级别：省、地（市）、县级卫生行政部门及其所属技术机构。

卫生行政部门主要职责：卫生许可证审批发证。地方各级卫生行政部门对从事食品生产经营的企业或食品摊贩，在其进行工商登记前实施审查许可；食品生产经营企业的新、改、扩建工程项目的设计审查和工程验收；日常的食品卫生监督检查。

各级卫生行政部门设立的食品卫生监督员进行食品卫生监督、检查，监督的内容包括：所有食品，食品添加剂，食品容器、包装材料和食品用工具、设备及其与此有关的生产经营人员、生产经营场所、设施和有关环境；对造成食物中毒事故或者有证据证明可能导致食物中毒事故的食品，采取临时控制措施；实施行政处罚；对违反食品卫生法的行为，有权依照食品卫生法的规定，给予行政处罚；制定或协助有关机构制定与《食品卫生法》相配套的地方性法规和地方政府规章。

技术机构：监测、检验、安全性评价、技术指导、标准研制、宣传、培训等技术支持。

三、宠物食品的安全性评价方法

所谓饲料安全，通常是指饲料产品，包括饲料和饲料添加剂中不得含有对饲养动物的健康造成实际危害，而且不会在畜产品中残留、蓄积和转移的有毒、有害物或因素；饲料产品以及利用饲料产品生产的畜产品，不会危害人体健康或对人类的生存环境产生负面影响。为了确保宠物食品安全和保障宠物健康，需要对宠物食品进行安全性评价，通过安全性评价阐明食品是否可以食用，或阐明宠物食品中有关危害成分以及毒性和风险大小，利用毒理学资料和毒理学试验结果确认宠物食品的安全剂量，进行企业质量风险控制。由于人们习惯或者传统观念，一般对药品的安全性比较重视，而对宠物食品的安全性有所忽视，总认为比药品的要求可低一些。其实不然，现行的 HACCP 系统的起源和发展就源于宇航食品的制造，实施 GMP(良好的生产操作规范)就是要把宠物食品和食品、药品一样的严格管理起来，因为宠物食品的摄入量比药品大得多，而且食用者不受限量。

(一)食品安全性评价的准备工作

1. 熟悉食品安全性毒理学评价的程序和方法 关于食品安全性毒理学评价我国有具体规定。从 1980 年开始，我国提出了食品安全性评价的程序问题。1983 年我国卫生部颁布《食品安全毒理学评价程序(试行)》，1994 年国家颁发了 GB 15193.1—1994《食品安全性毒理学评价程序》，并于 2003 年修订，虽已废止，但仍有借鉴意义。程序包括：准备工作→急性毒理试验→遗传毒理学试验→亚慢性毒理试验(含 90 d 喂养试验、繁殖试验、代谢试验)→慢性毒理试验(包括致癌试验)。

2. 受试物的要求

(1)提供受试物(必要时包括杂质)的物理、化学性质(包括化学结构、纯度、稳定性等)。

(2)受试物必须是符合既定的生产工艺和配方的规格化产品。其纯度应与实际应用相同，在需要检测高纯度受试物及其可能存在的杂质的毒性或进行特殊试验时，可选用纯品及杂质分别进行毒性检测。

3. 常用的实验动物 大鼠(*Ratlus norvegicus*)是最常用的实验动物之一，寿命 2～3 年，性成熟 2～3 月龄；小鼠(*Mas musculus*)用途广泛，也最常用，寿命约 2 年，生育期 1 年多；豚鼠(*Cavia porcellus*)，又名天竺鼠、荷兰猪，寿命 6～8 年，生育期雄性 2.5～3 年，雌性 3～4 年；犬(*Canis familiaris*)是哺乳动物，寿命 10～20 年；家兔(*Oryctolagus cunieulus domesticus*)，最常见的兔品种有中国本兔、青紫蓝兔和大耳白兔，寿命 4～9 年；纯系动物，主要是通过近亲交配并按人们的需要长期选择的结果。通常经 20 代“兄妹”或“亲子”相互交配而培育出来的动物称为纯系动物。应用最广泛的是纯系小鼠。

给受试物的途径有口服、灌胃、皮下或皮内注射、腹腔注射、肌内注射和静脉注射等，根据需要和规定选用动物。

(二)食品安全性毒理学评价试验的 4 个阶段

1. 毒理试验的 4 个阶段和内容

(1)第 1 阶段：急性毒性试验。急性毒理试验用 LD_{50} 即半衰期表示，它是指受动物经口 1 次或在 24 h 内多次感染受试物后，能使实验动物半数(50%)死亡的剂量，单位为 mg/kg 体重。

本试验有局限性，很多有长期慢性危害的受试物，急性毒性试验反映不出来，尤其是急性毒性很小的致癌物质，但长期少量摄入能诱发癌症的发生，所以应进行第 2 阶段的试验。

(2)第 2 阶段：遗传毒性试验、传统致畸试验、短期喂养试验。

遗传毒性试验的组合必须考虑原核细胞和真核细胞、生殖细胞与体细胞、体内和体外试验相结合的原则。

细胞致突变试验：鼠伤寒沙门菌/哺乳动物为微粒体酶试验（Ames 试验）为首选项目，必要时可另选和加选其他试验。Ames 试验是用鼠伤寒沙门菌的组氨酸缺陷型（突变型）菌株，其在无组氨酸的培养基中有突变物存在时，鼠伤寒沙门菌可回复突变为野生型（表现型），故可根据其菌落形成数量，检查受试物是否为致突变物。突变物需要代谢活化后才能使沙门菌回复突变，代谢活化包括细菌、真菌、昆虫、细胞株、哺乳动物（如肝微粒体活化受试物）。

小鼠骨髓微核率试验或骨髓染色体畸变试验：微核试验是根据间期细胞内残留染色体断片或整个染色体组成的一种圆形或椭圆形的小体，来判断受试物引起染色体异常作用的一种简便的哺乳动物体内试验。微核检出率高，可反映出染色体畸变情况。骨髓细胞染色体畸变分析试验是在体细胞或生殖细胞内，直接观察在受试物作用下，细胞染色体所发生的结构和数目的变化。一般多以骨髓细胞或外周体细胞、睾丸精原细胞代表生殖细胞，本试验在细胞有丝分裂中期时进行。

小鼠精子畸形试验和睾丸染色体畸变试验：精子畸形试验是根据受试物如能影响实验动物的精子成熟过程，则可观察到精子头部或尾部的形态变化。睾丸染色体畸变分析的基本原料和方法同骨髓细胞染色体畸变分析。试验完毕取出动物睾丸经处理、染色，即可观察精原细胞染色体畸变情况。

其他备选遗传毒性试验：V79/HGPRT 基因突变试验、显性致死试验、果蝇伴性隐性致死试验、程序外 DNA 修复合成（UDS）试验。

传统致畸试验：所有受试物必须进行本试验。

短期喂养试验：30 d 喂养试验。如受试物需进行第 3、4 阶段毒性试验者，可不进行本试验。

（3）第 3 阶段：亚慢性毒性试验——90 d 喂养试验、繁殖试验、代谢试验。

（4）第 4 阶段：慢性毒性试验（包括致癌试验）。凡属我国创新的物质，一般要求进行 4 个阶段试验。特别是对其中化学结构提示有慢性毒性、遗传毒性或致癌性可能者，或产量大、使用范围广、摄入机会多者，必须进行全部 4 个阶段的毒性试验。凡属与已知物质（指经过安全性评价并允许使用者）的化学结构基本相同的衍生物或类似物，则根据第 1、2、3 阶段毒性试验结果判断是否需进行第 4 阶段的毒性试验。凡属已知的化学物质、世界卫生组织已经公布每日摄入量（ADI，以下简称日需量）者，同时申请单位又有资料证明我国产品的质量规格与国外产品一致，则先进行第 1、2 阶段毒性试验，若试验结果与国外产品的结果一致，一般不要求进行进一步的毒性试验，否则应进行第 3 阶段的试验。

凡属毒理学资料比较完整，世界卫生组织已公布日需量或不需要规定日需量者，要求进行急性毒性试验和一项致突变，首选 Ames 试验或小鼠骨髓微核试验。凡属有一个国际组织或国家批准使用，但世界卫生组织未公布日需量或资料不完整者，在进行第 1、2 阶段毒性试验后做初步评价，以决定是否需要进一步的毒性试验。对于由于天然植物制取的单一组分，高纯度的添加剂，凡属国外已批准使用的，则进行第 1、2 阶段毒性试验。进口食品添加剂要求进口单位提供毒理学资料及出口国批准使用的资料，由省、自治区、直辖市一级食品卫生监督检验机构提出意见报卫健委食品卫生监督检验所审查后决定是否需要进行毒性试验。

2. 宠物食品新资源和新资源宠物食品　原则上应进行第 1、2、3 阶段毒性试验，以及必要的人群流行病学调查。必要时应进行第 4 阶段试验。若根据有关文献资料及成分分析，未发现有或虽有但量甚少，不致构成对健康有害的物质，以及较大数量人群有长期食用历史而未发现有害作用的天然动、植物(包括作为调料的天然动、植物的粗提品)可以先进行第1、2阶段毒性试验,经初步评价后,决定是否需要进一步的毒性试验。

(三)食品安全性毒理学评价试验的目的

1. 急性毒性试验 通过测定的 LD_{50} 了解受试物的毒性强度、性质和可能的靶器官,为进一步进行毒性试验的剂量和毒性判定指标的选择提供依据。

2. 遗传毒性试验 对受试物的遗传毒性以及是否具有潜在致癌作用进行筛选。

3. 传统致畸试验 了解受试物对胎仔是否具有致畸作用。

4. 短期喂养试验 对只需进行第1、2阶段毒性试验的受试物,在急性毒性试验的基础上,通过30 d喂养试验,进一步了解其毒性作用,并可初步估计最大无作用剂量。

5. 亚慢性毒性试验——90 d喂养试验、繁殖试验 观察受试物以不同剂量水平经较长期喂养后的毒性作用性质和靶器官,并初步确定最大无作用剂量,了解受试物对动物繁殖及对子代的致畸作用,为慢性毒性和致癌试验的剂量选择提供依据。

6. 代谢试验 了解受试物在体内的吸收、分布和排泄速度以及蓄积性,寻找可能的靶器官;为选择慢性毒性试验的合适动物种系提供依据,了解有无毒性代谢产物的形成。

7. 慢性毒性试验(包括致癌试验) 了解经长期接触受试物后出现的毒性作用,尤其是进行性和不可逆的毒性作用以及致癌作用;最后确定最大无作用剂量,为受试物能否用于食品的最终评价提供依据。

(四)综合评价

在进行最后评价时,必须在受试物可能对人体健康造成的危害以及其可能的有益作用之间进行权衡。评价的依据不仅是科学试验资料,而且与当时的科学水平、技术条件以及社会因素有关。因此,随着时间的推移,很可能结论也不同。随着情况的不断改变,科学技术的进步和研究工作的不断进展,对已通过评价的化学物质需要进行重新评价,推出新的结论。

对于已在食品中应用了相当长时间的物质,对接触人群进行流行病学调查具有重大的意义,但往往难以获得剂量-反应关系方面的可靠资料;对于新的受试物质,则只能依靠动物试验和其他试验研究资料。然而,即使有了完整和详尽的动物试验资料和一部分人类接触者的流行病学研究资料,由于动物的种族和个体差异,也很难做出能保证每只动物都安全的评价。所谓绝对的安全实际上不存在的。根据上述材料,进行最终评价时,应全面权衡和考虑实际可能,从确保发挥受试物的最大效益,以及对人体健康和环境造成的最小危害的前提下做出结论。

(五)检验单位

凡食品卫生监督检验机构、营养与食品卫生研究所和教学机构中从事食品毒理学工作的单位和部门,均可根据《食品卫生检验单位管理办法》,按本程序进行毒理学试验,提出申请,经有关单位认可后,才能出具试验报告。申请报告由当地省、自治区、直辖市一级食品卫生监督检验机构初审,当地卫生行政部门审核,卫生部食品卫生监督所审查后,报卫健委卫生监督司认可和备案。

四、宠物食品生产加工过程中危害的来源与控制

危害是指任何能引起消费者健康风险的生物、化学或物理特性。危害存在于产品中,能以

损伤（或疾病）对消费者产生伤害。消费者常把化学危害看作是最重要的危害，事实上化学危害在食品中常表现为相对低水平的健康风险，主要引起慢性危害；生物危害通常是通过潜伏的微生物引起食品败坏而使消费者急性中毒。

（一）生物危害

大多数食品加工操作都处在一种或多种生物性危害的风险中，这些危害或者来自原料，或者发生于加工过程中。生物危害可分为 3 种类型，即细菌危害、病毒危害和寄生虫危害。

1. 细菌危害　病原性细菌一般会导致食源性疾病的发生，且发病率较高。在美国平均每年达 3 万多例，我国每年报告的集体发病事件多数也属于食源性疾病。病原性细菌对人体健康造成的伤害包括食源性感染和食源性中毒。食源性感染会造成腹泻、呕吐等症状；食源性中毒，即食物中毒，对人体造成的危害更加严重。病原性细菌主要的来源是腐败变质的食物，在适宜的环境如营养成分、pH、温度、水活度、气体（氧气）等条件下，细菌会快速繁殖，从而引起食物腐败变质。

细菌危害能导致食物污染或食物中毒。引起食品腐败的细菌种类很多。下面简要讨论几种与食品工业有关的细菌病原体的主要特征及一般控制条件，如果这些细菌被控制，那么其他大量的病原菌同样可以被控制。

（1）肉毒梭菌（*Clostridium botulinum*）。该菌为厌氧孢子形成的杆状菌，产生强效力的神经毒素，显著的特点是它的孢子抗热性强且分布广泛。下列条件单一或结合使用可以控制该菌的生长：pH＜4.6；5％～10％盐浓度，亚硝酸盐和盐结合使用；其他防腐剂；温度控制（冻藏/冷藏）和生物控制（如产品接种乳酸菌）等。该菌产生的肉毒素是已知的毒性最强的物质之一，但相对热不稳定（煮沸 10 min 可被破坏）。

（2）沙门菌（*Salmonella*）。常存在于生的动物食品中，由该菌所引起的食物中毒事件最多。沙门菌通过常规的巴氏灭菌过程可以被杀灭，它是通过加工原料同生产品或生产品汁液接触污染而传播的。加工食品的 HACCP 计划应该包括毁灭和消除这些病菌的措施，并预防再污染。

（3）李斯特菌（*Listeria monocytogenes*）。该菌在自然界中普遍存在，在食品加工环境中尤为常见，为嗜冷菌，该菌能在冷藏温度下生长。由于该菌分布广，低温下繁殖能力强，引起的疾病严重，使得食品工业和有关部门特别注重该菌危害。HACCP 计划应试图毁灭、消除或降低该危害，并预防再次污染机会的产生。

（4）产气荚膜梭菌（*Clostridium perfringens*）。该菌是厌氧孢子形成的杆状菌，也能产生食物毒素。因为孢子抗热性强，HACCP 计划应该控制适当的烹饪条件和随后的处理温度以限制这些细菌的生长。

2. 病毒危害　病毒比细菌更小，食品携带上病毒后，可以通过感染人体细胞从而引起疾病。病毒是一些光学显微镜下观察不到的非常小的颗粒，属专性胞内寄生物，因此在食品中处于不活跃状态，也不能增殖。然而病毒可以通过粪口途径直接或间接地传播到食品中。存在于食品中的一些病毒，可以通过加热或干燥使其失活，如甲型肝炎病毒，染病个体分泌该病毒于粪便中，并通过粪口途径污染水或食品。例如，1998 年春天上海暴发的大规模甲肝，造成大约 30 万人感染上甲型肝炎病毒，导致发烧、腹痛腹泻、肝脏炎症并伴有黄疸等症状。

病毒污染食品的途径一般如下：一是动、植物原料环境感染了病毒，如上海甲肝病流行就是人们食用的毛蚶生长水域感染了甲肝病毒。二是原料动物携带病毒，如牛患狂犬病或口蹄疫。三是食品加工人员带有病毒，如乙肝患者。以食品为媒体的病毒传播，能通过防止粪便污染和食用前加热食品的方法避免。

3. 寄生虫危害 寄生虫通常寄生在宿主体表或体内，通过食用携带寄生虫的食品而感染人体，可能出现淋巴结肿大、脑膜炎、心肌炎、肝炎、肺炎等症状。比如人们熟悉的猪囊虫病，就是人们食用了未煮熟的囊虫病猪肉而被感染的。

寄生虫污染食品的途径有以下3种：一是原料动物患有寄生虫病；二是食品原料遭到寄生虫卵的污染；三是粪便污染、食品生熟不分。

寄生虫的幼虫(如绦虫和吸虫等)通过带病的新鲜猪肉、牛肉、鱼和野生猎物的消费侵染人体。寄生虫侵染可以通过良好的动物饲养和兽医检验结合加热、冷冻、干燥和盐腌等方法来预防，最有效的方法是加热(>76 ℃)和冷冻(−18 ℃)。

(二)化学危害

化学危害一般可分为天然的化学危害、添加的化学危害和外来的化学危害。天然的化学危害来自化学物质，这些化学物质在动、植物自然生产过程中产生，如人们常说的毒蘑菇、某些生长在谷物上的霉菌可以生成毒素(比如黄曲霉毒素可以致癌)、河豚中含有的毒素、某些贝类因食用一些微生物和浮游植物而产生贝毒素。添加的化学危害是人们在食品加工、包装运输过程中加入的食品色素、防腐剂、发色剂、漂白剂等食品添加剂，如果超过安全水平使用就成为危害。外来的化学危害主要来源于以下几种途径：一是农用化学药品，如杀虫剂、除草剂、化肥等的使用；二是兽用药品，如兽医治疗用药、饲料添加用药在动物体内的残留；三是工业污染，如铅、砷、汞等化学物质进入动、植物及水产品体内，食品加工企业使用的润滑剂、清洁剂、灭鼠药等化学物质污染食品。化学危害对人体可能造成急性中毒、慢性中毒，从而影响人体发育，产生致畸、致癌甚至致死等后果。

从原料生长到最后产品消费整个过程中的任何阶段都可能发生化学危害。化学危害对消费者的影响分慢性和急性2种，慢性化学污染物(如汞)能在体内积累许多年而导致病变；急性化学污染物如过敏性食品可在几分钟内导致病变。食品中的化学危害物质有2类，即天然的和添加的化学危害物质，如果在食品中超量存在，两者都可以引起食物中毒。

1. 天然的化学危害物质 这类化学物质主要有真菌毒素、蘑菇毒素和贝壳动物毒素等，这些天然的化学危害物质主要通过加强原料检验和质量安全保证系统，防止其流入加工过程。

2. 添加的化学危害物质 这类化学物质包括在生长、收获、加工、贮藏和销售过程中。目前食品中主要添加的化学危害物质有化学清洁剂、农药、过敏性物质、有毒金属元素、亚硝酸盐、硝酸盐和亚硝基氮化物、兽药残留和食品化学添加剂等。另外，一些增塑剂和其他塑料添加剂可以从包装物向食品中迁移，迁移依赖于包装物的组成成分和食品的种类，如油脂类食品比其他食品更容易促进包装物中成分向食品迁移。用于食品包装的塑料和其他材料都有严格的法定限制，在许多的食品设计中都规定了最大许可的迁移界限，所以，在生产管理时要选用卫生许可的食品包装物和塑料器皿，并将迁移控制措施建立在HACCP系统中。

(三)物理危害

同生物和化学危害物一样，物理危害物能在加工的任何阶段进入食品产品中。物理危害物是指可以引起消费者疾病或损伤，在食品中没有被发现的外来物质或物体。物理危害主要来源于以下几种途径：一是植物收获过程中掺进玻璃、铁丝铁钉、石头等；二是水产品捕捞过程中掺杂鱼钩、铅块等；三是食品加工设备上脱落的金属碎片、灯具及玻璃容器破碎造成的玻璃碎片等；四是犬猫在饲养过程中误食铁丝，畜禽肉和鱼剔骨时遗留骨头碎片或鱼刺。

混入食品中的物理危害物依种类不同，去除的方法也各异。液体食品主要采用过滤、磁铁吸附、离心分离等方法；粉状食品通过筛分、磁铁吸附、金属探测和空气分离等方法；颗粒状食品如坚果、干果、水果可采用检查、扫描、筛分、磁铁吸附、水洗、石沙漏斗、空气分离、悬浮和电子颜色分检方法；大块固体食品如肉畜屠体、鱼、花椰菜等可用 X 线探测、金属探测、视觉检验、电子扫描等方法，除去混入其中的物理危害物。

(四)控制措施

控制措施是预防措施而非纠正措施，即通过预先的行动来防止或消除食品危害的发生或将其危害降到可接受的水平，而控制措施主要是针对显著危害而言的。在实践中，可以有很多方法来控制食品危害的发生，有时一个显著危害只需 1 种控制方法就可以控制，有时可能同时需要几种方法来控制；有时 1 种方法也可以同时控制几种不同的危害。一般情况下控制措施有以下几种。

1. 生物危害的控制措施　对病原性微生物(细菌)的控制可以有以下几种措施：a. 加热和蒸煮，可以使致病菌失活；b. 冷却和冷冻，可以抑制细菌生长；c. 发酵或 pH 控制，可以抑制部分不耐酸的细菌生长；d. 添加盐或其他防腐剂，可以抑制某些致病菌生长；e. 干燥，通过高温或低温干燥，可以杀死某些致病菌或抑制某些致病菌生长；f. 源头控制，从非污染区域和合格供应商(如捕捞许可证、检疫证明等)采购食品原料。

2. 化学危害的控制措施

(1)源头控制：对化学危害的控制有时比控制生物危害更加困难，如农药、兽药的残留问题，一般可考虑从非污染区域和合格供应商采购食品原料，有条件的可以选择通过有机产品认证的食品原料。

(2)加工过程控制：合理使用食品添加剂。

3. 物理危害的控制措施　对物理危害的控制：一是靠预防，如通过供应商和原料控制尽可能减少杂质的掺入；二是通过金属探测、磁铁吸附、筛选、空气干燥机等方法控制；三是通过眼看、手摸等方法进行人工挑选。

4. 其他　为了获得高产、抗病性强等经济性状，在生物工程技术的推动下，转基因作物种植面积越来越大，用作饲料的转基因作物主要有抗虫害玉米、大豆等，这些转基因饲料可能存在一定的安全隐患，对此必须持谨慎态度。

在科学技术高速发展的前提下，现代工业的迅猛发展，忽视了人类自身生存的环境保护，造成全球性的环境污染，人类除了直接受到被污染的空气、水的侵害外，农业产品和动物产品中各种有害人体健康的物质，通过生物链的富集作用被人体吸收，严重威胁人类的健康与安全。这一现状近年来引起各国的高度重视，人们迫切需要提供安全、营养、无公害的理想食品。

五、宠物食品生产加工过程中废弃物排放处理

随着农业集约化水平的提高，化肥、农药的大量投入，过去所忽视的农业自身面源污染对环境的负面影响和食品安全性的问题正日益显露出来。特别是近 20 年间，随着工业化、城市化、农业集约化快速发展和经济持续增长，人们生活方式迅速变化和资源高强度开发利用，大量未经妥善处理的污水排放和农田灌溉、固体废弃物的任意丢弃或土地处理、废气/尾气的长

距离运输与沉降,以及大量不合理的化肥、农药的施用与残留,已造成我国大面积农田土壤环境的显性和潜在性污染,严重影响到我国农田生态系统的生物多样性、食物链安全、人体健康以及经济、社会的可持续发展。因此,有必要有针对性地控制废弃物和环境污染,加强对宠物食品生产加工产地的环境保护,提高产品质量,保证宠物食品的安全性。

(一)宠物食品生产加工中大气污染的控制

大气是人和动、植物重要的营养来源,大气污染对宠物食品安全构成主要威胁。因此,控制大气污染物的危害,对保证宠物食品安全十分重要。控制大气污染物的危害,需从以下几个方面着手。

1. 健全法律法规,预防大气污染 人类的生活、生产必然会产生大气污染物,必须严格控制排放数量,使其对人体和食品安全的影响减少到最低。燃料燃烧和机动车尾气是大气污染物的主要来源,要控制污染,必须注意燃料,如锅炉、窑炉质量(限定含硫量、烟尘),机动车污染达标的排放。另外,采用无铅汽油可以减少大气中铅的污染。

2. 采用新技术,控制大气污染 采用新型的烟尘治理技术、排烟脱硫工艺和排烟脱氮技术,可以减少二氧化硫、氮氧化物和烟尘的排放量,从而减少酸雨、煤烟粉尘和金属飘尘的形成,从而控制大气污染。

3. 搞好绿化,防治大气污染 搞好绿化工作,提高林木、植被的覆盖率,美化环境,提高大气的自净能力,以减少大气污染物对食品安全的影响。

4. 控制3,4-苯并[α]芘的污染

(1)加强环境治理,减少环境对食品的污染。

(2)粮食、油料种子不在柏油路晾晒,以防沥青沾污。机械化生产食品要防止润滑油污染食品,或改用食用油作为润滑剂。

5. 控制大气中二噁英的污染

(1)限制有机氯化合物的使用,继续消除DDT、脱叶剂的污染,坚决禁止有机氯化学武器的生产和使用。

(2)将肉削去脂肪和采用低脂肪奶粉可以减少二噁英的摄入,注意膳食平衡,适当增加蔬菜水果和谷物摄入也可相应减少动物性脂肪摄入量。

(二)宠物食品生产加工中水体污染的控制

宠物食品中水体污染物来自水体的环境污染,要控制宠物食品中水体污染物,必须从治理水环境着手。

1. 加强管理 为防治水体污染,保证水资源的有效利用,保护和改善环境,我国于1984年和1998年分别制定了《中华人民共和国水污染防治法》和《中华人民共和国水法》。在制定经济发展规划时要考虑到水体环境问题,采取预防措施。要通过调整产业结构和工业布局来解决各城市的水体环境问题。

2. 控制污染 要依靠科学技术减少水体污染。当前我国水资源十分短缺,而同时又存在着严重的浪费。单位产品的耗水量多,加重了水体环境的污染。因此,要努力开发新技术,采用少量水或不用水的生产工艺。此外,尽量采用水的重复利用和循环使用的方法,也是节约水源、控制污染的重要技术措施。对污染物的排放,不仅要规定浓度的限制,更要规定总量的限制。

3. 宣传教育 水是生命之源，要通过各种宣传教育活动，使每个人认识到保护水体环境的重要性。在日常生活中不将生活污水、垃圾等倒入河流、湖泊。工厂不随意排放未经处理的废水。只有人人行动起来，才能全面、有效地保护水体环境。

在治理水体环境的基础上，加强农业灌溉用水的管理与监控，将其中的污染物控制在限量范围之内，从而减少或杜绝水污染物进入宠物食品的原料。此外，在宠物食品加工与生产过程中同样需要加强对水源的管理与监控，确保食品的安全。

（三）宠物食品生产加工中土壤污染的控制

土壤是人类最基本的生产资料，也是生产人类食物的场所。土壤污染对食品的安全影响极大，必须根据土壤污染的类型，采取适当的措施，控制土壤污染造成的危害。

（1）对水体污染造成的土壤污染，必须整治水体环境，加强管理，污水要达标排放。灌溉污水要控制水质，从而减少污染。

（2）对大气污染造成的土壤污染，要从治理大气环境入手，加强金属粉尘和烟尘的排放管理，防止酸雨的形成，改善大气环境，可以减少污染。

（3）对农业污染造成的土壤污染，要合理使用化肥和农药，减少残留和污染；对污泥、城市垃圾造成的污染，必须从源头上加以治理，控制其中有害物质的含量。

（4）固体废弃物的堆积和填埋，要注意加强垃圾渗漏水的处理，控制其中的有害物质对土壤的污染。

土壤污染是长期、累积性和隐性的。目前土壤污染的危害还未受到人们的关注。有关土壤污染的报道较少，因此有必要呼吁全社会的关注和努力，警惕土壤污染带来的巨大的隐性危机。

六、宠物食品生产经营过程中的不安全因素及其控制

（一）不安全因素

1. 饲料原料 很多饲料原料本身含有毒有害物质，如钙、磷微量元素原料以及以矿物质为载体的原料，这部分原料含有砷、铅、氟、汞、镉等有毒有害物质。植物性原料中含有生物碱、棉酚、有毒蛋白、硝基化合物、氰化物等；动物性饲料中含有组胺、抗硫胺素及抗生素等。因此，如果在进料时把关不严，利用不合理或未能适当处理，有毒有害物质就很容易超标，结果不仅危害动物的健康，同时也会使一些致癌、致畸的物质通过畜产品，对人类健康造成威胁。

2. 饲料配比不合理，利用效率低 营养不平衡造成营养物质的消化吸收降低，影响畜禽的生长发育，同时未消化的营养物质被排泄到环境中，对环境造成污染。因此，要通过科学的方法进行饲料配制，使配方科学化、合理化，提高饲料转化效率，使被排泄的营养物质减少到最低。

3. 饲料加工设备、饲料加工过程中产生的金属残留物质 饲料加工设备、饲料加工过程中所用的金属机械、管道、容器等可能含有某些重金属元素，在一定的条件下通过各种形式进入饲料。如采用表面镀镉处理的饲料加工机械、器皿及上釉的陶瓷容器，当饲料的酸度较大时可将镉、铅溶出而污染饲料，机械摩擦也可使金属尘粒混入饲料。

4. 过分添加微量元素 由于微量元素的离子在动物体内能形成稳定的络合物，影响动物的生理功能，尤其是幼畜，因此，现代饲料生产比较重视微量元素的使用。但是，一些生产厂家和养殖户盲目生产和使用高铜、锌饲料，结果不仅使大量的铜、锌随畜禽粪便排出，造成土壤、

水源、植被的污染，而且还导致畜禽产品中铜、锌大量蓄积，危害人体健康。

5. 滥用违禁药物和不按规定使用药物添加剂 随着集约化畜牧业的发展，饲料产商在饲料中越来越普遍地添加抗菌药、抗寄生虫药和各种生长促进剂。为此，农业农村部为规范使用饲料药物添加剂，提高饲料的安全性，于2003年发布了饲料药物添加剂使用规范的第168号公告。该公告明确规定了在我国只有33种饲料药物添加剂允许添加到饲料中，并且还详细规定了适用动物、用法与用量、停药期及有关注意事项。但是，不少饲料企业和养殖户未严格执行规定，超允许品种添加、超限量添加药物添加剂，未遵守休药期规定和配伍禁忌等规定，或者将不同品牌的饲料产品混合饲用，致使属于配伍禁忌的几种药物被同时使用而导致饲料中的药物在养殖产品中积蓄残留，产生耐药性，对人体产生不良影响，并对环境造成污染。

6. 环境污染对饲料原料的污染 受饲料原产地的地质化学条件或人类活动造成的“三废”污染以及农药、化肥大量使用的影响，饲料原料中有时可能含有对动物有害的过量有机污染物如N-亚硝基化合物、多环芳香烃类化合物、二噁英、多氯联苯等化合物，有时可能含有过量的无机污染物如氰化物、氟化物、砷、镉、铍、铅等，这些污染物都具有在环境、饲料和食物链中富集、难分解、毒性强等特点，对饲料安全性和食品安全性威胁极大。

7. 饲料加工、运输、储存过程中受到污染 除环境因素对饲料的污染以外，饲料在分拣、包装、运输、装卸、储存、计量等过程中也会受到某些化学物质的污染，特别是动物性饲料原料易受“二噁英”等化学物质的污染。加强饲料生产、运输、贮藏的管理是饲料安全的一个重要方面，储存时不合格和变质的饲料应做无害化处理，不应储藏在存放饲料的地方。饲料储存场地不应使用化学灭鼠药和杀鸟剂。

8. 微生物对饲料的污染 引起饲料霉变的微生物主要有曲霉菌、青霉菌、镰刀霉菌等，特别是黄曲霉菌，对饲料原料造成的污染最为严重。在夏天高温高湿的环境中，玉米、豆粕、麸皮都很容易滋生黄曲霉菌，造成饲料适口性差，引起动物急性或慢性中毒，降低动物的免疫力。因此，宠物饲养者要加强对饲料中霉菌毒素的检测，确保饲料安全。被大肠杆菌、沙门菌污染的饲料进入动物体内后通过其产品转移、传播，危害人类健康。因此，要通过生物技术，控制有害微生物的污染，进行无害化处理。

9. 转基因饲料原料引发的食品安全性问题 虽然转基因作物在产量、抗逆性和品质方面有显著的改进，极大地降低了农业生产成本，使全球农业生产发生了深刻的变革，但是转基因作物的安全性问题近年来在全球引起了激烈的争论，比如用转基因原料生产的饲料饲养出来的动物是否会产生遗传污染；这样的动物性食品是否与非转基因食品“实质等同”，无显著差异；转基因食品在某些情况下是否会产生过敏；对生态安全性的影响等。目前，国际上已用转基因技术培育出了西红柿、玉米、高蛋氨酸大豆、马铃薯等，它们中的一部分已被用作饲料原料。但据英国媒体报道：1998年，英国研究人员用转基因马铃薯饲养大鼠，引起大鼠器官的生长异常，体重减轻，免疫系统遭到破坏，从而引起人们对转基因食品的怀疑。目前，在没有完全了解其安全性之前，我们应对转基因产品采取谨慎态度。

10. 制售假冒伪劣产品 假冒饲料产品不仅扰乱了正常的饲料市场秩序，侵害了消费者的利益，同时也带来了一些安全问题。假冒饲料添加剂中有效成分不足，会导致动物疾病的产生，不仅会影响养殖动物的生产性能，也对消费者利益造成一定的损害。

11. 饲料标签标识问题较多 一些企业和产品标注假冒批准文号；产品标签不规范、成分标识不清、专用性标注不明，使消费者无所适从；有些企业在饲料标签上夸大产品性能，误导消费者；还有一些企业隐瞒了饲料产品的真实成分在饲料产品中添加了一些药物，但在饲料标签上不加以注明，使用者在不知情的情况下很容易重复添加同类药物，从而造成药物中毒或过量蓄积。

(二)控制措施

1. 强化监管部门的责任 一个产业的形成，需要各个链紧密相扣，且不能断链。从生产、养殖、运输、营销到市场，都必须循规蹈矩。一个新兴产业必然会带来更大的利润空间，同类产业往往会短时间内快速崛起，遂成“满天星”，竞争就更加激烈。政府对此要有所作为，应从各个环节加强监管，加强市场引导，坚决打击急功近利、不按市场规律、蒙骗百姓的不法分子，营造公平诚信的市场环境。

2. 按规定正确使用饲料药物添加剂 严格执行《允许用做饲料药物添加剂的兽药品种及使用规定》和《动物食品中兽用药物最高残留》，其中明确规定了饲料药物添加剂的适用动物、最低用量、最高用量及停药期、注意事项、配伍禁忌和最高残留量。提倡谨慎使用抗菌药，减少对抗菌药使用的依赖性和随意性。通过改善饲养管理、改善卫生状况、应用安全绿色的添加剂，以最大限度地减少抗菌药用量并严格执行停药期，人畜用药分开，确保抗菌药使用的安全。

3. 加强饲料安全法规建设，加大执法力度 抓紧完善饲料安全法律法规体系，进一步修改，起草有关饲料、饲料添加剂的配套法规和管理办法；完善生产记录、饲料添加剂使用规范和质量安全追溯等监管制度；尽快起草并出台《饲料安全法》，为依法查处违禁药品提供依据。各级饲料管理部门会同公安、工商、药监、环保、质检等行政主管部门，坚决查处在饲料生产、经营和使用中添加禁用药品的行为。加强对进口饲料、饲料添加剂的检验检疫，严密监控动物性饲料、转基因饲料产品的质量安全和流向，消除各种隐患，确保饲料产品的质量安全。整顿和规范饲料产品市场秩序，对生产假冒伪劣不合格饲料产品和安全隐患多的企业，要停产整改、跟踪监测。对于违法使用禁用药品和发生重大质量安全事故的饲料企业，要取消其生产和经营资格，依法追究有关责任人的法律责任。

4. 进一步加强动物营养和饲料科学研究工作 要解决饲料和畜产品的安全问题，仅仅依靠法制建设是远远不够的，要在加强法制建设的同时，高度重视和加强动物营养和饲料科学的研究，为饲料工业和畜牧业的可持续发展打下坚实的科技基础。

5. 进一步完善和制定各种动物的饲养标准 饲养标准是饲料配方的基础，随着特种养殖品种的增多，饲养标准的空白也随之增多，因此应尽快完善和制定各种动物不同生理阶段、不同生产水平、不同季节的饲养标准，为饲料配方科学饲养提供依据，减少营养物质不必要的浪费，减少多余成分大量排泄对土壤和水源的污染。

6. 加强饲料卫生监督和检验工作 生产企业应具备饲料卫生指标、检测设施、检测队伍及健全的检测制度，加强对原料和饲料成品的日常卫生检测工作。卫生指标不合格的原料应拒用，卫生指标不合格的饲料成品应拒绝入市。

7. 加强农药、化肥的管理和工厂“三废”的治理 加强对农药生产和使用的科学管理，禁止使用汞、砷制剂和有机氯类农药等，减少饲料原料的农药残留，同时，严禁农药残留超标的饲料进入市场和使用。工厂不得随意排放污水、有毒气体，积极治理工业“三废”，确保饲料生产的良好生态环境。

8. 采用高新技术，促进产品的升级换代 在坚持现行标准、坚持质量的同时，要重视研究采用高新技术，提高产品的档次，并开发一些质量高、安全性能好的产品。重视利用现代生物技术，研究有机饲料、安全饲料。

9. 饲料工业中推广和应用HACCP系统 HACCP是危害分析与关键点控制的简称，是国际上通行的食品和饲料生产加工安全管理体系。饲料工业引用 HACCP 系统提高鉴定、预防、控制危害水平，使饲料卫生安全危害的风险降到最低限度。在饲料工业中建立和推广 HACCP 管理可有效杜绝有害、有毒物质和微生物进入饲料原料或配合饲料生产环节。由于关键控制点的有效设定和检验，保证了最终产品中各种药物残留和卫生指标均在控制线以下，确保了饲料原料、预混料浓缩料和配合饲料等产品的安全，因此，为规范我国饲料生产、保证饲料质量、提高饲料安全性，推广和应用 HACCP 系统势在必行。

饲料安全工作是一个系统工程，同时又是一项长期而艰巨的任务，它不仅关系到畜牧业的健康发展，还关系到人类的健康，必须引起全社会的高度重视。只有在全社会的共同关注和参与下，饲料安全工程才能得到有效实施，饲料安全才能得到保障，人类的健康才能得到保障，畜牧业才能保持持续、稳定、健康地发展。

单元二　三聚氰胺的危害与检测方法

【学习目标】

本单元属于专业拓展知识范畴。通过学习，了解三聚氰胺的来源、物理化学特性及主要用途、三聚氰胺的危害与检测方法。

【学习方法】

课堂讲授，课后在图书馆中或互联网上查阅有关资料。

【关键词】

三聚氰胺；宠物食品；食品安全；检测方法

三聚氰胺(图 8-1)，英文名 Melamine，是一种三嗪类含氮杂环有机化合物，重要的氮杂环有机化工原料，简称三胺，又称 2，4，6- 三氨基-1，3，5-三嗪、1，3，5-三嗪-2，4，6-三胺、2，4，6-三氨基脲、密胺、三聚氰酰胺、氰脲三酰胺。更多英文名称：1，3，5-Triazine-2，4，6-triamine；2，4，6-Triamino-1，3，5-triazine；2，4，6-Triamino-s-triazine；Aero；Cyanuramide；Cyanuric triamide；Cyanurotriamide；Cyanurotriamine；DG 002 （amine）；Hicophor PR；Isomelamine；NCI-C50715；Pluragard；Pluragard C 133；s-Triazine，2，4，6-Triamino；Teoharn；Theoharn；Virset 656-4。

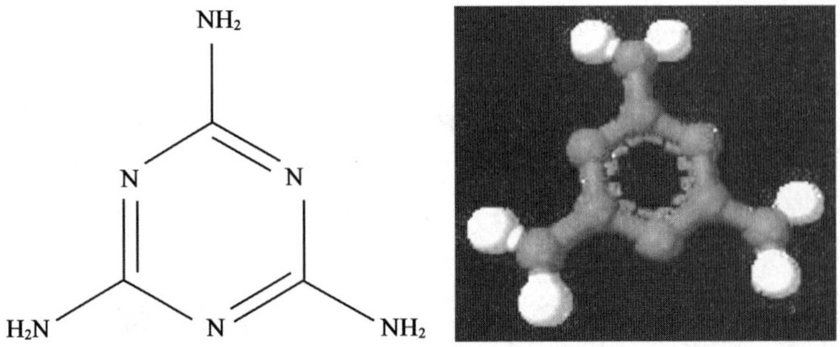

三聚氰胺分子结构　　三聚氰胺分子模型

图 8-1　三聚氰胺的分子结构与分子模型

三聚氰胺的分子式为 $C_3N_6H_6$，相对分子质量为 126.12，CAS 登录号：108-78-1，EINECS 登录号：203-615-4。

一、三聚氰胺的合成工艺

三聚氰胺最早被李比希于 1834 年合成，早期合成使用双氰胺法：由电石（CaC_2）制备氰胺化钙（$CaCN_2$），氰胺化钙水解后二聚生成双氰胺（dicyandiamide），再加热分解制备三聚氰胺。目前因为电石的高成本，双氰胺法已被淘汰。与该法相比，尿素法成本低，目前较多采用。尿素以氨气为载体，硅胶为催化剂，在 380～400 ℃温度下沸腾反应，先分解生成氰酸，并进一步缩合生成三聚氰胺。

$$6CO(NH_2)_2 \longrightarrow C_3N_6H_6 + 6NH_3 + 3CO_2$$

生成的三聚氰胺气体经冷却捕集后得粗品，然后经溶解，除去杂质，重结晶得成品。尿素法生产三聚氰胺每吨产品消耗尿素约 3 800 kg、液氨 500 kg。

按照反应条件不同，三聚氰胺合成工艺又可分为高压法（7～10 MPa，370～450 ℃，液相）、低压法（0.5～1 MPa，380～440 ℃，液相）和常压法（<0.3 MPa，390 ℃，气相）3 类。

国外三聚氰胺生产工艺大多以技术开发公司命名，如德国巴斯夫法（BASF Process）、奥地利林茨化学法（Chemical Linz Process）、鲁奇法（Lurgi Process）、美国联合信号化学公司化学法（Allied Signal Chemical Process）、日本新日产法（Nissan Process）、荷兰斯塔米卡邦法（即 DSM 法）等。这些生产工艺按合成压力不同，可基本划分为高压法、低压法和常压法 3 种工艺。目前世界上技术先进、竞争力较强的主要有日本 Nissan 和意大利 Allied-Eurotechnica 的高压法、荷兰 DSM 低压法和德国 BASF 的常压法。

我国三聚氰胺生产企业多采用半干式常压法工艺，该方法是以尿素为原料，在 0.1 MPa 以下，390 ℃左右时，以硅胶做催化剂合成三聚氰胺，并使三聚氰胺在凝华器中结晶，粗品经溶解、过滤、结晶后制成成品。

二、三聚氰胺的物理化学特性及主要用途

三聚氰胺性状为纯白色单斜棱晶体，无味，密度 1.573 g/cm^3（16 ℃）；常压熔点 354 ℃（分解）；快速加热升华，升华温度 300 ℃；溶于热水，水溶性 3 g/L（20 ℃），微溶于冷水，极微溶于热乙醇，不溶于醚、苯和四氯化碳，可溶于甲醇、甲醛、乙酸、热乙二醇、甘油、吡啶等；低毒；在一般情况下较稳定，但在高温下可能会分解放出氰化物，分解时同时放出不支持燃烧的氮气，因此可作为阻燃剂。

三聚氰胺呈弱碱性（$pK_b=8$），与盐酸、硫酸、硝酸、乙酸、草酸等都能形成三聚氰胺盐。在中性或微碱性情况下，与甲醛缩合而成各种羟甲基三聚氰胺，但在微酸性（pH 5.5～6.5）中与羟甲基的衍生物进行缩聚反应而生成树脂产物。遇强酸或强碱水溶液水解，氨基逐步被羟基取代，先生成三聚氰酸二酰胺，进一步水解生成三聚氰酸一酰胺，最后生成三聚氰酸。

三聚氰胺是一种用途广泛的基本有机化工中间产品，最主要的用途是作为生产三聚氰胺甲醛树脂（MF）的原料。该树脂硬度比脲醛树脂高，不易燃，耐水、耐热、耐老化、耐电弧、耐化学腐蚀、有良好的绝缘性能、光泽度和机械强度，广泛运用于木材、塑料、涂料、造纸、纺织、皮革、电气、医药等行业。三聚氰胺还可以作为阻燃剂、减水剂、甲醛清洁剂等。

三、三聚氰胺的毒性危害以及人体的耐受剂量

三聚氰胺本身为低毒性，一般成年人身体会排出大部分的三聚氰胺，不过如果与三聚氰酸并用，会形成无法溶解的氰尿酸三聚氰胺，造成严重的肾结石。

目前三聚氰胺被认为毒性轻微，大鼠口服的半数致死量大于 3 g/kg 体重。据 1945 年的试验报道：将大剂量的三聚氰胺饲喂给大鼠、兔和犬后未观察到明显的中毒现象。如动物长期摄入三聚氰胺会造成生殖、泌尿系统的损害，膀胱、肾部结石，并可进一步诱发膀胱癌。1994 年国际化学品安全规划署和欧洲联盟委员会合编的《国际化学品安全手册》第 3 卷和国际化学品安全卡片也只说明：长期或反复大量摄入三聚氰胺可能对肾与膀胱产生影响，导致产生结石。然而，2007 年美国宠物食品污染事件的初步调查结果认为：掺杂了≤6.6％三聚氰胺的小麦蛋白粉是宠物食品导致中毒的原因，为上述毒性轻微的结论画上了问号。一般采用三聚氰胺制造的食具都会标明“不可放进微波炉使用”。

卫生部于 2008 年 9 月 12 日发布了“与食用受污染三鹿牌婴幼儿配方奶粉相关的婴幼儿泌尿系统结石诊疗方案”，有关方面可以参照。方案中指出结石绝大部分累积于双侧集合系统及双侧输尿管，这与成人泌尿系统结石临床表现有所不同，多发性结石影响肾功能的概率更高。由于患儿多不具备症状主诉能力，家长需要加强对相关儿童的观察，依靠腹部 B 超和(或)CT 检查，可以帮助早期确定诊断。在治疗方面，目前没有针对三聚氰胺毒性作用的特效解毒剂，临床上主要依靠对症支持治疗，必要时可以考虑外科手术干预，解除患儿肾功能长期损害的风险。早期诊断、早期治疗，是使患儿早日康复的关键。

1. 急性毒性 三聚氰胺对大鼠的半数致死剂量为 3 248 mg/kg 体重，对兔的半数致死剂量则超过 1 000 mg/kg 体重。根据 1945 年的试验，将大剂量的三聚氰胺饲喂给猪、兔和犬后没有观察到明显的急性中毒现象。苏联在 19 世纪 80 年代的一次研究显示，氰尿酸三聚氰胺的毒性要大于三聚氰酸和三聚氰胺本身。对于大鼠与兔，氰尿酸三聚氰胺的半数致死剂量为 4.1 g/kg 体重(直接进入胃中)或 3.5 g/kg 体重(透过吸收)，而三聚氰胺则分别为 6.0 g/kg 体重与 4.3 g/kg 体重。一项毒理学研究也证实，回收的受污染宠物饲料中，三聚氰酸与三聚氰胺并用是造成猫严重肾衰竭的主因。

2. 慢性毒性 长期摄取三聚氰胺可能造成生殖能力损害、膀胱或肾结石、膀胱癌等。1983 年美国针对三聚氰胺进行动物试验研究，发现用三聚氰胺高剂量（45～263 mg/kg 体重）和持续(2 年)地喂食雄鼠会造成其膀胱结石，并增加其膀胱、尿道出现恶性肿瘤的风险。

对于三聚氰胺形成肾结石的机理并不是很清楚。有研究认为，三聚氰胺常混合有结构类似的氰尿酸，在摄入人体进入肾细胞后，三聚氰胺会与氰尿酸结合形成结晶沉积，从而造成肾结石并堵塞小管，并有可能导致肾衰竭。由于三聚氰胺微溶于水，经常饮水的成年人体内部不易形成三聚氰胺结石，但饮水较少且肾脏狭小的哺乳期婴儿体内则较易形成结石。

3. 人体对三聚氰胺耐受剂量 三聚氰胺是一种低毒的化工原料。动物试验结果表明，其在动物体内代谢很快且不会存留，主要影响泌尿系统。

三聚氰胺量剂和临床疾病之间存在明显的量效关系。三聚氰胺在婴儿体内最大耐受量为每千克奶粉 15 mg。专家对受污染婴幼儿配方奶粉进行的风险评估显示，以体重 7 kg 的婴儿为例，假设每日摄入奶粉 150 g，其安全阈值即最大耐受量为 15 mg/kg 奶粉。

根据美国食物及药物管理局的标准，三聚氰胺可容忍摄入量为每日 0.63 mg/kg 体重。

四、假蛋白质原理

由于食品和饲料工业蛋白质含量测试方法的缺陷，三聚氰胺也常被不法商人用作食品添加剂，以提升食品检测中的蛋白质含量指标，因此三聚氰胺也被人称为“蛋白精”。

蛋白质主要由氨基酸组成。蛋白质平均含氮量为 16%左右，而三聚氰胺的含氮量为 66%左右。通用的蛋白质测试方法“凯氏定氮法”是通过测出含氮量来估算蛋白质含量，因此，添加三聚氰胺会使得食品的蛋白质测试含量偏高，从而使劣质食品通过食品检验机构的测试。有人估算在植物蛋白粉和饲料中使测试蛋白质含量增加 1 百分点，用三聚氰胺的花费只有真实蛋白质原料的 1/5。三聚氰胺作为一种白色结晶粉末，没有什么气味和味道，所以掺杂后不易被发现。

奶粉事件：各个品牌奶粉中蛋白质含量为 15%～20%，蛋白质中含氮量平均为 16%。以某合格牛奶蛋白质含量为 2.8%计算，含氮量为 0.44%；某合格奶粉蛋白质含量为 18%计算，含氮量为 2.88%。而三聚氰胺含氮量为 66.6%，是牛奶的 151 倍，是奶粉的 23 倍。每 100 g 牛奶中添加 0.1 g 三聚氰胺，理论上就能提高 0.625%蛋白质。

微溶系指溶质 1 g(mL)能在溶剂 100～1 000 mL 中溶解，三聚氰胺在水中微溶，在牛奶这种水包油型的乳液中溶解度未找到试验数据，应该比水的溶解度要好一些，待验证。

检测方案：在现有奶粉检测的国家标准中，主要进行蛋白质、脂肪、细菌等检测。三聚氰胺属于化工原料，是不允许添加到食品中的，所以现有标准不会包含相应内容，亦即三聚氰胺检测目前并无国家标准。因此，德国莱茵集团参照美国食品化学品法典(FCC)高效液相色谱-紫外(HPLC-UV)定量检测方法，同时还可采用高效液相色谱/质谱(HPLC/MS)检测方法(实验室方法)对婴儿食品、宠物食品、饲料及其原料(包括淀粉、大米蛋白粉、玉米蛋白粉、谷朊粉、粮油等)开展检测业务，检测结果具备权威性。

三鹿奶粉假蛋白质的另一种解释为，企业加入的是尿素，而原奶直接变成奶粉是在高温下进行的，高温使得尿素发生脱水反应，生成三聚氰胺，因此最终产出的奶粉中含有三聚氰胺。

五、牛奶添加三聚氰胺的作用及相关危害案例分析

奶粉有毒是因为其中含三聚氰胺，可能是在奶粉中直接加入的，也可能是在原料奶中加入的。牛奶和奶粉添加三聚氰胺，主要是因为它能冒充蛋白质。

食品都是要按规定检测蛋白质含量的。若蛋白质含量达不到标准，说明牛奶兑水兑得太多，也说明奶粉中掺杂了太多别的东西的粉。但是，蛋白质不太容易检测，生化学家们就想出个偷懒的办法：因为蛋白质是含氮的，所以只要测出食品中的含氮量，就可以推算出其中的蛋白质含量。因此，添加过三聚氰胺的奶粉就很难检测出其蛋白质不合格了，这就是三聚氰胺的假蛋白质原理。

1. 三聚氰胺的致病案例　2007 年，美国暴发宠物食品受污染事件。事后调查表明：掺杂了≤6.6%三聚氰胺的小麦蛋白粉是宠物食品导致中毒的原因。

2008 年 9 月，我国暴发三鹿婴幼儿奶粉受污染事件，导致食用了受污染奶粉的婴幼儿产生肾结石病症，其原因也是奶粉中含有三聚氰胺。

2. 三聚氰胺的违法添加案例　2007 年，深圳检验检疫局从台湾购入的 3 批“爱族牌”观赏鱼饲料检出三聚氰胺，且三聚氰胺含量较高，分别为 0.35 g/kg、0.47 g/kg 和 0.51 g/kg。这 3 批鱼饲料共重 846 kg，货值 7 000 多元。

2007 年，福建、天津、山东、珠海检验检疫局从马来西亚、泰国、秘鲁进口的鱼粉（HS 编码均为 2301201000）中检出三聚氰胺阳性，并依法对进口鱼粉做出退货处理。

据美国食品药品管理局（FDA）官方消息，美国 FDA 首次在美国国内生产的饲料中发现含有三聚氰胺，有关企业已经开始自动召回相关产品。含有三聚氰胺的饲料添加剂来自俄亥俄州托莱多市 Tembec BTLSR 公司和科罗拉多州约翰斯敦市 Uniscope 公司。Tembec 公司生产 AquaBond 和 Aqua-Tec Ⅱ黏合剂，主要用于出口，同时向 Uniscope 公司提供生产 Xtra-Bond 黏合剂的原料，Uniscope 公司生产的 Xtra-Bond 黏合剂主要供应美国市场。上述黏合剂主要用于生产牛、绵羊、山羊、鱼、虾的颗粒饲料。Tembec 公司确认，为了增加颗粒饲料的黏性，在产品配方中添加了三聚氰胺。但在美国三聚氰胺禁止用来作为动物或鱼/虾饲料添加剂。

2007 年，北京检验检疫局从澳大利亚进口的宠物食品（HS 编码为 2309101000）中检出三聚氰胺阳性，并依法对进口宠物食品做出退货处理。

3. 三聚氰胺事件导致人员伤亡 新华网北京 2008 年 9 月 21 日电：卫生部 21 日通报三鹿牌婴幼儿配方奶粉事件医疗救治情况时指出，截止到 9 月 21 日 8 时，各地报告因食用婴幼儿奶粉正在住院接受治疗的婴幼儿共有 12 892 人，其中有较重症状的婴幼儿 104 人；此前已治愈出院 1 579 人。

通报还指出，各地报告因食用婴幼儿奶粉接受门诊治疗咨询并已基本康复的婴幼儿累计为 39 965 人。

在所有接受治疗的婴幼儿中，2 岁以内婴幼儿占 81.87%，2～3 岁幼儿占 17.33%，3 岁以上幼儿占 0.8%。经流行病学调查，这些接受治疗的婴幼儿基本上与食用三鹿牌婴幼儿配方奶粉有关，没有发现与食用液态奶有关的病例。

六、三聚氰胺的检测方法

（一）奶制品中三聚氰胺的简易检测方法

（1）按比平常浓的分量用热水冲奶粉，充分搅拌到不见固块，然后放入冰箱，待牛奶静置降温。

（2）准备黑布 1 块和空杯 1 个，把黑布蒙在空杯口上作为过滤器。

（3）将冷却的牛奶倒在黑布上过滤。

（4）如果有白色固体滤出，则用清水冲洗几次，排除其他可溶物。

（5）如果冲洗后发现有白色晶体，可以将晶体放入清水中，该晶体如果沉入水底。那就很可能是三聚氰胺，这种奶粉不能食用。

以上方法可能无法发现微量的三聚氰胺，但微量的三聚氰胺使婴幼儿得结石的可能性也低，可以作为参考。

（二）高效液相色谱法测定宠物食品中三聚氰胺含量

1. 仪器和主要试剂 岛津高效液相色谱仪（LC-10AVvp 紫外可见检测器、SPD-M10Avp 二极管阵列检测器、LC-10ADvp 泵、SIL-10ADvp 自动进样器、CTO-10ASvp 柱温箱）；吹氮浓缩装置。三聚氰胺（Fluka 公司；纯度＞99.0%）；盐酸（分析纯）；甲醇、乙腈（色谱纯）；WatersOasisMCX SPE 柱（120 mg/3 cc）；超纯水。

三聚氰胺标准溶液：称取 0.010 0 g（准确至 0.000 1 g），先用 0.01 mol/L 盐酸溶液 10 mL 溶解，再用乙腈定容到 100 mL 配成标准贮备溶液，质量浓度为 100 mg/L（−18 ℃下避光贮存）。吸取上述溶液配成含三聚氰胺 10 mg/L 标准储备液（于 0～4 ℃下避光贮存）。

2. 样品前处理

（1）提取液试验。选取具有代表性的样品，用粉碎机捣碎混匀后，饲料样品过 0.45 mm 孔径的筛。称取 2.0 g（准确至 0.01 g）样品于 50 mL 具塞离心管中，加入 20 mL 0.1 mol/L 盐酸溶液，在漩涡混匀器上振荡 2 min，超声波提取 30 min，以 4 000 r/min 离心 10 min，待净化。面粉样品提取液过 0.45 μm 滤膜可直接上机测定。

（2）WatersOasisMCX 柱固相萃取柱净化。准确吸取提取上清液 5.0 mL 于已预先分别以 3 mL 甲醇活化，3 mL 0.1 mol/L 盐酸溶液平衡的固相萃取柱，控制流速在＜0.5 mL/min，弃去流出液；用 3 mL 0.1 mol/L 盐酸、3 mL 甲醇溶液淋洗固相萃取柱，弃去淋洗液；再用 3 mL 2％氨水甲醇洗脱收集至 5 mL 比色管，用洗脱液定容，混匀。准确吸取 1.0 mL 定容后液体，在 38 ℃下用氮气将试管内的溶剂挥干，残渣用 1.0 mL 流动相溶解，漩涡振荡器上混漩 60 s，用 0.45 μm 有机相滤膜过滤，滤液用高效液相色谱进行测定。

（3）样品加标实验。称取样品后，加入适量的三聚氰胺标准溶液，于室温下放置 10 min 后加入提取溶液，其他步骤同上。

3. 液相色谱条件　色谱柱：Discovery C18 柱，250 mm×4.6 mm（i. d.）；流动相：10 mmol/L 己烷磺酸钠，10 mmol/L 柠檬酸溶液＋乙腈＝92％＋8％；流速：1.0 mL/min；可变紫外检测器：λ＝240 nm；柱温 35 ℃；进样量 20 μL。二极管阵列检测器：检测起始波长 220 nm，结束波长 280 nm。

4. 定性、定量方法　根据标准样品的保留时间和二极管阵列检测器光谱图来定性，对二极管阵列检测器而言，误差在±2 nm 之内，其色谱图和光谱图分别见图 8-2 和图 8-3。采用外标法定量。

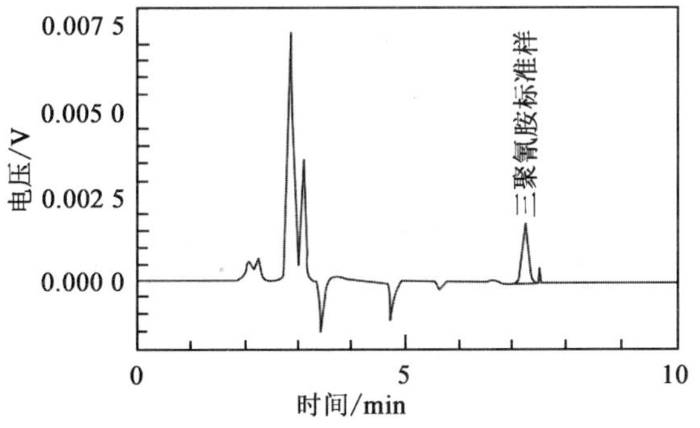

图 8-2　三聚氰胺标准色谱图

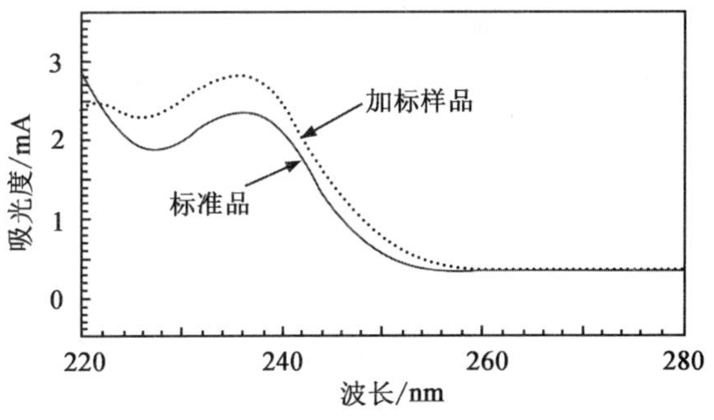

图 8-3　三聚氰胺标准光谱图

（三）乳品中三聚氰胺的快速检测方法

2008 年 10 月 8 日，卫生部、工业和信息化部、农业部、国家工商行政管理总局和国家质量监督检验检疫总局联合发布公告，制定三聚氰胺在乳与乳制品中的临时管理值：婴幼儿配方乳粉中三聚氰胺的限量值为 1.0 mg/kg 液态奶（包括原料乳）、奶粉、其他配方乳粉中三聚氰胺的限量值为 2.5 mg/kg（L）。含乳 15％以上的其他食品中三聚氰胺的限量值为 2.5 mg/kg（L），高于以上限量值的产品一律不得销售。

三聚氰胺检测卡应用胶体金免疫层析技术，快速定性检测液态奶制品中可能掺杂的三聚氰胺，可通过肉眼直接判读结果，检出限量值为 1.0 mg/kg(L)。本品仅供液态奶(包括原料乳)检测。

1. 检测原理 三聚氰胺检测卡系采用免疫竞争抑制法的原理设计，当样本中含有三聚氰胺时，待测物将和金标垫的金标三聚氰胺抗体结合并一同向上泳动，到达固定有抗原的检测(T)线时，抗原将和样本中的三聚氰胺竞争结合金标三聚氰胺抗体上有限的抗原结合位点。

加入样品前，检测卡上的显示窗口为白色背景。样本中三聚氰胺含量越高，其竞争力越强，检测线上的抗原和金标抗体结合将越少，当抗原所结合的金标三聚氰胺抗体少于一定的数量时，检测线处将不会有红色线条出现。反之，当样本中三聚氰胺含量低于一定量时，检测线处将会有红色线条出现。

无论样本是否含有待测物，过量的金标抗体或金标抗体与小分子的结合物将和二抗结合并在质控(C)线富集显色，以表明检测卡反应系统工作正常。因此，不含三聚氰胺或三聚氰胺浓度低于 1.0 mg/kg(L)(阴性)时为 2 条线，含有浓度超过 1.0 mg/kg(L)的三聚氰胺(阳性)时只出现 1 条线，而无质控线显色则表明试纸条失效。

2. 包装组成

(1)三聚氰胺检测卡：20 只，铝箔袋密封包装。

(2)一次性滴管：40 支，铝箔袋内密封包装。

(3)稀释液管：105 μL/支，20 支，用于稀释样品，所含成分对检测结果无影响。

(4)质控标准品：三聚氰胺含量(气相色谱-质谱联用方法确认)为 2 mg/kg(L)。

(5)使用说明书：1 份。

3. 操作步骤

(1)测试前将检测卡、处理好的样本和标准品复温至室温，在未做好准备前请不要打开铝箔袋。冷藏保存的检测卡包装袋应提前放至室温后再撕开，以避免检测卡吸潮。

(2)撕开铝箔袋，取出 1 支一次性滴管，用该滴管吸取一定量液态奶，滴 1 滴(约 35 μL)到含稀释液 105 μL 的样品处理管中，充分混合，当混合蛋白质溶液时应尽量轻缓，避免起泡。弃去已用过的滴管。

(3)从铝箔袋中取出检测卡，在检测卡上标记待检样本或标准品编号。

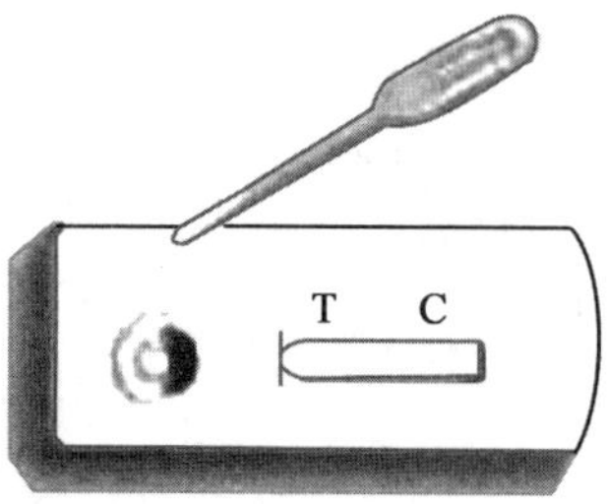

图 8-4 加样图示

(4)用铝箔袋内另 1 支滴管吸取步骤(2)中混匀后的样本，滴加 2 滴液体(约 70 μL)到检测卡上的加样孔中(图 8-4)，开始计时。每一个不同的样本及标准品请使用不同的滴管及检测卡。

(5)在滴加样本后 5～20 min 内判读结果，请勿在 20 min 后判读结果，以确保检测结果的准确性。

4. 阴性结果 检测区(T 线)与质控区(C 线)各显示一条色带(图 8-5)，表明样品中三聚氰胺含量小于 1.0 mg/kg(L)。

5. 阳性结果 只在质控区(C 线)出现 1 条色带(图 8-6)，表示样品中有三聚氰胺存在，并且其含量大于 1.0 mg/kg(L)。

6. 无效结果 C 线未出现，此时表明此试纸条已经失效、过期或操作不当，需更换检测卡另做一次测试。

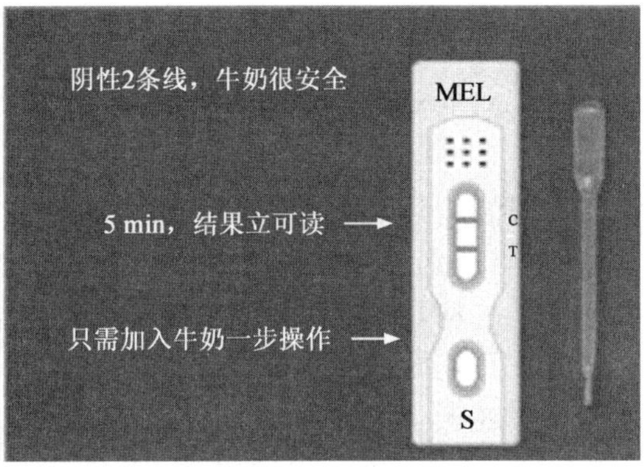

图 8-5　阴性结果图示

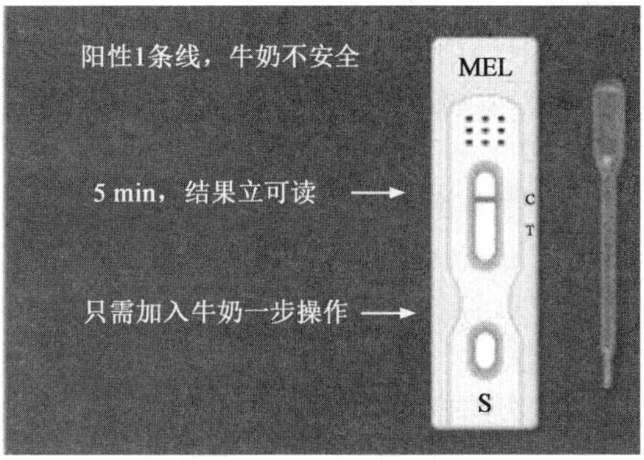

图 8-6　阳性结果图示

注意：检测区显示色带非常弱以至肉眼很难判断，此种情形说明样品中三聚氰胺含量在检测阈值附近，建议用另一种定量方法（如高效液相色谱法、气相色谱-质谱联用法、液相色谱-质谱/质谱法）做进一步确证。

7. 质量控制　为确保检测的准确性，在检测过程中应先检测质控标准品（新的检测人员，新批号的产品及每天开始检测，均应用标准品进行检测），以确保检验的准确性。

8. 储存和有效期　检测试剂盒可于 2～8 ℃保存，切勿冷冻，有效期为 12 个月，生产日期见外包装盒。

单元三　HACCP 体系及其在宠物食品生产中的应用

【学习目标】

本单元属于专业拓展知识范畴。通过学习，了解 HACCP 体系的原理与特点、在宠物食品生产中的应用应用的意义、HACCP 体系与其他体系和操作规范的关系。

【学习方法】

课堂讲授，课后在图书馆中或互联网上查阅有关资料。

【关键词】

宠物食品；HACCP；GMP；SSOP；GAP；GVP；食品安全

一、HACCP 体系的基本原理

危害分析与关键控制点（Hazard Analysis and Critical Control Point，HACCP）。它是一种科学、高效、简便、合理而又专业性很强的食品质量安全管理体系，是一种控制食品安全性危害的预防性体系，但不是一种零风险管理体系。

HACCP 是应用食品加工、微生物学、化学和物理学，质量控制和危害评估等原理和方法，对整个食品链，即原料、加工、包装、贮藏、销售和消费过程中实际存在或潜在的危害进行分析评估，确立影响产品安全的关键控制点，制订与关键控制点相对应的预防控制措施，以保证产品质量的安全性。它着眼于预防而不是依靠对最终产品的检验来保证食品的安全，是迄今为止最有效的保证食品安全的管理体系。

以 HACCP 为基础的安全质量管理体系，主要由 7 个基本原理组成。1999 年食品法典委员会(CAC)在《食品卫生通则》附录《危害分析与关键控制点(HACCP)体系应用准则》中，将 HACCP 的原理确定为以下 7 个。

1. 危害分析(Hazard Analysis，HA) 是对原料、加工、贮存、运输、销售等环节存在和潜在的危害进行分析判断。危害分析一般分为 2 个阶段，即危害识别和危害评估，如表 8-1 所示。在危害识别阶段，首先应全面地列出存在和潜在的生物、化学、物理危害；其次对所有危害进行评估，即对每一个危害的风险及其严重程度进行分析，以决定食品安全危害的显著性后，对显著性危害的控制措施，以防止和消除或将其降到可以接受的水平。

表 8-1 危害分析中危害识别和评估的步骤

危害分析步骤	内容
步骤 1：危害识别	确定与产品有关的潜在危害
步骤 2：危害评估	①如果潜在的危害不能得到有效控制，评估其对产品安全的严重性； ②如果潜在的危害不能得到有效控制，评估其发生的可能性； ③通过上述分析，确定这些潜在的危害是否列在 HACCP 计划中

2. 确定关键控制点(Critical Control Point，CCP) 对危害分析中确定的每一个显著性危害，均必须有 1 个或多个控制点对其进行控制，即对显著性危害能够被控制，能预防、消除或降低到可接受的水平的一个点、步骤或过程，这才被认为是关键控制点。确定 CCP 的方法很多，可以用“CCP 判断树”来确定，如图 8-7 所示，也可以用危害发生的可能性和严重性来判断确定。

判断树的逻辑关系表明，如有显著危害，必须在整个加工过程中用适当的 CCP 加以预防和控制；CCP 必须设置在最佳、最有效的控制点上；如果 CCP 设在后续步骤或工序上，前面的步骤或工序则不作为 CCP，如果后续步骤或工序没有 CCP，那么前面的步骤或工序必须是 CCP。

3. 确定关键限值(Critical Limit，CL) 关键限值是设置在关键控制点上的，具有生物、化学和物理特征的可以接受与不可接受水平的指标，换言之，就是每一个预防措施所必须满足的标准。每个 CCP 必须有一个或多个关键限值。关键限值可以从科学刊物、法规性指标、专家及实验室研究等中获取，也可以通过试验和经验的结合来确定，确定关键限值应做到合理、适宜、实用和可操作性强等。

4. 建立监控程序(Monitor and Control Procedures) 为了评估每个 CCP 是否处于控制之中，必须有计划地对被控制参数进行观察和测量，即监控。每个监控程序必须包括 3W 和 1H，即监控什么(what)、怎样监控(how)、何时监控(when)、谁来监控(who)。通过监控，可以对每个 CCP 的观察和测定值与其关键限值进行比较，从而判断 CCP 是否得到控制，同时为将来验证时使用，对监控程序做出详细、准确的记录。监控有 3 个用途：a. 由于它能对操作过程进行跟踪，所以就能在被监控参数偏离关键限值前采取行动并加以控制；b. 监控程序可以发现 CCP 失控的时间，当偏离发生时，可及时采取相应的校正措施；c. 监控程序为核实程序提供了书面的记录文件。

5. 纠偏行动(Corrective Action) 是当监控结果与关键限值发生偏离时必须实施的。有效的纠偏行动在很大程度上依赖于完善的监控程序。纠偏行动应包括以下 3 项内容：a. 确定发生偏离的原因，及时采取措施将发生偏离的参数重新控制在关键限值的范围之内，同时采取预防措施，防止这种偏离的再次发生；b. 确定在发生偏离期间生产的产品及其处理方法；c. 记录纠偏行动的执行情况。纠偏记录一般采用纠偏行动报告的形式，其主要包含产品确认（如产品描述、隔离或扣留产品的数量等）、偏离的描述、采取的纠偏行动（包括受影响产品的最终处理）、采取纠偏行动的负责人的姓名和有评估的结果等内容。

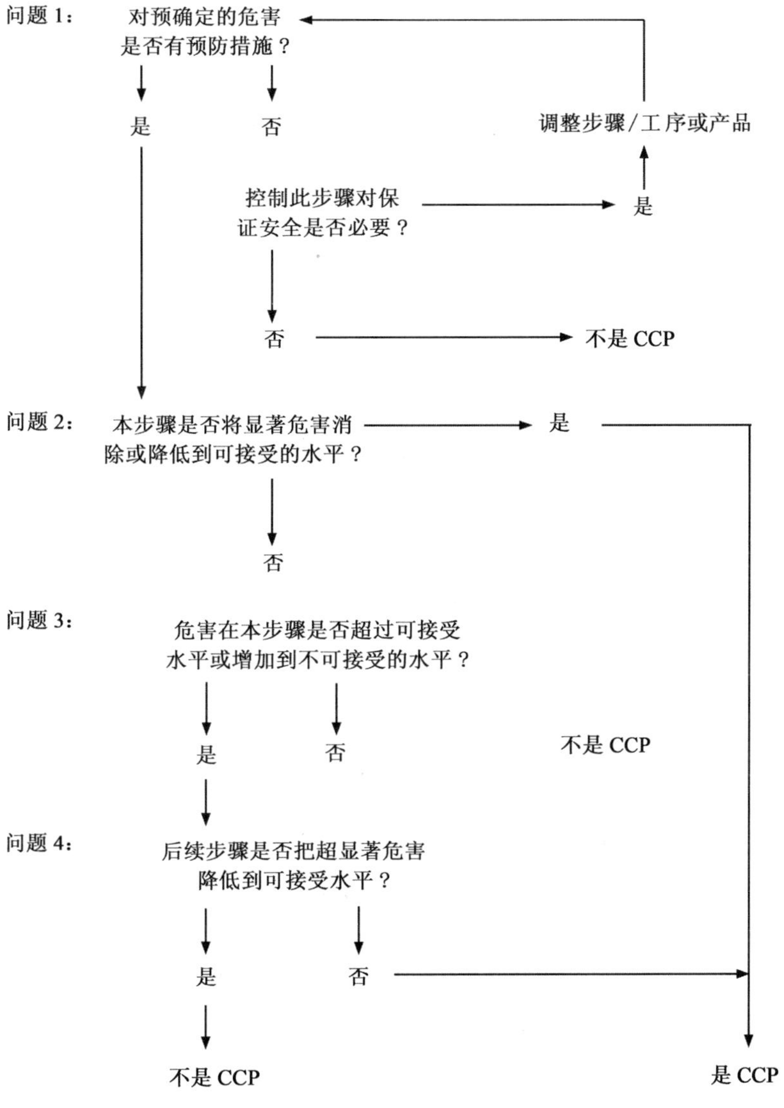

图 8-7　关键控制点 CCP 判断树

6. 建立验证程序（Verification Procedures）　验证程序的正确制订和执行是 HACCP 计划成功实施的重要基础，其核心是“验证才足以置信”。HACCP 的宗旨是防止产品安全危害的发生，验证的目的是提供置信水平。其原因，一是证明 HACCP 计划是建立在严谨、科学的基础上，它足以控制产品本身和工艺过程中出现的安全危害；二是证明 HACCP 计划所规定的控制措施能被有效地实施，整个 HACCP 体系按规定的程序有效运转。

验证程序包括：a. 确认，即通过收集、评估科学的技术信息资料，以评价 HACCP 计划的适应性和控制危害的有效性;b. CCP 的验证,主要包括监控设备的校准、校正记录的复查、针对性的取样和检测和 CCP 记录的复查;c. HACCP 体系的验证,包括审核和对最终产品的检测;d. 执法机构或其他第三方认证。

7. 建立记录保存程序(Record-keeping Procedures) 建立有效的记录保持程序,以文件证明 HACCP 体系。准确的记录保持是一个成功的 HACCP 计划的重要部分,它是 HACCP 计划审核的依据。

一般情况下,HACCP 体系的记录包括以下内容:a. HACCP 计划和用于制订该计划的支持性文件;b. 关键控制点监控记录;c. 纠偏行动记录;d. 验证活动记录。除了以上 4 项记录以外,还应有一些附加记录,如员工培训记录、检测化验记录、设备的校准记录等。

二、HACCP 体系的特点

HACCP 管理体系是涉及从农田到餐桌全过程食品安全卫生的预防体系,它防患于未然,对可能发生的问题提前采取预防措施,与其他质量控制体系相比,具有以下特点(肖建国等,2004)。

1. 针对性 主要是针对食品的安全卫生,分析食品生产过程中存在或潜在的各种危害,并对其加以有效控制。

2. 全面性 HACCP 是一种系统化方法,涉及食品生产的原料、加工、贮存、销售、使用等各个环节。

3. 预防性 强调生产过程的监控,变追溯性最终产品的检验方法为预防性质量保证体系。

4. 经济性 设立关键控制点来控制食品的安全卫生,通过预防减少产品损失,降低了产品的检测成本。

5. 适应性 HACCP 体系目前已被世界各国得到了广泛的应用和发展。不同的行业、不同的生产企业、不同的产品和不同的生产工艺,都可以根据其自身实际,研发不同的 HACCP 模式。

6. 强制性 随着 HACCP 体系的不断完善和发展,已被世界各国官方接受,并被强制执行,同时也被联合国粮农组织和世界卫生组织联合食品法典委员会认同。

7. 动态性 HACCP 中的关键控制点随产品、生产条件等因素的改变而改变,生产企业生产工艺、仪器设备、人员的不同都可以导致 HACCP 计划的改变。

三、HACCP 体系在宠物食品中应用的意义

食品安全卫生问题从来没有像今天这样得到社会的广泛关注和重视。一方面,经过几年的努力,“民以食为天,食以安为先”已经成为整个社会的共识;另一方面,食品安全卫生事故频发,特别是美国宠物食品“三聚氰胺”事件和巴拿马“二甘醇牙膏事件”,已经被国际上炒得沸沸扬扬。毋庸置疑,食品安全卫生问题又一次成为全社会、全世界关注的焦点。尤其值得注意的是,最近的食品安全问题已经从传统的食品概念延伸到宠物食品、饲料安全上。应该说,经过近几年的努力,我国的食品安全工作已经取得了长足的进步,特别是在出口食品方面,已经基本建立了一套相对完善的出口食品安全控制体系,出口食品在高门槛下的高增长便是明证。食品安全卫生涉及的内容又得到了扩大和延伸。而在这些问题的背后,非法添加物的监管问题已经成为主要的问题。

为增加宠物食品和动物饲料的风味及营养，必须使用添加剂。从“苏丹红”到“对位红”再到“孔雀石绿”以及现在的“三聚氰胺”，食品添加剂成为人们关注的热点，如何加强食品添加剂的监管是当前亟须解决的问题之一。添加剂是否在使用中都普遍存在着问题？也不是，大多数正常使用，达到工艺要求是没有问题的。造成超标超范围使用和标识不合要求的原因，既有生产企业的问题，也有应用企业的问题。究其原因，主要是我国还没有形成一套完整的对添加剂的检验检疫监管体系，特别是如何控制食品中的非法添加物（如瘦肉精、吊白块，等等），这已经成为必须解决的问题。HACCP作为一种以预防食品安全为基础的食品安全生产、质量控制的保证体系，在控制食品安全方面已经发挥了重要的作用。近几年的成功经验证明，在宠物食品和动物饲料生产企业尽快推行HACCP具有非常重要的现实意义。

（一）在动物饲料和宠物食品企业建立HACCP的必要性

1. 饲料安全问题分析　由饲料安全问题而引发的食品安全事件至今还令人心有余悸，国外的如疯牛病、二噁英污染、法国污水饲料事件等，国内的如“毒多宝鱼”“红心鸭蛋”等。饲料安全问题与大家的健康休戚相关。专家分析，如果饲料产品中存在不安全因素，必然影响饲养动物的正常、健康生长，其残留转移、积蓄不仅污染环境，而且最终也会影响到人类健康。

饲料安全即食品安全的概念，在世界范围内已成为共识。美国饲料工业协会明确要求，所有生产饲料的会员必须遵循“安全的饲料＝安全的食品”的理念；欧盟为了维护生态平衡和保障食品安全，从1999年6月开始明令禁止在饲料中添加4种抗菌药。我国政府也一直把健全饲料法律法规、禁止在饲料中滥用抗菌药、激素等药品作为保证养殖业健康发展、维护人民身体健康的重要措施。但是，我们不得不承认的事实是，抗生素在动物饲料中的滥用问题已经到了触目惊心的地步。

20世纪中叶，抗菌药等的发现以及化学抗菌物质合成的研发成功，使得大量抗菌药物在人类对抗疾病中投入使用，随后许多药物又被广泛用作饲料添加剂，在动物保健和畜牧生产中发挥了重要作用。由于抗菌药、激素等添加剂的种种“好处”，使之成为许多畜牧业者不可或缺的“至宝”，一些养殖户为追求经济效益最大化，不同程度地在饲料中添喂人用抗菌药。相关资料显示，只要是人类饲养的，绝大部分动物都可能被喂养了抗菌药，不仅包括猪、牛、羊等畜类，鸡、鸭、鹅等禽类，还包括鱼、虾、蟹等水产品。

根据2001年世界卫生组织统计，全球每年消耗的抗菌药总量中，有90%被用于食用动物，每年约有12 000 t和900 t抗菌药分别被用于食用动物的饲料添加剂和治疗用药。我国每年有6 000 t用于饲料添加剂，占全球饲料添加剂使用量的50%。残留不仅严重危害人类健康，更为严重的是，药物残留限量成为我国出口食品农产品难以跨越的一道技术壁垒。欧盟市场至今不对我国的肉类产品开放，一个重要原因是认为我国对药物残留的监控不符合欧盟的要求。自20世纪90年代以来，由于许多出口食品企业不注意对药物残留进行监控，加上检测手段落后，检测水平不高，我国出口的食品农产品因农药、兽药残留或重金属含量超标，被拒收、扣留、退货、销毁、索赔和中止合同的现象屡见不鲜，不仅给出口企业造成了严重的经济损失，而且极大地损害了我国出口食品农产品的声誉。

2. 宠物食品安全卫生问题分析　随着人民生活水平的提高和社会老龄化的日益严重，宠物已经成为许多家庭的一员，其健康程度直接与人们的生活息息相关。宠物食用的东西与我们人类一样，称为食品。我国是宠物食品的生产大国，从一开始，我国就将宠物食品按照出口食品的要求来监管，对宠物生产企业实施卫生登记管理，使我国宠物食品生产企业得到良好快速的发展。但是，随着企业数量的越来越多，原料价格的不断上涨，一些不法企业为了降低成本，非法将一些工业用的原料添加到宠物食品中，2007 年 3 月中旬发生的宠物食品事件，使该问题浮出了水面，给我国的出口产品和国际声誉造成了不可估量的损失。严酷的现实告诉我们，缺少监控和监管的生产是很难保证安全的，对出口宠物食品生产企业必须进行一次全面的清理和整顿，继续按照出口食品的监管方式对出口企业实施卫生注册或登记管理，才有可能保证宠物食品的安全。

(二) 在动物饲料和宠物食品生产企业中建立 HACCP 的紧迫性

随着宠物食品事件越闹越大，国家质检总局(现国家市场监督管理总局)采取了紧急措施，要求各地检验检疫机构加强对所有植物源性蛋白质等相关出口生产企业的检查，严格出口企业生产原料的质量控制，加强生产过程的监管和出口查验，加强与农业、工商、海关、商务等部门的合作。2007 年 4 月 30 日，国家质检总局与商务部、海关总署印发联合公告(2007 年第 70 号)，将 124 种人类食品和动物饲料添加剂及原料产品列入《法检目录》。这是对添加剂监管迈出的非常重要的一步，为全面加强添加剂的监管提供了可能和依据。我国是一个添加剂生产大国，许多企业在欧盟市场上占有很大的份额，一方面需要继续扶持促进这个行业的发展，另一方面，还有许多问题需要解决，如对添加剂生产企业如何监管、对出口货物如何查验、对工业用产品如何保证不进入饲料环节，等等，这就需要我们尽快制订切实有效的措施，建立完整的检验监管体系，打造高效、快捷的检验检疫模式，保证进出口食品和添加剂的安全卫生。

根据现状，对添加剂的使用主要存在以下问题：一是使用国家未经允许的品种，如在某些食品中添加苏丹红和酸性橙等人工合成的致癌性化工染料，在面粉、米粉和粉条中添加以甲醛和亚硫酸钠制剂的“吊白块”进行漂白；二是超出国家规定的使用范围和使用量；三是为掩盖食品质量私自使用食品添加剂；四是国家规定必须使用食品级的食品添加剂，但部分食品生产单位为降低成本，使用工业级产品，如在面制品中添加工业用碳酸氢钠，其成本降低了 1 倍，但其中铅和砷的含量严重超标；五是标识未注明，误导消费者。

针对出口添加剂来说，也存在以上问题。我国虽然公布了 70 号令，但 70 号令刚刚发布，还没有建立起完整的检验检疫模式。我国虽然发布了很多针对添加剂方面的法律法规，但受各种条件的制约，还没有形成统一的管理模式，特别是对新发布的商品目录，还没有形成完整的检验检疫管理模式。各种食品安全问题频发，已经暴露出许多监管的漏洞。HACCP 在控制食品安全方面的成功经验为如何加强添加剂的监管提供了可行之路。

(三) 在动物饲料和宠物食品企业建立 HACCP 的可行性

1. HACCP 在出口食品企业中的成功实施，为在动物饲料和宠物食品生产企业中建立 HACCP 奠定了基础 我国在 20 世纪 90 年代已经开始研究 HACCP，原国家进出口商品检验局在 1992—1994 年将 HACCP 原理应用到 9 种重点出口食品上，建立了 HACCP 模式；2002 年 4 月，国家质检总局第 20 号令中明确规定，出口罐头类、水产品类(活品、冰鲜、晾晒、腌制品除外)、肉及其制品、速冻蔬菜、果蔬汁及速冻方便食品(含肉、水产品)的生产企业在注册时必须全部实施 HACCP 管理。除了出口食品以外，一些国内有影响的食品企业也已经或正在积极建立和实施 HACCP，特别是一些水平较高的出口宠物食品企业已经依靠 HACCP 成功运行，在国际市场上占有了一席之地。通过十几年的运行，我国不仅积累了丰富的经验，而且培养了一大批熟悉 HACCP 法规和应用的专家队伍，2000 年、2002 年、2004 年和 2005 年，美国 FDA 先后 4 次审核我国取得 HACCP 验证证书的水产企业，对国家认监委和检验检疫部门的人员在 HACCP 方面渊博的知识表示钦佩，对企业不仅做出 HACCP 计划，而且在生产中的实际应用大加赞赏。更为突出的表现是，针对 HACCP 的培训和研讨已经上升为更高的层次，甚至发展为高层论坛，认监委每年组织的 HACCP 研讨便是明证。这些储备为尽快在动物饲料和宠物食品生产企业建立 HACCP 提供了技术和人才的保障。

2. ISO 22000 标准的发布为在出口饲料和宠物食品生产企业尽快推行 HACCP 提供了指南　食品安全一直是全球食品供应链中的一个重要问题，国际标准化组织（ISO）于 2005 年 9 月 1 日正式发布了 ISO 22000：2005《食品安全管理体系—对食物链中任何组织的要求》。该标准既是描述食品安全管理体系要求的使用指导标准，又是可供认证和注册的审核标准，同时也是在整个食品供应链中实施 HACCP 技术的一种工具。根据 ISO 22000 标准，在原有的质量管理体系和 HACCP 体系基础上建立整合型的《食品质量安全管理体系》。20 世纪后期到 21 世纪，HACCP 已被多个国家的政府、标准化或行业集团采用，或是在相关法规中作为强制性要求，或是在标准中作为自愿性要求给予推荐，或是作为对分供方的强制要求。例如，美国水产品和果蔬汁法规（FDA1995 和 FDA2001），国际食品法典委员会（CAC）《食品卫生通则》（CAC2001），丹麦 DS3027 标准，荷兰 HACCP 体系实施的评审准则等。我国部分食品企业也按照 HACCP 要求建立了监控体系，一些企业还取得了认证。

ISO 22000 标准的发布，既会为越来越多的政府和食品供应链上的企业所接受和采用，也会对我国食品企业产生影响。食品安全问题受到消费者越来越多的关注，使得食品安全问题很容易产生公众信任危机。而食品安全问题也往往被各国政府作为贸易技术性壁垒，对发展中国家的产品出口进行限制。一个统一的国际性标准和国际间通用的管理体系认证方式，将对突破技术壁垒起到积极作用。我国已经制定并实施了《食品安全法》，该法规将对食品生产、经营企业在食品安全方面所承担的法律责任有更清晰的界定。采用 ISO 22000 标准可以作为技术性标准，对企业建立有效的食品安全管理体系进行指导。

对出口饲料和宠物食品生产企业来说，应尽快了解熟悉掌握该标准。企业应积极地按照 ISO 22000 标准的理念建立和实施食品安全管理体系，并尝试着与企业已经建立的质量管理体系、环境管理体系进行整合。这样，既能总结经验，为标准和相关配套文件的制订提供依据，同时也为企业认证打好基础，为企业走向国际市场拿到通行证，为企业在市场竞争中取得优先权创造条件。

3. 良好农业规范（GAP）的推行为在出口饲料和宠物食品生产企业建立 HACCP 提供了源头上的保证　GAP 已在越来越多的国家和地区推广应用，在国际贸易中起到的作用也日益显著。国家认监委已就中国良好农业规范认证结果得到国际组织承认方面，取得了阶段性成果。推行 GAP 是国际通行的从生产源头加强农产品和食品质量安全控制的有效措施，是确保农产品和食品质量安全工作的前提保障。对饲料生产和宠物食品来说，关键是原料和源头。如何结合 GAP 推行工作，积极探索建立 GAP、HACCP、质量管理体系（ISO 9000）与卫生注册登记规范相互补充和衔接的出口食品生产质量安全卫生控制体系的平台，实现对出口农产品和食品原料的种植、养殖、加工以及农药、兽（渔）药、饲料施用等过程和环节的有效控制，逐步形成农药、兽药和饲料使用的自律机制，从“使用”环节上解决农产品残留限量问题，是摆在广大出口食品农产品监管人员面前必须解决的新课题。目前已经实施的饲料生产的源头认证，在维护动物的卫生健康，使消费者真正吃到“放心肉”“放心鱼”方面迈出了重要的一步，同时也标志着中国饲料产品认证从试点转入推广阶段。我们应该共同研究 HACCP 在饲料认证工作中的作用,使 HACCP 认证与饲料产品认证有机结合,提高饲料生产认证在产品质量、安全控制方面的科学性。

四、HACCP 体系在宠物食品生产中的应用

(一)HACCP 体系实施的步骤

HACCP 管理计划是由饲料生产企业自己根据实际情况制订的。由于产品不同,以及加工条件、生产工艺、人员素质等的差异,各个企业的 HACCP 管理计划也不同。当企业依靠自身的能力难以完成体系的建立时,企业可以聘请外部专家或 HACCP 咨询机构的人员,帮助企业建立和监督实施 HACCP 管理体系。

制订实施 HACCP 管理计划一般分两步进行,首先是预备步骤,即组成一个 HACCP 小组、产品描述、确定产品预期用途、绘制生产工艺流程图、确认工艺流程图;然后再根据 HACCP 的 7 个基本原理,逐步进行 CCP 管理计划的制订及实施。

一般情况下,制订 HACCP 管理计划参照常规的基本步骤,如图 8-8 所示。

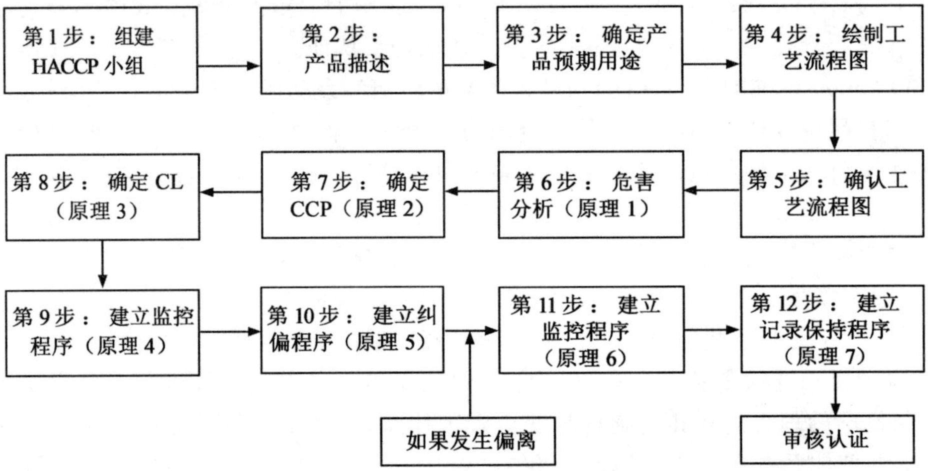

图 8-8 HACCP 管理体系实施步骤

1. HACCP 体系实施的预备步骤

(1)建立 HACCP 小组。HACCP 小组是建立 HACCP 计划的重要步骤,它能减少风险,避免关键控制点被错过或某些操作过程被误解。

小组应由不同部门的人员组成,例如,有公司经理或副经理、生产管理、卫生控制、质量控制、研究开发、设备维修和化验人员等,HACCP 计划应该是全员参加的,因此,HACCP 小组还应有生产操作人员参加,并规定其职责和权限,以制订、实施和保持 HACCP 管理体系。

在建立 HACCP 小组时,应着重考虑以下几个方面:a. 参与危害识别的人员;b. 参与关键控制点确定的人员;c. 监控关键控制点的人员;d. 执行关键控制点验证操作的人员;e. 检验样品和进行执行验证程序的人员。

另外,HACCP 小组可能需要外来的专家(如与产品和加工有关的公共卫生风险专家)参与。理想的小组成员不超过 6 名,尽管一些工作阶段需要临时增加小组成员,这些成员一般来

自其他部门，如销售、研发、采购和财务部门等。

HACCP小组的主要职责是制订GMP、SSOP等前提条件、制订HACCP计划、修改和验证HACCP计划、监督和实施HACCP计划和对全体人员的培训等。

(2)产品描述。HACCP小组的最终目标是为生产中的每个产品及其生产线制订一个HACCP计划，因此小组首先要对特定的产品进行描述。因为不同的产品，不同的生产方式，其存在的危害及预防措施也不同，对产品进行描述，便于进行危害分析，确定关键控制点。

描述饲料产品至少应包括以下主要内容：产品名称(包括商品名以及最终产品的形式)、产品的主要特性、饲料的主要成分、加工的方法(包括主要参数)、包装形式(如散装或袋装等)、销售与贮存以及运输要求等。

(3)确定产品预期用途。产品预期的用途应该以一般用户和消费者为基础，HACCP小组必须详细说明产品的销售地点、目标群体，对于不同用途和不同的畜禽使用对象，饲料的安全保证程度不同。

(4)绘制工艺流程图。工艺流程图是用来验证该产品加工生产的重要加工步骤。工艺流程图必须详尽，对整个加工过程进行清楚的、简明的和全面的说明，以利于进行危害分析，但也不能太多、太细以至于偏重一些不重要的环节。

工艺流程图是用简单的方框或符号，清晰、简明的描述从原料接收到产品储运的整个加工过程，以及有关配料等辅助加工步骤。

工艺流程图覆盖加工的所有步骤和环节。流程图给HACCP小组和验证审核人员提供了重要的视觉工具。

工艺流程图由HACCP小组绘制，HACCP小组可以利用它来完成制订HACCP计划的其余步骤。

需要提醒的是，工艺流程图从原料、辅料以及包装材料开始绘制，随着原料进入工厂，将先后的加工步骤逐一全部列出。HACCP小组应把所有的过程、参数标注到流程图中，或单独编制一份加工工艺说明，以有助于进行危害分析。

建立工厂和车间的平面示意图并在其中标明物流和人流。其中，物流图应该包括所有组成成分和包装材料，从进厂接收起，经贮存、制备、加工、包装、成品贮藏到装运出厂的整个流程；人流图应该标明员工在工厂内的移动，包括更衣室、厕所和餐厅，洗手和靴鞋消毒设施的位置也应该标明。这个计划旨在确定企业中存在的潜在的交叉污染的任何区域。

(5)现场验证工艺流程图。HACCP小组必须通过在现场观察操作，来确定他们制订的流程图与实际生产是否一致。HACCP小组还应考虑所有的加工工序及流程，包括班次不同造成的差异。通过这种深入调查，可以使每个小组成员对产品的加工过程有全面的了解。

HACCP小组的所有成员应当参加流程图的确认，还应该根据现场观察的实际操作对流程图进行调整，以确保生产工艺流程的准确性和完整性。

2. HACCP计划的建立　在完成HACCP计划的预先步骤后，HACCP小组就应该利用HACCP的7个基本原理，针对各种不同的产品，来制订HACCP计划。

(1)危害分析和预防措施。首先，应对照工艺流程图，从原料到产品销售的每一个环节进行危害识别，列出所有可能的潜在危害，不必考虑危害的显著性，列出的潜在危害越全面越好，并将显著性危害列入关键控制点计划表中。HACCP小组要对所有的潜在危害的显著性进行判断，依此确定关键控制点，并将分析结果列入危害分析工作表中，如表8-2所示。

表 8-2 危害分析工作表

<table>
<tr><td colspan="2">企业名称</td><td colspan="4">HACCP 计划
作者：
批准人</td><td colspan="4">日期：
页码：
修订号：</td></tr>
<tr><td colspan="10">危害分析工作表</td></tr>
<tr><td colspan="5">产品名称：</td><td colspan="5">贮存与运输方式：</td></tr>
<tr><td rowspan="2">原料/加工步骤</td><td rowspan="2">危害描述</td><td colspan="3">危害</td><td rowspan="2">危害是否显著(是/否)</td><td rowspan="2">判断依据</td><td rowspan="2">控制措施</td><td rowspan="2">是否 CCP</td></tr>
<tr><td>B</td><td>C</td><td>P</td></tr>
<tr><td></td><td></td><td></td><td></td><td></td><td></td><td></td><td></td><td></td></tr>
<tr><td></td><td></td><td></td><td></td><td></td><td></td><td></td><td></td><td></td></tr>
<tr><td></td><td></td><td></td><td></td><td></td><td></td><td></td><td></td><td></td></tr>
</table>

注：B：生物危害；C：化学危害；P：物理危害。

(2)确定关键控制点(CCP)。对于防止和消除某项危害，或将危害减小到可以接受的水平所必需的一项控制。确定关键控制点应遵循控制措施合理有效、检测方便的原则。为确定关键控制点，HACCP 小组可使用决策树判断关键控制点，如表 8-3 所示。

表 8-3 关键控制点的确定

加工步骤/接受原料	危害种类和确定的危害是否由必要的程序控制？	问题 1：在每一加工过程中是否能使用控制关键控制点方法？	问题 2：具有可确定危害的污染超过可接受的水平或增加到不能接受的水平的情况下发生？	问题 3：该加工步骤是否对消除可确定危害或将此危害减少到可接受的水平进行了特别的设计？	问题 4：后续加工步骤是否能消除可确定危害或将此危害减少到可接受的水平？	CCP 号至下一项可确定的危害分析
	*若是＝表明有“必要的程序”进行下一个确定的危害 *若否＝进入问题 1	*若否＝非关键控制点＋至下一项可确定的危害分析 *若是＝进入问题 2	*若否＝非关键控制点＋至下一项可确定的危害分析 *若是＝进入问题 3	*若否＝进入问题 4 *若是＝关键控制点＋至最后一栏	*若否＝至最后一栏 *若是＝非关键控制点＋评价后续步骤＋至下一项可确定的危害分析	

(3)建立每个关键控制点的关键限值(CL)。一旦确定了关键控制点，HACCP 小组就要明确防止、消除或将危害减小到可以接受的水平所必需的最大或最小值，它是饲料安全质量的限量指标，或是保证饲料产品安全生产过程的控制因素，如时间、温度等。这些限制条件必须由科学的内部研究或文献研究来支持，包括法律、法规、标准、规范等。

(4)建立控制措施(监控程序)。对于每一个关键控制点，HACCP 小组要建立监控程序，主要包括监控对象、监控方法、监控频率和监控人员。

(5)建立纠偏措施。HACCP 小组对 HACCP 计划中的每一关键控制点应制订专门的纠偏措施，主要包括：确定并纠正关键控制点偏离的原因；确定因偏离所涉及产品的处理方法，如隔离保存产品、进行安全评估、重新加工、销毁等；记录产品的确认、偏离描述，对产品的最终处理等。

表 8-4 为一纠偏措施报告示例，饲料生产企业可根据实际情况进行编写。

表 8-4　纠偏措施报告

<table>
<tr><td colspan="5">企业名称</td><td colspan="2">编号</td></tr>
<tr><td colspan="5">地址</td><td colspan="2">日期</td></tr>
<tr><td colspan="5">加工步骤</td><td colspan="2">关键限值</td></tr>
<tr><td>监控人员</td><td></td><td>发生问题</td><td colspan="2"></td><td>报告时间</td><td></td></tr>
<tr><td>发生问题的描述</td><td colspan="6"></td></tr>
<tr><td>问题解决方法及现状</td><td colspan="6"></td></tr>
<tr><td>HACCP 小组意见</td><td colspan="6"></td></tr>
<tr><td>审核人</td><td colspan="2"></td><td>日期</td><td colspan="3"></td></tr>
</table>

(6)建立验证程序。HACCP 计划的宗旨是防止饲料和畜产品安全的危害，验证的目的是提高置信水平，一是证明 HACCP 计划是建立在严谨的、科学的原则基础之上，它足以控制产品和工艺过程中出现的危害；二是证明 HACCP 计划所规定的控制措施能够被有效地实施。

HACCP 计划中的验证程序是一个复查程序，是对原理 1 至原理 5 各项内容实施情况的验证。

(7)建立记录保持程序。建立有效的记录保持程序，以文件证明 HACCP 体系。准确的记录保持是一个成功的 HACCP 计划的重要部分，它是 HACCP 计划审核的依据。在 HACCP 体系中至少应保存以下四个方面的记录：HACCP 计划以及支持性文件、关键控制点监控记录、采取纠正措施的记录和验证记录。

至此，根据 HACCP 体系的 7 个基本原理，完成了 HACCP 计划的准备，可以通过填写 HACCP 体系计划表完成 HACCP 体系的制订，如表 8-5 所示。

表 8-5　HACCP 计划表

<table>
<tr><td colspan="3">企业名称</td><td colspan="5">HACCP 计划
作者：
批准人</td><td colspan="3">日期：
页码：
修订号：</td></tr>
<tr><td colspan="11">HACCP 计划表
产品名称：　　　　贮存与运输方式：</td></tr>
<tr><td rowspan="2">加工步骤</td><td rowspan="2">关键控制点(CCP)</td><td rowspan="2">危害</td><td rowspan="2">关键限制(CL)</td><td colspan="4">监控程序</td><td rowspan="2">纠偏程序</td><td rowspan="2">验证程序</td><td rowspan="2">HACCP 记录</td></tr>
<tr><td>内容</td><td>方法</td><td>频率</td><td>监控者</td></tr>
<tr><td></td><td></td><td></td><td></td><td></td><td></td><td></td><td></td><td></td><td></td><td></td></tr>
<tr><td></td><td></td><td></td><td></td><td></td><td></td><td></td><td></td><td></td><td></td><td></td></tr>
<tr><td></td><td></td><td></td><td></td><td></td><td></td><td></td><td></td><td></td><td></td><td></td></tr>
</table>

HACCP 计划表是根据关键控制点，确定关键限值程序和记录保持程序的过程。HACCP 计划表在实施过程中，如果发现与现行法规、标准及生产实际有不适应之处，应予以及时修正。

(二)HACCP 体系与 GMP、SSOP、GAP、GVP 的关系

在我国改革开放不断深入的今天，包括 HACCP 体系在内的一大批国外先进的产品安全质量保证体系和操作规范，正在以前所未有的速度进入到我国各类食品工业企业的生产当中，并正在发挥着越来越不可替代的重大作用。那么，HACCP 体系与其他体系和操作规范的关系是什么呢？本章遴选了目前在食品生产企业中常用的 GMP、SSOP、GAP、GVP、HA 等与 HACCP 体系进行逐一的说明和比较(张登沥等，2004)。

1. HACCP 体系与 GMP、SSOP 的关系 良好操作规范是(Good Manufacturing Practice，GMP)的简称(加拿大称之为食品良好制造法规，GMRF)，是食品生产与贮藏过程中实施的操作规范，主要针对食品工厂、库的建筑布局、车间构造及装饰、设备的清洁系统等提出了全面的控制要求。

卫生标准操作程序是(Sanitation Standard Operating Procedure，SSOP)的简称，为食品生产与贮藏过程中实施的以消灭与卫生有关危害为目的的程序，包括与食品接触的水(冰)的安全，与食品接触表面(设备、手套、工作服)的清洁度，防止交叉污染，手的清洗和消毒间、厕所设施的维护与卫生保持，防止食品污染，有毒化学物质的标记、储存和使用，雇员的健康与卫生控制，虫害的防治等 8 项内容。

建立、维护和实施良好的卫生计划和操作规范是实施 HACCP 计划的基础和前提，在实际生产中，HACCP 体系一定要建立在完善的 GMP 和 SSOP 基础之上，因为如果食品企业没有有效地执行 GMP 与 SSOP，仍将会使食品处于不安全的环境及过程中，HACCP 体系是无法很好地进行并取得预期效果的。因此，食品企业 GMP 和 SSOP 的实施情况，将直接影响到其 HACCP 体系的运作。

李晓川先生在《水产品标准化与质量保证》一书中将 HACCP 体系和 GMP、SSOP 的关系用一个金字塔表示，如图 8-9 所示。塔上部为 HACCP，塔下部为 GMP 和 SSOP。

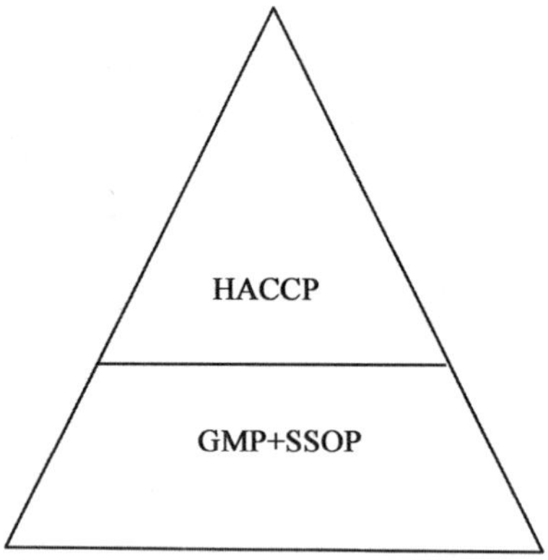

图 8-9 GMP、SSOP 与 HACCP 的关系

2. HACCP 体系与 GAP、GVP 的关系 良好农业规范是(Good Agriculture Practice，GAP)的简称，良好兽医规范是(Good Veterinarian Practice，GVP)的简称，它们是农作物、畜禽及水产品在生产与养殖过程中实施的操作规范。

GAP 与 GVP 的实施情况，将影响到食品生产企业的原料的质量，进而有可能对最终产品的质量造成严重影响，世界近年来发生的大规模食品安全性危害事件中有很多都是由于食品原料本身在种植、养殖阶段产生的安全问题造成的，因此，没有安全的原料，就不可能有安全的食品。

复习思考题

1. 简述食品级宠物食品的概念和定义。
2. 简述宠物食品安全与卫生质量的概念与关系。

3. 宠物食品的安全性评价方法有哪些?
4. 简述宠物食品危害的来源与控制方法。
5. 简述宠物食品生产经营过程中的不安全因素及其控制方法。
6. 简述宠物食品卫生法规和卫生管理办法。
7. 简述 HACCP 体系的原理。
8. 简述 HACCP 体系与其他质量管理体系之间的关系。

本章思维导图

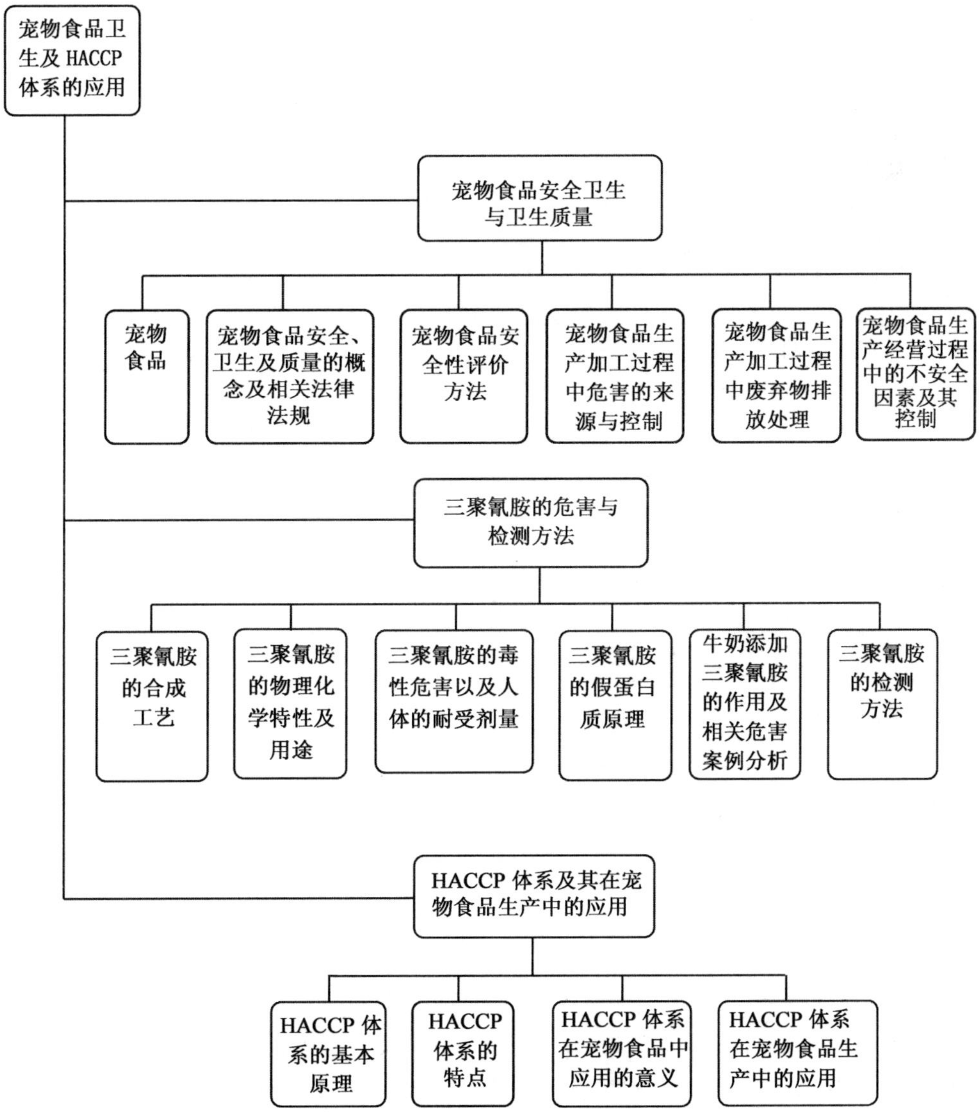

模块九

宠物的饲养

【本章要点】

本章简要介绍了宠物犬、猫、观赏鸟、观赏鱼等的生理特点，根据其生理特点详细介绍了饲养管理各类宠物的方法。

【知识目标】

- 了解各类宠物生理特点。
- 掌握各类宠物的饲养方法。

【技能目标】

- 熟练掌握各类宠物的饲养方法，并能饲养常见宠物。

单元一　宠物的消化特点

【学习目标】

本单元属于专业知识范畴。通过学习，了解宠物犬、猫的消化器官及消化特点。为宠物食品的配制提供依据。

【学习方法】

课堂讲授，课后在图书馆中或互联网上查阅有关资料。

【关键词】

宠物；犬；猫；消化器官；消化

一、犬猫的消化器官

宠物的消化器官由消化道(图 9-1)和消化腺组成。消化道主要由口腔、咽腔、食道、胃、小肠和大肠组成。小肠又分为十二指肠、空肠、回肠、大肠又分为盲肠、结肠和直肠。消化腺包括 3 对唾液腺(腮腺、颌下腺和舌下腺)、胃腺、肠腺以及胰腺和肝脏等。

(一)犬的消化器官

口腔是犬消化器官的起始部分，其口腔长而狭窄，口腔内有唾液腺的开口，分泌唾液消化部分食物。舌位于口腔底部，长而扁，表面布有味觉感受器，在夏季是主要的散热器官。齿位于上颌骨和下颌骨的齿槽中（图9-2），分为切齿、犬齿和臼齿，每颗牙齿又分为齿冠、齿颈、齿根3部分，参与采食和咀嚼。犬的乳齿为28个，分为门齿（切齿）、犬齿、前臼齿；恒齿为42个（长头颅）或38个（短头颅），分为门齿、犬齿、前臼齿和后臼齿4种，其齿式分别为：

乳齿式，3-1-3/3-1-3；恒齿式，3-1-4-2/3-1-4-3 或 3-1-4-1/3-1-4-2。

犬的胃（图9-3）弯曲呈梨形，容量为每千克体重100～250 mL，胃的容量比整个肠道的容量大。1只中等体型的犬，胃容量约为2.5 L，且犬胃伸缩性较强，1次可食入较多食物。犬胃能够贮存大量食物，食物在这里进行初步消化。胃腺区分泌胃液，胃液呈弱酸性，具有强烈的杀菌作用。犬胃能分泌大量的胃液，胃液中盐酸的含量为0.4%～0.6%，在家畜中居首位。盐酸能使蛋白质膨胀变性，便于分解消化。因此，犬对蛋白质的消化能力很强，这与其肉食习性的生理基础有关。

肝脏约占体重的3%，是犬体内最大的消化腺；胰腺为消化和内分泌功能的腺体，胰腺分外分泌腺和内分泌腺2部分，外分泌腺分泌胰液，参与食物的消化，内分泌腺为胰岛，分泌胰岛素。

犬对蛋白质和脂肪能很好地消化吸收，但因咀嚼不充分和肠管短，不具发酵能力，故对粗纤维的消化能力差。因此，给犬喂蔬菜时应切碎、煮熟，不宜整块、整棵地喂。

（二）猫的消化器官

猫的口腔短而宽。猫的犬齿特别发达，上下颌各有2颗犬齿，长而且尖，牙齿齿冠的边缘都很尖锐，前臼齿的齿冠上有4个齿尖，上颌的后假臼齿和下颌的第1真

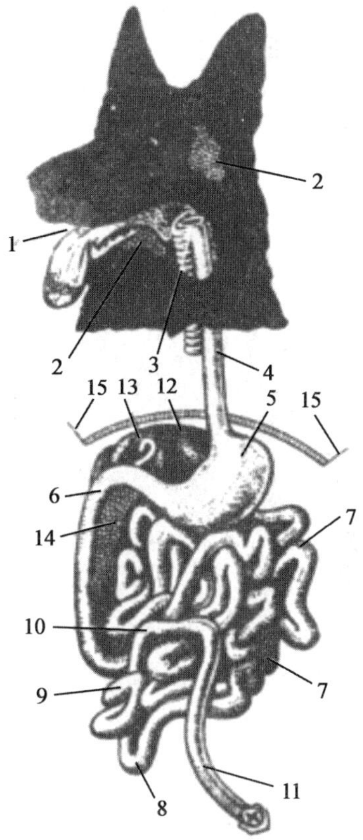

图9-1　犬的消化道示意图

1. 口腔　2. 唾液腺　3. 咽　4. 食管　5. 胃　6. 十二指肠　7. 空肠　8. 回肠　9. 盲肠　10. 结肠　11. 直肠　12. 肝脏　13. 胆囊　14. 胰腺　15. 膈

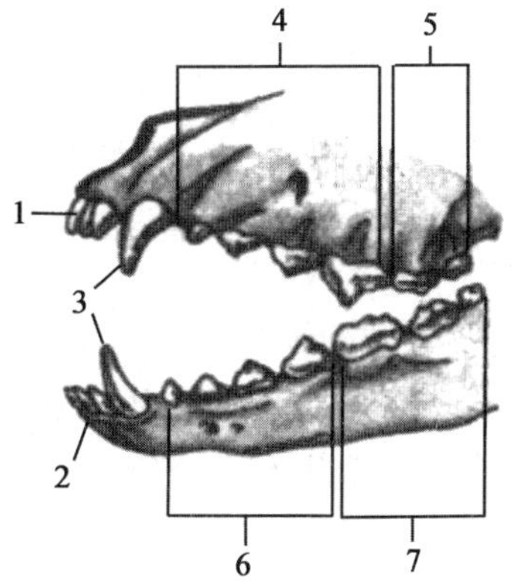

图9-2　犬的齿式图

1. 上颌切齿　2. 下颌切齿　3. 犬齿　4. 上颌前臼齿　5. 上颌后臼齿　6. 下颌前臼齿　7. 下颌后臼齿

臼齿特别粗大，这些齿尖能将猎物的皮肉撕裂。猫的乳齿为 26 个，恒齿为 30 个，其齿式为：乳齿式，3-1-3/3-1-2；恒齿式：3-1-3-1/3-1-2-1。

猫舌的结构是猫科动物所特有的，其表面有无数丝状乳突，被有较厚的角质层，呈倒钩状。猫的胃呈梨形囊状（图 9-4），约能容纳 1/3 L 的食物，可暂时贮存食物，食物与胃液在此混合，并进行前期消化。

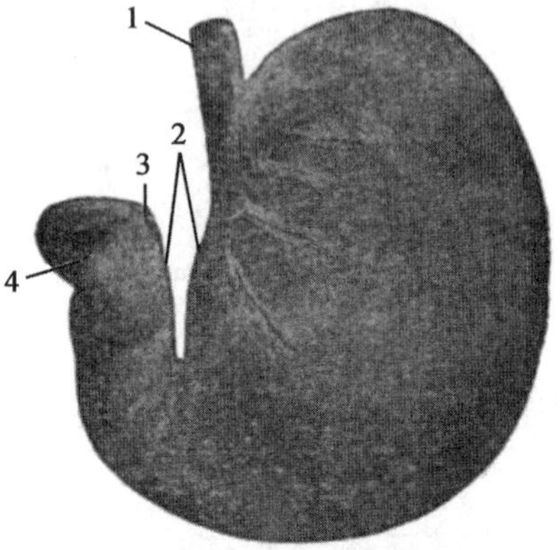

图 9-3　犬胃的壁面

当器官充满时固定在原位置。

1. 食管　2. 小弯　3. 胆管　4. 幽门

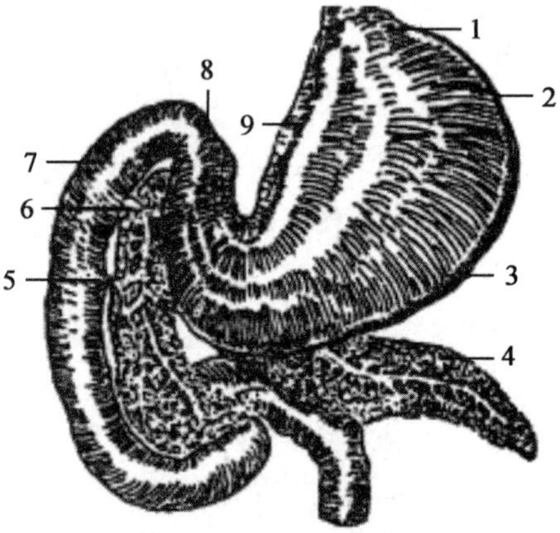

图 9-4　猫胃、十二指肠和胰

1. 贲门　2. 大网膜　3. 大弯　4. 胰　5. 副胰管　6. 胰管　7. 十二指肠　8. 幽门　9. 小弯

二、犬猫的消化特点

（一）犬的消化特点

犬所具有的消化特点与犬的消化器官有密切关系，是在长期进化过程中形成的。犬在动物学分类上属于食肉目，祖先以捕食小动物为主。人类驯养后，犬的食性发生了变化，成为以肉食为主的杂食动物，由于犬的消化系统构造特殊，素食也能维持其生命。

犬消化食物主要在胃和小肠中进行。由于胃和小肠分泌的消化液中蛋白酶和脂肪酶含量丰富，淀粉酶较少，胃肠中几乎没有能使纤维素发酵降解的微生物，因而犬对含有较高水平的蛋白质和脂肪的动物性饲料消化能力较强，而对植物性饲料消化能力弱，对粗纤维饲料几乎不能消化。

小肠是犬吸收营养物质的主要功能器官，90％的营养物质在小肠上部和中部的肠壁面被吸收，大肠只能吸收 10％的营养物质和水分。犬的肠道长约 4.5 m，是其体长的 3～5 倍，而牛、羊等草食动物则是其体长的 7～10 倍。由于消化道较短，食物在体内存留时间也较短，为 12～14 h，而羊、牛可达 5 d 左右。因此，犬容易有饿感，且对食物消化吸收比牛、羊差，粪便中仍有尚未被消化吸收的营养物质。

由于犬对食物咀嚼不充分且肠道较短又不具备发酵的能力，所以给犬喂肉或蔬菜时应切碎、煮熟，不宜整块、整棵喂。

(二)猫的消化特点

猫属于哺乳动物食肉目猫科猫属，虽然也吃粮食、蔬菜类食品，但仍然以肉食为主，其食物中应该含有较高比例的动物性原料。

猫消化食物主要在胃内进行，猫的胃腺分布于整个胃壁上，而在猪、兔等动物的胃中，约有1/3的胃壁上没有胃腺(无腺部)。胃腺能分泌盐酸和胃蛋白酶原，盐酸是一种强酸具有很强的腐蚀作用，能将肉、骨头等食物分解成糊状的食糜，以利于肠道对食物中的营养物质进行消化吸收。盐酸能使胃蛋白酶原转变成胃蛋白酶，分解、消化蛋白质。食糜进入肠道后，在各种酶的作用下，营养物质被充分地分解、吸收，其余不能被机体利用的物质以粪便的形式排出体外。猫的肠道和草食动物不同，小肠只有家兔的1/2长；盲肠不发达，只有家兔的1/20，但其肠壁较宽厚。肠道这种宽厚的特点，具有明显的肉食动物特征，说明猫虽然经过较长期的驯化，但其解剖生理构造仍保持着肉食动物的特性。因此，在猫的饲养上，尤其是家养的名贵观赏猫，由于捕鼠能力差或不捕鼠，应在饲料中添加较高比例的动物性饲料，以保持正常的消化生理功能和营养需要。

单元二 宠物犬的饲养

【学习目标】

本单元属于专业知识范畴。通过学习，了解不同年龄阶段、不同用途、不同状态犬营养生理特点及饲养管理方法。

【学习方法】

课堂讲授，课后在图书馆中或互联网上查阅有关资料。

【关键词】

犬；营养；生理特点；饲养管理

一、仔犬、幼犬的饲养

(一)仔犬的饲养

1. 仔犬的生理特点 从出生到断奶的小犬称为仔犬，出生后3日龄左右的仔犬叫初生仔犬。初生仔犬活力较差，在母犬舔拭的刺激下发出叫声，活力逐渐增强。刚出生时的仔犬眼睛和耳朵都完全闭着，所以此时仔犬的视觉和听觉都还不能发挥作用，但初生仔犬嗅觉很灵敏，借此能自己寻找母犬的乳房。此期仔犬免疫功能差，因此初生仔犬必须吃初乳，以获得足够的母源抗体，增强其自身免疫力。

由表9-1可知，初生仔犬的体温较低，直到仔犬被毛干燥后，体温才逐渐上升。到10日龄后体温可恢复为37.3～37.5 ℃。初生仔犬的体温调节能力较差，外界温度对体温影响很大。因而，初生仔犬的保温措施尤为重要。

表 9-1 仔犬体温变化 ℃

生理阶段	体温
初生	36～37
出生 40 min	33～34
出生被毛干燥后	35
7 日龄	36
10 日龄	37.3～37.5

仔犬的哺乳期一般为 45 d。哺乳仔犬生长发育快，物质代谢旺盛。如体型中等的德国牧羊犬(表 9-2)，出生时的体重为 0.30～0.60 kg，出生后第 9 天体重增加 1 倍，第 18 天增加 2 倍，第 25 天增加 3 倍，第 30 天增加 4 倍，第 45 天(断奶时)可增加 8 倍以上。因此，给仔犬提供全价平衡的日粮尤为重要。哺乳期仔犬消化器官不发达，消化腺功能不完善，开始只能吃奶，随着仔犬胃、肠等器官的不断生长，功能才不断完善，并逐渐过渡到可消化其他动物性和植物性饲料。

表 9-2 中等的德国牧羊仔犬体重变化 kg

生理阶段	体重
初生	0.30～0.60
9 日龄	0.60～0.12
18 日龄	0.90～1.80
25 日龄	1.20～2.40
30 日龄	1.50～3.00
45 日龄	>2.70～5.40

犬出生的体重因犬的品种不同而异，同窝犬体重也不尽相同，一般窝产仔数多时，胎儿娩出时的体重较轻，少的则重。

2. 仔犬的饲养管理 仔犬由原来靠母体胎盘血液循环直接供应营养到自己独立摄取营养物质，其生活环境发生了很大的变化。仔犬各种生理功能发育尚不完善，因此，在此期要特别注意做好仔犬的各方面管理工作。

(1)做好记录工作。仔犬出生后逐只称体重，按出生先后编号，做好标记和各项记录工作。由于仔犬发育快，增重明显，根据增重速度可以确定仔犬生长发育状况。一般，对仔犬可 5 d 或 7 d 称量 1 次体重。

(2)做好护理工作。初生仔犬体弱无力，此时最容易发生仔犬被母犬挤压致死，要特别注意看护，若听到仔犬发出短促的尖叫声时要立即查看，及时把被挤压的仔犬取出，防止仔犬被母犬挤压致死。

(3)调节好环境温度。初生仔犬的体温较低，对体温调节能力差，因而在冬季及早春，产房里应有取暖设施，使用红外烘烤灯等。一般初生仔犬，生活环境温度以 28～32 ℃为宜，2～3 周龄的仔犬环境温度以 27 ℃左右为宜，出生后 4 周龄以后，仔犬的环境温度以 23 ℃为宜。对于活力差的仔犬以及出生时由假死状态挽救成活的仔犬，更应注意其生活环境温度，室温不能过高，应比健康仔犬的体温稍低为好。

(4)仔犬的哺乳。仔犬出生后要及早哺乳，吃到足够的初乳。产后 1 周内的母乳为初乳，由于犬的初乳含有很多抗体成分和丰富的维生素、矿物质等，对促进初生仔犬排出胎粪、抵抗病原感染有着重要作用。因此，对于产仔过多时，先产出的以及活力较差的仔犬常不能及时吃到初乳时，要人为辅助仔犬吮乳。可使仔犬轮换哺乳或适当调节吸吮的乳头(犬后部乳房的乳腺较前部发达，泌乳量高)。对产后 1 周龄内的仔犬尽量不用或少用其他代乳品。

(5)初生仔犬的排泄。由于初生仔犬的排泄功能尚未发育成熟，因而排泄主要靠母犬舔拭肛门、生殖器的刺激和初乳的轻泻作用进行。初生仔犬多在出生后 1 h 之内排出胎粪，胎粪主要为胎犬的肠道分泌物和脱落的上皮细胞等，呈黄褐色条状。难产时的胎粪呈软的巧克力色。初生仔犬在以后的整个哺乳期其粪便呈黄色。有些产仔数过多的母犬、老龄母犬以及相当数量的室内玩赏大型母犬对初生仔犬照顾不周，当仔犬肛门堵塞、腹部胀满时，可采用人工刺激法或气味诱导法，用棉球擦拭仔犬肛门及外阴部周围或把肉汤、鸡蛋清等涂擦到仔犬阴部周围来诱导母犬舔拭，以促进仔犬排粪。

(6)适时补料，逐渐断乳。随着仔犬的生长发育加快，营养需要增加，而母犬的乳量却渐渐下降，因此在仔犬 2 周龄左右可引导其自行采食。对于母犬泌乳量不足、母犬死亡、异常泌乳以及仔犬吮乳力弱时，应及时人工哺乳或找保姆犬寄养。人工哺乳时常用牛乳或山羊乳来代替犬乳。但牛乳和羊乳的营养价值与犬乳相差很大，若用牛乳或羊乳时，需要添加 5%～7% 的蛋白质、7%～9%的脂肪、4%～8%的碳水化合物、18%～20%的矿物质。通常，在 200 g 牛乳中添加 1 个鸡蛋即可。一般，最初用奶瓶喂经过消毒的新鲜牛奶，奶温应为 27～30 ℃。10～15 d 内，每只仔犬补给 50 g，15 d 时可增加到 100 g，20 d 增至 200 g，仔犬睁开眼以后，把易消化的米汤、奶粉放到瓷盘里，让仔犬舔食，逐渐转为半流质和常规饲料，初期仔犬应少食多餐，1 d 喂 5～6 次。20 d 后，可在牛奶中加一些米汤或稀粥，25 d 后再加入一些浓的肉汤，每天分 3～4 次补给。人工哺乳的次数以少量多次为好，白天每隔 2 h 哺乳 1 次，夜间每隔 6 h 哺乳 1 次。尽早使仔犬采食常规饲料，以促进仔犬消化器官的发育，有利于仔犬的生长发育。仔犬到 30 日龄时已能自由采食常规饲料，这时应把母犬和仔犬分开饲养，分开时间由短到长，逐渐到 45 日龄时完全分开。

每周要根据仔犬生长情况进行一次食物营养估价，注意食物的钙、磷比例。仔犬要适当运动和日光浴，以防发生佝偻病。要注意观察仔犬的食欲、粪便情况，有无呕吐、眼屎等。这几方面可以初步反映仔犬的健康状态。

(7)剪除仔犬的狼趾、剪耳和断尾。有的仔犬后肢至今仍会长出犬祖先遗传的过剩趾，而且有的犬种以此作为本品种的特征，统称为狼趾(也称为狼爪)。狼趾对犬来说是完全多余的，尤其影响工作犬的运动，应尽早切除。一般在出生后 1 周内剪去，也有出生后立即剪去的。犬的断尾有以使用为目的的(如猎犬类的德国犬、向导猎犬)，也有以美观为目的的(如长毛狮子犬、小型贵宾犬)。断尾的长度根据犬的种类而不同。犬的断尾时间于出生后 1 周内实施为宜。犬的剪耳与断尾同样，依犬种和各地习惯不同而异。必须剪耳的犬种有拳狮犬、斗牛犬、杜伯曼犬、大丹犬、袖珍猎犬等，剪耳应在幼犬(2～3 月龄)时进行。

(8)卫生管理。随着仔犬的发育，排泄物逐渐增多，母犬不能完全处理掉，这时的仔犬极易感染发生下痢或消化不良。因此，在管理上应特别注意经常更换垫草，保持产室或产箱的干燥，可定期用 3%来苏尔和 5%福尔马林交替消毒产室和仔犬活动场所。

(9)仔犬的防疫。仔犬出生后 20 日龄进行驱虫，以后每月预防性驱虫 1 次。按照免疫程序接种疫苗，同时做好犬体和犬舍消毒。由于初乳移行的母源抗体水平明显下降，仔犬易感染各种疾病，如犬瘟热、犬细小病毒病、犬传染性肝炎，以及一些人畜共患病等，都必须采取免疫预防。犬细小病毒疫苗有灭活苗和弱毒苗 2 种，使用灭活苗时，可对妊娠母犬产前 20 d 时免疫 1 次，以增加母源抗体的保护时间，在仔犬出生后 7～8 周进行第 1 次免疫，间隔 2 周第 2 次免疫，以后每年免疫 1 次。对所有犬每年还应定期注射 1～2 次狂犬疫苗。

(二)幼犬的饲养

1. 幼犬的生理特点 从出生后 45 d 至 8 月龄的犬称为幼犬。幼犬正处于生长发育旺盛时期，不同生长发育时期的幼犬，其身体各部位的生长能力也不同。3 月龄前，幼犬主要增长躯体和增加体重；从 4 月龄开始到 6 月龄，则主要增长体长；7 月龄后主要增长体高。

2. 幼犬的饲养管理

(1)断奶时幼犬管理。为避免幼犬由于断奶而引起的应激不良反应，除了做好饲料及饲养方法的过渡外，还要做好环境及管理制度的过渡。此期间，一般情况下要维持原来的生长需要，让其在熟悉的环境条件进行生活，减少外界的刺激。

(2)幼犬的营养需要。在其整个发育时期，均需要供给充足而丰富的蛋白质，易于消化吸收的食物。在此期间以躯干和四肢生长为主，应注意给予充足的钙和维生素 D，有助于骨骼生长，同时注意每天多晒太阳增加维生素 D。对于 1.5～2 月龄的幼犬，增重特别快，所以每天应喂 4～5 次；3～4 月龄的幼犬增加饲喂量，每天喂 4 次，调整饲料成分的比例。幼犬长到 5～6 月龄时，增加饲料的喂养量，饲料中肉的比例增加，每天喂 3～4 次；当幼犬长到 7～8 月龄时，可以饲喂成年犬的日粮，每天喂 3 次。

目前幼犬的商品性食物种类有多种，都可以买来喂给幼犬，但食物一定要保证质量、新鲜。若自制幼犬食品，在饲料配制上要更加认真，为了确保食物能够满足幼犬的生长需要，应根据幼犬不同生长期的特点进行配料。

(3)幼犬的分群。为了利于幼犬的生长发育，也便于幼犬的饲养管理，可根据犬的性别、体型大小、采食速度以及体质强弱等进行搭配，并根据犬舍的面积决定犬群的大小。一般群饲，种用幼犬不宜超过 4～6 只，肥育用幼犬不宜超过 8～12 只。

(4)幼犬的调教。加强对幼犬定点排便和定点睡眠的调教，使其养成良好的生活习惯，这将有利于犬舍的卫生，减轻犬舍的管理工作。训练幼犬定点排便，可将其粪、尿放置在 1 个固定的地方，并在此处放置一些土、砂或炉灰等，引诱其到此处排便。并且，在每次清除粪便时，应留下少许粪尿，通过粪尿的气味引导幼犬到此处排便。睡眠定点的训练，应将犬睡觉的地方打扫干净，并铺以垫草，引诱其到指定的地方睡眠。

(5)进行适当运动。适当地让幼犬运动和环境锻炼，对强健骨骼、肌肉组织，改善内脏器官机能，促进新陈代谢，适应不同气候及环境条件等均有良好作用。加强幼犬的户外运动和进行日光浴可以增强体质，促进新陈代谢和骨骼的发育。幼犬每日应有一定的户外活动时间，运动时间可持续 0.5～1 h，其运动形式以不加控制的自由走动、奔跑为主。运动量不宜过大，因为剧烈运动会导致身体发育不匀称或骨筋变形，而且会影响食欲。

断奶后幼犬要移到有较大活动场地的幼犬舍中管理，为了增加幼犬的活动量，可在活动场内放些小木球、小木块或大块骨头，或在高处吊布条等，便于犬游戏玩耍。幼犬散放初期应随同母犬或整窝进行，每天至少 3 次，以后逐渐延长，在散放中可让犬通过自然小障碍物、攀登小山、上下楼梯等，但不能硬行强迫。

(6)幼犬的驱虫和预防接种。对幼犬进行疫苗接种和预防性驱虫，是保证幼犬健康成长的关键。

幼犬的体内或体表寄生有多种不同的寄生虫，由于寄生虫的存在会消耗幼犬的营养，危及幼犬的健康，甚至会影响幼犬的生长发育。因此，一般在仔犬 30 日龄时应给予 1 次粪检和驱虫，以后每月进行 1 次。对于蛔虫病，可用盐酸左旋咪唑进行驱虫，剂量为每千克体重 10 mg，一次性口服，1 周后再服 1 次。

通常在幼犬 1～2 月龄进行犬五联苗或六联苗的第 1 次接种，以后每隔 2～4 周接种 1 次，共 3 次，以后每 6 个月再接种 1 次。3 月龄时注射狂犬疫苗，幼犬每月驱虫 1 次。3 月龄以上的幼犬可接种 2 次，间隔 2～4 周，以后每 6 个月接种 1 次。应注意当幼犬已出现疫情时不能进行接种。

(7)幼犬的训练。幼犬的体质锻炼应从断奶后开始，由母犬带全窝幼犬到环境清静、地面干净的场所进行散放。在散放中，幼犬互相追逐嬉戏、攀爬跳跃，这样自然地得到了体质锻炼。当幼犬长到 3 月龄左右时就应改为单独活动，并适当增加运动量，可用自行车带幼犬跑步，每天 2～3 次，每次 500 m 左右。4～5 月龄的幼犬，可逐渐增加到 1 000 m 左右。6 月龄以上的幼犬，每次活动不得少于 1 500 m。还可利用自然地形和训练器材，诱导幼犬登降和跳跃，其高度和宽度均以幼犬能自然通过为宜。

幼犬对环境锻炼应从清静地方开始，逐渐转移到复杂的地方。先白天后夜晚，先到熟悉环境，后到生疏环境。可以有计划地穿插“枪炮”声、烟火、灯光、车马、机动车辆声，以及犬不常见的物体进行训练，逐渐使之习惯。对声、光和环境的锻炼，要严格遵守“循序渐进，由简入繁”的原则，可由小到大，由弱到强，由远到近进行，绝不可搞突然袭击，否则，可能使犬产生“音响恐惧症”，往往终身难愈。对幼犬不常见物体的锻炼，应自然进行，不可强迫，只能慢慢地诱导接近，给予美味食物，用“好”口令鼓励，使幼犬消除疑虑。对那些胆小、探求反应较强的犬，要特别需要耐心，持久地进行。使幼犬胆大灵活，能适应较复杂的环境，对声、光、车、行人等刺激无被动防御反应，对助训员的逗引不恐惧，或能表示“示威”，兴奋性高，爱活动，衔取欲强，依恋性好，注意力集中，不随意离开主人、随地拣吃东西，习惯牵引，听从主人口令。因此，必须让犬与各种环境接触，如让幼犬与其他犬、动物、运输工具、不同的人、小孩玩具、声音等接触，使幼犬逐渐适应各种环境。

(8)加强卫生管理。要经常给犬梳刷、洗澡，以促进血液循环及新陈代谢，调节体温，增强抗病力。清洁幼犬的眼、耳、齿，用 2%的硼酸水清洗眼、耳，清除牙垢，洗刷牙齿。定期用剪刀修指甲。犬舍要经常打扫冲刷，清除粪便，定期消毒。犬舍内保持干燥，空气流通，做到防暑防寒。犬床及垫草要经常晾晒及更换。要注意饮食卫生，餐后洗刷餐具，并定期煮沸消毒，饮水要清洁。

二、繁殖母犬的饲养

繁殖母犬在整个饲养过程中，一般经历妊娠、哺乳、空怀 3 个主要生理时期。由于在 3 个时期中繁殖母犬所处的生理状态不同，因此也就要求不同的营养水平及饲养管理方式。

(一)妊娠母犬的饲养管理

1. 妊娠母犬的生理特点　母犬的妊娠期为 60 d，在此期间，由于胚胎摄取营养、胚盘和胚胎本身产生的各种生理变化导致母犬体内发生了一系列的生理变化。为了满足母犬本身和胎儿的需要，首先应根据胎儿不同的发育阶段和母犬身体状况，增加营养，喂给优质饲料，保证胎儿的发育，机体健康及泌乳的需要。

2. 妊娠母犬的饲养管理

(1)妊娠母犬的饲养。母犬妊娠期根据胎儿的发育情况，划分为妊娠初期(妊娠后的1～3周)、妊娠中期(妊娠后的4～6周)、妊娠后期(妊娠后的7～9周)3个时期。

妊娠初期，此期胎儿较小，绝对增长量小，所以母犬所需营养与正常犬相似，一般不需要添加特别的饲料。但是，由于此期母犬刚刚妊娠，常伴有妊娠反应，所以饲料的适口性要好，营养丰富且易消化。此时，可少喂多餐，可添加一些牛奶、肉类或新鲜蔬菜。

妊娠中期，此期的饲喂量可逐渐增至原来的125%。此期，胎儿的生长发育加快，因而各种营养物质的需要量增加。在母犬的日粮中，应添加富含蛋白质的食物，瘦肉、鸡蛋、鱼、肝、动物内脏以及豆制品、乳制品等。另外，能量饲料、富含矿物质和维生素的饲料也要补充。

妊娠后期，此期胎儿对营养物质需要比先前增加更多，母犬的日粮应逐渐增加到妊娠初期的125%～150%。在日粮配制时，注意饲料的多样化，并注意钙、磷、锌等元素的补充，以及维生素的添加。此期的能量饲料不宜过多，以防流产或母犬肥胖而难产。

妊娠母犬的饲养除供给全价的日粮外，还要讲究食品的卫生和保证食品的质量。发霉、腐败、变质、带有毒性和刺激性的饲料不可饲喂，否则容易引起流产。饲料不能频繁变更，饲料的体积不宜过大。应少量多餐，每日喂3～4次，由于胃容积太大易压迫胎儿引起流产。食物温度要恒定，一般为25℃左右，冷凉的食物和饮水可能会导致流产。

妊娠母犬的饲养方式可根据母犬的体况，采取不同的方式。对体瘦的经产母犬，采取"抓两头顾中间"的饲养方式。即在配种前的1个月和妊娠的后1个月，饲喂适口性好的高蛋白质全价饲料。对初产母犬，可采取"步步登高"的饲养方式，即随着妊娠的进程，逐步提高母犬的营养水平，以适应母犬和胚胎生长发育的需要。对体况良好的经产母犬，应采用"前粗后精"的饲养方式，即到30 d后再提高营养水平。对一般体况的母犬，可采取"关键时期(配种前、胚胎迅速分化时、妊娠后期)加强饲养"的方式。

(2)妊娠母犬的管理。首先要保证妊娠犬的休息，犬舍比平时更应清洁干燥，犬床要严防潮湿，垫草要常晒常换。妊娠犬舍要宽敞、清洁、干燥、安静，并且光线充足、空气新鲜、温度适宜。在妊娠期间，妊娠母犬应做适当运动，以促进母体胎儿的血液循环，增强新陈代谢，并且有利于胎儿保持正常的胎位，以便顺利分娩。每天室外活动最少4次，每次不少于30 min，但应避免剧烈运动，运动时要保护好妊娠母犬的腹部，避免碰撞，引起流产。据统计，难产的原因90%以上是由于运动不足而引起的。运动后避免大量饮水、饲喂。经常刷拭妊娠母犬的皮毛，乳房要经常用温水擦洗，经常带母犬到户外进行日光浴，适度的日光浴能杀死母犬体表的微生物，提高皮肤温度，促进血液循环；并且能促使身体产生更多的维生素D，促进骨质生成，对胎儿的发育有利。整个妊娠期要防止母犬感冒和生病，若母犬患病，应积极治疗，切勿乱投药，以免引起流产或胎儿畸形。妊娠母犬注意事项示意图如图9-5所示。

母犬产前1周左右，做好产前检查，将母犬转入产犬室，并单独饲喂，以熟悉环境。产房内应有产床或产箱，地面应防滑。产室冬季要有防寒保暖设施。夏季要有防暑降温设备。进入产室前，产室要进行彻底消毒，母犬也要进行全身擦洗和消毒，特别是臀部、阴部和乳房周围要重点擦洗和消毒，并保持卫生。被毛长而浓密的犬种，上述部位应将毛剪掉，否则会影响分娩和仔犬吸乳。准备好产箱，并消毒备用。

分娩前要准备剪刀、卫生纸、纱布、脱脂棉、注射器、脸盆、热水、毛巾、缝合线及消毒用的

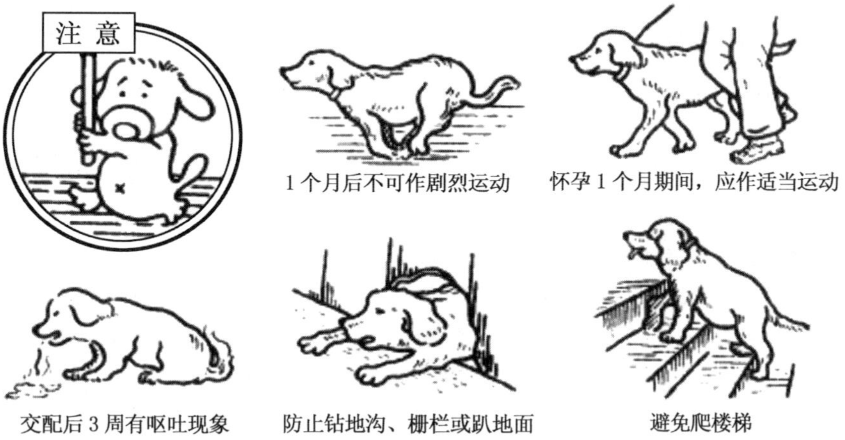

图 9-5　妊娠母犬注意事项示意图

70%乙醇及碘酊、催产药、止血药等。发现难产或异常情况，及时采取助产措施。如果助产有困难，请兽医处理。保证产舍安静，生产顺利。

(二)哺乳母犬的饲养管理

1. 哺乳母犬的生理特点　母犬产仔后便进入哺乳期。母犬身体虚弱，各器官功能的处于恢复期。仔犬在10日龄之前，它们自身的营养需要全部来自母犬。因此，母犬所摄取的营养物质除维持自身的需要外，还要为仔犬提供大量的乳汁。

2. 哺乳母犬的饲养管理　母犬在产后的6 h内，一般不进食，只需供给清洁的温开水即可。在产后1～3 d内，母犬虚弱、食欲不振，此时应喂给营养丰富的半流质饲料，在饲料中适量添加骨肉汤、牛奶等以提高适口性。每天饲喂3～4次，勤喂少餐，以利于各器官功能的恢复。饲喂次数以后逐渐减少，并且在这3 d中，饲喂量仅占妊娠后期的1/3左右。3～5 d时喂给妊娠后期的2/3量，5～8 d喂给妊娠后期的3/4量，9 d以后饲喂量渐为正常，并逐渐增加，到14 d时可增加1倍，到第3周时，可增加到2～3倍，饲喂时，可让其自由采食。哺乳期间，对泌乳不足的母犬，可饲喂红糖水、牛奶或将亚麻仁煮熟，拌在饲料中饲喂，以促进乳汁的分泌。哺乳期母犬的需水量较大，应注意供给充足的清洁饮水。在仔犬断奶前数日，逐渐减少母犬的饲喂量，以防发生乳腺炎。当完全断奶时或一次性断奶时，可停食1 d，次日供给断奶前喂量的1/4～1/3，第3天为1/2，第4天为3/4，以后逐渐恢复正常饲喂量。在哺乳期间，给母犬补充维生素、矿物质。

注意产房内产床和地面的干燥，防止粪、尿堆积。经常更换犬床上的垫草，定期对产房进行消毒、清扫并使其通风良好、温度适宜。保持犬舍周围环境的安静。在哺乳过程中，防止外界的干扰，否则会不利于母犬的哺乳，甚至会因母犬对干扰的不良反应而踩伤仔犬。

做好母犬的卫生保健工作。要经常给母犬梳理被毛、洗澡，并用消毒药水浸泡的棉球擦拭乳房，然后用清水洗净。要常让母犬到户外活动，并进行日光浴。一定限度内的运动可促进母犬的健康，并促进泌乳。外界气温适宜时，可使母犬带领仔犬到户外活动，每日至少2次，每次0.5～1 h，但防止母犬剧烈运动。

防止子宫炎和缺钙现象的发生。母犬难产或在人工助产时操作不当等，会使母犬发生子宫炎症。如分娩1周后仍可看到母犬阴门流出血样黏液，量大而有腥臭味，很可能是胎衣部分未下或子宫内膜损伤严重，若不及时治疗会影响母犬的下一个繁殖周期，甚至绝育，所以此时应积极治疗。另外，产后母犬由于泌乳量大，体况消瘦，而所供给的日粮来源单一，常常会患有哺乳性缺钙，此时有些母犬会不愿站立或站立不稳，有的甚至发生抽搐现象。如发现这种情况，应及时补钙。

(三)空怀母犬的饲养管理

1. 空怀母犬的生理特点 当母犬性成熟后，已能进行配种利用，但尚未妊娠者，一般称为空怀母犬。空怀母犬的饲养主要是为母犬进入下一个繁殖周期做准备，其饲养管理不如妊娠母犬那样严格。由于母犬在空怀期中存在有休产期和发情支配期两个不同的生理阶段，其生理特点有所不同，因而在饲养管理过程中所采取的方式方法也必须有所不同，只有这样才能使空怀期母犬饲养管理更科学。当母犬的哺乳任务完成后，母犬便进入一个相对休闲状态，其营养供给可保持维持状态的水平。在母犬到达配种期之前，应逐渐加强营养，使其体况良好，以保证正常发情、排卵和妊娠。

2. 空怀母犬的饲养管理 此时，应提供营养全价饲料，并根据母犬的体况适时增加营养。通常哺乳后的母犬体况会有所下降，呈现消瘦状态(这同哺乳期的营养供给和哺乳仔犬的数量有密切的关系)，体况偏差，应选择营养较为全面的饲料进行饲喂，同时适当增加饲喂量。当犬的体况恢复之后，再用正常量进行饲喂。如果在哺乳期间提供的营养过剩，使母犬在哺乳结束后体况处于偏肥状态，则应考虑逐渐减少饲料的供给量，使母犬的状况迅速恢复到正常状态，顺利过渡到下一个繁殖周期。如果在哺乳期结束之后母犬的体况较为正常，则可以按正常量进行饲喂，以保持其个体维持的需要。需要特别注意与繁殖性能关系密切的营养因子的供给量，如蛋白质、脂肪、钙和磷、硒、维生素 A、维生素 D、维生素 E 等。一般来说，此阶段的母犬对饲料的类型并不挑剔，只要适口性好就可以了。每日的饲喂次数可掌握在 2～3 次，如遇到特殊情况可灵活处理。

在管理方面，空怀母犬应有充足的运动，保持犬舍清洁卫生，随时清理犬的粪尿污物，定期用水冲刷；保证犬舍干燥、足够的日光浴及良好通风；定期消毒，一般每月消毒 1 次，犬群密度较大时，应适当增加消毒次数，传染病流行期应随时消毒。

做好空怀母犬的卫生管理工作，每天要随时梳刷犬被毛，保持清洁卫生，特别要注意犬自身护理不到的部位，如臀部、腹部、尾部等。条件允许时，每周要给犬洗澡 1 次，洗澡时要注意犬的头部，避免水进入犬内耳，否则犬极易患中耳炎，洗浴用品的泡沫要防止进入犬的眼睛；每月进行 1 次药浴，防止寄生虫和皮肤病对犬的危害。

周围环境的卫生管理方面，犬区内要注意卫生死角的清理和消毒工作；对犬活动场所一定要注意随时清理异物，如腐败食品、砖头瓦块等，防止犬随地捡食、造成不必要的伤害。

3. 发情交配期母犬的饲养管理 发情期母犬的饲养管理除要采取以上措施外，还要注意母犬的食欲。母犬在发情期，其食欲一般都会有变化，呈现食欲下降的趋势，1 次的摄食量会相对减少。因此，在饲养过程中，可根据其摄食量的变化，适当增加饲喂次数，以保证机体的维持需要。

同时，注意犬舍卫生，并注意观察掌握母犬的发情状况。母犬在发情过程中，其生殖系统的抗病能力相对减弱，极易受到感染。因此，应注意犬舍的清洁干净，同时尽可能保持犬舍处于相对干燥的状态。在母犬发情过程中，要注意观察母犬的发情变化，记录整个发情状况，以便把握准确的交配时间。对发情异常的母犬应请有关专业技术人员及时进行诊治。

杜绝和公犬随意接触，防止与非计划交配公犬发生意外交配。在犬交配时，主人一定要在现场看护，遇到特殊情况及时处理。同时，做好交配记录，合理使用人工辅助交配手段。

三、种公犬的饲养

优秀的种公犬对犬群的改良有重要作用。因此，养好种公犬有十分重要的意义。种公犬要常年保持中上等膘情、健康、活泼、性欲旺盛、精力充沛、配种能力强、繁殖性能良好。合理的营养、运动和配种是饲养好种公犬的关键。营养是维持公犬生命活动，产生精子和保持旺盛配种能力的物质基础。运动是加强种公犬机体新陈代谢，锻炼神经系统和肌肉的重要措施。配种是饲养种公犬的目的，也是决定给予犬营养和运动的主要依据。

(一)种公犬的营养需要

犬的配种多发生在春、秋两季，因而犬的饲养也可根据配种季节和非配种季节来划分。在配种频繁的季节，要根据种公犬的营养状况和饲养标准合理地配制日粮，以保证旺盛的配种能力。一般种公犬的能量需要是在维持需要基础上增加 20%，蛋白质和氨基酸的需要量与妊娠母犬相同。种公犬对蛋白质的质量和数量要求很高，长期饲喂单一来源的蛋白质饲料，会引起某些氨基酸的供给量不足而造成精液品质下降，如赖氨酸直接参与精子的形成，一般的植物性蛋白质饲料中精氨酸的含量又较低，所以饲料要求多样搭配，适口性要好，应注意添加合成的氨基酸或动物性蛋白质。另外，在饲养中应注意，种公犬对能量饲料的需要也有一定限制，能量饲料供给过多，犬会变得肥胖，从而影响犬的性欲和精液的品质；而能量供给过少；会使犬过瘦，射精量减少，受胎率下降。

钙、磷、硒等矿物质对精液品质的影响较大。钙、磷不足或缺乏时，会使精子发育不全，活力下降，死精子数增多。种公犬的饲料中钙、磷比例一般应为(1.2～1.4)：1，其中钙占干物质重的 1.1%，磷占 0.99%，锰为每天每千克体重 0.11 mg。另外，应在饲料中添加一定量的食盐以增强饲料的适口性，提高犬的食欲。维生素 A、维生素 D、维生素 E 对精液品质也有一定影响，长期缺乏维生素 A，会使种公犬的睾丸发生肿胀或萎缩，精子产生减少，活力下降，甚至使公犬失去配种能力。维生素 E 缺乏，会引起睾丸机能下降或退化。维生素 D 缺乏，会通过对钙、磷代谢的影响而间接影响精液品质。因此，种公犬应在每千克日粮中添加维生素 A 110 mg、维生素 E 50 mg 和维生素 D 500 mg。每天供给充足的饮水。

对种公犬提供的饲料要种类丰富，营养全面。对个别性欲不够旺盛的种公犬，除增加营养外，可适当添加壮阳药物，如维生素 E 等。饲喂应做到定时、定量、定温、定质，每次不宜过饱，日粮的容积也不宜过大，以免造成垂腹大肚现象，影响配种进行。

在饲养方式上，对配种任务重的种公犬可采取“一贯加强饲养”法，即一直保持一个较高的营养水平，对配种任务轻的种公犬可采取配种季节“配种期加强饲养”法。无论哪种方法，都要以达到所需的目的为基准，即种公犬有一个健康的体魄、旺盛的性欲、良好的配种能力及配种效果。

(二)种公犬的管理

为了避免公犬间相互打架，种公犬应单独饲养在阳光充足、通风良好的犬舍内。种公犬饲养区应远离母犬饲养区，这样可使公犬安静，减少外界干扰，有利于休息，有利于增加种公犬的食欲，并能杜绝爬跨和养成自淫的恶习。

种公犬要保证有足够的运动量，以增加食欲、帮助消化、增强体质、提高繁殖机能。一般而言，每天至少运动 2～3 次，每次不少于 1 h，可采取剧烈运动和自由运动相结合的方式进行。

夏天应在早晨和傍晚进行运动；冬季在上午 10:00 至下午 2:00 以前运动；在严冬季节应减少运动量，以降低能量消耗。在配种前后严禁剧烈运动。

定期称重可以掌握种公犬的营养状况。后备种公犬的体重增长应逐渐增加，不宜过肥或过瘦。成年种公犬的体重要长期保持恒定，上下浮动不能超过 5%，高或低都应立即采取相应的措施，把体重调整到标准体重。

经常刷拭种公犬身体，可促进犬机体的血液循环，增加食欲，促进饲养员与犬之间的感情交流，有利于协助种公犬交配和采精，并且还可以防止皮肤病和体外寄生虫病的发生。在夏季，应经常给种公犬洗澡，炎热时，每日可 1～2 次。经常刷拭和洗澡的种公犬性情温顺、体质健壮、性欲旺盛，配种效果好。特别要注意其生殖器官的保健护理，保持阴茎、睾丸和肛门周围的清洁卫生，以防感染疾病。每次交配前后均应用温水清洗或用热毛巾擦拭生殖器官和肛门。

种公犬的初配年龄最好控制在完全发育成熟时，初配年龄为 2 岁，每周配 1 次为宜，年配种 15 头次以内。如特殊需要，在种公犬体质状况允许的前提下，可以配 2 条母犬。种公犬的利用年限一般不超过 6 岁，特别优秀的种公犬可适当延迟。种公犬在配种季节不应使用过度，每日 1 次，每周休息 1 次。配种后要增加高蛋白质食物。

四、商品犬的饲养与快速育肥

经选择不作为种用的幼犬或成年犬，或者是良种犬如圣伯纳、马士迪夫、大丹等与本地土种犬的杂交后代，或者是大型的土种犬等通常按肉犬进行肥育，肥育后的犬将为人们提供可食用的优质犬肉。一般地讲，幼犬及淘汰的种犬等都可作为肉犬进行肥育。

(一)肥育犬的饲养

对于幼犬来说，6～7 月龄是肥育的最佳时期，因为在这一阶段，幼犬肌肉生长和脂肪沉积都较快。而对于成年犬来说，是通过肥育期充足的营养供给，来弥补生长发育的某一阶段因营养或环境等条件影响而生长受阻所损失的体重。因而，在肥育过程中，对内脏和骨骼已发育完全的成年犬，给以高能量物质，能加速肌肉生长和脂肪沉积，它将与幼犬一样，在短期获得较为理想的增重效果。

在强度肥育期，应对犬保持高能量水平饲料的饲喂，以利于催肥。一般粗蛋白质 18%～20%(其中动物性蛋白质占 1/3 以上)，碳水化合物 60%～70%，脂肪 5%～7%，粗纤维 4%～6%。另外，还应添加一定量的矿物质和维生素。对幼犬的肥育来说，钙、磷的添加是非常重要的。饲料的种类尽可能多样化，对于各种饲料的配比要根据实际情况进行，以价廉优质的饲料为主要原料，并注意饲料的适口性，以免影响犬的食欲。

肥育犬的饲喂要定时定量。一般日喂 3 次，进食量可按每千克体重 20～30 g 计算，体重越大的犬，其进食量与体重比例相对越小。饲喂前，把配制好的干饲料用水浸湿，料水比为 1∶(2～3)，自然浸泡 2～3 h，可使饲料中的粗纤维软化，增加适口性。饲喂时在向料中添加煮熟的肉类、豆粉、骨粉以及蔬菜等。也可将饲料加热煮熟做成粥状或蒸成糕状，然后进行饲喂。饲喂时在水槽中要添满清洁饮水，供犬自由饮用。

出栏前 1 个月内，饲料中应适当添加脂肪，如动物性脂肪、油渣等，以利于犬脂肪的沉积。经过 1～2 个月的肥育，犬的体重会明显增加，当幼犬体重增加到 20～30 kg，成年犬的膘情丰满时，便要适期出售或屠宰。

(二)肥育犬的管理

肥育犬重新进行组群后，为适应新的环境和管理制度，减少应激所带来的影响，过渡期不应少于 7 d。在过渡期中，要对肥育犬进行驱虫，消除新旧群的各个体间寄生虫的感染和传播。驱虫 3 d 后，对肥育犬进行免疫接种，防止传染性疾病的发生。并且幼犬在肥育前应去势，以免性成熟后行为烦躁影响肥育效果。

幼犬一般采用分群饲养，每舍 8～12 只，每只犬均占舍面积 2 m^2 左右，以便集中管理。肥育成年犬多进行系养，以减少能量消耗和相互间的争斗。肥育犬舍应通风良好，舍内空气干燥新鲜，冬季舍温不应低于 5～10 ℃，夏季不应高于 25 ℃。

五、老龄犬的饲养

一般犬 7～8 岁进入老年期。老龄犬既怕冷又怕热，冬天不宜在户外待太久，以防冻伤或感冒，夏天要注意防暑。每天适当运动和光照。每月洗澡 1 次。注意多补充蛋白质饲料和蔬菜类。老龄犬易患便秘，注意多给予饮水和蔬菜，如发生便秘可进行洗肠。饲料中盐分应减少或不给。老龄犬视力、听力逐渐衰退，反应迟缓，主人最好以抚摸或手势交流，勿厉声呵斥。

六、病犬的饲养

(一)病犬的营养需要

犬在患病过程中，由于机体的消耗增加，需要更高的营养水平，甚至需要某些特殊的营养物质，如犬体温每升高 1 ℃，其新陈代谢水平一般要增加 10%；当犬患传染性疾病时，其免疫球蛋白的合成及免疫系统的新陈代谢均增强。为了满足这种需要，机体就需要大量蛋白质、维生素和微量元素等。此外，疾病往往又会影响到消化机能，使食欲下降，病犬的采食量减少，甚至不采食，更加剧了病情。因此，喂给病犬的饲料要营养全面丰富、营养价值高、易消化和适口性好，如动物肝脏、瘦肉、牛奶和鸡蛋等，适当加入煮透的谷物类饲料。少喂纤维素含量高的饲料，并补充适量维生素、矿物质和添加剂。湿热性病或胃肠道疾病，尤其伴有呕吐和下痢等症的犬，常造成大量失水，严重者会危及生命，应及时补水。

因病犬食欲不佳，饲喂的食量应比平常减少。这样既可刺激犬的食欲，又能使其不吃剩食。但为了保证病犬能摄取所需的营养，饲喂次数一般每天增至 4～6 次。任何饲料，如果病犬在 15～20 min 内未吃完，就应拿走，不得让其吃剩食。

此时更应注意病犬的个体卫生和环境卫生，犬用食盆和饮水器 2～3 d 消毒 1 次并对犬舍进行消毒；保证犬舍空气流通，温度适中；病犬应适当运动，增强其体质和抗病力，但运动不能过度；还应保持环境安静，使病犬得以充分休息。病犬应与健康犬隔离，单独饲养。对病犬应经常进行检查、观察，积极治疗。

(二)病犬的护理

一般犬患病后，由于消化机能下降，容易引起食欲不振，在没有呕吐的情况下，可以喂给流质食物，用吸管或注射器从口角注入，先试探性地少量喂给，再逐渐增加。或者把碎肉做成丸状，用手指推入口中咽下，以引起食欲。对由于饲料突然改变而引起的犬不愿吃食或对挑食的犬，可采取“饥饿疗法”，断食 1～2 顿，然后再逐渐增加饲喂至常量。

犬是容易呕吐的动物，呕吐前和呕吐后如无其他异常时，就不必担心，尤其是呕吐后又马上吃掉时，均属正常。但1 d内多次呕吐，如此反复就要引起重视，以免引起疾病。

犬感冒后，容易发烧，体温上升，会感到寒冷发抖，尤其在冬季，垫料要加厚，准备热水袋或加热器。犬舍要密闭，防止寒风吹入。持续发高烧的犬会很衰弱，要采取降低体温的措施，如用酒精擦身等。可用脱脂棉或纱布将鼻涕擦拭干净。鼻涕多时或鼻孔充满鼻涕时，可用棉棒(木棍前端卷上脱脂棉)拭净，为防止鼻端干裂，可用棉棒蘸甘油涂抹鼻端。眼屎过多要用2%硼酸水浸湿脱脂棉拭净，并用眼药水点眼，如眼屎是脓性的，要使用兽医开的眼药。若犬发生咳嗽时，首先要看是否有异物被误吸入气管，若是，应立即设法排出。对由呼吸系统炎症引起的咳嗽，要尽量使病犬安静，禁止运动，同时在兽医的指导下用药治疗。

若病犬下痢，要让其绝食1 d，之后喂给流质的食物，如米汤、果汁、蔬菜等，少量多餐，以后可以喂粥，逐渐过渡到软的米饭和普通食物。

七、犬运输中的饲养技术

无论是引进种犬还是销售肉犬，都需要利用交通工具对犬进行运输。犬的运输是一项复杂而艰苦的工作，只有做好出发前的准备及运输途中的饲养管理，才能顺利地完成任务。

装运的笼具及运输工具必须按规定进行清洗、消毒后备用。同时，还必须到当地兽医防疫检疫部门办理检疫手续，出具县级兽医检疫部门的检疫证明，经检疫属于健康的犬方可准予起运。

在用犬笼装犬运输时，如果1个犬笼内要装几头犬，则特别要注意将凶猛和温顺、幼犬与成犬、种公犬与种母犬分开装笼，以免因犬打架撕咬，造成咬伤、咬死的事故。起运前应检查犬笼是否牢固、是否关好，避免在运输过程中发生犬逃脱或其他事故。

运输途中，要随时注意车内的温度和湿度。冬季运输时为防止犬受凉感冒，避免贼风吹到犬体上。夏季气候炎热，车内温度高，湿度大，犬容易中暑，要注意车内通风，保持车内干燥，及时清除粪便，保持车内清洁卫生。要定时饲喂，但不要喂得太饱，要随时保证清洁饮水。夏季炎热天气，应在早、晚凉爽时运输。冬季寒冷天气，应选晴天运输。

运到目的地后，不要马上给予犬大量饮水，可先让犬饮些淡盐水，散放活动，排放大小便，然后再给予限量的饲料，以免犬因过食而生病。

新运来的犬，应单独分舍观察、饲养2周。其目的：一是精心护理饲养，恢复犬的体力；二是由兽医检疫，进行适当的疫苗注射。经检查确诊健康无病时，才能与原犬群合并饲养。

单元三　宠物猫的饲养

【学习目标】

本单元属于专业知识范畴。通过学习，了解不同年龄阶段、不同用途猫营养生理特点及饲养管理方法。

【学习方法】

课堂讲授，课后在图书馆中或互联网上查阅有关资料。

【关键词】

猫；营养；生理特点；饲养管理

一、仔猫、幼猫的饲养

(一)仔猫的饲养管理

从出生到断奶这段时期的猫称为仔猫。仔猫机体生长发育尚未完全,抵抗力弱,适应性差,这一时期生长发育迅速,做好饲养管理是提高仔猫成活率,培育出健壮的猫的保证。

让仔猫尽早吃到初乳,使仔猫尽快从初乳中获得免疫力。搞好猫舍的防寒保温工作,对于孤儿猫,可人工喂养,以奶粉代乳粉为宜(鲜奶、羊奶也可)。少食多餐,每天喂 5～6 次。

仔猫初生时,消化器官不发达,食量小,在出生后的前 20 d 内主要由母猫哺乳,20 d 以后由于胃肠容积的增加,食量增多,可给仔猫开食,开始喂食物,可喂一些鱼汤、牛奶等。随着仔猫的生长,喂食量逐渐增加。

当仔猫长到 5～6 周龄时,即可断奶。首先要增加补饲的数量,提高质量,蛋白质要占 35%以上。与此同时减少喂乳次数,逐渐断奶,断奶不宜过快。断奶后要母仔分开,防止母猫带丢仔猫。

(二)幼猫的饲养管理

从断奶到 3 月龄的猫,称为幼猫。这一时期幼猫生长发育加快,所以这时要特别注意喂给蛋白质和脂肪的食物,要多喂瘦肉、肝,适当加点钙、磷等矿物质,每隔几天喂点肥肉,以提高食欲。幼猫的抗病力差,要特别注意饲养管理。除了每天供给较多的营养丰富的蛋白质、维生素、矿物质饲料,还要养在温暖、清洁、干燥的地方,加强运动,如春、秋季可上午放猫、下午收猫。这时猫可塑性最强,所以驯养幼猫应从这时开始。驯养幼猫时,可用绳拴好小活鼠直接训练,用小皮球或其他东西训练猫的跑、跳能力。

二、繁殖母猫的饲养

(一)妊娠母猫的饲养

猫的妊娠期为 63～66 d,妊娠期间,母猫除了维持自身生命活动所需要一定的营养外,还要供给胎儿生长发育所需要的营养,因而要加强母猫的营养。母猫妊娠后食欲明显增加,需获得更多的营养物质。因而,此时应注意给妊娠母猫增加蛋白质饲料,如肉类、鱼类、肝脏、牛奶,以及维生素、矿物质等。妊娠初期(5 周内)可日喂 3 次,日粮占体重 8%左右;怀孕后期胎儿生长发育迅速,更应注意给予母猫提供充足的营养,尤其是钙。妊娠后期(45～60 d)可日喂 4 次,日粮占体重 10%左右。一般产前 1 个月左右在猫饲料中加入青绿蔬菜和钙制剂,如碳酸钙和葡萄糖酸钙,以利胎儿的正常生长发育。临产前稍减饲喂量,以防乳腺炎。

但是,在加强营养物质供给的同时,还应注意防止营养物质供给过多,特别是碳水化合物和脂肪供给不宜过多,以免母猫和胎儿过于肥胖造成难产。产前产后给母猫适当增加肉类、鱼类等蛋白质饲料,对防止母猫发生食仔癖也是有益的。

同时还要让母猫每天进行适当运动。母猫妊娠后,多小心谨慎、动作缓慢、活动减少、常喜欢安静地躺卧休息。由于母猫妊娠后运动量减少,加上营养供给增加,容易使脂肪蓄积,造成母猫过于肥胖。此外,运动不足还会导致全身肌肉张力减退,肌肉松弛,收缩力减弱,子宫肌的张力和收缩力也均减弱，这些均是造成分娩时阵缩、努责微弱，发生产力不足性难产的重要原因之一。如室外活动减少，日光照射减少，可导致母猫维生素 D 缺乏，进而影响母猫对钙、磷的吸收和利用，影响胎儿骨骼的生长发育。因此，应让妊娠母猫适当运动，最好多在室外活动，多晒太阳，这对母猫和胎儿的健康均有重要意义。

防止妊娠母猫受到惊吓和机械性损伤。妊娠母猫在受到惊吓导致精神受到强烈刺激，或腹壁受到不适当的挤压，或运动过于剧烈时，往往使胎儿的生长发育受到损害，甚至使胎儿死亡和流产。为此，应加强对妊娠母猫的饲养管理，防止母猫惊吓和剧烈运动，保证妊娠母猫的休息，猫舍比平时更应清洁干燥，猫床要严防潮湿。孕猫舍要宽敞、清洁、干燥、安静，并且光线充足、空气新鲜、温度适宜。

让临产前的母猫在产前 7～10 d 进入产箱，并单独饲喂，以熟悉和适应产箱、产窝，使母猫对产箱、产窝及其周围环境产生安全感。产室冬季要有防寒保暖设施，夏季要有防暑降温设备。进入产箱前，产箱要进行彻底消毒，母猫也要进行全身擦洗和消毒，特别是臀部、阴部和乳房周围要重点擦洗和消毒，并保持卫生。被毛长而浓密的猫，上述部位应将毛剪掉，否则会影响分娩和仔猫吸乳。准备好产箱，并消毒备用。这对母猫顺利地进行分娩和哺乳仔猫也是十分重要的。

(二)哺乳母猫的饲养

母猫在产后由于体力消耗较大，此时应供给营养丰富，易消化的食物和充足的饮水，在日粮配合上，应增加肝和奶的比例，喂食应稀一些，可拌些大豆的豆汁，为了提高泌乳量，可多喂一些蛋、牛肉、羊肉，以健身增奶。管理上要搞好卫生、消毒以及给仔猫补食，注意仔猫的保温和安全。

(三)非繁殖期成年猫的饲养

非繁殖期成年猫的饲养可粗放，以植物性饲料为主，也可喂残菜剩饭。日喂 2 次，饲喂量占体重 5%左右，以健康、体重不下降为度。

三、种公猫的饲养

种公猫常年均应具备良好的营养水平，保持健康的体况。饲养管理的好坏直接影响种公猫配种性能和精液品质，且影响母猫的受胎率、胎产仔数和仔猫成活率。因此，对于配种期公猫，要求饲料体积小、质量高、适口性好、易消化，并含有足够的蛋白质及维生素 A、维生素 D、维生素 E、B 族维生素和矿物质，除早、晚 2 次饲喂外，中午应加餐 1 次，可适当增加肝、瘦肉及奶的比例，以提高精液品质，日喂量可占体重的 5%～6%。在非配种期，减少脂肪类饲料，在满足种公猫的营养需要的同时保持好的体质，力求消除过肥或过瘦的状况。这样才有利于生殖器官的迅速发育和产生品质优良的精液。另外，食具用后应洗刷，每周用 0.1%过氧乙酸喷雾或 0.1%新洁尔灭浸泡 2～3 次，每次消毒后用水冲洗干净。

四、商品猫的饲养与快速育肥

商品猫饲料应以动物性饲料为主，如肉类、鱼类、鱼粉、骨肉粉、血粉、畜禽内脏等，成猫蛋白质不低于 21%，幼猫不低于 33%。猫所需蛋白质除从动物性饲料中获得外，还可自植物性饲料，如豆饼、芝麻饼、花生饼等中获得。同时注意补充维生素和钙、磷及食盐等矿物质饲料。

注意防病，猫在室温过高、过低时都易患病，如感冒、咳嗽等，应注意及时治理。猫舍应做到冬暖夏凉，要求冬季不低于 15 ℃，夏季以 18～21 ℃为宜。猫舍需每天清扫，定期消毒和洗刷，消毒液用 3%～5%的来苏尔或 2%的苛性钠溶液。

五、老龄猫的饲养

猫的寿命一般都较长，大多数猫都活到 12～14 岁，猫在 8～9 岁时开始进入老年期。老龄猫的各种生理机能都有不同程度的变化。所以良好的营养对老龄猫非常重要，精心的饲养管理会延长猫的寿命。饲料质量要高，其中包括高质量的蛋白质，足够的脂肪，充足的无机盐和维生素。因为掉牙导致咀嚼困难，所以饲料要熟、易消化，并且要少吃多餐。由于老龄猫容易出现脱水现象，应给予足够的饮水。另外，老龄猫易得病，平时要注意观察猫的各种行为，发现异常及时找兽医治疗。老龄猫的肌肉和关节的配合及神经的控制协调功能会明显下降，骨骼也变得脆弱，因此，不能让它们做一些高难度动作，以免因剧烈运动而导致肌肉拉伤或骨折等。

六、病猫的饲养

猫生病后身体很虚弱，因而要尽可能减少活动，应将病猫安置在温暖(或凉爽)、安静的地方，让猫充分休息，减少消耗，保持体力，增强对疾病的抵抗力。病猫的饮食护理很重要，猫生病时多数情况都要影响消化机能，表现为食欲大大减退，甚至废食，还可能出现呕吐、腹泻等症状。若不及时补充营养物质，特别是饮水，可导致机体一系列功能的紊乱、酸中毒、心力衰竭等现象，严重时可引起死亡。因此，应加强对病猫的饮食护理。首先要供给充足的饮水，水里面放点食盐，用量是每 100 mL 水加食盐 0.9 g，以维持体内水盐代谢的平衡。如果猫不喝，可用小胶皮球或塑料瓶灌水；但不可操之过急，以防猫呛水。病猫食欲不振，并不是食物不合口味，而是由于疾病的影响引起食欲中枢抑制的结果，即使猫平时最喜欢吃的东西，这时也会变得平淡无味。只有疾病得到治疗，食欲才会逐渐恢复。在积极治疗的同时，可给猫少量的鱼或肉，以刺激食欲。对患有消化系统疾病的猫，应给予容易消化的流食，如米汤、豆浆、牛奶等。如果猫患有不能进食的疾病，就要请兽医静脉输入葡萄糖，以补充能量。

由于病猫体力大量的消耗，变得精神不振，行动迟缓，懒散喜卧，不能整理自己的被毛，显得被毛脏乱、眼屎增多等。病情严重者，便溺不能入盆，造成环境和被毛的污染。此时主人要加强护理，认真梳理被毛，促进皮肤的血液循环。对被粪便玷污的被毛，要及时清洗干净。对猫窝和猫的用具要勤消毒。

七、猫运输中的饲养技术

猫的运输一般采用笼装，在起运前 30 min 应喂 1 次预防应激反应性药物，盐酸异丙嗪片(非那根)以 8 mg/kg 体重的量混入饲料中饲喂。在猫饲料中加大维生素 C 的用量，可减轻运输过程中对猫身体的影响，在运输过程中要注意喂养和适量饮水。

单元四　观赏鱼的饲养

【学习目标】

本单元属于专业拓展知识范畴。通过学习，了解鱼饲养、管理的方法。

【学习方法】

课堂讲授，课后在图书馆中或互联网上查阅有关资料。

【关键词】

鱼；饲养管理；饵料及投喂；饵料种类；喂养；水质调控

观赏鱼和其他动物一样，在生长发育过程中需要蛋白质、碳水化合物、脂肪、维生素、矿物质等养分。虽然观赏鱼对食物的选择因种类和个体而异，但对营养物质的需求是相同的。观赏鱼饲养管理应着重抓好投喂、水质调控和巡视 3 个主要环节。

一、饵料及投喂

(一)投喂量

投喂是饲养管理中的一个基本环节，适宜投喂量应依天气和水质、观赏鱼的种类、规格和生理状况等因素来确定。

例如，用水蚯蚓和水蚤等活饵喂金鱼等观赏鱼时，日投喂的湿重约为其头部大小的一团；2 龄鱼投喂的湿重约为其头部大小的 1/4；3 龄鱼投喂的湿重约为其头部大小的 1/3。如喂干饵、麸皮、豆饼和配合饲料，应根据鱼的食欲和消化情况来确定投喂量，切勿过量，因为活饵可暂时存活一段时间，干饵过量则会严重污染水质。如天气晴朗，溶氧充足，水温适宜，鱼活动正常，可适当多投喂；连续阴天、闷热、溶氧量低，鱼摄食量低，可适当少投喂；水质肥，水温低，可少投喂；水质清瘦则应适当多投喂；浮过头、患病的鱼，要少喂或不喂；娇嫩珍贵的种类也要适当少喂。投喂的饵料以在 1～2 h 内吃完为最理想，但随着鱼体的长大，摄食量也增加，绝不能认为全部吃完就是适当的投饵量。金鱼的饥饿和消化吸收的程度，可根据鱼粪的颜色来判断，喂活饵的金鱼粪便呈绿色、棕色或黑色，表明金鱼摄食适度，消化良好；粪便呈白色、黄色时表明金鱼过饱，不可再投喂。

(二)投喂时间

投喂时间视饵料种类而定。投喂活饵多在太阳初升的上午一次喂完，时间宜早不宜迟，如喂干饵和配合饲料，以在 1～2 h 内吃完为宜。如遇傍晚有阵雨、降温等预报，则应少投或不投饵；早晨投饵，可在上班前进行。春、夏季以太阳初升时为好，因为观赏鱼在适温范围内，水温升高，溶氧量多时，食欲旺盛，观赏鱼食后能有较长时间活动和消化吸收的机会；至深秋、初冬，可酌情推迟 1～2 h；严冬季节应延至中午，并且要减少投饵量。如喂干鱼虫、麸皮、人工合成饵料，则应分多次投喂，以免观赏鱼不能及时吃完的饵料在水中腐败变质，危害鱼体。

（三）饵料种类及喂养效果

水蚤等浮游动物是大多数观赏鱼的最佳饵料。摄食这些饵料的观赏鱼多生长迅速、体质健壮、体态丰满、色泽鲜亮。实践证明，狮头、绒球、珍珠、水泡等金鱼珍品，如在发育时期能保证活饵，其品种特性则较喂其他饵料发育得好。家庭养殖金鱼最好是喂鱼虫、水蚯蚓等活饵料，仔鱼则需要喂“涸水”。水蚯蚓也是喂养观赏鱼的动物饵料之一，其单位体重内所含的蛋白质、脂肪的数量仅次于枝角类，而与桡足类相仿，且适口性佳，大小鱼都乐于摄取，特别是在冬季，天然水域鱼虫数量锐减，水蚯蚓就成为首选饵料。新鲜的水蚯蚓呈鲜红或深红色，紧拢成团，一次喂不完，可放在浅水器皿中低温保存，随用随取；已经死亡的水蚯蚓绝对不能喂鱼。用水蚯蚓喂养观赏鱼，其效果与鱼虫相仿。但活饵料的来源有限，故一般均用鱼虫代替，若有全价人工饵料投喂也可。人工饵料可根据观赏鱼对各营养成分的需要配方进行生产。全价人工饵料原料来源广、便于大量生产、贮存方便、不受自然条件限制等优点，是发展观赏鱼生产最有保证的饵料源。

观赏鱼的体色主要是由类胡萝卜素、黑色素、蝶呤和鸟嘌呤等多种物质在综合因素的作用下形成的，而类胡萝卜素在其中起着重要作用。鱼类不能合成类胡萝卜素，需要从饲料中获取。鱼类摄取的类胡萝卜素在体内一部分转化成维生素 A，一部分在鱼下皮层、肌肉和外壳等处沉淀，改变其色泽。饲料中的油脂、抗氧化剂和维生素 E 等的含量能保护色素免遭破坏，有利于鱼类对类胡萝卜素的吸收；水质和鱼的种类、生理状况等也影响对类胡萝卜素的消化吸收。

二、清污与整理

水族箱养殖观赏鱼，要求水清鱼鲜，故保持水质澄清是首要任务。在夏季炎热时，每天均需清污 1 次，其他季节可适当延长间隔时间。

一般春、秋两季在 15:00—16:00 清污；夏季要到 17:00 以后清污；冬季则要提前到 14:00—15:00 进行清污。其方法是：先捞出浮在水面上的污物，然后用去污布兜轻轻旋转鱼池中的水，使池底污物慢慢集中于池底中央，然后用胶皮管将其吸出池外，并趁势吸走一小部分靠近底层发浑的脏水，清除占全池 1/5～1/4 的污水，同时沿池壁将新水徐徐注入至原来的深度，切不可将新水大桶大桶地猛然倒入池中，把鱼冲得四处翻滚，这样极易引起鱼病。越是珍贵的品种，越娇嫩，换水清污操作更要谨慎细心。实践证明，在彻底清除污物并每日添注一些新水，使“老水”经常保持油绿澄清而不腐败的鱼池中，观赏鱼的体质均较好，游动欢畅，夜间不易发生“浮头”“闷缸”事故。同时要注意，在清除污物的过程中，要避免鱼池因阳光照射而发生观赏鱼“烫尾”事故。清污操作时，如有水草、沙石等被碰而浮起或倒下，应及时恢复原状。

三、水质调控

水质监测是水族箱饲养管理中必不可少的环节之一。根据测定的数据和水质变化情况，采取相应的管理措施，预防病害和死亡的发生。日常水质监测的主要项目包括：水温、pH、盐度、溶解氧、氨氮、亚硝酸盐、硝酸盐和细菌数等，有条件的还要有针对性地测定某些重金属离子。

为了保持养鱼水体的水质良好，使观赏鱼生活环境舒适，必须进行适当的换水。换水量、次数和频率依水族箱的条件、养殖种类、密度和方式等因素综合考虑。一般来说，如果水族箱过滤系统完善，养殖密度适宜，投喂的饲料营养全面、投喂方法科学，可每周换少量水，3～6 个月全部换完。反之，就必须增加换水次数。大型水族馆的日换水量保持在 1/10～1/7 为宜。一次换水量太少不足以改善水质，水交换量过大会使水质变化过大，引起鱼类不适。对水缸饲养的观赏鱼而言，水色油绿而澄清为佳。此水中浮游硅藻多，是观赏鱼很好的辅助饵料，腐败分解的有机质少，溶氧充足。用此水养鱼，有促进鱼体健壮、色泽浓艳之功效。在每天傍晚用胶皮管和打皮板等工具及时清除水中污物，同时添加适量新水，保持“老水”不变质，是饲养观赏鱼技术中的一个重要方面。

但是，换水后常因观赏鱼不能立即适应新水体，会有不同程度的食欲减退现象，一般 3～4 d 后才恢复正常，因而，换水不宜过勤。

根据气候条件、鱼池的大小、放养密度、水质变化等因素来确定换水次数，原则上应力争减少换水次数。3 月中、下旬水温升至 10 ℃以上时换 1 次水，以后根据温度上升情况，每隔 2 周换 1 次水；夏季天气炎热，水温高达 27～28 ℃时，应选择晴朗的天气，宜在 7:00—8:00，每周换水 1 次； 9—10 月份温度逐渐下降，秋季是观赏鱼育肥的大好时光，不宜勤换水，10～15 d 换 1 次水，春、秋两季则以 9:00—11:00 为好；11 月中、下旬，选择较温暖的天气换 1 次水后准备过冬；越冬期间，鱼池水温在 3～5 ℃，观赏鱼摄食极少，游动缓慢，水质不易败坏，如无特殊情况，则不用换水。如果出现下列情况时应及时换水，以避免重大损失：水质发腥、恶臭；水质混浊不清；鱼有生病的症状；鱼浮头或溶解氧下降剧烈。全部换水时应拔掉饲养器材的电源，冷却后将鱼捞至与原水温相似的容器中，再将水族箱的水排干，洗刷箱、砂和装饰物等，然后重新注水。新注入的水应适当处理，使水质与原池水相似。换水时要严格掌握水的温度，新、老水温差不要超过 1 ℃，温差过大观赏鱼易受刺激而发病或死亡。为了保证换水时新、老水温度一致，在换水前 1 d 需采取“晾水”措施，将自来水注入同一地点的贮水池或空闲鱼池，静置 24 h 后，待其温度逐渐与相邻鱼池中的水温一致时即可用来换水，“晾水”能起增氧和逸出氯气的作用。春、夏、秋三季换水时，新水温度最好能比老水温度低 0.5～1.0 ℃，而冬季换水时最好使新水比老水的温度高 0.5～1.0 ℃。

四、日常管理

巡视主要是为了及时掌握水质变化和鱼的活动情况，在水质突变、鱼病暴发等事故发生之前，及时采取措施，这项管理工作是针对室外养殖池的。

观察多在黎明时进行。观察时，要求慢步、息声地仔细观察，并联系环境条件的变化，观察观赏鱼的动静是否正常。盛夏季节，如遇天气变化等特殊情况，观察任务要加强，提前到午夜开始，必要时，在午夜初至黎明时，往返多次观察，如发现“浮头”“闷缸”现象，必须根据水色、天气、放养密度等不同情况分别采取相应措施；发现鱼病暴发的前兆，查清病原，及时采取防治措施；凡夜间发生过“浮头”现象，白天应减少投喂量。保证空气中的氧气能不断进入水体内，满足观赏鱼呼吸之需。

单元五　观赏鸟的饲养

【学习目标】

本单元属于专业拓展知识范畴。通过学习，了解观赏鸟的饲料调制方法及饲养管理方法。

【学习方法】

课堂讲授，课后在图书馆中或互联网上查阅有关资料。

【关键词】

观赏鸟；饲料调制；粒料；粉料；青饲料；发情料；饲养管理

一、观赏鸟的饲料

鸟类和其他动物一样，在生长发育过程中，对食物的选择因种类和个体而异，但对营养物质的需求是相同的。

鸟类的饲料中应混合多种饲料，使蛋白质中氨基酸相互补充，以提高营养价值。鸟类的饲料中一般都含有丰富的糖类，多余的糖类会转化成脂肪贮存在鸟体内，过多的脂肪积累对鸟类的健康不利。含脂饲料主要是油料作物的籽实，如油菜籽、葵花籽、花生、松籽等。鸟类需要的维生素主要是维生素 A、维生素 D、维生素 E、B 族维生素复合体等。鸟类需要较多的矿物质是钙、磷、氯、钠、钾，需要微量的是铜、铁等；一般饲料中能满足鸟类的需要，注意补充的是钙，饲料中可加些蛋壳粉、骨粉、墨鱼骨、石粉等。

（一）粒料调配方法

粒料是指未经加工的植物籽实，是硬食鸟的主要饲料。常用的粒料有粟、黍、稗、稻、玉米、紫苏、大麻、油菜、向日葵、果松等的籽实及蛋米等。调配方法是将它们混合在一起，按鸟的体型和习性分，有以下 4 类调配方法。

(1)芙蓉食：粟、稗、菜子、白苏子，夏、秋季的比例是 5∶3∶1.5∶0.5；冬、春季的比例是 5∶2∶1.5∶1.5，适用于芙蓉、燕雀、金翅雀、灰头鸥等。

(2)姣凤食：粟、稗、白苏子的比例是 7∶2∶1，适用于姣凤和牡丹鹦鹉。

(3)蜡嘴食：稻谷、粟、麻子，春、夏、秋季的比例是 5∶3∶2；冬季的比例是 4∶2∶4，适用于蜡嘴雀类和交嘴雀类。

(4)鹦鹉食：大型鹦鹉春、夏、秋季用稻谷、玉米、麻籽、葵花籽，比例是 4∶3∶1∶1，冬季用稻谷、玉米、麻子、葵花籽、松籽，比例是 3∶3∶1∶1∶1；中型鹦鹉用稻谷、玉米、粟、麻子、葵花籽，春、夏、秋季的比例是 4∶1∶2∶1∶2，冬季的比例是 3∶1∶2∶2∶2，玉米需泡软或煮熟。

（二）粉料调配方法

粉料是选用黄豆粉、绿豆粉、蚕豆粉、玉米粉中的一种，与鱼粉或蚕蛹、熟鸡蛋混合而成。

1. 干粉调配方法

(1)金丝雀粉：玉米粉 0.5 kg，熟鸡蛋 0.75 kg。混合后不加水用研钵研磨混合均匀，以手捏成团、手轻搓即松散为宜。适宜作金丝雀、金山珍珠鸟等繁殖期和换羽期的补充料。

(2)绣眼鸟粉:黄豆粉 0.75 kg,熟鸡蛋 0.25 kg。加水少许混匀,干湿程度同上。适宜绣眼鸟、柳莺等食用。

(3)相思鸟粉:玉米粉 0.75 kg,黄豆粉 0.25 kg,鱼粉 0.1 kg,蚕蛹粉 0.1 kg,熟鸡蛋 0.1 kg,青菜叶 0.05 kg。先将青菜叶研磨备用,然后将各种粉混合加少量水研磨,喂用时加少量菜泥。适宜相思鸟、太平鸟等食用。

(4)鹩哥粉:用相思鸟粉 4 份与肉糜 1 份混合均匀。

2. 湿粉调配方法

(1)百灵粉:豌豆粉 1 kg,熟鸡蛋 0.5 kg,青菜叶 0.5 kg。研磨均匀,饲喂时加水调湿,适宜百灵、云雀等食用。

(2)黄鹂粉:玉米粉 0.5 kg,黄豆粉 0.2 kg,鱼粉 0.1 kg,熟鸡蛋 0.2 kg。研磨均匀,饲喂方法同百灵粉,宜作黄鹂饲料。

(三)青饲料调配方法

青饲料是鸟类维生素的主要来源,一般鸟直接啄食青饲料,如不能啄食的,需采用强迫的办法补充。叶菜类如白菜、萝卜叶、苜蓿等,喂前需在水中浸泡 1 h 以上;根茎类如胡萝卜、荸荠,可生喂;瓜果类如南瓜、番茄、苹果、香蕉等,可切成块插在笼内任鸟啄食。

(四)辅助饲料

鸟类的辅助饲料有昆虫类、鱼虾类、矿物质类、色素类等。

(五)发情饲料

小米(也可研碎)250 g,或 500 g,放入锅内用文火炒到黄而不焦,倒入盆中,趁热将事先搅匀的生鸡蛋液拌入炒米中,用手揉搓拌匀,待冷后掰开搓散即成发情饲料。所用蛋与米的比例视鸟的种类和季节而定,欲达到发情目的,500 g 米掺兑鸡蛋 3～4 个,平时饲喂,可用 2 个鸡蛋。

(六)雏鸟饲料

鳝鱼糊或蛋黄、豆面糊均可作为雏鸟饲料。对出壳不久的画眉、百灵鸟应 5 h 内用小玻璃滴管饲喂 3 次。也可用 500 g 米掺兑 2 个鸡蛋,将其搅拌均匀,用旺火蒸透,再掀开锅盖使其凉透,阴干,用手揉搓开即成(或者把米碾碎也可)。

(七)色素饲料

叶红素和胡萝卜混合饲喂,可使珍珠鸟的嘴、腿的红色加深,十姐妹、金丝雀及其他毛色鲜艳的鸟羽毛更为鲜艳。

二、观赏鸟的饲养

(一)饲喂方法

有外壳的粒料每天将食缸内饲料倒出,吹去籽壳和碎屑后放回食缸,再添加些饲料;去壳的粗料如蛋米，为防止变质，每天更换。粉料的喂法：根据气候情况分次调配使其不变质，一般气温在 12 ℃以下时当天粉料可 1 次调配，24 ℃以下分 2 次调配，24 ℃以上分 3 次调配；喂用时把食缸内剩料去除干净，然后添加新料。青料的喂法：青菜要新鲜，不萎蔫，最好将青菜插入有水的容器中。

(二)饮水

水缸必须每天取出清洗后注入清水，为防止水变质，可在水缸中加进一小块木炭；为防止鸟在水缸中水浴，可在缸内放入丝瓜络或塑料海绵。

(三)卫生

每天用水清洗承粪板、栖架等上的鸟粪，每隔 3～5 d 用温肥皂水浸洗 1 次，并用清水冲洗残余的肥皂水；笼底铺河沙的，隔日过筛 1 次，以清除粪便。鸟喜欢水浴，每天或隔天供水浴 1 次，每次水浴时间不要太长。超过趾长 2/3 的爪或已向后弯曲的爪需修剪，修剪时用锋利的剪刀，在爪内血管外端 1.2 mm 处向内斜剪一刀，然后用指甲锉锉几下。鹦鹉和交嘴雀喙尖过长，可用锉将过长部分锉去。为使鸟羽尽快长齐，可采用人工拔羽促使新羽形成。有时鸟的羽毛和趾水浴后未达到清洁要求，需饲养者帮助清洗，清洗时左手握鸟，尾朝手指方向，将欲清洗的部分浸入水中，右手用棉花搓擦羽和趾上的积垢，洗毕用干布将湿羽吸干后再放回鸟笼。

(四)温度

鸟笼不宜挂在风口中，室外日光浴时间不能太长，选择上午斜射的日光下进行日光浴。在春、冬季的晚上，要将鸟笼放进箱笼或用笼衣包裹过夜。夏季注意通风，避免中暑，注意经常驱使亲鸟离巢，让雏鸟散些聚热。

(五)运动

一种简便的增加鸟运动的方法是“遛鸟”，即散步时提着鸟笼，边走边摆动鸟笼，鸟在笼中为了保持摇晃时的平衡，全身的肌肉有规律的收缩和放松，起到了运动的作用。另一种方法是在笼上部装一根活动的栖架，鸟飞柄上后，栖架前后摇晃，使鸟体肌肉收缩和放松而达到运动的目的。

(六)换羽

观赏鸟大部分在繁殖期结束后换羽，经 40～50 d 后新羽长成，换羽期间易得病，应减少水浴，换羽期前减少浓厚饲料，换羽期间要喂浓厚饲料(如熟蛋黄)和青料；将鸟置于通风而无串风的地方。

(七)观察

注意观赏鸟的羽色、鸣声、粪便、活动、采食和呼吸等。

(八)雏鸟的人工哺育

雏鸟的发育过程分为绒羽期、针羽期、正羽前期、正羽后期、齐羽期 5 个时期。给食方法和饲料种类因不同发育阶段而异。绒羽期用玉米粉或豌豆粉 1 份，熟蛋黄 4 份，青菜泥 5 份，研磨成稠浆状，用食扦送入鸟的嘴内，每日喂6～8次。针羽期体型小的鸟类用玉米粉1份，豌豆粉1份，熟蛋黄5份，青菜叶3份，研磨成稠浆；体型大的鸟类用玉米粉1份，豌豆粉2份，熟蛋黄3份，鱼粉或蚕蛹粉2份，青菜叶2份，加水研磨；每日喂4～5次。正羽前期用豌豆粉6份，鱼粉或蚕蛹粉2份，青菜2份，研磨，每日3～4次。正羽后期逐渐训练鸟自己采食。齐羽期可喂成鸟的饲料。雏鸟的哺育要注意饲料的质量；注意保温，可将雏鸟养在育雏窝内，保持环境干燥，注意通风，勤换育雏的窝，及时清除残留的饲料和粪便。

单元六　其他宠物的饲养

【学习目标】

本单元属于专业拓展知识范畴。通过学习，了解龟和蜥蜴的饲料调制方法及饲养管理方法。

【学习方法】

课堂讲授，课后在图书馆中或互联网上查阅有关资料。

【关键词】

龟；蜥蜴；饲料调制；饲养管理

一、龟

龟在生长发育过程中也需要各种营养物质，如蛋白质、碳水化合物、脂肪、维生素、矿物质等，龟对食物和饲养方法的选择因种类和个体而异。

（一）陆生龟的饲养

因为陆生龟不是在立体空间活动的动物，所以饲养器具的平面空间要够大。陆生龟可以养在水族箱、木箱或玻璃缸中。此外，还要注意温度和湿度。一般沙漠中生活的陆生龟喜欢比较干燥的环境，森林生活中的陆生龟喜欢比较潮湿的环境，但也不能太绝对，一定要清楚所饲养的龟种，生活在什么地区及那个地区的气候环境。

根据龟的不同种类在饲养箱底部加铺垫物。一般生活在沙漠、草原、矮灌木丛的陆生龟喜欢在砂粒、干土块、干草及干草碳土上生活；生活在南美热带雨林、东南亚地区的陆生龟喜欢较潮湿的环境，最好用潮湿的泥炭、腐殖土等铺垫，如果没有条件可以用旧报纸代替。饲养缸中应放置饵盘，饲料一定要放在饵盘中，不要直接放在泥土上或报纸上。喜欢潮湿环境的龟，要放一个稍大而浅的水盘。控制好饲养箱里的温度，白天温度控制在25～30 ℃，夜晚要在20 ℃以上，如果饲养箱中温度不够高，就要用加热灯、加热垫、加温板等加热器具加温。

饲料可用各种新鲜绿叶蔬菜和果实，喂食前要尽量洗干净。对需要食肉的陆生龟，可把玉米虫剪碎混在菜中喂食。爱吃节足动物的陆生龟可喂新鲜的碎肉、蚯蚓等。投喂时，可把钙粉、复合维生素等营养剂混在食物中。目前，有专门为陆生龟设计的饵料，各种维生素含量较全面、丰富，营养价值较高，是非常适用的饲料。喂食前，需先用温水将饵料泡软。龟进食后必须维持较高的温度，不能着凉，否则会消化不良，甚至发生肠胃炎。

平时的管理也很重要，发现排泄物要及时清理，每周让龟晒3～4次太阳，注意观察龟的活动与进食是否正常，及时发现问题及时处理。

(二)半水栖龟的饲养

半陆地半水栖龟多数是杂食性，饲料可选用各种昆虫、水生软体动物、蔬菜、水果等，由于复合人工颗粒饲料中各种养分含量较均衡，也是龟的好饵料。注意喂食之前要弄清龟习惯在水中还是在陆上进食。

这类龟要么生活在深水中，但要时常上岸，要么生活在很浅的水中或水边潮湿地带，所以应把饲养箱布置为水陆两栖式。水场与陆地面积的比例按照龟的不同习性设计。例如，像大头龟、黄缘闭壳龟、黄额闭壳龟等陆生倾向较强的两栖龟类，陆地面积应占 60%，水场面积占 40%。注意水不要过深，以龟在水中四爪能着地为准。而像乌龟、巴西龟、二线闭壳龟等水生倾向较强的两栖龟类，水的面积要大，而且水的深度要超过龟甲高度。在水中可用石块搭造一片陆地，供龟游泳后上岸休息、晒太阳。

不论水多水少，温度一定要保证，一般水温在 20～25 ℃即可。水温不够高时应选用可调温加热管加温，但要时常注意水位不要过低。玻璃制的加热管露出水面会爆裂，有引起龟被电死、烫死的可能。另外，水质的管理也很重要，可以选择各种不同类型的过滤器，但要注意功率、吸力的大小，吸力过大有可能将龟吸住而无法呼吸，导致肺进水而死。一开始先用凉开水饲养，之后每次换水时加入一些晒过的自来水，让龟逐渐适应。

阳光是必不可少的因素，龟晒太阳可以杀灭身上的细菌(不要隔着玻璃)、寄生虫，并有助于钙质的吸收。换水时注意水的温差不要大于 5 ℃，自来水最好用太阳晒过的，水中加入少量食盐以抑制细菌滋生。

(三)水栖龟的饲养

像猪鼻龟、鳄龟、海龟等都是水栖龟，它们几乎完全生活在水中，但也要设计较小的一块陆地或浮盘，供龟休息或在浮盘下隐蔽。水的深度以超过龟甲高度的 3～4 倍为宜，如果是幼龟，则水不能太深，因幼龟活动能力差，容易被溺死。水温为 23 ℃左右、水质要保持清洁，电热管和过滤器的功率要适当，要防止龟被吸住或被烫伤、电死等。水栖龟饲料以鱼虾、水生软体动物(螺、贝类)、水草等为主，掉落水中的昆虫也吃，在适应人工饲养的环境后，它们也会吃人工颗粒饲料。要注意喂食前后的温差不要太大，喂食后温度稍高 1～2 ℃较好，这样不会引起消化不良。

二、蜥蜴

(一)大型蜥蜴的饲养

大型蜥蜴体全长在 1 m 以上，故饲养巨蜥需充分考虑它们的体型和生态习性。饲养箱用木箱和铁丝网制作，网眼大小在 10～15 mm，避免巨蜥的长爪挂折。饲养箱的大小为 180 cm×100 cm×145 cm 左右，两侧镶铁丝网，以利于通风。在饲养箱顶部组装温室用温风加热器和日光灯。巨蜥遇到有空隙的地方就会挺着鼻尖钻进去，因此铁丝网也要用板条夹边或从外侧镶压，饲养箱内的物体能固定的要尽量固定，以保证不伤着巨蜥的身体。底板上可铺细沙，并需经常拿出来进行日光消毒。蜥蜴生存的适宜温度因种而异，所以温度的设定也要因种而异。巨蜥喜欢较高的温度，其适宜温度范围为 28～30 ℃。春、秋、冬三季分别以石英电暖器和 2 只 100 W 灯泡给饲养箱加温。饮水容器也可兼作水浴用，因此能浸没巨蜥大半个身体那么大就可以了。人工饲养条件下，可根据季节不同而投喂相应食物，春、夏、秋可喂蛙、蝗虫、虾等，冬季可喂食鱼块、肉块。

（二）地栖型蜥蜴的饲养

地栖型蜥蜴类如石龙子、滑蜥、草蜥等不善攀爬，因而笼舍不宜过高，布局不用过于复杂，用石头、木头组合即可，主要避免地栖型蜥蜴不能摄食的昆虫从缝隙里钻进去，并在其中繁殖杂菌，恶化环境。底部可铺报纸或粒稍细的沙子，沙子要定期洗涤并进行日光消毒。几乎所有的种类都需要光照，因此要定期进行日照。供暖器具可用远红外线加热器、小灯泡。把平坦的石头放到饲养箱的角隅处，灯对准石头加热。最热处的表面温度一般要保持在 30～35 ℃。

（三）树蜥类和壁虎类的饲养

普通的鬣蜥、斑飞蜥等树蜥类和大壁虎、多疣壁虎等壁虎类因善于攀爬，饲养箱内的布置要立体化。栖木要接近树蜥和壁虎的身体粗细，最初可放几根粗细不同的树枝，让其选择自己最喜欢的栖木。树蜥一般较胆小，稍有动静就会惊跑，故需要用比个体大一些的饲养箱饲养。若在狭窄的饲养箱内饲养，当树蜥来回跑时往往会伤其鼻尖。底部可铺一些细沙或报纸，饮水的容器要低矮且不易倾倒。因树蜥即使是有水场也不会注意水的存在，有时会因脱水而死，故可把它的头按到饮水容器中，让它知道水场的位置。投放米虫、葡萄虫等时，一定要投放到食盒里，以防虫子潜入沙子里。适宜的温度、加热方法、日照等同地栖型蜥蜴类一样。

复习思考题

1. 犬、猫的消化各有什么特点？
2. 如何做好妊娠母犬、妊娠母猫的饲养管理？
3. 如何做好泌乳母犬、泌乳母猫的饲养管理？
4. 如何做好种公犬、种公猫的饲养管理？
5. 如何做好仔犬、仔猫的饲养管理？
6. 如何做好幼犬、幼猫的饲养管理？
7. 如何饲养好老龄犬、老龄猫？
8. 如何照顾好病犬、病猫？
9. 如何做好观赏鱼的饲养管理？
10. 如何做好观赏鸟的饲养管理？
11. 如何饲养陆生龟、半陆地半水栖龟、水栖龟？
12. 如何对蜥蜴进行饲养管理？

本章思维导图

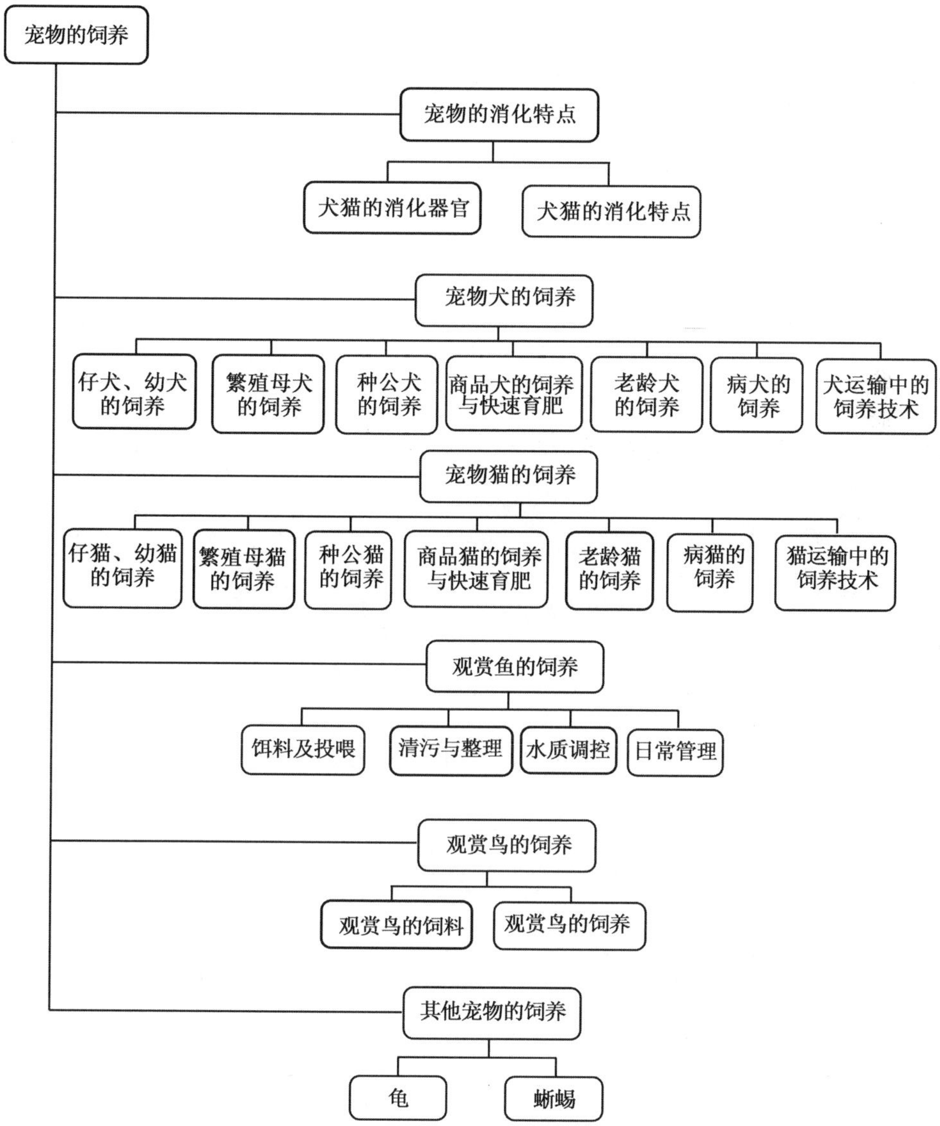
宠物的饲养
宠物的消化特点
犬猫的消化器官
犬猫的消化特点
宠物犬的饲养
仔犬、幼犬的饲养
繁殖母犬的饲养
种公犬的饲养
商品犬的饲养与快速育肥
老龄犬的饲养
病犬的饲养
犬运输中的饲养技术
宠物猫的饲养
仔猫、幼猫的饲养
繁殖母猫的饲养
种公猫的饲养
商品猫的饲养与快速育肥
老龄猫的饲养
病猫的饲养
猫运输中的饲养技术
观赏鱼的饲养
饵料及投喂
清污与整理
水质调控
日常管理
观赏鸟的饲养
观赏鸟的饲料
观赏鸟的饲养
其他宠物的饲养
龟
蜥蜴

模块十

宠物食品的质量管理与饲料法规

【本章要点】

本章简要介绍了宠物食品的质量管理以及饲料法规、标准的概念,及其学习的重要性和意义。

【知识目标】

- 掌握宠物食品的质量标准与标准化的概念与分类。
- 掌握宠物食品的质量标准的作用与标准制定的原则。
- 了解国家饲料法规。

【技能目标】

- 掌握各种标准法规,并能进行运用。

单元一　宠物食品的质量管理

【学习目标】

本单元属于专业拓展知识范畴。通过学习,了解宠物食品质量管理的重要性、标准分类、宠物食品的质量标准的作用与标准制定的原则。

【学习方法】

课堂讲授,课后在图书馆中或互联网上查阅有关资料。

【关键词】

宠物食品;质量管理;质量标准;标准制定

一、食品质量管理

(一)食品质量的概念

食品是具有一定营养价值的、可供食用的、对人体无害的、经过一定加工制作的食物。由于食品的使用价值体现在其具有可食用性,因此,食品质量可定义为:食品满足消费者明确的或者隐含的需要的特性。

（二）质量管理体系

质量管理体系是指企业内部建立的、为保证产品质量或质量目标所必需的、系统的质量活动。它根据企业特点选用若干体系要素加以组合，加强从设计研制、生产、检验、销售、使用全过程的质量管理活动，并予制度化、标准化，成为企业内部质量工作的要求和活动程序。

（三）食品质量管理的重要性

（1）搞好食品质量管理有助于保障消费者身体健康。

（2）搞好食品质量管理是提高食品工业产品竞争力的重要手段。

（3）搞好食品质量管理有助于提高食品工业企业的经济效益。

（4）搞好食品质量管理有助于入世后我国食品在国际市场上的竞争力。

1996 年世界卫生组织将食品安全界定为“对食品按其原定用途进行制作、食用时不会使消费者健康受到损害的一种担保”，将食品卫生界定为“为确保食品安全性和适用性在食物链的所有阶段必须采取的一切条件和措施”。食品质量则是指食品满足消费者明确的或者隐含的需要的特性。

二、宠物食品质量管理的意义

自从疯牛病暴发以来，宠物食品的安全性受到了更加广泛的关注，为了充分保障宠物食品的质量安全，宠物食品加工业不得不忍痛去除某些原料，而且这些原料已经从食品链中被清除。动物性原料必须经兽医部门批准并符合人类消费的标准。宠物食品生产商首先要保证宠物食品的质量安全，宠物食品未来的发展难以预料，但优质、安全和达到营养标准仍是关注的主题。今天，人们对功能性宠物食品仍有争议，虽然功能性新产品不断推出，但欧洲对食品添加剂的使用没有美国那样普遍。因此，消费者可能不太愿意使用功能性添加剂饲喂宠物，而其他许多宠物保健食品或许受市场欢迎，包括适口性好、功能性强、确实能改善宠物体质的产品及天然食品。

宠物主人们对宠物食品怀有不同的期待，其中最主要的就是宠物食品是否安全、有充足的营养和能使宠物更健康等，这些是至关重要的。其中宠物食品的安全和宠物食用之后是否健康是很多消费者认为最重要的主题，对那些不惜花费大量金钱购买优质产品的消费者来说尤其如此。即使那些不那么看重健康因素的顾客也会给其宠物饲喂某种特殊的产品，期待在喂宠物时能感受到它们的愉悦，还有些宠物主人们则主要对购买经济型产品感兴趣，但仍然对宠物食品安全性和健康性有标准方面的要求。因而，对宠物食品的质量安全进行必要的管理和规定，不仅对于宠物的健康十分重要，而且对于消费者进行放心的饲养具有重要的意义。

三、宠物食品的质量标准

目前我国还没有颁布有关宠物食品的质量标准，仍需参考有关饲料的质量标准。家畜饲料加工业先后颁布了一系列国家强制执行标准[如《饲料标签》(GB 10648－2013)、《饲料卫生标准》(GB 13078－2007)、《饲料检验化验标准》等]和推荐执行标准[如《饲料工业术语》(GB/T 10647－2008)、《饲料 采样》(GB/T 14699－2023)、《饲料企业 HACCP 安全管理体系指南》(GB/T 23184－2008)、《饲料产品标准》、《饲料原料标准》、《饲料和饲料添加剂管理条例》、《饲料添加剂目录(2013)》(中华人民共和国农业部公告第 2045 号)等]。

宠物全价饲料的质量标准,主要包括感官指标、水分指标、加工质量指标,营养指标和卫生指标。

(1)感官指标:主要指色泽、气味、口感和手感等,这些指标可对原料及成品进行初步鉴定。

(2)水分指标:含水量一般要求北方不超过 14%,南方不超过 12%。

(3)加工质量指标:检测项目有产品的混合均匀度、粉碎粒度、杂质含量、颗粒的硬度、粉化度及糊化度等。

(4)营养指标:主要包括能量、粗蛋白质、粗纤维、钙、磷、盐、必需氨基酸、维生素及矿物质元素等。

(5)卫生指标:主要检测有毒有害物质及微生物等,如重金属砷、铅、汞等,以及农药残留、黄曲霉毒素等。

通过饲料质量标准及法规的实施,可使其生产、加工、销售、运输、贮存和使用都在监督之下,禁止使用不安全的原料,可确保动物健康。

(一)标准化的基本术语

1. 标准 通过标准化活动,按照规定的程序经协商一致制定,为各种活动或其结果提供规则、指南或特性,供共同使用和重复使用的一种文件。标准应以科学、技术和经验的综合成果为基础,并以促进最大社会效益为目的。

2. 标准化 为在一定的范围内获得最佳秩序,以实际的或潜在的问题制定共同的和重复使用的规则的活动,活动要包括制定、发布及贯彻标准的过程。标准化的显著好处是改进产品、过程和服务的适用性,防止技术壁垒,并便利技术合用。

3. 体系 相互关联或相互作用的一组要素。

4. 国际标准 国际标准化组织(ISO)、国际电工委员会(IEC)所制定的标准,以及 ISO 所出版的国际标准题目关键词索引(KWICIndex)中收录的其他国际组织制定的标准等。

5. 产品标准 为保证产品的适用性,以产品必须达到的某些或全部要求所制定的标准。其范围包括:品种、规格、技术性能、试验方法、检验规则、包装、贮藏、运输等。

6. 方法标准 以试验、检查、分析、抽样、统计、计算、测定、作业等各种方法对象制定的标准。

7. 基础标准 在一定范围内作为其他标准的基础并普遍使用,具有广泛指导意义的标准。如名词、术语、符号、代号、标识、方法、模数、公差与配合、优先数系、基本参数系列、产品系列型谱、产品环境条件、可靠性要求等。

8. 标准体系 一定范围内的标准按其内的联系形成的科学有机整体。

9. 标准体系表 在一定范围内的标准,按其内在的机互关系绘制成的,能够反映标准体系特性的图表。

10. 标准样品(实物标准) 具有准确的标准值、均匀性和稳定性并具有一种或多种性能特征,经国务院标准化行政主管部门或者国务院有关行政主管部门批准,取得证书和标志的实物标准。

(二)标准种类

按照标准化对象,通常把标准分为技术标准、管理标准和工作标准三大类。

(1)技术标准是指对标准化领域中需要协调统一的技术事项所制定的标准。技术标准包括基础技术标准、产品标准、工艺标准、检测试验方法标准及安全、卫生、环保标准等。

(2)管理标准是指对标准化领域中需要协调统一的管理事项所制定的标准。管理标准包括管理基础标准、技术管理标准、经济管理标准、行政管理标准、生产经营管理标准等。

(3)工作标准是指对工作的责任、权利、范围、质量要求、程序、效果、检查方法、考核办法所制定的标准。工作标准一般包括部门工作标准和岗位(个人)工作标准。

(三)标准的分类

标准化工作是一项复杂的系统工程,标准为适应不同的要求从而构成一个庞大而复杂的系统,为便于研究和应用,人们从不同的角度和属性将标准进行分类,这里从我国标准化法实施中提出以下分类方法。

1. 根据适用范围分　根据《中华人民共和国标准化法》(以下简称《标准化法》)的规定,我国标准分为国家标准、行业标准、地方标准和企业标准 4 类。

(1)国家标准:由国务院标准化行政主管部门制定的需要在全国范围内统一的技术要求,称为国家标准。

(2)行业标准:没有国家标准而又需在全国某个行业范围内统一的技术标准,由国务院有关行政主管部门制定并报国务院标准化行政主管部门备案的标准,称为行业标准。

(3)地方标准:没有国家标准和行业标准而又需在省、自治区、直辖市范围内统一的工业产品的安全、卫生要求,由省、自治区、直辖市标准化行政主管部门制定并报国务院标准化行政主管部门和国务院有关行业行政主管部门备案的标准,称为地方标准。

(4)企业标准:企业生产的产品没有国家标准、行业标准和地方标准,由企业制定的作为组织生产所依据的相应的企业标准,或在企业内制定适用的来自国家标准、行业标准或地方标准的企业(内控)标准,由企业自行组织制定的并按省、自治区、直辖市人民政府的规定备案(不含内控标准)的标准,称为企业标准。

这 4 类标准主要是适用范围不同,不是标准技术水平高低的分级。

2. 根据法律的约束性分

(1)强制性标准。该标准范围主要是保障人体健康,人身、财产安全的标准和法律、行政法规规定强制执行的标准。对不符合强制性标准的产品禁止生产、销售及进口。根据《标准化法》的规定,企业和有关部门对涉及其经营、生产、服务、管理有关的强制性标准都必须严格执行,任何单位和个人不得擅自更改或降低标准。对违反强制性标准而造成不良后果以至重大事故者由法律、行政法规规定的行政主管部门依法根据情节轻重给予行政处罚,直至由司法机关追究刑事责任。

强制性标准是国家技术法规的重要组成,它符合世界贸易组织贸易技术壁垒协定关于“技术法规”定义,即“强制执行的规定产品特性或相应加工方法的包括可适用的行政管理规定在内的文件。技术法规也可包括或专门规定用于产品、加工或生产方法的术语、符号、包装标志或标签要求”。为使我国强制性标准与 WTO/TBT 规定衔接,其范围要严格限制在国家安全,防止欺诈行为,保护人身健康与安全,保护动物、植物的生命和健康以及保护环境 5 个方面。

(2)推荐性标准。该标准是指导性标准,基本上与 WTO/TBT 对标准的定义接轨,即“由公认机构批准的,非强制性的,为了通用或反复使用的目的,为产品或相关生产方法提供规则、指南或特性的文件。标准也可以包括或专门规定用于产品、加工或生产方法的术语、符号、包装标准或标签要求”。推荐性标准是自愿性文件。

推荐性标准由于是协调一致文件，不受政府和社会团体的利益干预，能更科学地规定特性或指导生产，《标准化法》鼓励企业积极采用，为了防止企业利用标准欺诈消费者，要求采用低于推荐性标准的企业标准组织生产的企业向消费者明示其产品标准水平。

(3)标准化指导性技术文件。该文件是为仍处于技术发展过程中(为变化快的技术领域)的标准化工作提供指南或信息，供科研、设计、生产、使用和管理等有关人员参考使用而制定的标准文件。

符合下列情况可判定为标准化指导性技术文件。

①技术尚在发展中，需要有相应的标准文件引导其发展或具有标准价值，尚不能制定为标准的。

②采用国际标准化组织、国际电工委员会及其他国际组织的技术报告。

3. 根据标准的性质分

(1)技术标准。对标准化领域中需要协调统一的技术事项而制定的标准，主要是事物的技术性内容。

(2)管理标准。对标准化领域中需要协调统一的管理事项所制定的标准，主要是规定人们在生产活动和社会生活中的组织结构、职责权限、过程方法、程序文件以及资源分配等事宜。它是合理组织国民经济，正确处理各种生产关系，正确实现合理分配，提高生产效率和效益的依据。

(3)工作标准。对标准化领域中需要协调统一的工作事项所制定的标准。工作标准是针对具体岗位而规定人员和组织在生产经营管理活动中的职责、权限，对各种过程的定性要求以及活动程序和考核评价要求。

国务院国发(86)71号《关于加强企业管理的若干规定》中要求企业要建立以技术标准为主，包括有管理标准和工作标准在内的完善科学的企业标准体系。

4. 根据标准化的对象和作用

(1)基础标准。在一定范围内作为其他标准的基础并普遍通用，具有广泛指导意义的标准。如：名词、术语、符号、代号、标志、方法等标准；计量单位制、公差与配合、形状与位置公差、表面粗糙度、螺纹及齿轮模数标准；优先数系、基本参数系列、系列型谱等标准；图形符号和工程制图；产品环境条件及可靠性要求等。

(2)产品标准。为保证产品的适用性，对产品必须达到的某些或全部特性要求所制定的标准，包括：品种、规格、技术要求、试验方法、检验规则、包装、标志、运输和贮存要求等。

(3)方法标准。以试验、检查、分析、抽样、统计、计算、测定、作业等各种方法为对象而制定的标准。

(4)安全标准。以保护人和物的安全为目的而制定的标准。

(5)卫生标准。为保护人的健康，对食品、医药及其他方面的卫生要求而制定的标准。

(6)环境保护标准。为保护环境和有利于生态平衡对大气、水体、土壤、噪声、振动、电磁波等环境质量、污染管理、监测方法及其他事项而制定的标准。

不同标准分类法的关系如图 10-1 所示。

以上每一种分法之一的标准共同组合成一项标准，如国际单位制(SI)为强制性的基础技术国家标准。因此，4 种分类法共可组成 2×4×3×6 项标准。

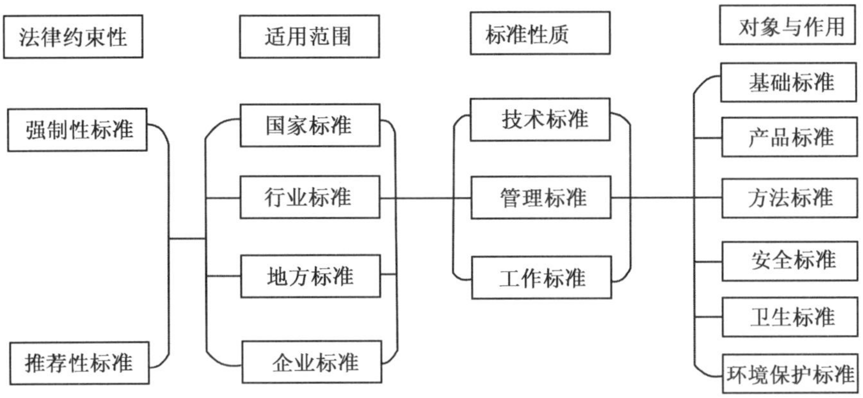

图 10-1　不同标准分类法的关系示意图

(四)实施标准的目的和作用

1. 产品系列化,是产品品种得到合理的发展　通过产品标准,统一产品的型号、尺寸、化学成分、物理性能、功能等要求,保证产品质量的可靠性和互换性,使有关产品间得到充分的协调、配合、衔接,尽量减少不必要的重复劳动和物质损耗,为社会化专业大生产和大中型产品的组装配合创造条件。

2. 生产技术过程规范化　通过试验方法、检验规则、操作程序、工作方法、工艺规程等各类标准统一生产和工作的程序和要求,保证每项工作的质量,使有关生产、经营、管理工作走上正常轨道。

3. 有安全的保证　通过安全、卫生、环境保护等标准,减少疾病的发生和传播,防止或减少各种事故的发生,有效地保障人体健康,人身安全和财产安全。

4. 有利于科学技术的合作　通过术语、符号、代号、制图、文件格式等标准消除技术语言障碍,加速科学技术的合作与交流。

5. 有利于技术的开发应用　通过标准传播技术信息,介绍新科研成果,加速新技术、新成果的应用和推广。

6. 促使企业实施标准　依据标准建立全面的质量管理制度,推行产品质量认证制度,健全企业管理制度,提高和发展企业的科学管理水平。

(五)标准制定原则

编制任何一项标准,不可能也不必要把所有相关技术内容都写入标准。而选取技术内容的原则之一就是编制标准的目的。要依据所确立的目的来选择标准规定的内容。

1. 健康、安全、环保等目的　健康、安全、环保等方面的内容在我国标准体系中一般划入强制性标准范围。这些内容在 WTO/TBT 协议中是属于技术法规的内容,可强制执行。除此之外,还允许各国家根据自己的地理、气候、生产能力等情况制定各自的技术法规或标准。制定这些标准时仍然要注意与国际上通行的标准尽量一致。解决这些方面存在的问题是我们制定标准的目的。

2. 接口、互换性、兼容性的目的　在实践中要解决如插头与插座的接口尺寸、螺钉的替换、计算机与投影仪之间的数据传递等问题,这些都需要事先有个共同遵守的约定,这样才能保证产品的正常使用或者降低使用成本。如果产品不注意互换性、兼容性等问题，其产品就需要配备自己的零配件，相关附属设备等，其生产、使用成本将会很高或无法使用，为此，这些也是标准制定的目的。

3. 满足贸易需求的目的 为贸易服务，满足贸易的需求是当前标准化工作的一项主要任务。计划经济时代制定的标准主要考虑指导企业生产。市场经济环境下，生产企业最需要了解的是市场的需求，市场也最需要用标准进行规范的。因此，在制定标准时就应考虑如何从技术角度支撑合同，如何保护消费者的安全使用等问题来满足贸易的需求。

4. 产品适用性的目的 以产品标准为例，产品标准化的目的是为了有效提高产品的质量，满足各方面的使用要求，保证产品的适用性，使产品具有更强的竞争力。因而，增强产品的适用性是制定标准的重要目的之一。

以上这些方面都说明了标准的制定有很强的目的性，而这正是制定标准的原则。

(六)编写标准的要求

1. 编写标准的基本要求

(1)符合 GB/T 1.1—2020《标准化工作导则》第 1 单元中第 1 部分：标准编写的基本规定的规定。

(2)应准确、简明。

(3)需消除一切技术错误。

(4)应与国家法规、法令和有关标准相一致。

(5)名词、术语、符号、代号等应统一。

2. 构成一项标准的全部要素

(1)概述要素：包括识别标准，介绍标准内容，说明标准背景、标准的制定以及与其他标准的关系等内容。

(2)标准要素：规定了标准的要求和必须遵守的条文。

(3)补充要素：提供有助于理解标准或使用标准的补充信息。

目前国家还没有宠物饲料的国家标准，因此，各生产企业，大部分是根据自己的产品参照食品及饲料的标准制定自己的企业标准，如北京爱芬食品有限公司(国际上最著名的宠物饲料制造商美国玛氏公司在中国的独资企业)生产的伟嘉牌猫粮和宝路牌犬粮的配料及成品标准如下。伟嘉牌猫粮配料：谷粒及其副产品、鱼类和肉类及其副产品、糖、植物油、氧化铁红，维生素、抗氧化剂。成品标准：蛋白质≥22.0%、脂肪≥5.0%、纤维素≤5.0%、盐≤2.0%。宝路牌幼犬干粮配料：玉蜀黍副产品、肉及其副产品、植物油、碘化盐、维生素 A、维生素 E、维生素 B、核黄素、抗氧化剂。成品标准：天然蛋白质≥28%、天然脂肪≥10%、钙≥0.6%、矿物质≥1.5%、纤维素≤5.0%、盐≤1.3%。

四、宠物食品质量管理的作用

1. 有助于保障宠物身体健康 宠物食品生产的流通环节比较多，如不注意加强质量管理，保证宠物食品卫生的要求，很容易造成宠物食品污染，从而危害宠物健康，甚至造成生命危险。搞好宠物食品质量管理，可以预防、减少食物中毒和食源性疾病的发生，有助于保障宠物健康。

2. 是提高宠物食品企业产品竞争力的重要手段 宠物食品企业产品能否占有市场，具有较强的竞争力，基本上取决于产品的质量状况。

3. 有助于提高宠物食品企业的经济效益　搞好宠物食品质量管理，有助于减少生产过程中的损失和浪费，减少原材料、动力和工时的消耗，降低产品的成本，从而提高劳动生产率。用比较少的消耗生产出更多更好的宠物食品，尽快占有市场，易于销售，从而缩短库存时间，加速资金周转，同时还能不断提高宠物食品生产企业的经济效益。

4. 有助于国际贸易的进行　加强宠物食品质量管理有助于企业按国际通用标准生产出高质量的产品。海关等部门依照我国的法规对进出口宠物食品质量和安全进行严格管理，对保护我国人民的健康是必不可少的。在进入 WTO 以后，我国的对外贸易经常面对如何对待进口对象国的贸易技术堡垒。一方面，我们要加强品质质量管理，提高出口宠物食品质量，促进宠物食品出口；另一方面，我们也要提高检测检验水平，提供有利的质量保证，推动宠物食品的出口。

五、宠物食品质量管理的基本措施

宠物是人类的朋友，对宠物食品的质量要求完全可以等同于对人类食品的质量要求。在从事宠物食品的生产时，从原料到运输到加工检测，再到包装的整个链条都容不得一丝马虎。而合格的原料是保证产品质量的基础和关键。企业要规定选料的工厂必须是在检验检疫部门注册备案的工厂，在硬件、软件上都要达到一定标准。企业的质量控制模式要严格按照检验检疫部门的要求，安排专门的货源人员对全国各地的原材料市场进行调研，考察原料厂家的环境、卫生、生产能力等一系列的硬件条件，要求每一批原料在进厂时必须出具检验合格证、运输车辆消毒证，并派专人检验合格后方可入库。在对原料厂家的管理上，应参照检验检疫部门日常监管的方式对原料供应商进行定期评价，根据评价结果确定保持供应商或更换供应商，如果原料在验收时出现问题，立即封存原料，停止供应商供货资格。

为配合检验检疫的要求，企业对每一批产品的加工工序都要进行监控，严格控制生产过程中的温度、细菌等各项指标，定时将相应的监控记录进行备案。出厂的每一份产品都必须通过金属探测仪的测试，对不合格产品的生产时间和数量进行记录后再实施销毁，绝不能让问题产品流出厂外。在出运前，检验检疫部门要会对产品按规定进行采样送实验室检测，确保没有问题后才可放行。

企业要在检验检疫部门的指导下进行 ISO 9000、ISO 14000 质量体系认证，及 HACCP 系认证和卫生登记备案，这些都是企业在国际市场制胜的法宝。GMP、HACCP 系统和 ISO 9000 标准系列都是行之有效的食品卫生与质量控制的保证制度和保证体系。GMP 是食品企业自主性质量保证制度，是构筑 HACCP 系统和 ISO 9000 标准系列的基础，HACCP 系统是在严格执行 GMP 的基础上通过危害风险分析，在关键点实行严格控制，从而避免生物的、化学和物理的危害因素对食品的污染。ISO 9000 标准系列是更高一级的管理阶段，包含了 GMP 和 HACCP 的主要内容，体现了系统性和法规性，已成为国际通用的标准和进入欧美市场的通行证。这些保证制度和体系已被时间证明对确保食品卫生与安全是行之有效的。但“放之四海而皆准”的注意往往是一些普通原则，必然缺乏针对性，在执行过程中需要较长时间的磨合。GMP、HACCP、ISO 9000 标准三者在内容上重复之处颇多，因此学术界认为应推行一种针对性强，易于操作的规范制度。

单元二　宠物食品质量检测的基本内容与方法

【学习目标】

本单元属于专业知识范畴。通过学习，了解在实验室宠物食品质量检测的基本内容与方法，实验室评价新饲料原料及产品的步骤、饲养检验等。

【学习方法】

课堂实训，课后在图书馆中或互联网上查阅有关资料。

【关键词】

宠物食品；质量检测；实验室评价；饲养检验

随着人们对宠物食品需要的日益增加，宠物食品工业正在迅速兴起，许多商业、粮食、畜牧、农垦、社企、水产、石油等农业相关系统和商家纷纷兴办饲料加工厂，厂家繁多，类型各异，饲料产品的质量差异很大。许多工厂和部门还未建立必要的饲料检验和质量分析实验室，缺乏必要的分析检验手段与化验设备，缺少基本的检验队伍，缺乏对饲料原料、生产工艺、成品饲料的质量监督与控制，致使市场流通的饲料产品质量不高，合格率低。此外，在宠物食品中还发现了违规违禁药物、激素等添加剂，难以保证畜产品的安全和质量。因此，正确有效地进行宠物食品的质量检测对于加强生产管理，提高宠物食品的质量，监督执行国家制定的相关质量标准具有重要的指导作用。

通过正确有效地进行宠物食品分析检验工作，可以达到如下 5 个方面的主要目的。

①检验原料成分是否符合国家标准、行业标准、企业标准或合同要求。

②有助于控制并改进成品或半成品宠物食品的加工工艺与制造方法。

③校准计算机配方的成分理论计算值与实际化验分析值的差异。

④指导选择宠物食品原料或宠物食品添加剂供应货源及供应厂商。

⑤指导宠物饲养者科学合理的使用宠物食品原料、成品及半成品。

但是，宠物食品的质量检测工作必须审慎有根据地进行，做到“有的放矢”和“行之有效”。如果漫无目的地不加分析考察，不进行正确有效地宠物食品的检测方案和步骤设计，无论何种原料或产品都进行全面的分析检测，这样不仅浪费人力、财力，同时也由于项目过多过杂，抓不住宠物食品分析检测要解决的关键问题，达不到有效地进行质量控制的目的。因此，正确地进行宠物食品检验设计，不仅可以抓住主要问题，进行有效的质量控制；还可以大量地节约人力、物力和财力，节省时间，达到事半功倍的效果。

一、实验室检测

宠物食品实验室检测的一般程序和方法如下。

①明确进行检验的目的。

②明确必须分析检验的项目。

③确定进行项目分析检测的检测方法（感官法、物理法、化学法、微生物法、动物实验法）。

④分析比较结果，看是否达到检验的目的。

⑤提交检验报告和检验相关文件。

二、实验室评价新饲料原料及产品的步骤

宠物饲料是宠物所需要营养物质的来源，是维系宠物生命活动、生产活动及构成动物体的物质基础。在合理利用现有宠物饲料资源的同时，势必免不了去积极开发新产品。新食品原料包括创新的原料或产品时，绝对不可仅以简单的饲养实验便对其价值轻易下结论。为了科学和经济地配制宠物食品，充分满足宠物对各种营养物质的需要，以充分调动宠物的身体素质，在实验室中必须进行以下科学步骤，逐项评鉴其价值。

1. 感官性评价 宠物食品含有50种以上养分和非营养性添加物，因此，对宠物食品营养全面性的控制要比对人类食物营养的控制更为严格。宠物食品的感官评价是最基本的必要的内容。

2. 安全性评价 安全性是任何宠物食品和饲料在应用之前的先决条件，经过国家饲料质量监督检验部门评价后，饲料所含有的毒害物质一定要在允许范围之内。毒性来源包括原料本身毒性、有机磷和有机氯农药残留、氢氰酸、亚硝酸盐、黄曲霉毒素、杀虫剂、消毒剂、化学药剂、重金属等天然毒素与污染毒物。

3. 化学成分分析 这是评价宠物饲料潜在养分价值的重要步骤，成分分析资料可以让营养学专家判断原料的适用对象，预测可供利用的养分，并配制较完整的配方进行实验。比较重要成分资料包括水分、饲料总能、粗蛋白质、氨基酸、粗脂肪、中性洗涤纤维、酸性洗涤纤维、脂肪酸组成(高脂原料才需要)、粗灰分、钙、磷、钠、氨、植酸磷、糖及淀粉等。

4. 动物实验分析

①了解宠物对食品接受性情况，日粮中逐渐增加适用比例，以测出用量限制范围。

②观察和分析饲料外观、质地、加工等对适口性及粪便的影响。

③观察和分析对宠物生长、毛发发育、骨骼生长、宠物情绪等的影响。

④消化率或代谢率的测定。这是一项相当重要但是常被忽略的重要步骤，测定结果可以被用来印证我们的预测及判断。这个步骤主要是算出能量及氨基酸消化率。

食品进入宠物消化道后，经机械的、化学的及生物学的作用后，大分子的饲料颗粒在被逐渐降解为简单的分子，并被动物肠道吸收，这就是宠物消化的过程，通常用消化率来表示饲料养分被消化吸收的程度。

动物食入某饲料养分量减去粪中排出的该养分量，即称为可消化养分量。消化率就是指饲料某养分的可消化养分量占食品中该养分总量的百分率。

三、广泛性生产验证

目前，我国对宠物食品产品的检验项目及广泛性验证周期尚无统一规定，根据饲料工业企业多年来的实际操作实践，主要归纳为以下几类检验形式，供参考。

1. 出厂检验项目 感官指标、水分、粗蛋白质、粉料状成品粒度、颗粒料含粉率为每批出厂检验项目。

2. 形式检验项目

(1)钙、总磷、盐分每15 d检测1次。

(2)粗纤维、粗脂肪、粗灰分每季度检测1次。

(3)均匀度每半年检测1次。

(4)卫生指标每年检测1次。

3. 判定规则

(1)卫生指标中有1项不合格,则该批产品即为不合格,并不得复检。

(2)感官指标、水分、粗蛋白质、钙、总磷、粗纤维、粗脂肪、粗灰分、混合均匀度为判定合格的指标,检验中有不合格项目,应重新取样进行复检,经复检仍有1项不合格者,即为不合格。粉状料成品粒度、颗粒料含粉率、盐分为参考指标,必要时可按本标准检验或验收。

(3)检测与仲裁判定各项指标合格与否时,必须考虑检验项目分析允许误差。

四、宠物饲养检验

(一)可在人与宠物之间传播的常见人畜共患病

宠物饲养最初在发达国家比较盛行,随着世界经济发展的变化,一些发展中国家的人们(主要是富裕阶层)也开始热衷宠物饲养。随着人民生活水平的不断提高,我国在20世纪90年代初掀起了一股宠物热,在10多年的时间里,宠物在全国迅速发展,犬、猫、鸟、鱼开始进入了一般市民的生活圈,宠物给我们带来了无穷的乐趣,丰富了市民的家庭生活,但是也给人们带来了难以觉察的隐患。由于目前宠物市场管理的不规范,而宠物来源地区、检疫预防措施缺乏,致使宠物疫病不断传播,并给人类造成威胁。人们被宠物抓伤、咬伤感染造成病害和死亡的事例不断发生。研究表明,在目前已知的200多种动物传染病中,大约半数以上疾病可传染给人类。这其中常见的人畜共患病有54种,包括狂犬病、鼠疫、血吸虫病、结核病、布氏菌病、疟疾、蛔虫病、钩虫病、脚癣、流感、鹦鹉热、猫咬病等危害严重的疾病。这些疾病可通过人畜接触传染,也有的通过空气、水源、动物食物或粪便传染。因此,为了你和家人的健康,请慎重饲养宠物,在宠爱你的小宠物的同时要先了解这些动物可能存在的健康隐患。那么,常见的宠物究竟有哪些常见的传染病呢?

1. 狂犬病 又名恐水症,也叫疯狗病,是狂犬病毒引起的一种急性传染病,死亡率极高。狂犬是主要传染源,其食物、粪便或食槽等都会带上病毒,可通过人的破损伤口传染。其他动物如猫、狼、狐和蝙蝠等也能传播该病。狂犬病病毒存在于病人或病畜的神经组织和唾液中,病毒通过咬伤处进入人体,沿周围传入神经而到达中枢神经系统,因此,头、颈部、上肢等处咬伤和创口面积大而深的发病机会多。病毒进入神经系统后,引起一系列症状,如兴奋、呼吸困难、怕风、怕水、麻痹等。因唾液腺最适狂犬病病毒繁殖,故唾液中含病毒最多,早在症状出现前14 d即有病毒出现。因此,唾液为主要传染源,既可通过舔咬感染人和畜,又可通过流涎污染环境,引起吸入性感染。

为防止带毒犬伤人和散毒,养犬者要注意观察犬的表现,及早发现并鉴别是否患有狂犬病,以防万一。犬感染病毒经过潜伏期,初期表现精神反常、烦躁不安,走动或不断变换蹲卧地点,有时躲在暗处,不听主人召唤或特别与人亲近(此种举动对人很危险),以及没有任何原因的望空扑叫,轻微刺激即惊恐跳跃。口味发生变化,拒绝惯常食物,却吞食不能消化的物品,甚至吞食自己的粪便。吞咽困难,唾液增多。经1~2 d进入兴奋期,出现狂躁不安,无目的地猛烈攻击咬齿,咬自己的躯体,挣扎逃窜,恐水、流涎。关在笼中的病犬一阵阵地冲向栏杆,啃咬栏杆或伸给它的棍棒等物,或用牙咬着垫草、衣物等疯狂地摇动,叫声嘶哑。沉郁期表现为站立凝视一处或卧地不动,经过兴奋和或长或短的沉郁交替发作后,进入麻痹期,此期精神高度迟钝,张口,舌头脱出口外,从口中流出带泡沫的唾液,步态蹒跚,高度衰竭。兴奋期体温升高1~3 ℃,麻痹期比正常体温低。

人被犬咬伤后，应把犬隔离观察至少 14 d，明确是否患狂犬病，必要时送防疫站检验。被犬猫及其他动物（如鼠等）咬伤后如不及时处理或处理不当，得狂犬病的机会就会增大。病人应立即送医院处理，根据咬伤的部位、大小和深度，以及咬人动物的情况，决定使用狂犬病疫苗或免疫血清的治疗方案。伤口应及时彻底清创。先用 20%肥皂水反复清洗，再用 50%～70%酒精、碘酊或 0.1%新洁尔灭溶液冲洗，可在局部麻醉下进行，伤口不宜缝合，单用红汞涂擦伤口是不够的。伤口处理完后，如被犬猫咬伤过重或高度可疑狂犬咬伤时，应 48 h 内到当地防疫部门注射狂犬病血清。

对犬猫等宠物注射狂犬病疫苗是预防狂犬病的最有效方法。同时，注意观察宠物的行为表现，若出现如精神反常、烦躁不安、恐水、流涎、好攻击等异常行为时，一定要将动物隔离起来，以免其突然袭击人。

2. 猫抓病　猫抓病是由于人被猫抓伤或由猫的排泄物感染所引起的世界性流行病。这种病更多见于那些喜欢玩猫的儿童和青少年。养猫的人常常将猫抱在怀里嬉戏玩耍，因而极易被抓伤而传染该病。人感染后表现为面部淋巴结发炎、肿大、疼痛、化脓，体温升高，四肢出现斑疹，皮下长出一块块的“奇点紫斑”，引起典型的、可复性的亚急性淋巴结炎症，严重时可出现急性脑部疾病、眼球运动障碍等后遗症。免疫系统被削弱的人，这种感染可引起威胁生命的血管瘤。其病原是一种立克次体，称为巴尔通-亨森勒体。

猫是本病病原体唯一的自然宿主与传染源。要防止这种病的传染，避免被抓伤是有效的方法，为降低这种感染，在抚摸完猫后及时洗手等也是很有必要的。另外，及时给猫驱虫也有利于防止感染猫抓病。另外，家庭饲养的幼猫传染性更高。如果幼猫身上有跳蚤，则这种病的传染性是无跳蚤幼猫的 29～30 倍。当出现猫抓病症状时，应对病猫进行捕杀，死体焚烧或深埋，并立即到医院就医，听从医生进行有效治疗。

3. 破伤风　当人们被猫咬伤或抓伤后，可引起破伤风病。猫是破伤风病的带菌者。这种病主要表现为牙关紧闭、四肢僵直或全身性的痉挛，甚至危及生命。一旦出现这种症状后，最有效的方法是立即注射疫苗，及时就医。

4. 弓形体病　猫是弓形虫的终宿主，猫感染此病后通常无明显症状，个别有体温升高、下痢、呼吸困难和肺炎等症状，但受感染的猫排出的卵囊能够长期保留在自然界中，食用沾上这些卵囊的食物、肉类等，可导致人及 190 多种动物受害，造成眼、耳、喉、内脏等多种器官发病。对于健康的成人来说，弓形体病通常危险性不大。此病主要对孕妇及婴儿有很大的危险性，孕妇接触病猫被感染后，极易引起流产、早产或死胎，接近 1/2 的婴儿可能耳聋、失明、小头畸形、智力低下甚至死亡。

为避免传染弓形虫，孕妇应避免接触猫的排泄物和猫砂盆。如一旦感染，使用磺胺嘧啶或乙胺嘧啶有一定的治疗效果。情况严重时，要立即就医。

5. 旋毛虫病　旋毛虫病是一种多种动物共患的寄生虫病。在疫区，以猫的带虫率为最高，其次是犬。人类大多通过消化道而感染此病，以肠胃症状、全身水肿、高热、肌肉剧烈疼痛为特征。出现这种症状后，目前大多采取口服或注射磺胺类药物等，有一定疗效。

6. 巴斯德菌病　巴斯德菌感染也是由犬或猫咬伤引起的传染病，以猫咬伤引起更为多见。这种感染由巴斯德菌属引起，其特征是人在被咬伤后几个小时内，被咬处感觉尖锐疼痛。疼痛部位还出现红肿，附近淋巴结肿大。如果治疗不当（如青霉素或阿莫西林治疗），感染会导致并发症，如肌腱或骨质破坏。

7. 棘球蚴病　犬可能传播棘球蚴病，它是一种细粒棘球绦虫（俗称犬绦虫）的幼虫所引起的慢性寄生虫病。犬绦虫寄生于犬或狼的小肠内，虫卵随粪便排出体外，污染牧场，也可污染犬的周身皮毛。凡跟病犬接触的人，都有可能由于抚摸犬的皮毛，把虫卵带入口中。一旦虫卵进入人的肠胃，卵内的六钩蚴会脱壳而出，钻入肠壁随血液带到全身各脏器，逐渐发育成棘球蚴。棘球蚴开始像一粒小豌豆，由于它的繁殖力较强，体积很快增大，最大的可形成小孩头大小的囊体。如寄生在肝脏、肺部，还极易引起其他病变。棘球蚴病主要发生在我国西北城市，南方尚无病例报告。对棘球蚴病目前还无特效药治疗，关键还在于预防。

8. 黑热病 是杜氏利什曼原虫引起的、由白蛉叮咬传播的寄生虫病，传染源是病人和病犬(癞皮狗)。我国西北山区曾经广泛流行，危害极大。本病潜伏期多数在 3～5 个月内，起病大多缓慢。早期主要症状是发热，伴畏寒、出汗、食欲不振、乏力等，约 1/3 病人 24 h 内体温可有 2 次升高(双峰热)。起病半年后，病人皮肤颜色增深(故有黑热病之称)，明显消瘦，鼻和齿龈出血，贫血，肝脾进行性肿大。在病程中，病情有间歇期和复发期，在间歇期症状减轻甚至消失，肝脾也可缩小，间歇期长短不一，患病越久间歇期越短，最后转为无间歇期，疾病持续存在，患者的血细胞全部减少。该病以儿童为多，易被误诊，得不到及时有效治疗，死亡率较高。

葡萄糖酸锑钠或戊烷脒对本病有特效。如经特效药物治疗无效而脾脏高度肿大且有脾功能亢进者，可考虑脾脏切除，术后再给予药物治疗，常可奏效。

9. 鹦鹉热 是一种由鹦鹉热衣原体(*Chamydia psittaci*)引起的人畜共患传染病，以表现流产、肺炎、结膜炎、多发性关节炎、脑炎等多种临床症状为特征。

鹦鹉热又名鸟疫、衣原体病，鸡、鹅、野鸡等感染后多呈隐性，仅能发现有抗体存在。鹦鹉、鸽、鸭、火鸡等可呈显性感染。患病鹦鹉精神委顿、不食、眼和鼻有脓性分泌物，拉稀后期脱水、消瘦。幼龄鹦鹉常归于死亡，成年鹦鹉则症状轻微，康复后长期带菌。病鸽精神不安，眼和鼻有分泌物、厌食拉稀，成年鸽多数可康复成带菌者，雏鸽大多归于死亡。病鸭眼和鼻流出浆性或脓性分泌物、废食、腹泻、排淡绿色水样便，病初震颤、步态不稳，后期明显消瘦，常发生惊厥死亡。雏鸭病死率较高，成鸭多为隐性经过。患病火鸡精神委顿，废食、腹泻、粪便呈液状并带血，消瘦，病死率一般不高。其他家畜临诊表现多为流产型、肺肠炎型、关节炎型、结膜炎型、脑脊髓炎型。

鹦鹉热衣原体对人类能引起鹦鹉热和 Reifer 综合征。人类鹦鹉热是一种急性传染病，以发热头痛、肌痛和阵发性咳嗽为主要表现的间质性肺炎，主要以飞沫传染。病鸟的血液、组织、排泄物及人类血液中的衣原体均能引起广泛传播，侵犯心肌、心包、脑实质、脑膜及肝脏。Reifer 综合征多发生于 20～40 岁的男性，被认为是一个多因素性疾患。另外有资料报道，妊娠妇女感染鹦鹉衣原体可导致流产。

本病的诊断除根据患者与动物接触史初步判定外，还需要进行生化试验，病原鉴定和血清学试验方能确诊。本病可用四环素类抗生素治疗，也可用氯霉素治疗。也可将四环素类抗生素按 0.02%～0.04%的比例混于畜禽饲料中，连用 1～2 周。结膜炎患羊用 0.5%土霉素点眼。人确诊后按医生规定用药。

10. 结核病 孔雀、鸽、鹦鹉、八哥等都易感染结核病。病鸟黏膜苍白，体重减轻，倦怠下痢，羽毛脏乱无光泽，呼吸急促，眼球下陷，逐渐消瘦，最后死亡。病人可患肺结核、颈淋巴结核、肠结核、肾结核、骨关节结核、结核性胸腹膜炎等病症。有这类现象时，要及时淘汰病鸟，焚烧或深埋。此病比较顽固，需用异烟肼、利福平、吡嗪酰胺等药物根治，或立即到医院就医。

(二)防范措施

根据上述疫病,专家建议饲养宠物首先要有防病意识,为了你和家人的健康,在饲养宠物的过程中,必须采取下列防范措施。

(1)不要与宠物过分“亲密接触”,同床、贴脸甚至接吻等行为有可能极大地增加传染病传播的可能性。

(2)对宠物进行定期预防接种疫苗,定期驱虫,驱除和杀灭犬体内、体表寄生虫,对宠物进行消毒。

(3)严禁人的食品和饮用水被宠物接触到,同时严格控制与饮食相关物品、器具的清洁卫生。

(4)要科学管理动物,改善宠物饲养管理条件,保持圈舍的清洁和干燥,定期给宠物的生活环境消毒,确保饲料和饮水的清洁卫生,禁止动物乱排泄,及时处理动物的排泄物,做好动物粪尿、污物的无害化处理。

(5)不要让动物舔人的伤口。

(6)接触宠物后要及时洗手。

(7)患有免疫系统缺陷、支气管炎的儿童最好不要养宠物。另外,接触宠物后,易出现皮肤瘙痒、打喷嚏、流眼泪、出现红斑、发低烧的儿童也不适合养宠物。

(8)发现疾病及时治疗,杜绝传染源。在接触猫、犬、鸟等家庭宠物后,一旦出现类似感冒的症状,应及时去医院诊治,以免耽误治疗时机。

(三)宠物检疫存在的问题

近年来,由于国民经济的迅速发展,人们的生活水平有了很大提高,宠物的饲养量也迅速增长。但检疫业务仍然是以传统的家畜家禽及其产品为重点检疫对象,对宠物的检疫涉及很少。由此可见,宠物的检疫问题一直未引起人们的关注。随着宠物数量的增加和流动的加快,很容易引起宠物传染病的暴发流行,尤其是人畜共患病的流行,将直接危及人们的健康。

第一,宠物的检疫对目前从事具体工作的一线检疫人员来说存在一定困难,因为对宠物的检疫不同于常规家畜的检疫。一方面,宠物饲养分散,环境差异大,防疫情况复杂;另一方面,对一线检疫员来说,缺乏比较规范的法定宠物检疫检测项目和相对完整的技术操作规程可供参考,缺乏比较成熟的经验,对不同地区和范围内的宠物的检疫检测项目及技术参数把握不准。

第二,宠物的流动、交易比较分散,渠道多,形式多,有以经济利益为目的的市场交易行为,也有以礼物的形式赠送亲朋好友的馈赠行为,还有的是收养遗弃宠物的慈善行动。其中市场交易是主要的流动形式,尚不规范,多以自发的聚集地或集贸市场的一个角落为交易地点,有的干脆就是私下交易,规模小且不规范,没有比较完善的市场体系,因此也形不成规范的检疫制度,给检疫带来一定困难。

第三,宣传指导力度不够,人们的防疫观念不强。对许多的宠物主人来说,防疫观念比较差,缺乏人畜共患病的知识和防范意识,更不知道宠物进家前需要进行检疫,以免宠物带病,传给家人。

(四)宠物市场的监督管理与检疫解决措施

宠物市场兽医卫生监督管理与检疫在公共卫生和畜牧业养殖中有着重要意义。鉴于目前宠物市场在这方面工作还较为薄弱,很有必要加强。

1. 要建立宠物交易市场 宠物热促进了宠物市场的繁荣。宠物饲养已开始向产业化、规模化方向发展,它不仅带动相关产业的发展,也为不少饲养者或养殖企业提供了致富奔小康的途径。但是,目前宠物市场还处于一种自发组成状态,属于一种游击性质的无序交易的"地下"市场,对公共卫生、社会环境造成威胁。为解决宠物市场目前的混乱局面,有必要建立一个合法有序的交易市场。

2. 要进行宠物市场检疫 要制定严格的检疫制度,促使防疫制度的建立,形成完善的兽医卫生管理体系。派出具有检疫资格的检疫人员,对宠物市场、家庭宠物进行全面检疫。抓紧完善关于宠物检疫的一些法定项目、标准和技术参数,制订切实可行的宠物检疫操作规程,为宠物检疫工作的完善打好基础。

3. 应加强地方法规建设 应尽快制定适应本地的且行之有效的法规政策,规范、限制城市居民在人口密集区饲养各种宠物的行为。随着城市文明的建设的推进及社区制度的完善发展,要对宠物的饲养、防疫实行社区登记管理制度,完善城市居民饲养宠物的管理制度和防疫制度,确保不出现疫情。

落实宠物的防疫制度是宠物饲养业(者)利益的体现。因此,必须加强宠物市场及家庭宠物疫病防制、兽医卫生监督管理。防检结合,以检疫促防疫,搞好疫病防治、免疫接种、驱虫等工作。

把好检疫关,落实宠物检疫工作,其关键是检疫要扎实过硬,依法检疫,强制免疫。目前,实行免疫证制度是较为可行的也是较为科学规范的制度。宠物饲养者要凭免疫证换取国家统一制定的检疫证明方可进行其他活动,使宠物防疫工作全面、普及地开展起来。检疫部门要掌握本地动物疫病、寄生虫病的流行与防治情况,作为宠物检疫的重要参考依据,尤其是传染病、寄生虫病长期流行地区,更应引起高度重视。

4. 加强宣传力度 定期向群众宣传兽医卫生知识,提高群众公共卫生及自我保护意识。随意饲养、收购未经检疫的宠物及乱扔动物尸体,会给人类和社会带来严重的危害。在城乡集贸市场、交易市场要做好宠物交易过程中的检疫工作,对未进行过免疫接种或免疫过期的要进行补充免疫。对经过防疫接种的宠物,要发放免疫证、牌作为该宠物的档案,使其一物一证,有据可查,有源可寻,有主可找。

让人们更多地了解宠物与人之间的利害关系,更多地了解人畜共患病的常识和《中华人民共和国动物防疫法》的内容,使其从法律的高度认识动物防疫的目的和意义。让人们自觉培养防疫意识,以更好地维护健康文明的生活。

(五)检疫方法和程序

加强宠物上市和收购前的产地检疫,把它列入产地检疫的日常工作范围。引导收、售人员不要从曾经发生过传染病的地区收购宠物,因为有的传染病其潜伏期长达 1 年至数年之久。

在检疫过程中发现患有传染病及其他疫病的宠物一律不准交易、贩运和屠宰,规劝宠物主人立即送往具有行医资格的兽医站或诊所医治。

对各饲养场或专业户要定期实施全面检疫监督,发放兽医卫生合格证,对引进、出售的宠物要建档登记,免疫接种,发放免疫证。动物检疫部门要把好宠物交易、运输等环节,强化检疫力度。所有动物必须凭检疫证明出售、比赛、展览,或凭免疫证明或检疫证明换取运输检疫证明方可调运。

1. 市场检疫意义　从长远看，市场检疫只是过渡阶段，在《动物防疫法》得到全面认真落实后，防疫密度及免疫保护率达到百分之百的时候，市场检疫则变成了依法执行“查证验物”的监督程序。

2. 检疫对象　宠物的检疫对象应该是该种动物重大传染病及人畜共患的传染病，包括寄生虫病。犬类检疫对象包括炭疽、狂犬病、犬瘟热、细小病毒病、传染性肝炎、犬疱疹病毒病、犬冠状病毒病、钩端螺旋体病、弓形虫病、钱癣病、布鲁氏菌病、结核病。猫检疫对象包括猫瘟（猫泛白细胞减少症）、猫传染性腹膜炎、猫病毒性鼻气管炎、布鲁氏菌病、钩端螺旋体病、猫传贫、猫巴尔通氏体病、弓形虫病。

3. 市场检疫程序　一般检查包括体温检查、呼吸测量、脉搏数检测、可视黏膜的颜色观察。系统检查包括消化系统、呼吸系统及循环系统、泌尿系统、神经运动系统检查。必要时应进行实验室诊断，名贵宠物交易可提前报验。出具检疫报告合格的宠物，发给检疫合格证，不合格的宠物，采取强制卫生处理。

单元三　饲 料 法 规

【学习目标】

本单元属于专业拓展知识范畴。通过学习，了解饲料法规制定的必要性、我国饲料法规的基本内容、发达国家的饲料法规体系。

【学习方法】

课堂讲授，课后在图书馆中或互联网上查阅有关资料。

【关键词】

宠物食品；饲料法规

作为畜牧业重要投入品的饲料，其安全与否直接影响畜禽产品质量安全，只有饲料安全才有畜禽产品的安全。近年我国加强饲料法规体系建设，已初步形成了以国务院《饲料和饲料添加剂管理条例》为主的饲料法规体系，为我国加强饲料管理和畜禽产品质量安全工作奠定了法规基础。但是，我们也要看到饲料法规的不完善之处，已不能完全满足当前饲料和畜禽产品质量安全监管工作的需要。一是法律效力较低。按照我国《宪法》《立法法》的规定，国务院《饲料和饲料添加剂管理条例》是行政法规，其效力要低于法律。面对饲料和畜禽产品质量安全监管工作所面临的许多新问题、新挑战，我们亟须一部具有更高效力的法律来规范饲料管理；二是条例及其配套规章的规定漏洞比较明显，已不能满足管理的需要；三是食品安全监管严格的国家都有比较完善的法律体系，其中就包括饲料管理方面的专门法律。因此，有必要了解和借鉴国外的饲料法律法规体系，为我国饲料法律法规体系的完善和健全提供思路和方法。

一、饲料法规的概念与意义

饲料安全法律体系是指有关饲料生产和流通的安全质量标准、安全质量检测标准及相关法律、法规、规范性文件构成的有机体系。

自 1999 年《饲料和饲料添加剂管理条例》颁布实施后，农业农村部根据行业管理和行政审批的要求，颁布了饲料相关法规、标准、通知、部令等 10 多种法规，这些法规完善了饲料管理的法律体系，对保证饲料质量安全，推动司法解释出台发挥了重要作用。但是，由于监测手段和相关饲料安全标准体系不健全，尤其是行业和地方的执法监管不严，企业和个人的违法违规现象仍然存在，饲料市场秩序混乱的现状仍不容乐观。

依法“治饲”，依法“兴饲”，相得益彰，建立健全行业法规和执法监管体系，促进公正、公平、有序的社会主义市场经济体系建立，保障我国饲料工业可持续发展是法律工作者、行业执法监管部门共同的职责。

二、饲料法规的基本内容

在我国饲料工业持续发展的同时，饲料法制建设也取得了丰硕成果。目前已形成了以《饲料和饲料添加剂管理条例》为基本法规，以《饲料添加剂和添加剂预混合饲料产品批准文号管理办法》《饲料添加剂和添加剂混合饲料生产许可证管理办法》《新饲料和新饲料添加剂管理办法》《进口饲料和饲料添加剂登记管理办法》《动物源性饲料产品安全卫生管理办法》为5个规章，以《饲料添加剂品种目录》(农业部公告第318号)、《禁止在饲料和动物饮用水中使用的药物品种目录》(农业部公告第176号)为2个公告，以及以一系列规范性配套文件为补充的具有中国特色的饲料管理法规法律体系。我国饲料管理制度经过实践检验和不断修改完善，在总体上，管理制度更为完善合理，处罚条款更加严厉和严密，针对性和可操作性更强，为依法治饲提供了锐利的法律武器。

1999年5月29日，国务院发布施行《饲料和饲料添加剂管理条例》，以下简称《条例》，2001年11月29日，《条例》施行15个月后，国务院对其进行了修改和完善，并重新公布。《条例》修改主要依据3个原则：一是与世界贸易组织(WTO)规则接轨，增设了知识产权保护制度；二是以保证饲料安全为重点，实行饲料生产、经营和全程管理，强化了饲料和饲料添加剂全程监管，增设了饲料添加剂安全使用规范制度；三是行政处罚和刑事处罚相衔接，进一步制定和完善了法律责任制度。《条例》新增的3项管理制度，连同修改前已有的8项制度和新发布的《动物源性饲料产品安全卫生管理办法》，形成了目前我国饲料和饲料添加剂管理的12项管理文件。新修订的《饲料和饲料添加剂管理条例》已于2011年10月26日国务院第177次常务会议修订通过，且已公布，自2012年5月1日起施行。

三、主要国家饲料法规简介

饲料是动物的粮食，饲料总量够不够，直接影响着畜牧水产养殖业的发展和动物性食品的市场供应；饲料质量好不好，直接影响着动物性食品的质量安全，还影响着消费者的身体健康。近些年来，由于饲料安全问题引发的食品安全事件此起彼伏，广大消费者至今心有余悸。国际上，由于滥用同源动物性饲料，疯牛病横扫欧美和日本，造成巨大的经济损失，也给食用当地牛肉的居民埋下了安全隐患；由于饲料被二噁英污染，造成比利时畜牧业萧条。国内的饲料安全问题也不容忽视，瘦肉精残留于猪肉制品，有害色素催生红心蛋，氯霉素残留于虾，孔雀石绿污染水产品，三聚氰胺的添加对动物饲料及产品的影响等饲料安全问题层出不穷。面对接踵而来的饲料安全问题，人们开始重新认识饲料产业的地位和作用，重新检视饲料质量的安全监管。

针对饲料安全监管的世界性问题，最近一个时期以来，许多国家都在积极努力应对，多从健全法律制度入手，从饲料安全源头抓起，加快改革和完善饲料安全监管的体制和机制，探索管理新思路，实践管理新举措，为破解世界性的饲料安全监管难题做出了贡献。通过对国外饲料法律体系的研究，归纳国外的管理经验，我们认为以下做法值得学习和重视：一是完善饲料安全法律体系。各项制度设计均以保护国民健康为出发点和归宿，确保饲料的安全性；二是建立和完善饲料安全监管体系。整合原有监管机构和职能，加强监管工作的一致性和协调性，减少监管的重叠交叉，提高监督效能；三是加强全程监管。建立健全良好生产规范和关键环节监控技术，从生产原料抓起，动态监控，保证质量安全；四是建立饲料安全溯源和召回制度。对存在安全隐患的产品分级召回，同时发布信息，追查源头，维护消费者的利益；五是政府高度重视。把加强饲料安全监管列入政府的重要工作和职能部门的责任，常抓不懈。

从世界上一些国家的饲料监管实践情况看，完善饲料法律体系是做好饲料安全监管工作的基础和关键。由于各国饲料资源禀赋不同、养殖业生产结构各具特色、动物性食品消费方式和出口规模各异，再加上国家或地区发达程度对饲料和动物性食品安全标准要求的差异，有关国家和地区的饲料管理法规体系特色纷呈。为借鉴先进的饲料安全监管的有益做法，现将主要国家的饲料法律制度综述如下。

（一）日臻完善的美国饲料法律体系

美国的饲料法规包括国会颁布的法律、联邦食品和药品管理局（FDA）和农业部制定的规则以及各州制定的商品饲料法。美国联邦政府于 1900 年之前就已制定了《饲料法规》。该法开宗明义，规定食品和饲料是同一概念，饲料监管依据该法施行，是美国管理饲料的最高法律。1920 年，美国 38 个州开始制定和实施州饲料法。如今，所有州都有商品饲料法规。1938 年，《联邦食品、药品和化妆品法》对饲料标签增加了管理要求。1958 年，美国国会通过了“联邦食品、药品和化妆品修正案”，要求饲料添加剂必须保证动物安全，而且不得残留在动物性食品中。之后的近半个世纪时间里，FDA 制定了一系列加药饲料管理规章，如《加药饲料生产执照管理规定》《加药饲料良好操作规范》《新型兽药在饲料中添加的管理规定》《允许在饲料和动物饮用水中使用的饲料添加剂管理规定》《允许在饲料和动物饮用水中使用的安全物质管理规定》《饲料中禁用物质的管理规定》等。美国农业部制定了《饲料的运输规定》《饲料运输工具管理规定》《有机饲料管理规范》《血粉和肉骨粉等动物源性饲料产品进出口管理规定》等。在 100 多年的实践过程中，美国的饲料法律制度逐步完善，现已涵盖了饲料生产、经营和使用的各个环节。目前的主要制度包括企业生产条件认可制度、产品登记制度、用药记录制度、产品投诉制度、质量跟踪制度、产品认证制度、疯牛病和痒病防控制度、沙门菌监控制度、二噁英检测制度、处罚制度等，是国际社会公认有效的饲料法律体系。

（二）独具特色的加拿大饲料法

加拿大是世界上饲料立法最早的国家之一，《联邦饲料法》已施行近 100 年，其中对动物源性成分施行批准和监控制度也超过了 40 年。《联邦饲料法》先后经过 6 次修改，形成了有毒有害物质监控、新饲料管理、饲料登记、兽医处方饲料、饲料标准、分析保证含量、饲料标签、宠物饲料管理等制度，并对饲料释放造成的对环境和人类或动物健康的潜在影响进行风险评估。为了应对疯牛病，《联邦饲料法》特别增加了禁止反刍动物饲喂哺乳动物源性饲料，禁止反刍动物蛋白质提炼产品作动物性饲料，禁止特殊危险物质作动物饲料等各项规定。现已形成以《联邦饲料法》为主体，以《新饲料管理规定》《动物饲料限制和禁止规定》以及《加药饲料生产管理暂行规定》为补充的饲料法律体系。加拿大的饲料执法机构是加拿大食品检验局。

(三)兼容并蓄的欧盟饲料法规

欧盟饲料管理法规包括法令、指令、决定、建议4种,共180项。其中,《关于在动物营养方面使用的添加剂法令》《饲料卫生法令》是欧盟各成员国必须强制执行的2项饲料法规;欧盟制定的有关饲料管理的指令,如《配合饲料流通管理指令》《动物营养中不良物质和相关产品管理指令》《欧盟加药饲料生产和销售管理指令》《政府监管饲料规则》《转基因饲料使用规则》等,欧盟各成员国可自行选择实施方法来达到上述各项指令规定的目标。欧盟每年都要根据饲料安全监管形势和科技发展趋势,对饲料管理基本法规进行修订。欧盟为了提高食品消费安全水平,在新修订的《食品法》中增加了饲料安全风险管理的条款。欧盟饲料法律体系重点调整对象是饲料添加剂、配合饲料、饲料原料、有毒有害物质、特殊营养用途饲料、生物饲料、药物饲料、饲料卫生和生产许可、抽样和检测、转基因饲料和行政监察等。欧盟饲料法律制度以严格著称,其对饲料生产企业的注册管理目前已延伸到欧盟以外,凡是向欧盟出口动物性产品、提供饲料的生产企业必须接受欧盟的登记和检查。

(四)严谨务实的德国饲料法

早在1926年,德国就颁布了《饲料法》,该法仅对单一饲料和混合饲料的营养成分做出规定,并没有真正形成法律体系。经过1951年、1968年、1972年和1973年的补充完善,一部管理制度较为完善的真正意义上的德国《饲料法》于1975年7月2日通过,在制度上保证了联邦德国在发展畜牧业和饲料工业上的竞争更加公平。随着欧洲经济共同体的形成和推进,以及科技进步带来的产业大发展,饲料安全问题日益严重,德国《饲料法》又相继在1987年、1995年、1998年和2000年进行了4次修订,形成了目前更加全面的《饲料法》。该法主要包括总则、饲料和饲料添加剂的一般规定、标识、广告和包装、对企业的要求、物质许可、例外和专家听证、进出口管理、报告生产记录及监督、处罚和罚款规定等。附录部分包括立法和饲料规定的建立背景、不受欢迎物质及其数量等级、饲料检测中的分析偏差和公差、取样和分析规则、特种饲料的功能评价系统、饲喂禁令法及其规定的说明、试验机构及抽查机关等。德国饲料及饲料添加剂的管理部门为联邦农林食品部,具体执行机关为联邦饲料执行委员会。

(五)处罚严厉的日本饲料安全法

日本《饲料安全法》于1953年颁布,由法律、政令、省令、告示以及通告组成。历经50多年达10多次修改,现已形成从饲料原料生产(进口)、饲料制造、经营和使用,以及新产品审定、特定饲料、企业登记与变更、禁止事项、饲料标准、监督检查、检查经费和处罚听证的完整饲料法律体系。该法对违法违规行为的处罚十分严厉。对生产经营不合格的饲料产品企业,日本农林水产省或地方政府首先责成违规企业严格执行召回制度,收回处理不合格产品,然后视不合格产品的数量处以10万~30万日元罚款;对卫生指标严重超标的企业,处以50万日元罚款,并对法人处以1年以下有期徒刑;对违禁生产经营药品和造成严重后果的企业,处以100万日元罚款,并对法定代表人处以3年监禁。

(六)借鉴创新的韩国饲料管理法

韩国《饲料管理法》于1963年颁布,经过1981年和2001年的全面修改,现已形成了独特的韩国饲料法律体系,具体由1个饲料管理法和9个配套规章构成。针对主要饲料原料靠进口和饲料企业大而少的实际，韩国《饲料管理法》设置的企业准入门槛比较高，原料质量监控严格，处罚力度较大，但对饲料的生产、经营、使用要求比较原则，重点突出原料的进口管理和产品的品质监管，其主要制度包括饲料分类管理制度、饲料收支稳定制度、饲料品质管理制度、饲料检查制度、监督收费制度和罚则等。韩国对违法违规饲料企业的处罚也非常严厉，处罚包括警告、停业整顿、取消许可、罚款和双重处罚，对于引发饲料安全事故和假冒伪劣行为，处 3 年劳役，并处 500 万韩元以下罚款。韩国的饲料管理部门是韩国农林部。

综观国外饲料法律体系，主要有以下几个特点：一是饲料法律框架完整。饲料工业涉及粮食、化工、医药、发酵、运输等多个领域，饲料产品事关动物福利和动物性产品的安全与人类健康，特别是疯牛病、二噁英、三聚氰胺事件后，欧盟将全程监控作为饲料法律制度设计的出发点和目标，构建了全方位、多层次的饲料安全保障法律体系。二是饲料监管责任明确。无论是欧美饲料法律，还是日韩饲料法律，都明确了监管主体和客体的责任义务，政府及其主管部门对饲料安全负责。加拿大更是整合有关部门监管职能，统一行使饲料和畜产品安全监管和执法权，由一个管理部门肩负饲料安全责任，向政府和国民负责。三是监管重点突出。美国饲料法律对加药饲料、微生物毒素污染、疯牛病和痒病防范等制定了严格的管理制度，并制定专项监控计划组织实施。欧盟饲料法律对饲料添加剂使用、抗生素禁用、药物残留监控、转基因饲料安全等做出明确规定，成员国政府必须保证本国的饲料安全监管系统有力执行，保障饲料安全。加拿大饲料法以新饲料管理、动物源性饲料监控、加药饲料管理、自配料监管为重点，并以“国家饲料检测计划”加以落实。日韩则以饲料安全标准为重点，全面加强饲料安全工作。印度尼西亚对饲料生产、流通和储藏做出明确规定。菲律宾则对家畜和家禽饲料的生产、进口、标签、广告和销售进行监控。四是饲料法规更新速度快。欧盟现行的饲料法规体系中 1970—1988 年间制定的法规有 35 项，而仅在 2003 年和 2004 年就分别制定了 29 项和 34 项关于饲料添加剂的法规。美国、加拿大、德国、日本和韩国也都多次对本国饲料法律进行修改，特别是针对近年来的饲料安全事件，法律修改速度明显加快，以适应饲料安全形势发展的需要。

目前，联合国粮农组织在各国饲料法律的基础上，制定了《动物饲料法典》，并拟纳入国际贸易中食品质量和安全的规定中。我国饲料立法工作起步较晚，但进展迅速，现已初步形成了以《饲料和饲料添加剂管理条例》为基础，以部门规章为补充的管理制度体系。与发达国家的法律制度和食品安全及进出口贸易的要求相比，我国的饲料管理制度还是初步的，应当借鉴和吸纳有关国家和国际组织饲料安全监管的成功经验，加快我国饲料法律的立法步伐，尽快制定和颁布符合我国国情的饲料法律，为进一步促进畜牧水产业持续健康发展和农民增收，保障饲料和动物性产品安全，促进社会和谐建设做出更大贡献。

复习思考题

1. 食品的质量管理的概念是什么？
2. 简述宠物食品质量管理的意义和作用。
3. 简述食品标准的作用。
4. 食品质量管理的基本措施有哪些？
5. GB/T 1.1—2020 规定标准中的要素分为哪 3 类？每类要素的主要作用是什么？
6. 通过正确有效地进行宠物食品分析检验工作，可以达到哪 5 个方面的主要目的？

本章思维导图

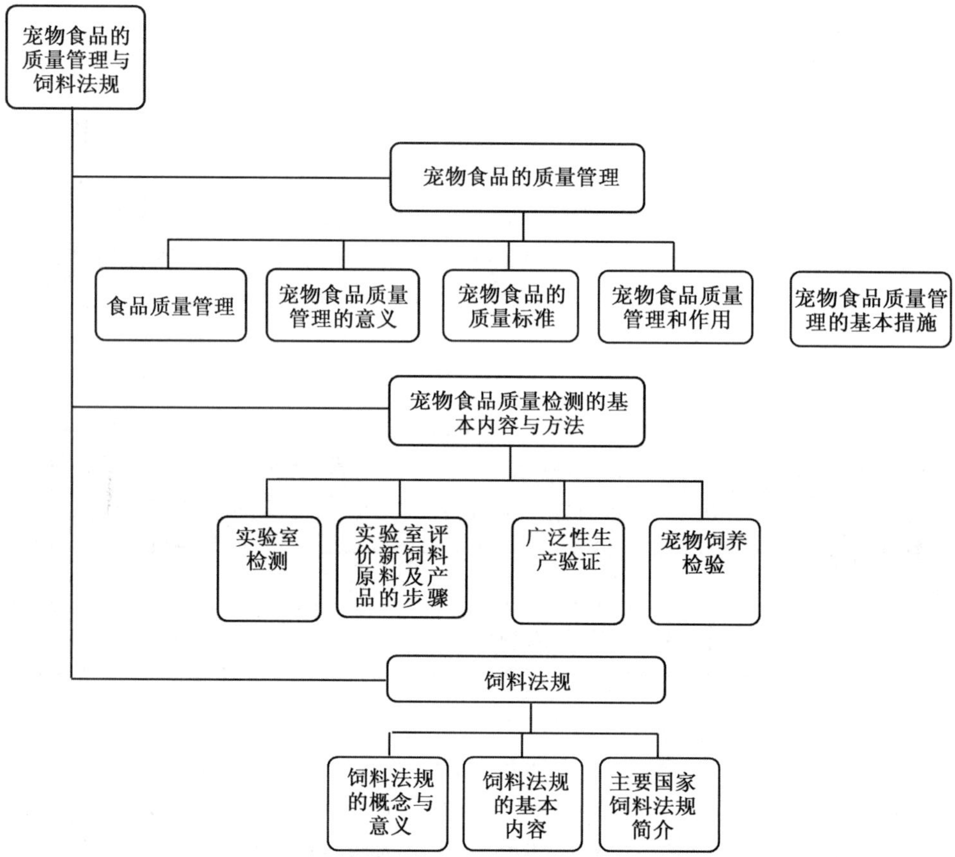
宠物食品的质量管理与饲料法规
宠物食品的质量管理
食品质量管理
宠物食品质量管理的意义
宠物食品的质量标准
宠物食品质量管理和作用
宠物食品质量管理的基本措施
宠物食品质量检测的基本内容与方法
实验室检测
实验室评价新饲料原料及产品的步骤
广泛性生产验证
宠物饲养检验
饲料法规
饲料法规的概念与意义
饲料法规的基本内容
主要国家饲料法规简介

模块十一

实 验 实 训

实验实训一　饲料样品的采集

【学习目标】

本单元属于专业实训知识范畴。通过学习，了解不同状态饲料样品的采集方法及注意事项，为后期的饲料养分检测做准备。

【学习方法】

课堂实训，课后在图书馆中或互联网上查阅有关资料。

【关键词】

宠物食品；样品采集；采样方法；采样器；几何法；四分法

一、采样的目的

样品的采集是饲料分析的第1步，采样的根本目的是通过对样品的理化指标的分析，客观反映受检饲料原料或产品的品质。样品的分析结果有不同的用途。对饲料工业而言，采样左右着许多方面的决策，并且这种影响面很广泛，具体主要表现在以下8个方面。

(1)为饲料配方选择原料。

(2)选择原料供应商。

(3)接收或拒绝某种饲料原料。

(4)判断产品的质量是否符合规格要求和保证值，以决定产品出厂与否或仲裁买卖双方的争议。

(5)判断饲料加工程度和生产工艺控制质量。

(6)分析保管贮存条件对原料和产品质量的影响程度。

(7)保留每一批饲料原料或产品的样品，以备急需时用。

(8)分析测定方法的准确性和实验室或人员之间操作误差的比较。

由权威实验室仔细分析化验的样品可作为标准样品。将标准样品均匀分成若干平行样品，分别送往不同实验室或检验人员进行分析，比较不同实验室或人员测定结果的差异，用于校正或确定某一测定方法或某种仪器的准确性，规范实验分析操作规程，提高分析人员的操作水平。

二、采样的要求

(一)样品必须具有代表性

受检饲料容积和质量往往都很大,而分析时所用样品仅为其中的很小一部分,所以样品采集的正确与否决定分析样品的代表性,直接影响分析结果的准确性。因此,在采样时,应根据分析要求,遵循正确的采样技术,并详细注明饲料样品的情况,使采集的样品具有足够的代表性,使采样引起的误差减至最低限度,使所得分析结果能为生产实际所参考和应用。否则,如果样品不具有代表性,即使一系列分析工作非常精密、准确,无论分析了多少个样品的数据,其意义都不大,有时甚至会得出错误结论。事实上,实验室提交的分析数据不可能优于所采集的样品。

(二)必须采用正确的采样方法

正确的采样应该从具有不同代表性的区域取几个样点,然后把这些样品充分混合成为整个饲料的代表样品,然后再从中分出一小部分作为分析样品用。采样过程中,做到随机、客观,避免人为和主观因素的影响。

(三)样品必须有一定的数量

不同的饲料原料和产品要求采集的样品数量不同,主要取决于以下几个因素。

1. 饲料原料和产品的水分含量 水分含量高,则采集的样品应多,以便干燥后的样品数量能够满足各项分析测定要求;反之,水分含量少,则采集的样品可相应减少。

2. 原料或产品的颗粒大小和均匀度 原料颗粒大,均匀度差,则采集的样品应多。

3. 平行样品的数量 同一样品的平行样品数量越多,则采集的样品数量就越多。

(四)采样人员应有高度的责任心和熟练的采样技能

采样人员应明白自己是饲料厂管理及产品质量的"眼睛",应具有高度的责任心,在采样时,认真按操作规程进行,不弄虚作假和谋取私利,及时发现和报告一切异常的情况。

采样人员应通过专门培训,具备相应技能,经考核合格后方能上岗。

(五)重视和加强管理

主管部门、权威检测机构和饲料企业必须高度重视采样和分析的重要性,加强管理。管理人员必须熟悉各种原料、加工工艺和产品;对采样方法、采样操作规程和所用工具提供相应规定;对采样人员提供培训和指导。

三、采样工具

采样工具种类很多,但必须符合要求:a. 能够采集饲料中的任何粒度的颗粒,无选择性;b. 对饲料样品无污染,如不增加样品中微量金属元素的含量或引入外来生物或霉菌毒素。目前使用的采样工具主要有以下几种。

(一)探针采样器

探针采样器也叫探管或探枪,是最常用的干物料采样工具。其规格有多种,有带槽的单管或双管，具有锐利的尖端(图 11-1)。

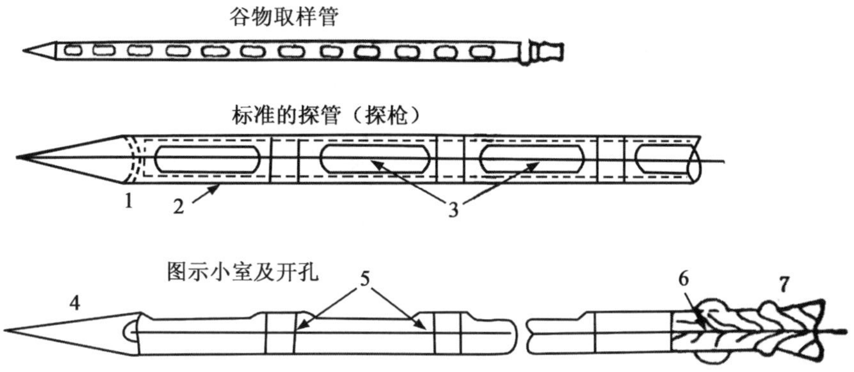

图 11-1 谷物采样器(探管)

1. 外层套管 2. 内层套管 3. 分隔小室 4. 尖顶端 5. 小室间隔 6. 锁扣 7. 固定木柄

(二)锥形袋式采样器 (图 11-2)

该种取样器为不锈钢制作，特点是具有 1 个尖头、锥形体和 1 个开启的进料口。

(三)液体采样器

(1)空心探针。为镀镍或不锈钢的金属管，直径为 25 mm，长度为 750 mm，管壁有长度为 715 mm，宽度为 18 mm 的孔，孔边缘圆滑，管下端为圆锥形，与内壁成 15°角，管上端装有把柄。常用做桶和小型容器的采样。

(2)炸弹式或区层式采样器(图 11-3)。其为密闭的圆柱体，可用作散装罐的液体采样，能从贮存罐的任何指定区域采样。当到达贮罐底部时，一个阀提起，如果在中间的深度取样时，它可由一根连在该阀的柱塞上的绳子手动提起。

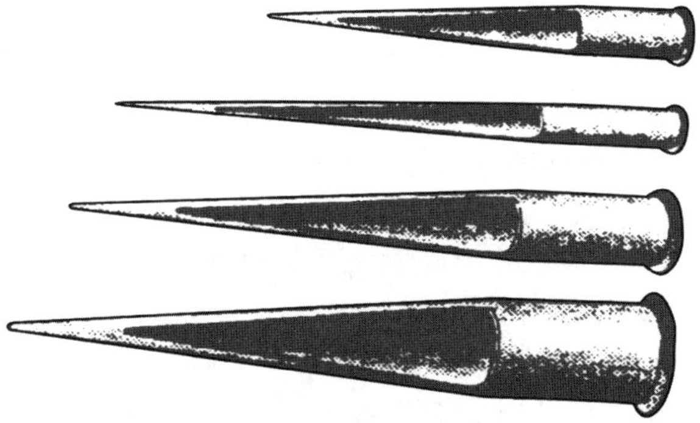

图 11-2 锥形袋式采样器

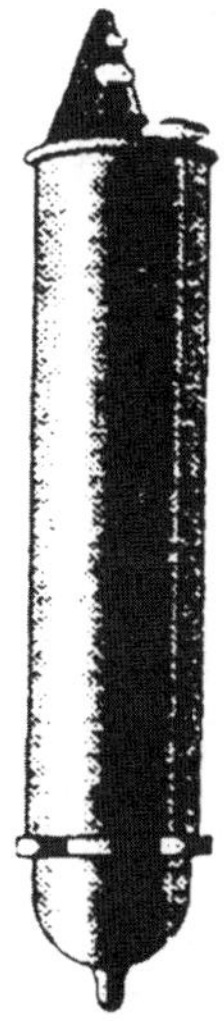

图 11-3 炸弹式液体采样器

(四)自动采样器

自动采样器可安装在饲料厂的输送管道、分级筛或打包机等处,能够定时、定量采集样品。自动采样器适合于大型饲料企业,其种类很多,根据物料类型和特性、输送设备等进行选择。

(五)其他采样器

剪刀(或切草机)、刀、铲、短柄或长柄勺等也是常用的采样器具。

四、采样步骤和基本方法

(一)采样的步骤

(1)采样前记录。采样前,必须记录与原料或产品相关的资料,如生产厂家、生产日期,批号、种类、总量、包装堆积形式、运输情况、贮存条件和时间、有关单据和证明、包装是否完整、有无变形、破损、霉变等。

(2)原始样品采集,也叫初级样品,是从生产现场如田间、牧地、仓库、青贮窖、试验场等的一批受检的饲料或原料中最初采取的样品。原始样品应尽量从大批(或大数量)饲料或大面积牧地上,按照不同的部位即深度和广度来分别采取一部分,然后混合而成。原始样品一般不得少于 2 kg。

(3)次级样品,也叫平均样品,是将原始样品混合均匀或简单的剪碎混匀,从中取出的样品。平均样品一般不少于 1 kg。

(4)分析样品,也叫试验样品。次级样品经过粉碎、混匀等制备处理后,从中取出的一部分即为分析样品,用做样品分析用。分析样品的数量根据分析指标和测定方法要求而定。

(二)采样基本方法

虽然采样的方法随不同的物品而不同,但一般来说,采样的基本方法有 2 种:几何法和四分法。

1. 几何法 是指把整个一堆物品看成一种具有规则的几何立体,如立方体、圆柱体、圆锥体等,取样时首先把这个立体分成若干体积相等的部分(虽然不便实际去做,但至少可以在想象中将其分开),这些部分必须在全体中分布均匀,即不只是在表面或只是在一面。从这些部分中取出体积相等的样品,这些部分的样品称为支样,再把这些支样混合即得样品。

几何法常用于采集原始样品和大批量的原料。

2. 四分法 是指将样品平铺在一张平坦而光滑的一张方形纸或塑料布、帆布、漆布等上(大小视样品的多少而定),提起一角,使饲料流向对角,随即提起对角使其流回,如此法,将四角轮流反复提起,使饲料反复移动混合均匀,然后将饲料堆成等厚的正四方形体或圆锥,用药铲、刀子或其他适当器具,在饲料样品方体上划一“十”字,将样品分成 4 等份,任意弃去对角的 2 份,将剩余的 2 份混合,继续按前述方法混合均匀、缩分,直至剩余样品数量与测定所需要的用量相接近时为止。四分法示意图如图 11-4 所示。

四分法常用于小批量样品和均匀样品的采样或从原始样品中获取次级样品和分析样品。也可采用分样器或四分装置代替上述手工操作。如常用的锥形分样器(图 11-5)和具备分类系统的复合槽分样器(图 11-6)对粉末状、均匀度高的样品,可直接通过四分法采集分析样品,一般在 500 g 左右。对颗粒大、均匀度不好的饲料如籽实饲料,通过四分法可从原始样品中采集次级样品。次级样品至少 1 kg。

1. 将均匀样品堆成圆锥形

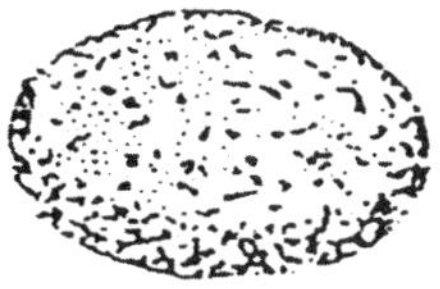

2. 平铺成圆堆

3. 分成四等份

4. 移去对角部分，进行缩分

图 11-4　四分法示意图

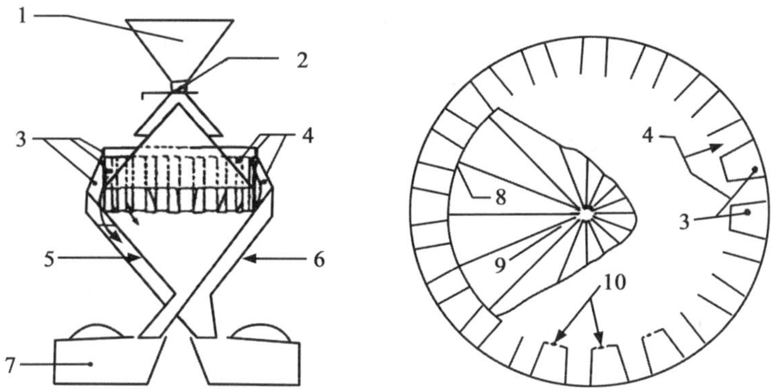

图 11-5　锥形分样器

1. 加料斗　2. 截断阀门　3. 通向外斗的槽　4. 通向内斗的槽　5. 内斗　6. 外斗　7. 容器　8. 圆锥底　9. 圆锥顶　10. 与圆锥底相连的槽

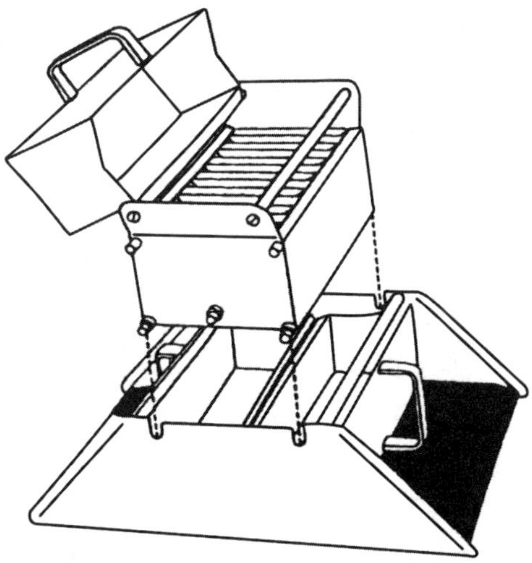

图 11-6　具备分类系统的复合槽分样器

对于不均匀的物品如各种粗饲料、块根、块茎饲料、动物屠体等，则需要将几何法和四分法结合起来反复使用，使用的次数随物品体积的大小和不均匀性质的情况而定。

五、不同饲料样品的采集

不同饲料样品的采集因饲料原料或产品的性质、状态、颗粒大小或包装方式不同而异。

(一)粉状和颗粒饲料

1. 散装 散装的原料应在机械运输过程中的不同场所(如滑运道、传送带等处)取样。如果在机械运输过程中未能取样，则可用探管取样，但应避免因饲料原料不匀而造成的错误取样。

取样时，用探针从距边缘 0.5 m 的不同部位分别取样，然后混合即得原始样品。取样点的分布和数目取决于装载的数量，见图 11-7。也可在卸车时用长柄勺、自动选样器或机器选样器等，间隔相等时间，截断落下的料流取样，然后混合得原始样品。

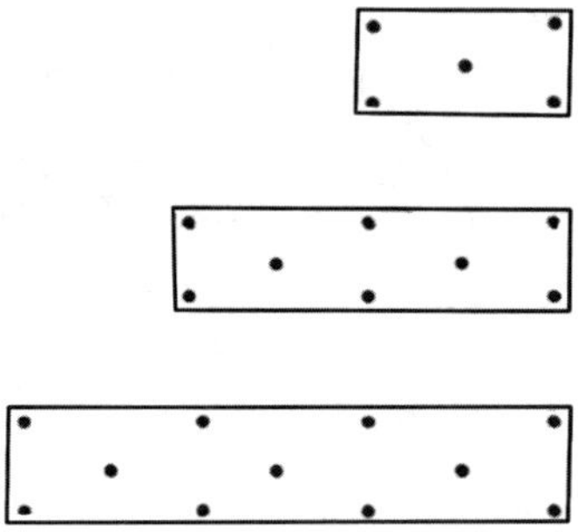

图 11-7 散装料取样示意图

2. 袋装 用抽样锥随意从不同袋中分别取样，然后混合得原始样品。每批采样的袋数取决于总袋数、颗粒大小和均匀度，有不同的方案，取样袋数至少为总袋数的 10%，也可以按以下公式计算得出：

$$取样袋数=\sqrt{\frac{总袋数}{2}}$$

中小颗粒饲料如玉米、大麦等取的袋数不少于总袋数的 5%。粉状饲料取样袋数不少于总数的 3%。总袋数在 100 袋以下，取样不少于 10 袋，每增加 100 袋需增加 1 袋。

取样时，用口袋探针从口袋的上下 2 个部位采样，或将袋平放，将探针的槽口向下，从袋口的一角按对角线方向插入袋中，然后转动器柄使槽口向上，抽出探针，取出样品。

大袋的颗粒饲料在采样时，可采取倒袋和拆袋相结合的方法取样，倒袋和拆袋的比例为 1∶4。倒袋时，先将取样袋放在洁净的样布或地面上，拆去袋口缝线，缓慢地放倒，双手紧握袋底两角，提起约 50 cm 高，边拖边倒，至 1.5 m 远全部倒出，用取样铲从相当于袋的中部和底部取样，每袋各点取样数量应一致，然后混匀。拆袋时，将袋口缝线拆开 3～5 针，用取样铲从上部取出所需样品，每袋取样数量一致。将倒袋和拆袋采集的样品混合即得原始样品。

3. 仓装 一种方法是原始样品在饲料进入包装车间或成品库的流水线或传送带上、贮塔下、料斗下、秤上或工艺设备上采集，具体方法：用长柄勺、自动或机械式选样器，间隔时间相同，截断落下的饲料流。间隔时间应根据产品移动的速度来确定，同时要考虑到每批选取的原始样品的总量。对于饲料级磷酸盐、动物性饲料粉和鱼粉应不少于 2 kg，其他饲料产品则不少于 4 kg。另一种方法是针对贮藏在饲料库中的散状产品的原始样品。方法是按高度分层采样，即采样前将层表面划分为 6 个等份，在每一部分的四方形对角线的四角和交叉点 5 个不同地方采样。料层厚度在 0.75 m 以下时，从 2 层中选取，即从距料层表面 10～15 cm 深处的上层和靠近地面的下层选取；当料层厚度在 0.75 m 以上时，从 3 层中选取，即从距料层表面 10～15 cm 深处的上层、中层和靠近地面的下层选取，采集时从上而下进行。料堆边缘的点应距边缘 50 cm，底层距底部 20 cm。

圆仓可按高度分层，每层分内(中心)、中(半径的 1/2 处)、外(距仓边 30 cm 左右)3 圈，圆仓直径在 8 m 以下时，每层按内、中、外分别采 1、2、4 个点，共 7 个点；直径在 8 m 以上时，每层按内、中、外分别采 1、4、8 个点，共 13 个点。将各点样品混匀即得原始样品。

(二)液体或半固体饲料

1. 液体饲料 桶或瓶装的植物油等液体饲料应从不同的包装单位(桶或瓶)中分别取样，然后混合。取样的桶数如下：7 桶以下，取样桶数不少于 5 桶；10 桶以下，取样桶数不少于 7 桶；10～50 桶，取样桶数不少于 10 桶；51～100 桶，取样桶数不少于 15 桶；101 桶以上，按不少于总桶数的 15%取样。

取样时，将桶内饲料搅拌均匀(或摇匀)，然后将空心探针缓慢地自桶口插至桶底，然后堵压上口提出探针，将液体饲料注入样品瓶内混匀。

对散装(大池或大桶)的液体饲料按散装液体高度分上、中、下 3 层分层布点取样。上层设在距液面约 40 cm 处，中层设在液体中间，下层设在距池底 40 cm 处，3 层采样数量的比例为 1∶3∶1(卧式液池、车槽为 1∶8∶1)。采样时，用液体取样器在不同部位采样，并将各部位采集的样品进行混合，即得原始样品。原始样品的数量取决于总量，总量为 500 t 以下，应不少于 1.5 kg；501～1 000 t，不少于 2.0 kg；1 001 t 以上，不少于 4.0 kg。原始样品混匀后，再采集 1 kg 作次级样品备用。

2. 固体油脂 对在常温下呈固体的动物性油脂的采样，可参照固体饲料采样方法，但原始样品应通过加热熔化混匀后，才能采集次级样品。

3. 黏性液体 黏性浓稠饲料如糖蜜，可在卸料过程中采用抓取法，即定时用勺等器具随机采样。原始样品数量应为总量 1 t 至少采集 1 L。原始样品充分混匀后，即可采集次级样品。

(三)块饼类

块饼类饲料的采样依块饼的大小而异。

大块状饲料从不同的堆积部位选取不少于 5 大块，然后从每块中切取对角的小三角形(图 11-8)，将全部小三角形块捶碎混合后得原始样品，然后再用四分法取分析样品 200 g 左右。

小块的油粕，要选取具有代表性者数 10 片(25～30 片)，粉碎后充分混合得原始样品，再用四分法取分析样品约 200 g。

(四)副食及酿造加工副产品

此类饲料包括酒糟、醋糟、粉渣和豆渣等。取样方法是：在贮藏池、木桶或贮堆中分上、中、下 3 层取样。视池、桶或堆的大小每层取 5～10 个点，每点取 100 g 放入瓷桶内充分混合得原

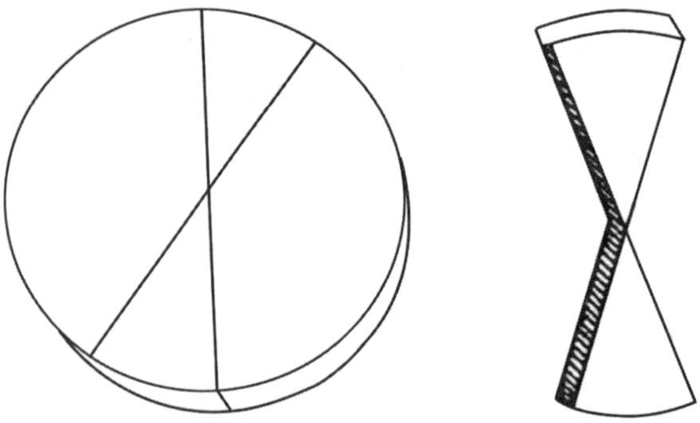

图 11-8 块饼类饲料采样示意图

始样品，然后从中随机取分析样品约 1 500 g，用 200 g 测定其初水分，其余放入大瓷盘中，在 60～65 ℃恒温干燥箱中干燥供制风干样品用。

对豆渣和粉渣等含水较多的样品，在采样过程中应注意避免汁液损失。

(五)块根、块茎和瓜类

这类饲料的特点是含水量大，由不均匀的大体积单位组成。采样时，通过采集多个单独样品来消除每个个体间的差异。样品个数的多少，根据样品的种类和成熟的均匀与否，以及所需测定的营养成分而定，见表 11-1。

表 11-1 块根、块茎和瓜类取样数量 个

种类	数量	种类	数量
一般块根、块茎饲料	10～20	马铃薯	50
胡萝卜	20	南瓜	10

采样时，从田间或贮藏窖内随机分点采取原始样品 15 kg，按大、中、小分堆称重求出比例，按比例取 5 kg 次级样品。先用水洗干净，洗涤时注意勿损伤样品的外皮，洗涤后用布拭去表面的水分。然后，从各个块根的顶端至根部纵切具有代表性的对角 1/4、1/8 或 1/16……，直至适量的分析样品，迅速切碎后混合均匀，取 300 g 左右测定初水分，其余样品平铺于洁净的瓷盘内或用线串联置于阴凉通风处风干 2～3 d，然后在 60～65 ℃的恒温干燥箱中烘干备用。

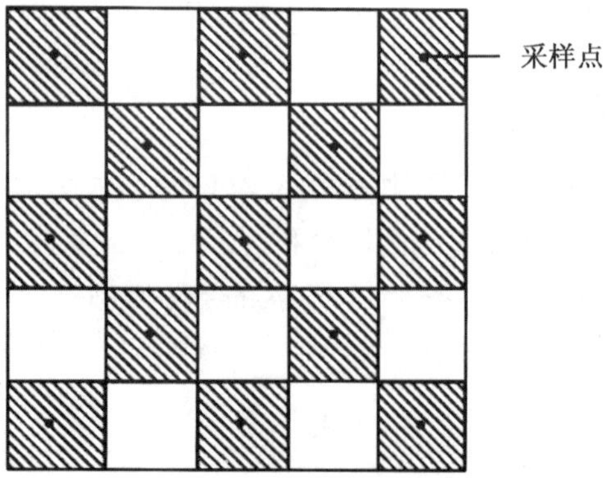

图 11-9 草地及田间采样示意图

(六)新鲜青绿饲料及水生饲料

新鲜青绿饲料包括天然牧草、蔬菜类、作物的茎叶和藤蔓等。一般取样是在天然牧地或田间，在大面积的牧地上应根据牧地类型划区分点采样（图 11-9）。

每区选 5 个以上的点，每点为 1 m^2 的范围，在此范围内离地面 3～4 cm 处割取牧草，除去不可食草，将各点原始样品剪碎，混合均匀得原

始样品。然后，按四分法取分析样品500～1 000 g，取300～500 g用于测定初水分，一部分立即用于测定胡萝卜素等，另一部分在60～65 ℃的恒温干燥箱中烘干备用。

栽培的青绿饲料应视田块的大小，按上述方法等距离分点，每点采1株至数株，切碎混合后取分析样品。该方法也适用于水生饲料，但注意采样后应晾干样品外表游离水分，然后切碎取分析样品。

实验实训二　饲料样品的制备

【学习目标】

本单元属于专业实训知识范畴。通过学习，了解不同状态饲料样品的采集方法、样品制备方法及注意事项，为后期的饲料养分检测做准备。

【学习方法】

课堂实训，课后在图书馆中或互联网上查阅有关资料。

【关键词】

宠物食品；样品采集；采样方法；原始样品；次级样品；分析样品制备；分析样品制备；半干样品；绝干样品；初水分；采样器；几何法；四分法

样品的制备指将原始样品或次级样品经过一定的处理成为分析样品的过程。样品制备方法包括烘干、粉碎和混匀，制备成的样品可分为半干样品和风干样品。

一、风干样品的制备

风干饲料是指自然含水量不高的饲料，一般含水在15%以下，如玉米、小麦等作物子实，糠麸，青干草，配合饲料等。

风干样品的制备包括3个过程。

（一）原始样品的采集

按照几何法和四分法采集。

（二）次级样品的采集

对不均匀的原始样品如干草、秸秆等，可应经过一定处理如剪碎或捶碎等混匀，按四分法采得次级样品。对均匀的样品如玉米、粉料等，可直接用四分法采得次级样品。

（三）分析样品制备

1. 制备设备　常用样品制备的粉碎设备有植物样本粉碎机、旋风磨、咖啡磨和滚筒式样品粉碎机（图11-10）。其中最常用的有植物样本粉碎机和旋风磨。植物样本粉碎机易清洗，不会过热而使水分发生明显变化，能使样品经研磨后完全通过适当筛孔的筛。旋风磨粉碎效率较高，但在粉碎过程中水分有损失，需注意校正。

注意磨的筛网的孔径大小不一定与检验用的大小相同，而粉碎粒度的大小直接影响分析结果的准确性。

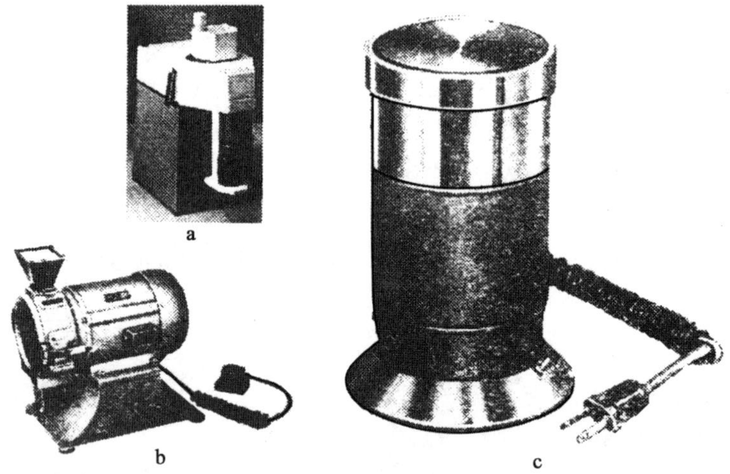

图 11-10　常见样品粉碎磨类型

a. 旋风磨　b. 植物样本粉碎机　c. 咖啡磨

2. 制备过程　次级样品用饲料样品粉碎机粉碎，通过孔径为 1.00～0.25 mm 孔筛即得分析样品。主要分析指标样品粉碎粒度要求见表 11-2。注意：不易粉碎的粗饲料如秸秆渣等，在粉碎机中会剩留极少量难以通过筛孔，这部分决不可抛弃，应尽力弄碎，如用剪刀仔细剪碎后一并均匀混入样品中，避免引起分析误差。将粉碎完毕的样品 200～500 g 装入磨口广口瓶内保存备用，并注明样品名称、制样日期和制样人等。

表 11-2　主要分析指标样品粉碎粒度的要求

指标	分析筛规格/目	筛孔直径/mm
水、粗蛋白质、粗脂肪、粗灰分、钙、磷、盐	40	0.45
粗纤维、体外胃蛋白酶消化率	18	1.00
氨基酸、微量元素、维生素、脲酶活性、蛋白质溶解度	60	0.25

二、半干样品的制备

（一）半干样品的制备过程

半干样品是由新鲜的青饲料、青贮饲料等制备而成。这些新鲜样品含水分高，占样品质量的 70%～90%，不易粉碎和保存。除少数指标如胡萝卜素的测定可直接使用新鲜样品外，一般在测定饲料的初水分后制成半干样品，以便保存，供其余指标分析备用。

新鲜样品在 60～65 ℃的恒温干燥箱中烘 8～12 h，除去部分水分，然后回潮使其与周围环境条件的空气湿度保持平衡，在这种条件下所失去的水分称为初水分。去掉初水分之后的样品为半干样品。

半干样品的制备包括烘干、回潮和称恒重 3 个过程。最后，半干样品经粉碎机磨细，通过 1.00～0.25 mm 孔筛，即得分析样品。将分析样品装入磨口广口瓶中，在瓶上贴上标签，注明样品名称、采样地点、采样日期、制样日期、分析日期和制样人，然后保存备用。

(二)初水分的测定步骤

1. 瓷盘称重 在普通天平上称取瓷盘的质量。

2. 称样品重 用已知质量的瓷盘在普通天平上称取新鲜样品 200～300 g。

3. 灭酶 将装有新鲜样品的瓷盘放入 120 ℃烘箱中烘 10～15 min。目的是使新鲜饲料中存在的各种酶失活，以减少对饲料养分分解造成的损失。

4. 烘干 将瓷盘迅速放在 60～70 ℃烘箱中烘一定时间，直到样品干燥容易磨碎为止。烘干时间一般为 8～12 h，取决于样品含水量和样品数量。含水量低、数量少的样品也可能只需 5～6 h 即可烘干。

5. 回潮和称重 取出瓷盘，放置在室内自然条件下冷却 24 h，然后用普通天平称重。

6. 再烘干 将瓷盘再次放入 60～70 ℃烘箱中烘 2 h。

7. 再回潮和称重 取出瓷盘，同样在室内自然条件下冷却 24 h，然后用普通天平称重。如果 2 次质量之差超过 0.5 g，则将瓷盘再放入烘箱，重复步骤 6 和步骤 7，直至 2 次称重之差不超过 0.5 g 为止。取最低的质量即为半干样品的质量。将半干样品粉碎至一定细度即为分析样品。

8. 计算公式与结果

$$\omega(\text{初水分})=\frac{m_1-m_2}{m_1}$$

式中：m_1 为新鲜样品质量，g；m_2 为半干样品，g。

实验实训三 饲料样品的登记与保管

【学习目标】

本单元属于专业实训知识范畴。通过学习，了解不同状态饲料样品的采集方法、样品制备方法及注意事项，为后期的饲料养分检测做准备。

【学习方法】

课堂实训，课后在图书馆中或互联网上查阅有关资料。

【关键词】

宠物食品；样品采集；采样方法；原始样品；次级样品；分析样品制备；分析样品制备；半干样品；绝干样品；初水分；采样器；几何法；四分法

一、样品的登记

制备好的风干样品或半干样品均应装在洁净、干燥的磨口广口瓶内作为分析样品备用。瓶外贴有标签，标明样品名称、采样和制样时间、采样和制样人等。此外，分析实验室应有专门的样品登记本，系统的详细记录与样品相关的资料，要求登记的内容如下。

(1)样品名称(一般名称、学名和俗名)和种类(必要时须注明品种、质量等级)。

(2)生长期(成熟程度)、收获期、茬次。

(3)调制和加工方法及贮存条件。
(4)外观性状及混杂度。
(5)采样地点和采集部位。
(6)生产厂家,批次和出厂日期。
(7)质量。
(8)采样和制样人姓名。

二、样品的保管

(一)保存条件

样品应避光保存,并尽可能低温保存,并做好防虫措施。

(二)保存时间

样品保存时间的长短应有严格规定,这主要取决于原料更换的快慢及买卖双方谈判情况(如水分含量过高,蛋白质含量是否合乎要求)。此外,对某些饲料在饲喂后可能出现问题,故该饲料样品应长期保存,备做复检用。但在一般条件下,原料样品应保留 2 周,成品样品应保留 1 个月(与对客户的保险期相同)。有时为了特殊目的饲料样品需保管 1～2 年。对需长期保存的样品可用锡铝纸软包装,经抽真空充氮气后(高纯氮气)密封,在冷库中保存备用。专门从事饲料质量检验监督机构的样品保存期一般为 3～6 个月。

饲料样品应由专人采集、登记、制备与保管。

实验实训四　饲料中水分的测定

【学习目标】

本单元属于专业实训知识范畴。通过学习,了解饲料样品中水分的测定方法的适用范围、原理、样品选取、制备方法及测定方法和注意事项。

【学习方法】

课堂实训,课后在图书馆中或互联网上查阅有关资料。

【关键词】

宠物食品;样品选取;分析样品制备;水分测定方法

一、适用范围

本方法适用于测定配合饲料和单一饲料中水分的含量,但用做饲料的奶制品,动物、植物油脂和矿物质则除外。

二、测定原理

样品在(105±2) ℃烘箱内,在 1 个大气压下烘干,直至恒重,逸失的质量为水分。在该温度下干燥,不仅饲料中的吸附水被蒸发,同时一部分胶体水分也被蒸发,另外还有少量挥发油挥发。

三、仪器设备

(1)实验室用样品粉碎机或研钵。

(2)分析筛:孔径 0.45 mm(40 目)。

(3)分析天平:感量 0.000 1 g。

(4)称样皿:玻璃或铝制,直径 40 mm 以上,高度 25 mm 以下。

(5)电热式恒温烘箱:可控制温度为(105±2)℃。

(6)干燥器:用变色硅胶或氯化钙做干燥剂。

四、试样的选取和制备

(1)选取有代表性的试样,其原始样量在 1 000 g 以上。

(2)用四分法将原始样品缩至 500 g,再缩至 200 g,风干后粉碎至 40 目,装入密封容器,放阴凉干燥处保存。

(3)如试样是多汁的鲜样,或无法粉碎时,应预先干燥处理。称取试样 200～300 g,置于已知质量的培养皿中,先在 105 ℃箱中烘 15 min,然后立即降到 65 ℃烘干 5～6 h。将烘干的样品放在室内空气中冷却 1 h,称重,即得风干样品。重复上述操作,直到 2 次称重之差不超过 0.5 g 为止。

五、测定步骤

(1)将洁净的称量瓶在(105±2) ℃烘箱中烘 1 h,取出,在干燥器中冷却 30 min,称重,准确至 0.000 2 g。重复以上操作,直至 2 次质量之差小于 0.000 5 g 为恒重。

(2)在已知质量的称量瓶中称取 2 份平行试样,每份 2～5 g(含水量 0.1 g 以上,样厚 4 mm 以下),准确至 0.000 2 g。

(3)将盛有样品的称量瓶不盖盖,在(105±2) ℃烘箱中烘 3 h(温度到达 105 ℃时开始计时),取出,盖好称量瓶盖,在干燥器中冷却 30 min,称重。

(4)再同样烘干 1 h,冷却,称重,直到 2 次质量差小于 0.000 2 g。

六、测定结果的计算

计算公式如下:

$$\omega(H_2O)=\frac{m_1-m_2}{m_1-m_0}$$

式中:m_1 为 105 ℃烘干前试样及称量瓶质量,g;m_2 为 105 ℃烘干后试样及称量瓶质量,g;m_0 为已恒重的称量瓶质量,g。

七、注意事项

(1)如果按上述的步骤进行过预先干燥处理(指多汁的鲜样),则按下式计算原来试样中所含水分含量:

$$\omega(\text{原试样总水分})=\omega(\text{预干燥减重})+[1-\omega(\text{预干燥减重})]\times\omega(\text{风干试样水分})$$

(2)加热时试样中有挥发性物质可能与试样中水分一起损失,例如青贮料中的挥发性脂肪酸(VFA)。

(3)某些含脂肪高的样品,烘干时间长反而会增重,乃脂肪氧化所致,应以增重前那次称量为准。

(4)含糖分高的、易分解或易焦化样品,应使用减压干燥法(70 ℃,80 kPa 以下,烘干 5 h)测定水分。

实验实训五 饲料中粗蛋白质的测定(凯氏定氮法)

【学习目标】

本单元属于专业实训知识范畴。通过学习,了解饲料样品中粗蛋白质的测定方法的适用范围、原理、样品选取及测定前处理方法、测定方法和注意事项。

【学习方法】

课堂实训,课后在图书馆中或互联网上查阅有关资料。

【关键词】

宠物食品;样品选取;分析样品处理;粗蛋白质测定方法;凯氏定氮法;蒸馏法

饲料中含氮物质包括纯蛋白质和氨化物(氨化物有氨基酸、酰胺、硝酸盐及铵盐等),两者总称为粗蛋白质。

测定粗蛋白质的方法很多,有间接法和直接法。间接法是根据每种蛋白质的含氮量是恒定的,通过测定样品中含氮量推算蛋白质含量的方法。常用的有:凯氏法、杜马斯法、强碱直接蒸馏法、纳氏试剂比色法和靛酚蓝比色法。直接方法是根据蛋白质的物理及化学性质直接测定蛋白质含量的方法,其中有紫外吸收法、双缩脲法、酚试剂法、染料结合法(DBL 法)、茚三酮法、折射率法、放射性同位素法、比浊法等。凯氏定氮法是 19 世纪建立的经典方法,结果准确,但操作费时,人们在经典法基础上选择催化剂,加快分析速度,改进仪器装置,研制出了蛋白质测定仪,如瑞典 Tecator 1035 型自动定氮分析仪,国产 KDN-01 蛋白质测定仪等。下面介绍凯氏定氮法。

一、适用范围

本方法适用于配合饲料、浓缩饲料和单一饲料等粗蛋白质的测定。

二、测定原理

各种饲料的有机物质在催化剂(如硫酸铜或硒粉)的帮助下,用浓硫酸进行消化作用,使蛋白质和氨态氮(在一定处理条件下也包括硝酸态氮)都转变成氨气,并被浓硫酸吸收变为硫酸铵;而非含氮物质,则以二氧化碳、水、二氧化硫的气体状态逸出。消化液在浓碱的作用下进行蒸馏,释放出的氨气,通过蒸馏,氨气随水气顺着冷凝管流入硼酸吸收液中,并与其结合成硼酸铵,然后以甲基红-溴甲酚绿作混合指示剂,用盐酸标准滴定溶液滴定,求出氮的含量,再乘以一定的换算系数(通常用系数 6.25 计算),得出样品中粗蛋白质的含量。

其主要化学反应如下:

$$2CH_3CHNH_2COOH + 13H_2SO_4 \longrightarrow (NH_4)_2SO_4 + 6CO_2\uparrow + 12SO_2\uparrow + 16H_2O$$

$$(NH_4)_2SO_4 + 2NaOH \longrightarrow 2NH_3\uparrow + 2H_2O + Na_2SO_4$$
$$H_3BO_3 + NH_3 \longrightarrow NH_4H_2BO_3$$
$$NH_4H_2BO_3 + HCl = H_3BO_3 + NH_4Cl$$

三、仪器设备

(1)实验室用样品粉碎机或研钵。

(2)分析筛:孔径 0.45 mm(40 目)。

(3)分析天平:感量 0.000 1 g。

(4)消煮炉或电炉。

(5)滴定管:酸式,25 mL 或 50 mL。

(6)凯氏烧瓶:250 mL。

(7)凯氏蒸馏装置:常量直接蒸馏式或半微量蒸馏式。

(8)锥形瓶:150 mL 或 250 mL。

(9)容量瓶:100 mL。

(10)消煮管:250 mL。

(11)定氮仪:以凯氏原理制造的各类型半自动或全自动定氮仪。

四、试剂及配制

(1)浓硫酸,化学纯。

(2)硫酸铜,化学纯。

(3)硫酸钾,化学纯;或硫酸钠,化学纯。

(4)400 g/L 氢氧化钠溶液:40 g 氢氧化钠溶于 100 mL 水中。

(5)20 g/L 硼酸溶液:2 g 硼酸溶于 100 mL 水中。

(6)盐酸标准滴定溶液:邻苯二甲酸氢钾法标定。

盐酸标准溶液:c(HCl)=0.1 mol/L。8.3 mL 盐酸,注入 1 000 mL 水中。

盐酸标准溶液:c(HCl)=0.2 mol/L。16.7 mL 盐酸,注入 1 000 mL 水中。

(7)混合指示剂:甲基红 1 g/L 乙醇溶液与溴甲酚绿 5 g/L 乙醇溶液,2 种溶液等体积混合,置阴凉处,保存期为 3 个月。

(8)硫酸铵,分析纯,干燥。

(9)蔗糖,分析纯。

(10)硼酸吸收液:10 g/L 硼酸溶液 1 000 mL,加入甲基红 1 g/L 乙醇溶液 7 mL,与溴甲酚绿 1 g/L 乙醇溶液 10 mL、40 g/L 氢氧化钠溶液 0.5 mL 混合,置阴凉处,保存期为 1 个月(全自动定氮分析仪用)。

五、试样的选取和制备

取有代表性试样用四分法缩减至 200 g,粉碎至 40 目,装入密封容器中,防止试样成分发生变化或变质。

液体或膏状黏液试样应注意取样的代表性。用干净的、可放入凯氏烧瓶或消化管的玻璃容器量取。

六、测定步骤

1. 试样的消化 称取 0.5～1 g 试样（含氮量 5～80 mg），准确至 0.000 2 g，无损地放入凯氏烧瓶或消化管中，加入硫酸铜（$CuSO_4 \cdot 5H_2O$）0.4 g，无水硫酸钾（或无水硫酸钠）6 g，与试样混合均匀，再加浓硫酸 10 mL 和 2 粒玻璃珠。把凯氏烧瓶或消化管放在通风柜里的电炉或消煮炉上小心加热，待样品焦化，泡沫消失，再加大火力（360～410 ℃），直至溶液澄清后，再加热消化 15 min。凯氏电热消化架如图 11-11 所示。

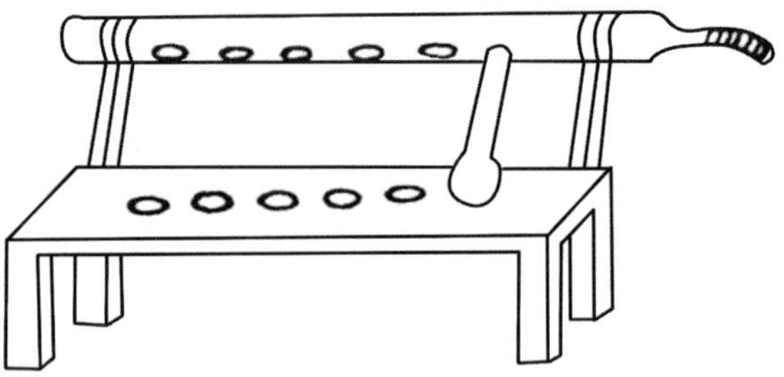

图 11-11 凯氏电热消化架

试剂空白测定：另取凯氏烧瓶或消化管 1 个，加入硫酸铜（$CuSO_4 \cdot 5H_2O$）0.4 g，无水硫酸钾（或硫酸钠）6 g，浓硫酸 10 mL，加热消化至溶液澄清。

2. 氨的蒸馏

（1）常量直接蒸馏法。将试样消煮液冷却，加水 60～100 mL，摇匀，冷却。将蒸馏装置冷凝管的末端浸入 35 mL 硼酸吸收液和加有 2 滴混合指示剂的锥形瓶中，然后小心地向凯氏烧瓶或消化管中加入氢氧化钠溶液至溶液颜色变黑，再稍加少许，使溶液混匀后，加热蒸馏，直至馏出液体积约 150 mL。降下锥形瓶，使冷凝管末端离开液面，继续蒸馏 1～2 min，并用水冲洗末端，洗液均需流入锥形瓶内，然后停止蒸馏。

（2）半微量水蒸气蒸馏法。将试样消煮液冷却，加水 20 mL，移入 100 mL 容量瓶中，冷却后用水稀释至刻度，摇匀，作为试样分解液。取 35 mL 硼酸溶液，加混合指示剂 2 滴，使半微量装置的冷凝管末端浸入此溶液。蒸汽发生器的水中应加入甲基红指示剂数滴，硫酸数滴，在蒸馏过程中保持此溶液为橙红色，否则需补加硫酸。准确移取试样分解液 10～20 mL，注入蒸馏装置的反应室中，用少量水冲洗进样入口，塞好入口玻璃塞，再加 10 mL 400 g/L 氢氧化钠溶液，小心拉起玻璃塞使之进入反应室，将玻璃塞塞好，且在入口处加水封好，防止漏气，蒸馏 4 min，使冷凝管末端离开吸收液面，再蒸馏 1 min，用水冲洗冷凝管末端，洗液均流入锥形瓶内，然后停止蒸馏。图 11-12 为凯氏蒸馏装置示意图。

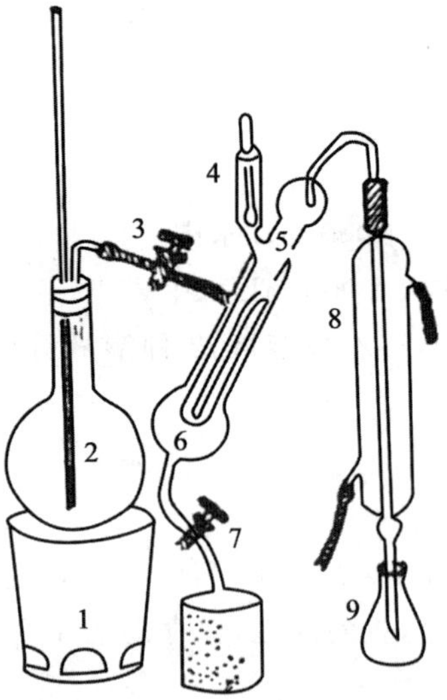

图 11-12 凯氏蒸馏装置示意图

1. 电炉 2. 蒸汽发生器 3. 螺丝夹 4. 小玻璃杯及棒状玻璃塞 5. 反应室 6. 反应室外层 7. 橡皮管及螺丝夹 8. 冷凝器 9. 蒸馏液接收三角瓶

注：常量直接蒸馏法和半微量水蒸气蒸馏法测定结果相近，可任选一种。

3. 滴定 用常量直接蒸馏法或半微量水蒸气蒸馏法使硼酸吸收氨后，立即用 0.1 mol/L 或 0.02 mol/L 盐酸标准滴定溶液滴定，溶液由蓝绿色变为灰红色为终点。

在测定饲料样品中含氮量的同时，应做一空白对照测定，即各种试剂的用量及操作步骤完全相同，但不加试样，这样可以校正因试剂不纯所发生的误差。

4. 空白测定 称取蔗糖0.5 g，以代替试样，按测定步骤1和步骤2进行空白测定，消耗0.1 mol/L盐酸标准滴定溶液的体积不超过0.2 mL。消耗0.02 mol/L盐酸标准滴定溶液的体积不超过0.3 mL。

5. 测定步骤的检验 精确称取0.2 g硫酸铵，代替试样，按测定步骤1和步骤2操作，测得硫酸铵含氮量为(21.19±0.20)%，否则应检查加碱、蒸馏和滴定各步骤是否正确。

七、测定结果的计算

(1)计算公式。试样中粗蛋白质质量分数计算公式如下：

$$\omega(\mathrm{CP})=\frac{(V_1-V_2)c\times 0.014\times 6.25}{m\times(V'/V)}$$

式中：c为盐酸标准滴定溶液浓度，mol/L；m为试样质量，g；V_1为滴定试样时所需盐酸标准滴定溶液体积，mL；V_2为空白滴定所需盐酸标准滴定溶液体积，mL；V为试样分解液总体积，mL；V'为试样分解液蒸馏用体积，mL；0.014为与1.00 mL盐酸标准滴定溶液[c(HCl)=1.000 mol/L]相当的，以克(g)表示氮的质量；6.25为氮换算成蛋白质的平均系数。

(2)重复性。每个试样取2个平行样进行测定，以其算术平均值为结果。当粗蛋白质含量在25%以上时，允许相对偏差为1%；当粗蛋白质含量在10%～25%时，允许相对偏差为2%；当粗蛋白质含量在10%以下时，允许相对偏差为3%。

实验实训六 饲料中粗脂肪的测定

【学习目标】

本单元属于专业实训知识范畴。通过学习，了解饲料样品中粗脂肪的测定方法的适用范围、原理、样品选取及测定前处理方法、测定方法和注意事项。

【学习方法】

课堂实训，课后在图书馆中或互联网上查阅有关资料。

【关键词】

宠物食品；样品选取；分析样品处理；粗脂肪测定方法；油重法；残余法

饲料脂肪的测定，通常是将试样放在特制的仪器中，用脂溶性溶剂(乙醚、石油醚、氯仿等)反复抽提，可把脂肪抽提出来。浸提出的物质除脂肪外，还有一部分类脂物质也被浸出，如游离脂肪酸、磷脂、蜡、色素以及脂溶性维生素等，所以称为粗脂肪。

测定粗脂肪的常用方法有油重法、残余法、浸泡法等。本节仅介绍油重法和残余法。

一、油重法

(一)适用范围

本方法适用于各种混合饲料、配合饲料、浓缩饲料及单一饲料中粗脂肪的测定。

(二)测定原理

用乙醚等有机溶剂反复浸提饲料样品,使其中脂肪溶于乙醚,并收集于盛醚瓶中,然后将所有的浸提溶剂加以蒸发回收,直接称量盛醚瓶中的脂肪重,即可计算出饲料样品中的脂肪含量。

(三)仪器设备

(1)实验室用样品粉碎机或研钵。
(2)分析筛:孔径 0.45 mm(40 目)。
(3)分析天平:感量 0.000 1 g。
(4)电热恒温水浴锅:室温至 100 ℃。
(5)恒温烘箱。
(6)索氏脂肪提取器:100 mL 或 150 mL。
(7)干燥器:用氯化钙(干燥级)或变色硅胶为干燥剂。
(8)滤纸或滤纸筒:中速,脱脂。

(四)试剂

无水乙醚(分析纯)。

(五)试样的选取和制备

取有代表性试样用四分法缩减至 200 g,粉碎至 40 目,装入密封容器中,防止试样成分发生变化或变质。

(六)测定步骤

(1)索氏提取器应干燥无水。将抽提瓶(内有沸石数粒)在(105±2) ℃烘箱中烘干 30 min,干燥器中冷却 30 min,称重。再烘干 30 min,同样冷却称重,2 次称重之差小于 0.000 8 g 为恒重。

(2)称取试样 1~5 g(准确至 0.000 2 g),于滤纸筒中或用滤纸包好,并用铅笔注明标号,放入(105±2) ℃烘箱中烘干 2 h(或称测水分后的干试样,折算成风干样重)。滤纸筒应高于提取器虹吸管的高度,滤纸包长度应以可全部浸泡于乙醚中为准。

(3)将滤纸筒或包放入抽提管中,在抽提瓶中加无水乙醚 60~100 mL,在 60~75 ℃的水浴(用蒸馏水)上加热,使乙醚回流,控制乙醚回流次数为每小时约 10 次,共回流约 50 次(含油高的试样约 70 次)或检查抽提管流出的乙醚挥发后不留下油迹为抽提终点。

(4)取出试样,仍用原提取器回收乙醚,直至抽提瓶全部收完,取下抽提瓶,在水浴上蒸去残余乙醚。擦净外壁,将抽提瓶放入(105±2) ℃烘箱中烘干 2 h,干燥器中冷却 30 min,称重。再烘干 30 min,同样冷却称重,2 次称重之差小于 0.001 g 为恒重。

(七)测定结果的计算

(1)计算公式。试样中粗脂肪的质量分数计算公式如下:

$$\omega(\mathrm{EE})=\frac{m_2-m_1}{m}$$

式中：m 为试样质量，g；m_1 为抽提瓶质量，g；m_2 为盛有脂肪的抽提瓶质量，g。

(2)重复性。每个试样取 2 个平行样进行测定，以其算术平均值为结果。粗脂肪含量在 10%以上时，允许相对偏差为 3%；粗脂肪含量在 10%以下时，允许相对偏差为 5%。

(八)注意事项

(1)全部称量操作，样品包装时要戴乳胶手套或棉手套。

(2)使用乙醚时，严禁明火加热，保持室内良好通风，抽提时防止乙醚过热而爆炸。

(3)测定样品在浸提前必须粉碎烘干，以免在浸提过程中样品水分随乙醚溶解样品中而引起误差。

(4)粗脂肪的测定也可采用脂肪提取仪测定，依各仪器操作说明书进行测定。

二、残余法

(一)测定原理

试样经脂溶性溶剂反复抽提，使全部脂肪除去，根据试样质量和残渣质量之差计算粗脂肪含量。

(二)仪器设备

同油重法。

(三)试剂

同油重法。

(四)测定步骤

按油重法操作。当脂肪浸提干净后取出小包，置于干净表面皿上晾干 20～30 min，然后装入同号码称量瓶中，置(105±2) ℃烘箱内烘至恒重。试样中粗脂肪质量分数按下列公式计算。

$$\omega(\mathrm{EE})=\frac{m_2-m_1}{m}$$

式中：m_1 为装有试样滤包或筒浸提前质量，g；m_2 为装有试样滤包或筒浸提后质量，g；m 为试样质量，g。

实验实训七　饲料中粗纤维的测定

【学习目标】

本单元属于专业实训知识范畴。通过学习，了解饲料样品中粗纤维的测定方法的适用范围、原理、样品选取及测定前处理方法、测定方法和注意事项。

【学习方法】

课堂实训，课后在图书馆中或互联网上查阅有关资料。

【关键词】

宠物食品；样品选取；分析样品处理；粗脂肪测定方法；酸处理；碱处理

纤维素是植物细胞壁的主要成分，它是高分子化合物，不溶于水和任何有机溶剂。在稀酸或稀碱中也相当稳定，但与硫酸或盐酸共热时可水解为 α-葡萄糖。根据纤维素的性质，测定时首先将其与淀粉、蛋白质等物质分离，然后定量。常用的测定方法有酸、碱洗涤法、中性洗涤剂法、酸性洗涤剂法等。本节主要介绍酸、碱洗涤法。

一、适用范围

本方法适用于各种混合饲料、配合饲料、浓缩饲料及单一饲料中粗纤维的测定。

二、测定原理

用固定量的酸和碱，在特定条件下消煮样品，再用乙醇除去醇可溶物，经高温灼烧扣除矿物质的量，所余量称为粗纤维。其不是一个确切的化学实体，只是在公认强制规定的条件下，测出的概略养分，其中以纤维素为主，还有少量半纤维素和木质素等。

三、仪器和设备

(1)实验室用样品粉碎机或研钵。
(2)分析筛：孔径 1.00 mm(18 目)。
(3)分析天平：感量 0.000 1 g。
(4)电热恒温烘箱：可控制温度在(130±2) ℃。
(5)高温炉：电加热，有温度计且可控制炉温在 550～600 ℃。
(6)消煮装置(图 11-13)：有冷凝球的高型烧杯(500 mL)或有冷凝管的锥形瓶。

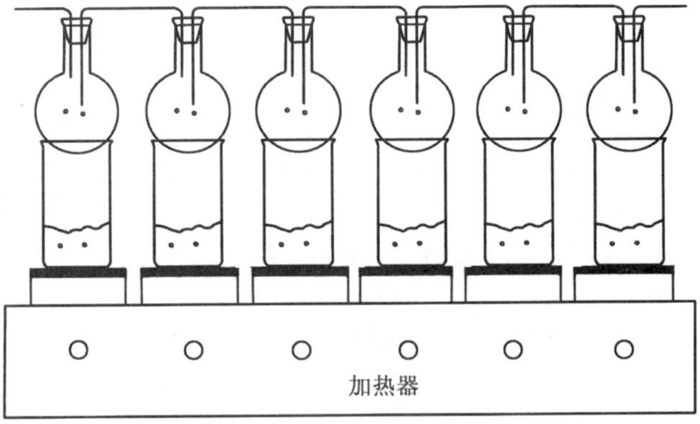

图 11-13 粗纤维消煮装置

(7)抽滤装置(图 11-14)：抽真空装置、吸滤瓶及漏斗。
(8)滤器：使用 200 目不锈钢网或尼龙滤布，或 G2 号玻璃滤器。
(9)古氏坩埚：30 mL，预先加入酸洗石棉悬浮液，再抽干，以石棉厚度均匀，不透光为宜。
(10)干燥器：用氯化钙(干燥级)或变色硅胶为干燥剂。

四、试剂及配制

(1)(0.128±0.005) mol/L 硫酸溶液。吸取密度为 1.84 的浓硫酸 6.89 mL，注入 800 mL 水中，冷却后稀释至 1 000 mL。用氢氧化钠标准溶液标定。

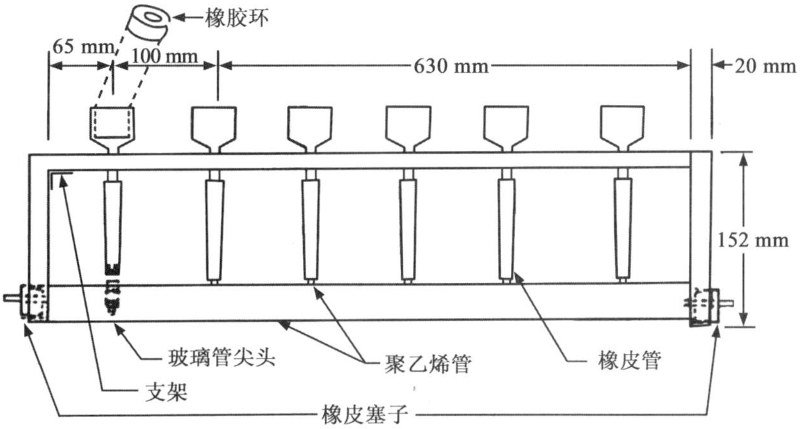

图 11-14 粗纤维抽滤装置

(2)(0.313±0.005) mol/L 氢氧化钠溶液。迅速称取分析纯氢氧化钠 12.5 g,溶于 100 mL 水中,准确定容至 1 000 mL。用邻苯二甲酸氢钾法标定。

(3)酸洗石棉。将中等长度的酸洗石棉(HG 3-1062)在体积比为 1∶3 盐酸溶液中煮沸 45 min,过滤后于 550 ℃烧灼 16 h,用(0.128±0.005) mol/L 硫酸溶液浸泡且煮沸 30 min,过滤,用水洗净酸。同样用(0.313±0.005) mol/L 氢氧化钠溶液煮沸 30 min,过滤,先用少量硫酸溶液洗 1 次,再用水洗净,烘干后,于 550 ℃烧灼 2 h,其空白试验结果为每 1 g 石棉含粗纤维值小于 1 mg。

(4)95%乙醇,化学纯。

(5)乙醚,化学纯。

(6)正辛醇,分析纯,防泡剂。

五、试样的选取和制备

取有代表性试样用四分法缩减至 200 g,粉碎至 18 目,装入密封容器中,防止试样成分发生变化或变质。

六、测定步骤

1. 酸处理 称取 1～2 g 试样,准确至 0.000 2 g,用乙醚脱脂(含脂肪大于 10%时必须脱脂,含脂肪低于 10%时可不脱脂),置于消煮器的高型烧杯中,加入已沸腾的硫酸溶液 200 mL 和 1 滴正辛醇,立即加热,使其在 2 min 内沸腾,且连续微沸(30±1) min,注意保持硫酸浓度不变。试样不应该离开溶液粘到瓶壁上。随后抽滤,残渣用沸蒸馏水洗至中性后抽干。

2. 碱处理 加已沸腾的氢氧化钠溶液 200 mL 和 1 滴正辛醇,立即加热,使其在 2 min 内沸腾,且连续微沸(30±1) min,注意保持氢氧化钠浓度不变。

3. 抽滤 将步骤 2 中经处理后的样品液在铺有石棉的古氏坩埚上抽滤(上下铺 2 层玻璃纤维有助于过滤),先用 25 mL 硫酸溶液洗涤,将残渣无损失地转移到坩埚中,用沸水洗至中性,再用 15 mL 95%乙醇洗涤,抽干。

4. 烘干、灰化 将坩埚放入烘箱,在(130±2) ℃烘箱下烘干 2 h,取出后在干燥器中冷却至室温,称重,再于(550±25) ℃高温炉中灼烧 30 min,称重,取出后在干燥器中冷却至室温,称重。

七、测定结果的计算

(1)计算公式。试样中粗纤维的质量分数计算公式如下：

$$\omega(CF)=\frac{m_2-m_1}{m}$$

式中：m 为试样(未脱脂)质量，g；m_1 为(130±2) ℃烘干后坩埚及试样残渣质量，g；m_2 为(550±25) ℃灼烧后坩埚及试样残灰质量，g。

(2)重复性。每个试样应取 2 个平行样测定，以其算术平均值为结果。粗纤维含量在 10%以下时，允许相差(绝对值)0.4%；粗纤维含量在 10%以上时，允许相对偏差为 4%。

八、注意事项

粗纤维的测定也可采用纤维测定仪测定，按照各仪器操作说明书进行测定。

实验实训八　饲料中无氮浸出物的计算——差值计算

【学习目标】

本单元属于专业实训知识范畴。通过学习，了解饲料样品中无氮浸出物的计算原理及方法。

【学习方法】

课堂实训，课后在图书馆中或互联网上查阅有关资料。

【关键词】

宠物食品；无氮浸出物计算方法

一般采用的饲料分析方案中，无氮浸出物(NFE)是根据相差计算法而求得，即在 1 中减去水分、粗蛋白质、粗脂肪、粗纤维、粗灰分等的质量分数，所得之差即为无氮浸出物的质量分数。由于不进行直接测定，因此，只能概括说明饲料中这部分养分的含量。

一、基本原理

饲料中无氮浸出物主要指的是淀粉、葡萄糖、果糖、蔗糖、糊精、五碳糖胶、有机酸和不属于纤维素的其他碳水化合物，如半纤维素及一部分木质素(不同来源的饲料，其无氮浸出物中所含木质素的量相差极大)。在植物性饲料中只有少量的有机酸游离存在或与钾、钠、钙等形成盐类。有机酸多为酒石酸、柠檬酸、草酸、苹果酸；发酵过的饲料多含乳酸、醋酸和酪酸等。

由于不同种类饲料的无氮浸出物所含上述各种养分的比重相差很大(特别是木质素的成分)，因此不同种类饲料无氮浸出物的营养价值也相差悬殊。但在新的饲料分析方案未确定下来以前，无氮浸出物的成分比较复杂，一般不进行实际测定，而根据相差计算法来求得，暂时仍采用旧方案中规定的相差计算法。

二、计算方法

$$\omega(NFE)=1-\omega(H_2O)-\omega(EE)-\omega(CF)-\omega(Ash)=$$
$$\omega(DM)-\omega(CP)-\omega(EE)-\omega(Ash)$$

实验实训九　饲料中钙的测定(高锰酸钾滴定法)

【学习目标】

本单元属于专业实训知识范畴。通过学习，了解饲料样品中钙的测定方法的适用范围、原理、样品选取及测定前处理方法、测定方法和注意事项。

【学习方法】

课堂实训，课后在图书馆中或互联网上查阅有关资料。

【关键词】

宠物食品；样品选取及制备；钙的测定方法；草酸钙的沉淀及其洗涤

一、适用范围

本方法适用于配合饲料、浓缩饲料和单一饲料中钙的测定。

二、测定原理

将试样有机物破坏，钙变成溶于水的离子，并与盐酸反应生成氯化钙，然后在溶液中加入草酸铵溶液，使钙成为草酸钙白色沉淀，然后用硫酸溶液溶解草酸钙，再用高锰酸钾标准溶液滴定游离的草酸根离子。根据高锰酸钾标准溶液的用量，可计算出试样中钙含量。

主要化学反应式如下：

$$CaCl_2+(NH_4)_2C_2O_4 \rightarrow CaC_2O_4\downarrow+2NH_4Cl$$
$$CaC_2O_4+H_2SO_4 \rightarrow CaSO_4+H_2C_2O_4$$
$$2KMnO_4+5H_2C_2O_4+3H_2SO_4 \rightarrow 10CO_2\uparrow+2MnSO_4+8H_2O+K_2SO_4$$

三、仪器和设备

(1)实验室用样品粉碎机或研钵。
(2)分析筛：孔径 0.45 mm(40 目)。
(3)分析天平：感量 0.000 1 g。
(4)高温炉：可控制温度在(550±20) ℃。
(5)坩埚：瓷质。
(6)容量瓶：100 mL。
(7)滴定管：酸式，25 mL 或 50 mL。
(8)玻璃漏斗：直径 6 cm。
(9)定量滤纸：中速，7～9 cm。

(10)移液管:10 mL 或 20 mL。

(11)烧杯:200 mL。

(12)凯氏烧瓶:250 mL 或 500 mL。

四、试剂及配制

(1)盐酸溶液:1∶3(体积比)。

(2)硫酸溶液:1∶3(体积比)。

(3)氨水溶液:1∶1(体积比)。

(4)42 g/L 草酸铵溶液:溶解 42 g 分析纯草酸铵于水中,稀释至 1 000 mL。

(5)甲基红指示剂:0.1 g 分析纯甲基红(HG 3-958)溶于 100 mL 的 95%乙醇中。

(6)浓硝酸。

(7)氨水溶液:1∶50(体积比)。

(8)高锰酸钾标准溶液:$c(1/5KMnO_4)=0.05$ mol/L。称取高锰酸钾约 1.6 g 溶于 800 mL 水中,煮沸 10 min,再用水稀释至 1 000 mL,冷却静置 1~2 d,用烧结玻璃滤器过滤,保存于棕色瓶中。

五、试样的选取与制备

取具有代表性试样用四分法缩减至 200 g,粉碎至 40 目,装入密封容器中,防止试样成分发生变化或变质。

六、测定步骤

(一)试样分解

1. 干法 称取试样 2~5 g 于坩埚中,准确至 0.000 2 g,在电炉上低温炭化至无烟为止。再将其放入高温炉于(550±20)℃下灼烧 3 h。在盛有灰分的坩埚中加入 1∶3 盐酸溶液 10 mL 和浓硝酸数滴,小心煮沸。将此溶液转入 100 mL 容量瓶中,并以热蒸馏水洗涤坩埚及漏斗中滤纸,冷却至室温后,定容,摇匀,为试样分解液。

2. 湿法(用于无机物或液体饲料) 称取试样 2~5 g 于凯氏烧瓶中,准确至 0.000 2 g。加入硝酸(化学纯)10 mL,加热煮沸,至二氧化氮黄烟逸尽,冷却后加入 70%~72%高氯酸(分析纯)10 mL,小心煮沸至无色,不得蒸干(危险!)。冷却后加水 50 mL,并煮沸驱逐二氧化氮,冷却后转入 100 mL 容量瓶中,用水定容至刻度,摇匀,为试样分解液。

(二)试样的测定

1. 草酸钙的沉淀及其洗涤 用移液管准确吸取试样液 10~20 mL(含钙量为 20 mg 左右)于烧杯中,加水 100 mL,甲基红指示剂 2 滴,滴加 1∶1 氨水溶液至溶液由红变橙黄色,再滴加 1∶3 盐酸溶液至溶液又呈红色(pH 为 2.5~3.0)为止。小心煮沸,慢慢滴加草酸铵溶液 10 mL,且不断搅拌。若溶液由红色变为橙色,应补滴 1∶3 盐酸溶液至红色,煮沸数分钟后,放置过夜使沉淀陈化(或在水浴上加热 2 h)。

用滤纸过滤,用 1∶50 的氨水溶液洗沉淀 6~8 次,至无草酸根离子为止(用试管接取滤液 2~3 mL,加 1∶3 硫酸溶液数滴,加热至 80 ℃,加高锰酸钾溶液 1 滴,溶液呈微红色,且 30 s

不褪色）。

2. 沉淀的溶解与滴定 将沉淀和滤纸转移入原烧杯中，加 1∶3 硫酸溶液 10 mL，蒸馏水 50 mL，加热至 75～85 ℃，立即用 0.05 mol/L 高锰酸钾标准溶液滴定至溶液呈微红色，且 30 s 不褪色为止。

3. 空白 在干净烧杯中加滤纸 1 张，1∶3 硫酸溶液 10 mL，蒸馏水 50 mL，加热至 75～85 ℃后，用高锰酸钾标准溶液滴至微红色，且 30 s 不褪色即可。

七、测定结果的计算

（1）计算公式。试样中钙的质量分数计算公式如下：

$$\omega(\mathrm{Ca})=\frac{(V_3-V_0)\times c\times 0.02}{m}\times\frac{V_1}{V_2}$$

式中：m 为试样的质量，g；V_1 为样品灰化液的定容体积，mL；V_2 为测定钙时样品溶液移取的用量，mL；V_2 为滴定时消耗高锰酸钾标准溶液的体积；mL；V_0 为滴定空白液高锰酸钾标准溶液的用量，mL；c 为高锰酸钾标准溶液的浓度，mol/L；0.02 为与 1.00 mL 高锰酸钾标准溶液[$c(1/5KMnO_4)=1.000$ mol/L]相当的以克表示的钙的质量。

（2）重复性。每个试样应取 2 个平行样进行测定，以其算术平均值为分析结果。

实验实训十 饲料中总磷量的测定(钼黄比色法)

【学习目标】

本单元属于专业实训知识范畴。通过学习，了解饲料样品中磷的测定方法的适用范围、原理、样品选取及测定前处理方法、测定方法和注意事项。

【学习方法】

课堂实训，课后在图书馆中或互联网上查阅有关资料。

【关键词】

宠物食品；样品选取及制备；钙的测定方法

一、适用范围

本方法适用于配合饲料、浓缩饲料、预混合饲料和单一饲料中总磷量的测定。测定范围磷含量 0～20 μg/mL。

二、测定原理

将试样中有机物破坏，使磷游离出来，在酸性溶液中，钒钼酸铵处理，生成黄色的$(NH_4)_3PO_4\cdot NH_4VO_3\cdot 16MoO_3$（磷-钒-钼酸复合体），在波长 420 nm 下进行比色测定。

此法测得结果为总磷量，其中包括动物难以吸收利用的植酸磷。

三、仪器和设备

（1）实验室用样品粉碎机或研钵。

(2)分析筛:孔径 0.45 mm(40 目)。

(3)分析天平:感量 0.000 1 g。

(4)分光光度计:有 10 mm 比色池,可在 420 nm 下进行比色测定。

(5)高温炉:可控炉温度在(550±20) ℃。

(6)坩埚:瓷质。

(7)容量瓶:50 mL,100 mL 和 1 000 mL。

(8)刻度移液管:1.0 mL,2.0 mL,3.0 mL,5.0 mL 和 10.0 mL。

(9)凯氏烧瓶:250 mL 或 500 mL。

(10)可调温电炉:1 000 W。

四、试剂及配制

(1)盐酸(化学纯)溶液:1∶1 水溶液(体积比)。

(2)浓硝酸,化学纯。

(3)钒钼酸铵显色试剂:称取偏钒酸铵(分析纯)1.25 g,加硝酸 250 mL;另取钼酸铵(分析纯)25 g,加蒸馏水 400 mL 溶解,在冷却条件下将此溶液倒入上溶液,且加蒸馏水调至 1 000 mL,避光保存。如生成沉淀则不能使用。

(4)磷标准溶液:将磷酸二氢钾在 105 ℃干燥 1 h,在干燥器中冷却后称 0.219 5 g,溶解于蒸馏水中,定量转入 1 000 mL 容量瓶中,加硝酸 3 mL,用蒸馏水稀释到刻度,摇匀,即成 50 μg/mL 的磷标准溶液。

五、试样的选取和制备

取有代表性试样用四分法缩减至 200 g,粉碎至 40 目,装入密封容器中,防止试样成分发生变化或变质。

六、测定步骤

(一)试样的分解

1. 干法 称取试样 2～5 g 于坩埚中(准确至 0.000 2 g),在电炉上低温炭化至无烟为止,再将其放入高温炉,于(550±20) ℃下灼烧 3 h(或测灰分后继续进行),取出冷却,在坩埚中加入 1∶1 盐酸溶液 10 mL 和浓硝酸数滴,小心煮沸约 10 min。将此溶液转入 100 mL 容量瓶中,并用热蒸馏水洗涤坩埚及漏斗中滤纸,冷却至室温后,定容,摇匀,为试样分解液。

2. 湿法 称取试样 2～5 g 于凯氏烧瓶中(准确至 0.000 2 g)。加入硝酸(化学纯)30 mL,小心加热煮沸,至二氧化氮黄烟逸尽,冷却后加入 70%～72%高氯酸(分析纯)10 mL,继续加热煮沸至溶液无色,不得蒸干(危险!)。冷却后加蒸馏水 50 mL,并煮沸驱逐二氧化氮,冷却后转入 100 mL 容量瓶中,用蒸馏水定容至刻度,摇匀,为试样分解液。

(二)标准曲线的绘制

准确移取磷标准溶液(50 μg/mL)0,1.0,2.0,5.0,10.0 mL 和 15.0 mL 于 50 mL 容量瓶中,各加入钒钼酸铵显色试剂 10 mL,用蒸馏水稀释至刻度,摇匀,放置 10 min 以上。以空白溶液为参比,用 10 mm 比色池,在 420 nm 波长下,用分光光度计测定各溶液的吸光度。以磷含量为横坐标，吸光度为纵坐标绘制标准曲线。

(三)试样的测定

准确移取试样分解液 1～10 mL(含磷量 50～750 μg)于 50 mL 容量瓶中，加入钒钼酸铵显色试剂 10 mL，按上述方法显色和比色测定，以空白溶液为参比，测得试样分解液的吸光度。用标准曲线查得试样分解液的含磷量。

七、测定结果的计算

(1)计算公式。样品中总磷质量分数计算公式如下：

$$\omega(\mathrm{P})=\frac{a\times\frac{V}{V_1}}{m}$$

式中：m 为试样重量；V 为试样分解液总体积；V_1 为比色测定时所移取试样分解液体积；a 为由标准曲线查试样液含磷量。

(2)重复性。每个试样称取 2 个平行样进行测定，以其算术平均值为结果。含磷量在 0.5%以上(含 0.5%)时，允许相对偏差 3%；含磷量在 0.5%以下时，允许相对偏差 10%。

八、注意事项

(1)比色时，待测液磷含量不宜过浓，最好控制在 1 mL 含磷 0.5 mg 以下。

(2)待测液在加入试液后应静置 10 min 再进行比色，但不能静置过久。

实验实训十一　饲料中水溶性氯化物的测定

【学习目标】

本单元属于专业实训知识范畴。通过学习，了解饲料样品中水溶性氯化物的测定方法的适用范围、原理、样品选取及测定前处理方法、测定方法和注意事项。

【学习方法】

课堂实训，课后在图书馆中或互联网上查阅有关资料。

【关键词】

宠物食品；样品选取及制备；水溶性氯化物；水溶性氯化物的测定方法

一、适用范围

本方法适用于各种配合饲料、浓缩饲料和单一饲料中水溶性氯化物的测定。

二、测定原理

溶液澄清，在酸性条件下，加入过量硝酸银溶液使样品溶液中的氯化物形成氯化银沉淀，用硫氰酸铵溶液回滴过量的硝酸银，根据消耗的硫氰酸铵溶液的量，计算出试样中氯化物的含量。

三、仪器和设备

(1)实验室用样品粉碎机或研钵。
(2)分样筛:孔径 0.45 mm(40 目)。
(3)分析天平:感量 0.000 1 g。
(4)刻度移液管:2 mL,10 mL。
(5)滴定管:酸式,25 mL。
(6)容量瓶:100 mL,1 000 mL。
(7)滤纸:快速,直径 12.5 cm。

四、试剂及配制

(1)硝酸,化学纯。

(2)氯化钠标准储备溶液。基准级氯化钠,于 500 ℃灼烧 1 h,干燥器中冷却保存。称取 5.845 4 g 溶解于水中,转入 1 000 mL 容量瓶中,用水稀释至刻度,摇匀。此氯化钠标准储备液的浓度为 0.100 0 mol/L。

(3)氯化钠标准工作液。准确吸取氯化钠标准储备溶液 20.00 mL 于 100 mL 容量瓶中,用水稀释至刻度,摇匀。此氯化钠标准溶液的浓度为 0.020 0 mol/L。

(4)60 g/L 硫酸铁溶液:称取分析纯硫酸铁[$Fe_2(SO_4)_3 \cdot xH_2O$]60 g,加水微热溶解后,调成 1 000 mL。

(5)硫酸铁指示剂。250 g/L 硫酸铁的水溶液,过滤除去不溶物,与等体积的浓硝酸混合均匀。

(6)氨水(化学纯)溶液,1∶19(体积比)。

(7)硫氰酸铵:$c(NH_4CNS)=0.02$ mol/L。称取分析纯硫氰酸铵 1.52 g 溶于 1 000 mL 水中。

(8)硝酸银标准溶液 $c(AgNO_3)=0.02$ mol/L。称取分析纯硝酸银 3.4 g 溶于 1 000 mL 水中,贮于棕色瓶中。

(9)体积比。吸取硝酸银溶液 20.00 mL,加硝酸 4 mL,指示剂 2 mL,在剧烈摇动下用硫氰酸铵溶液滴定,滴至终点为持久的淡红色。由此计算两溶液体积比 F。

$$F=\frac{20.00}{V_2}$$

式中:F 为硝酸银与硫氰酸铵溶液的体积比;20.00 为硝酸银溶液的体积,mL;V_2 为硫氰酸铵溶液的体积,mL。

五、试样的选取和制备

选取有代表性的试样,用四分法缩减至 200 g,粉碎至 40 目,密封保存,以防试样组分发生变化或变质。

六、测定步骤

(一)氯化物的提取

称取试样适量(氯含量在 0.8%以内,称取试样 5 g 左右;氯含量在 0.8%~1.6%,称取试样 3 g 左右；氯含量在 1.6%以上，称取试样 1 g 左右)，准确至 0.000 2 g，准确加入硫酸铁溶液 50 mL，氨水溶液 100 mL，搅拌数分钟，放置 10 min，用干的快速滤纸过滤。

(二)滴定

准确移取含氯化物的滤液 50 mL，于 100 mL 容量瓶中，加浓硝酸 10 mL，硝酸银标准溶液 25.00 mL，用力振荡使沉淀凝结，用水稀释至刻度，摇匀静置 5 min，干过滤于 150 mL 干锥形瓶中或静置(过夜)沉化。吸取滤液(澄清液)50.00 mL，加硫酸铁指示剂 10 mL，用硫氰酸铵溶液滴定，出现淡橘红色，且 30 s 不褪色即为终点。

七、测定结果的计算

(1)计算公式。

$$\omega(Cl^-)=\frac{(V_1-V_2\times F\times 100/50)\times c\times 150\times 0.035\ 5}{m\times 50}$$

或

$$\omega(NaCl)=\frac{(V_1-V_2\times F\times 100/50)\times c\times 150\times 0.058\ 45}{m\times 50}$$

式中：m 为试样的质量，g；V_1 为硝酸银溶液体积，mL；V_2 为滴定时硫氰酸铵溶液消耗体积，mL；F 为硝酸银和硫氰酸铵溶液的体积比；c 为硝酸银标准溶液浓度，mol/L；0.035 5 为与 1.00 mL 硝酸银标准溶液[$c(AgNO_3)=1.000\ 0$ mol/L]相当的以克表示的氯元素的质量；0.058 45 为与 1.00 mL 硝酸银标准溶液[$c(AgNO_3)=1.000\ 0$ mol/L]相当于以克表示的氯化钠的质量。

所得结果应以 2 位小数表示。

(2)重复性。每个试样取 2 个平行样进行测定，以其算术平均值为分析结果。氯化钠含量在 3%以下(含 3%)时，允许绝对值差为 0.05；氯化钠含量在 3%以上，允许相对偏差为 3%。

注：本法测定中是根据氯离子(Cl^-)来计算氯化钠含量的，但由于配合饲料或单一饲料(如鱼粉或合成赖氨酸或盐酸硫胺素等)中，都带入氯离子，所以此估测值仅作参考值用。

八、注意事项

在标定硝酸银溶液，或滴定试样滤液时，速度应快，且不要过分剧烈摇动，以防下列反应发生：

$$AgCl+CNS^-=AgCNS+Cl^-$$

这样会因氯化银沉淀转化成硫氰酸银沉淀，消耗的硫氰酸铵溶液增加，而使结果偏低。

参 考 文 献

[1] 方希修，黄涛，孙群英. 配合饲料加工工艺与设备[M]. 3 版. 北京：中国农业大学出版社，2015.

[2] 方希修，陈明，孙攀峰. 饲料添加剂[M]. 北京：中国农业大学出版社，2015.

[3] 张丽英. 饲料分析及饲料质量检测技术[M]. 5 版. 北京：中国农业出版社，2021.

[4] 朱圣庚，徐长法. 生物化学[M]. 北京：高等教育出版社，2017.

[5] 张力，杨孝烈. 动物营养与饲料[M]. 2 版. 北京：中国农业大学出版社，2012.

[6] 马衍忠. 猫病防治与护理[M]. 天津：天津科学技术出版社，2005.

[7] 贝基 · J · 拉特克. 小小动物园[M]. 范海燕译. 上海：商务印书馆，2004.

[8] 潘宗生. 宠物 100—猫[M]. 北京：中国林业出版社，2003.

[9] 和田. 宠物 100—狗[M]. 北京：中国林业出版社，2003.

[10] 张立波. 实用养犬大全[M]. 2 版. 北京：中国农业出版社，2009.

[11] 周明荣，徐国兴，周斌，等. 爱犬养护 500 问[M]. 上海：上海科学技术出版社，2004.

[12] 曾昭光，周伯超. 犬的营养与饲料[M]. 北京：科学技术文献出版社，2002.

[13] 郭世宁，陈卫红. 最新实用养猫大全[M]. 北京：中国农业出版社，2002.

[14] 利兹 · 帕利卡. 快乐养猫要诀[M]. 王彩虹译. 北京：中国农业出版社，2002.

[15] 高林军. 养猫必读[M]. 北京：中国农业出版社，2003.

[16] 林德贵，薛琴. 宠物猫主人手册[M]. 北京：中国农业出版社，2003.

[17] 徐威. 家庭养猫[M]. 北京：中国农业出版社，2000.

[18] 朱维正. 观赏宠物驯养—爱犬[M]. 北京：中国农业大学出版社，2001.

[19] 王永康. 爱犬养护[M]. 上海：上海科学技术出版社，2001.

[20] 川田直美. 可爱宠物的饲育方法[M]. 尚英照，陈彩玲译. 郑州：河南科学技术出版社，2000.

[21] 杨凤. 动物营养学[M]. 2 版. 北京：中国农业出版社，2014.

[22] 佟建明. 饲料添加剂手册[M]. 北京：中国农业大学出版社，2007.

[23] 陈代文. 动物营养与饲料科学[M]. 北京：中国农业出版社，2005.

[24] 陈代文. 饲料添加剂学[M]. 2 版. 北京：中国农业出版社，2003.

[25] 王力光，董君艳. 犬的繁殖与产科[M]. 长春：吉林科学技术出版社，2000.

[26] 董君艳，王力光. 德国牧羊犬[M]. 长春：吉林科学技术出版社，2000.

[27] 王祥生. 爱犬驯养与疾病防治大全[M]. 北京：中国农业出版社，2001.

[28] 徐汉坤，吴德华，顾劲乔. 肉犬生产大全[M]. 南京：江苏科学技术出版社，2002.

[29] 叶俊华. 犬繁育技术大全[M]. 沈阳：辽宁科学技术出版社，2003.

[30] 孙占鹏. 特种动物生产学[M]. 北京：中国林业出版社，2000.

[31] 崔中林. 实用犬、猫疾病防治与急救大全[M]. 北京：中国农业出版社，2001.

[32] 谢慧胜，张立波. 实用宠物百科[M]. 北京：农村读物出版社，2000.

[33] 曾建飞，张锋，于晓平，等. 实用养殖手册[M]. 北京：北京科学技术出版社，1991.

[34] 陈昊然.龟[M].北京:科学技术文献出版社,2002.
[35] 曹小红.食品安全与卫生[M].北京:科学出版社,2013.
[36] 赵文.食品安全性评价[M].北京:化学工业出版社,2006.
[37] 张晓燕,杨永杰.食品卫生与质量管理[M].北京:化学工业出版社,2006.
[38] 斯密特·罗德瑞克.食品安全手册[M].石阶平,夏向东,崔野韩,等译.北京:中国农业大学出版社,2006.
[39] 夏延斌,钱和.食品加工中的安全控制[M].2 版.北京:中国轻工业出版社,2017.
[40] 江汉湖,张晓东.食品安全性与质量控制[M].北京:中国轻工业出版社,2002.
[41] 舒惠国,上官新晨,徐明生,等.食品质量与安全[M].北京:中国人事出版社,2005.
[42] 周小理.食品安全与品质控制原理与应用[M].上海:上海交通大学出版社,2007.
[43] 胡秋辉,王承明.食品标准与法规[M].北京:中国计量出版社,2007.
[44] 张建新.食品标准与法规[M].北京:中国轻工业出版社,2006.
[45] 吴晓彤.食品法律法规与标准[M].北京:科学出版社,2007.
[46] 艾志录,鲁茂林.食品标准与法规[M].上海:东南大学出版社,2006.
[47] 李怀林.食品安全控制体系(HACCP)通用教程[M].北京:中国标准出版社,2002.
[48] 庞声海,郝波.饲料加工设备与技术[M].北京:科学技术文献出版社,2001.
[49] 钱和.HACCP 原理与实施[M].北京:中国轻工业出版社,2003.
[50] 全国饲料工作办公室,中国饲料工业协会.饲料行业 HACCP 管理技术指南[M].北京:中国农业出版社,2003.
[51] 杨永华.食品安全管理体系 HACCP 推行实务[J].深圳:海天出版社,2002.
[52] 曾庆孝,许喜林.食品生产的危害分析与关键控制点(HACCP)原理与应用[M].2 版.广州:华南理工大学出版社,2001.
[53] 杨永华.食品安全管理体系 HACCP 推行实务[M].深圳:海天出版社,2002.
[54] 杨洁彬,王晶,王柏琴,等.食品安全性[M].北京:中国轻工业出版社,1999.
[55] 中国进出口商品检验总公司.食品生产企业 HACCP 体系实施指南[M].北京:中国农业科学技术出版社,2002.
[56] 李和国,吴孝杰.宠物饲养[M].北京:中国农业大学出版社,2021.
[57] 赵丹宇,郑云雁,李晓瑜.国际食品法典应用指南[M].北京:中国标准出版社,2001.
[58] 陈玉库,孙维平,邢玉娟.宠物疾病防治[M].3 版.北京:中国农业大学出版社,2021.